鄱阳湖生态环境地图集

Atlas of Ecological Environment of the Poyang Lake

江西省山江湖开发治理委员会办公室
江 西 省 遥 感 信 息 系 统 中 心　编制
中国科学院地理科学与资源研究所

中国环境出版集团·北京

图书在版编目（CIP）数据

鄱阳湖生态环境地图集/江西省山江湖开发治理委员会办公室，江西省遥感信息系统中心，中国科学院地理科学与资源研究所编制. —北京：中国环境出版集团，2022.11

ISBN 978-7-5111-5266-4

Ⅰ. ①鄱… Ⅱ. ①江… ②江… ③中… Ⅲ. ①鄱阳湖—区域生态环境—地图集 Ⅳ. ①X321.256-64

中国版本图书馆CIP数据核字（2022）第151740号

审图号：赣 S（2022）043 号

出 版 人 武德凯
责任编辑 曲 婷
责任校对 任 丽
封面设计 尹雪绒

出版发行 中国环境出版集团
（100062 北京市东城区广渠门内大街 16 号）
网 址：http://www.cesp.com.cn
电子邮箱：bjgl@cesp.com.cn
联系电话：010-67112765（编辑管理部）
发行热线：010-67125803，010-67113405（传真）

印 刷 中煤地西安地图制印有限公司
经 销 各地新华书店
版 次 2022 年 11 月第 1 版
印 次 2022 年 11 月第 1 次印刷
开 本 889×1194 1/8
印 张 21.5
字 数 270 千字
定 价 980.00 元

《鄱阳湖生态环境地图集》
编委会

科学指导：周成虎　胡振鹏

主　　编：方　豫

副 主 编：程维明　戴星照　谭晦如

委　　员：（按姓氏笔画为序）

方　豫　方朝阳　李　莹　李国文　张其海　陈宇炜
金志农　胡振鹏　麻智辉　鄢帮有　谭国良　谭晦如
樊哲文　戴星照

编制单位及人员

（参照图幅顺序）

江西省遥感信息系统中心

方　豫　刘木生　黄灵光　任盛明　乐兴华

中国科学院地理科学与资源研究所

程维明　宋　杨　钱金凯　成夕芳　何维灿

江西省科学院

谭晦如　郑国华　王小红　涂祖新　王溪云　戴年华　谭胤静

江西农业大学

黄宏胜　陈美球　金志农　蔡海生　罗志军　赖发英　耿丽娟　朱美青
李小飞　张　嵚　熊江波　应　钦

江西省地质调查研究院

汪　凡　谢振东　衷存堤　尹国胜　马逸麟

江西省林业调查规划研究院

喻　俊　黄石明　时启龙　李晓敏

江西师范大学

周杨明　赖格英　刘　影　李志萌　卢成芳

江西科技师范大学

谢冬明

江西省水文局

李国文　李慧明　邢久生　喻中文　李　梅　王仕刚　邓燕青　殷国强
关兴中　张　阳　刘　恋　韦　丽　郭玉银　郭　铮　司武卫　刘发根
时建国　胡魁德　陈家霖　闵　骞

江西省农业科学院

徐昌旭　黄长千　周泉勇　傅义龙

江西省环境监测中心站

李　莹　万志勇　伍恒赟　杨　辛　罗　勇　张起明　胡　梅　刘　艳
陈美芬　肖南娇　刘　辉　杨　斌

南昌大学

葛　刚　吴小平　黄新建　刘以珍　蔡奇英　管毕财　李恩香　王晓龙
余发新　高　柱　刘成林　李　述　欧阳珊　徐　亮　刘雄军　宋世超
刘息冕　胥左阳　秦佳军　陈美华

中国科学院南京地理与湖泊研究所

陈宇炜　蔡永久　赵中华　刘　霞　吴召仕　徐彩平　钱奎梅

江西省野生动植物保护协会

单继红

江西鄱阳湖国家级自然保护区管理局

曾南京　詹惠英

江西鄱阳湖南矶湿地国家级自然保护区管理局

汪凌峰　钱建鑫　周自力

江西省林业科学院

孙志勇　缪泸君　桂丽静　邵瑞清

江西井冈山国家级自然保护区管理局

承　勇

江西庐山国家级自然保护区管理局

孔凡前

江西省水产科学研究所

张燕萍　周辉明

江西省社会科学院

麻智辉　余永华

鄱阳湖科学考察项目组

科学顾问: 孙鸿烈

科学指导: 胡振鹏

成　　员: 江西省山江湖工程学术委员会委员

鄱阳湖科学考察项目专家组

（按照专题顺序排列）

组　长: 戴星照

成　员: 陈宇炜　谭晦如　谭国良　张其海　金志农　樊哲文

麻智辉　鄢帮有　方朝阳　方　豫

鄱阳湖科学考察项目办公室

主　任: 戴星照

副主任: 樊哲文　鄢帮有　张其海

成　员: 方　豫　刘梅影　李宇卫　周杨明　任盛明　谢冬明　刘木生

项目主持单位

江西省山江湖开发治理委员会办公室

主要参加单位

课题一　鄱阳湖植物资源及其动态变化考察

承担单位　南昌大学

中国科学院鄱阳湖湖泊湿地综合研究站

江西省科学院生物资源研究所

江西鄱阳湖南矶湿地国家级自然保护区管理局

江西泽华现代生物技术有限公司

课题二　鄱阳湖水生动物资源及其水文过程动态变化考察

承担单位　南昌大学

江西省水产科学研究所

江西省科学院微生物研究所

课题三　鄱阳湖鸟类资源及其动态考察

承担单位　江西省野生动植物保护协会

江西鄱阳湖国家级自然保护区管理局

江西鄱阳湖南矶湿地国家级自然保护区管理局

江西省科学院鄱阳湖研究中心

课题四　鄱阳湖微生物资源及动态变化考察

承担单位　中国科学院南京地理与湖泊研究所

江西省科学院微生物研究所

江西省科学院生物资源研究所

课题五　鄱阳湖湿地类型和各类湿地生物生境意义及其生态水文过程考察

承担单位　江西省科学院生物资源研究所

江西省山江湖开发治理委员会办公室

南昌资环生态科技有限公司

课题六　鄱阳湖江湖水文动态变化及江湖关系考察

承担单位　江西省水文局

江西师范大学

课题七　鄱阳湖水文水环境考察

承担单位　江西省水利科学研究院

课题八　鄱阳湖水环境考察研究

承担单位　江西省环境监测中心站

南昌市环境监测站

九江市环境监测站

上饶市环境监测站

南昌工程学院

江西省水文局

江西省鄱阳湖水文局

课题九　鄱阳湖临湖区污水汇流入湖网络考察研究

承担单位　江西农业大学

江西省地质调查研究院

课题十　鄱阳湖临湖区农村及农业面源污染考察

承担单位　江西省农业科学院土壤肥料与资源环境研究所

江西农业大学

江西省农业科学院畜牧兽医研究所

江西省水产科学研究所

课题十一　鄱阳湖临湖区城镇化对湖泊环境影响考察研究

承担单位　江西农业大学

课题十二　鄱阳湖临湖区工业水污染状况考察

承担单位　江西省环境监测中心站

南昌市环境监测站

九江市环境监测站

上饶市环境监测站

课题十三　鄱阳湖临湖控制带现状及建设规划考察

承担单位　江西省环境保护科学研究院

课题十四　鄱阳湖生态经济区社会经济发展现状考察

承担单位　江西省社会科学院

江西省鄱阳湖生态经济区建设办公室

课题十五　鄱阳湖生态经济区产业发展与空间布局考察

承担单位　南昌大学

课题十六　鄱阳湖生态经济区人口和城镇化的容量与空间分布考察

承担单位　江西农业大学

课题十七　鄱阳湖生态经济区重要生态空间建设考察

承担单位　江西师范大学

江西省社会科学院

课题十八　鄱阳湖综合数据库系统数据标准规范制定

承担单位　江西省遥感信息系统中心

课题十九　鄱阳湖区生态环境综合数据库服务平台设计和开发

承担单位　江西师范大学

课题二十　鄱阳湖湿地生态水文过程动态变化模拟监测

承担单位　鄱阳湖生态观测研究站

序

鄱阳湖是中国第一大淡水湖，《鄱阳湖赞》是这样描述鄱阳湖的：“浩渺鄱湖水接天，波翻浪涌竞争先；连江通海胸怀广，滋养生灵岁复年。”鄱阳湖位于江西省北部、长江中下游南岸，上承江西省境内赣、抚、信、饶、修五河之水，下连长江。鄱阳湖丰水季节浪涌波腾，浩瀚万顷，水天相连，枯水季节水落滩出，湖水归槽，蜿蜒一线，形成“高水是湖，低水似河”“洪水一片，枯水一线”的自然地理景观，是长江重要的生态屏障，对于调节长江水位、涵养水源、改善当地气候和维护周围地区生态平衡等方面都起着巨大的作用。

鄱阳湖是世界生命湖泊的代表之一，是世界上最大的鸟类保护区，被称为“白鹤世界”“珍禽王国”，是国际重要湿地。每年秋末冬初，成千上万只候鸟从俄罗斯西伯利亚、蒙古国、日本、朝鲜以及中国东北、西北等地来此越冬。鄱阳湖也是长江江豚重要栖息地和我国淡水鱼类种质资源库，是我国重要生态功能区，具有非常重要的生态价值，对维系区域和国家生态安全具有重要作用，对促进全球湖泊生态系统的保护具有重要意义。

湖泊是地球上最脆弱的生态系统之一，无论是自然湖泊还是人工湖泊，受到越来越多的人类活动的干扰和影响，湖泊的生物多样性减少，湖泊的自然景观正遭到不同程度的破坏，世界上不少湖泊正在面临退化乃至消亡。江西省自20世纪80年代开始对鄱阳湖及其流域实施“山江湖综合开发治理工程”，组织开展了全流域科学考察，运用遥感、地理信息系统等技术编制流域综合治理规划，开创了我国湖泊流域系统治理的先河。

当前，鄱阳湖生态环境和区域发展面临一系列新问题和新挑战，随着生态文明建设和长江大保护的不断推进，对鄱阳湖的综合管理提出了更高的要求。为此，江西省组织开展了第二次全面的鄱阳湖科学考察，查清了鄱阳湖湿地资源、环境、生态系统的现状及其动态变化、演变趋势与驱动力、生态环境承载能力，分析了鄱阳湖区域经济社会发展、生态环境状况及其面临的问题和挑战，获得了大量的数据资料和科考成果，建立了鄱阳湖生态环境综合数据库。《鄱阳湖生态环境地图集》收集、整理了鄱阳湖科学考察的成果，采用现代地图集编制的新理念，运用GIS制图方法，图文并茂，全面、系统、深入地反映鄱阳湖资源、环境、生态系统的现状及其动态变化。这部新编的地图集对于新时期鄱阳湖的保护具有重要的参考价值，同时为新一代综合性区域地图集的编制提供了经典示范。

胡振鹏

前　言

鄱阳湖位于江西省北部、长江中下游南岸，是中国第一大淡水湖。受流域季节降雨分布不均及长江水情的影响，鄱阳湖成为一个水位随季节变化的吞吐型湖泊。鄱阳湖流域面积为 162 225 km^2，其中 156 743 km^2 位于江西省境内，占江西省国土面积的 94 %，与江西省行政边界高度吻合，是典型的流域生态经济山江湖协同大系统。

20 世纪 80 年代，江西省对鄱阳湖及其流域组织开展了第一次大规模科学考察，制定了鄱阳湖综合治理和保护规划方案，提出并实施了“山江湖综合开发治理工程”和若干湖泊保护及资源综合开发利用项目，为鄱阳湖的保护与可持续发展发挥了重要作用。随着经济社会的不断发展，尤其是进入 21 世纪以来工业化和城镇化的快速推进，鄱阳湖生态环境和区域发展面临一系列新的问题和挑战。为此，江西省于 2012 年启动了为期 3 年的新一轮鄱阳湖综合科学考察（以下简称“鄱考”）。

这次“鄱考”的范围涵盖鄱阳湖主湖区、临湖区以及鄱阳湖生态经济区。主湖区，指鄱阳湖的湖体核心区，按鄱阳湖历史最高水位（星子站 20.66 m，1985 国家高程基准）计算，面积为 5 156 km^2。临湖区，指进入鄱阳湖的赣、抚、信、饶、修五河七个水文监测站点以下，以分水岭为基础，结合乡镇完整性划定的江西省范围内临近鄱阳湖的集水区域，涉及 23 个县（市、区），面积为 23 431.7 km^2。鄱阳湖生态经济区，包括南昌、景德镇、鹰潭 3 市，以及九江、新余、抚州、宜春、上饶、吉安的部分县（市、区），共 38 个县（市、区），面积为 51 200 km^2。

根据鄱阳湖生态环境变化情况以及发展趋势，这次“鄱考”的重点集中在鄱阳湖水文情势与江湖关系、临湖区环境状况、鄱阳湖水环境质量、鄱阳湖生物资源及其动态变化、鄱阳湖生态经济区社会经济发展状况五个方面。经过省内外 500 多位科技人员 3 年的共同努力，取得了一批重要的考察成果。

为了让丰硕的科考成果更好地服务国民经济建设、生态环境保护与修复和区域可持续发展，由江西省重大科技专项“鄱阳湖科学考察”（20114ABG01100）提供出版资助，我们编制了《鄱阳湖生态环境地图集》，主要内容涵盖“鄱阳湖科学考察”项目涉及的所有专题研究工作。通过对“鄱考”成果的系统整理、综合、筛选，进行数字化制图，并参考吸纳了近年来有关鄱阳湖的最新研究成果、资料和统计数据，形成了由 200 多个专题因子组合成的 160 多幅专题图。

图集共分为序图、湿地景观、水文水资源、环境状况、水环境质量、生物资源和社会经济发展七个组图，图集资料翔实，内容丰富，比较全面地反映了鄱阳湖主湖区、临湖区和鄱阳湖生态经济区的地理和社会经济特征，是从事鄱阳湖研究和管理工作的重要参考资料。

《鄱阳湖生态环境地图集》编辑委员会

目　录

一、序 图

二、湿地景观

三、水文水资源

四、环境状况

五、水环境质量

六、生物资源

七、社会经济发展

地理底图图例

图例	说明	图例	说明
	省界	南昌	省级行政中心
	地级界	赣州	地级行政中心
	县界	新干	县级行政中心
	高速公路	版石	乡、镇
	在建高速公路	汉阳峰 1 473.4	山峰
	国道	武夷山	山脉
	铁路		河流、湖泊
	高铁		

一、序 图

Prefatorial Map

江西省行政区划（2015 年）

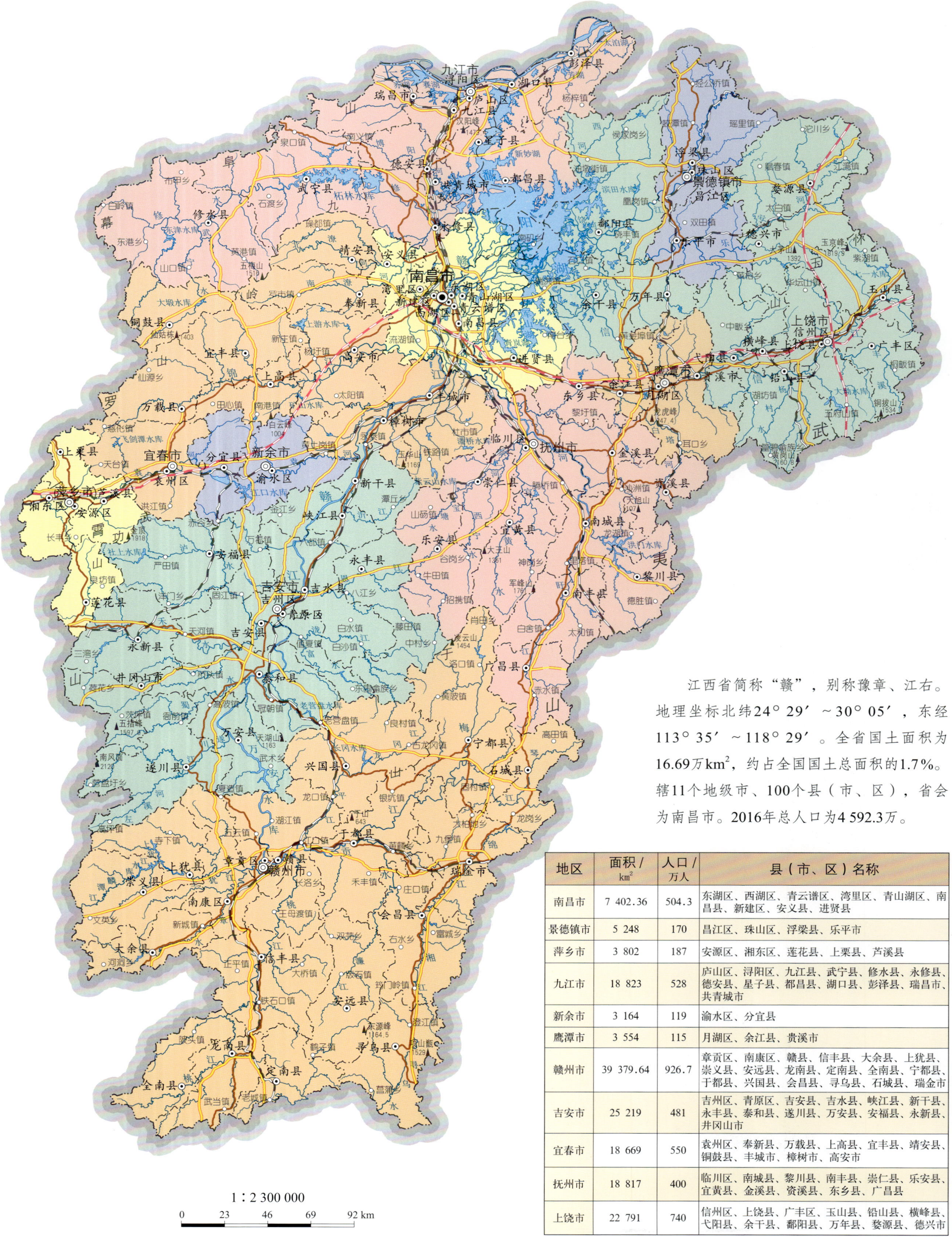

江西省简称“赣”，别称豫章、江右。地理坐标北纬24° 29′ ~30° 05′，东经113° 35′ ~118° 29′。全省国土面积为16.69万km^2，约占全国国土总面积的1.7%。辖11个地级市、100个县（市、区），省会为南昌市。2016年总人口为4 592.3万。

地区	面积/ km^2	人口/ 万人	县（市、区）名称
南昌市	7 402.36	504.3	东湖区、西湖区、青云谱区、湾里区、青山湖区、南昌县、新建区、安义县、进贤县
景德镇市	5 248	170	昌江区、珠山区、浮梁县、乐平市
萍乡市	3 802	187	安源区、湘东区、莲花县、上栗县、芦溪县
九江市	18 823	528	庐山区、浔阳区、九江县、武宁县、修水县、永修县、德安县、星子县、都昌县、湖口县、彭泽县、瑞昌市、共青城市
新余市	3 164	119	渝水区、分宜县
鹰潭市	3 554	115	月湖区、余江县、贵溪市
赣州市	39 379.64	926.7	章贡区、南康区、赣县、信丰县、大余县、上犹县、崇义县、安远县、龙南县、定南县、全南县、宁都县、于都县、兴国县、会昌县、寻乌县、石城县、瑞金市
吉安市	25 219	481	吉州区、青原区、吉安县、吉水县、峡江县、新干县、永丰县、泰和县、遂川县、万安县、安福县、永新县、井冈山市
宜春市	18 669	550	袁州区、奉新县、万载县、上高县、宜丰县、靖安县、铜鼓县、丰城市、樟树市、高安市
抚州市	18 817	400	临川区、南城县、黎川县、南丰县、崇仁县、乐安县、宜黄县、金溪县、资溪县、东乡县、广昌县
上饶市	22 791	740	信州区、上饶县、广丰区、玉山县、铅山县、横峰县、弋阳县、余干县、鄱阳县、万年县、婺源县、德兴市

江西省地势

1∶2 300 000

0 23 46 69 92 km

江西省地形以丘陵山地为主，盆地、谷地广布。北部较为平坦，东西南部三面环山，中部丘陵起伏，成为一个整体向鄱阳湖倾斜而往北开口的巨大盆地。江西省地貌形态类型较为齐全，分布大致呈不规则环状结构，以山地和丘陵为主，其中山地包括中山和低山，占全省总面积的36%；丘陵包括高丘和低丘，占42%；岗地和平原占12%；水面占10%。省内最高山为黄岗山，海拔2 157.8 m；最低海拔为彭泽县长江出赣入皖的江边，海拔为10 m以内。

分布于省境边缘的山地有东北部的怀玉山，东部沿赣闽省界延伸的武夷山脉，南部的大庾岭和九连山，西北与西部的幕阜山脉、九岭山和罗霄山脉（包括武功山、万洋山、诸广山）等，成为江西省与邻省的界山和分水岭。山脉走向以东北—西南向为主体，控制着省内主要水系和盆地的发育。

鄱阳湖流域及水系

鄱阳湖流域是鄱阳湖水系集水范围的总称，由赣江、抚河、信江、饶河、修河五河流域与鄱阳湖区域组成。涉及范围南北长约620 km，东西宽约490 km，这个范围与江西省行政区大体吻合。流域面积为162 225 km^2，相当于江西省国土面积（166 946 km^2）的97.2%，其中156 743 km^{2}位于江西省境内，占流域面积的96.6%，占江西省国土面积的94%；其余5 482 km^2，除北部直属长江外，东、南、西分属于皖、浙、粤、湘等省份，占流域面积的3.4%。

鄱阳湖流域在长江水系中的区位分布

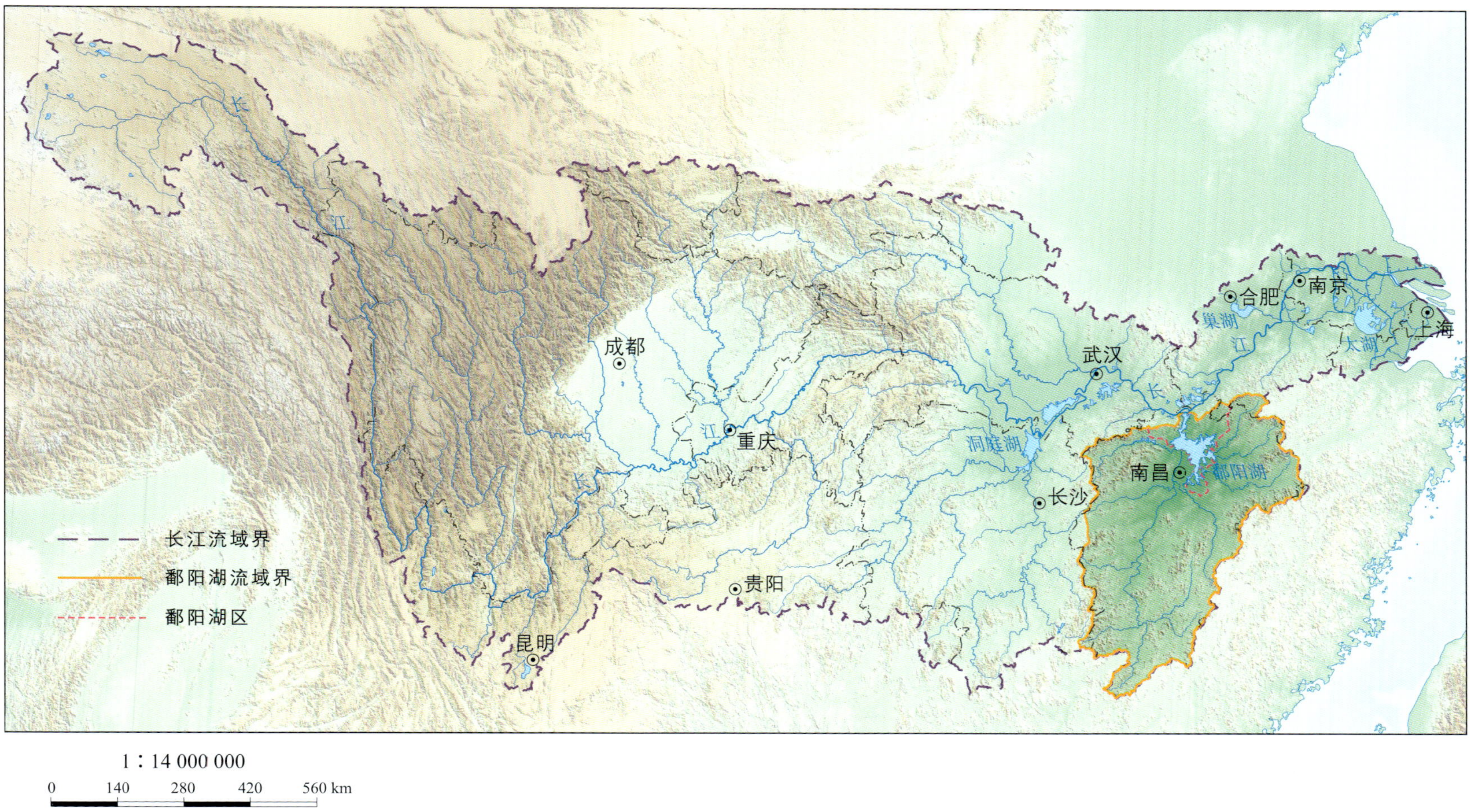

鄱阳湖水系位于我国第一大河流长江的中下游南岸，是由赣江、抚河、信江、饶河、修河五大河流及其各级支流，以及直接入湖的若干小河流和鄱阳湖体组成。水系来水经鄱阳湖调蓄后，由湖口注入长江，成为长江水系的重要组成部分。鄱阳湖多年平均入江水量为1 436×10^8 m^3（1956—2012年），约占长江水量的15.6%，超过黄、淮、海三河入海水量的总和。

鄱阳湖水系五大流域

序号	流域名称	干流名称	发源地	河口	长度 / km	流域面积 / km^2		合计 / km^2	流域主要水系
						省内	省外		
1	赣江流域	赣江	赣闽交界处武夷山脉的赣源岽西侧	永修县吴城镇望湖亭下会修河入鄱阳湖	796	80 501	1 319	81 820	赣江是江西省的第一大河流，从南向北汇入鄱阳湖，为全省水系的主轴，也是长江的重要支流。主要源流有贡水和章水两支，在赣州汇合后，名为赣江，然后迂回北流进入吉泰盆地，汇合遂川江、蜀水、禾水、泸水成为浩瀚大江。自赣州至吉安一段为赣江上游，多激流险滩；赣江出吉安到峡江一段为中游；峡江以下与袁河汇合进入鄱阳湖平原，为赣江下游；过丰城后，汇入锦江，再北流至南昌北面，劈为四系支流进入鄱阳湖，因而形成了巨大的鸟迹状三角洲。赣江流域绝大部分区域都在本省境内，湖南省、广东省、福建省境内有少部分支流的河源区
2	抚河流域	抚河	广昌、宁都、石城三县交界的灵华峰东侧	南昌县幽兰镇南山村与塔城乡湾里村之间入青岚湖	344	15 736	31	15 767	抚河是江西省五大河流之一，自南向北流经广昌县、南丰县、南城县、金溪县、临川区、进贤县等县区，向西北流至王家洲分为两支，一支在南昌县经三江口流入鄱阳湖，另一支在南昌县幽兰镇南山村经青岚湖入鄱阳湖。抚河流域绝大部分区域都在本省境内，福建省境内只有很少的一些支流的源头区
3	信江流域	信江	玉山县与德兴市交界的信源山南侧	余干县瑞洪镇附近张家湾与进贤县三里乡爱国村章家之间入鄱阳湖	366	14 993	979	15 972	信江是江西省五大河流之一，信江干流自东向西蜿蜒而下，流经玉山、广丰、上饶、铅山、弋阳、贵溪、余江等县（市、区），在余干县大溪渡附近分为东西两支，西支为主流由余干县的瑞洪注入鄱阳湖，东支经珠湖山汇入饶河。信江流域绝大部分区域都在本省境内，浙江省、福建省境内有一些支流的源头区
4	饶河流域	饶河	赣皖交界的莲花顶西侧	鄱阳县莲湖乡龙口入鄱阳湖	309	12 744	2 225	14 969	饶河原名鄱江，以鄱阳曾为饶州府治得名，是江西省五大河流之一。饶河由乐安河、昌江在鄱阳县姚公渡汇合而成，乐安河为饶河干流，自东向西流经婺源、德兴、乐平、万年、鄱阳等县（市、区），在鄱阳县龙口汇入鄱阳湖。饶河流域绝大部分区域都在本省境内，安徽省、浙江省境内有一些支流的源头区
5	修河流域	修河	铜鼓县境内的修源尖东南侧	永修县吴城镇望湖亭下会赣江入鄱阳湖	391	14 906	4	14 910	修河古称建昌江，又名修水、修江，是江西省五大河流之一。修河流经铜鼓、修水、武宁等县（市、区）入柘林水库至永修县吴城镇注入鄱阳湖。修河流域绝大部分区域都在本省境内，湖北省境内有一些小的支流源头

鄱阳湖河湖演变特征

汉代—清代

鄱阳湖湖盆是地壳运动形成的，而湖泊大水面则是历史时期的产物。据历史记载，鄱阳湖北部水域在大禹时代（约公元前21世纪）已形成，是战国时代《尚书·禹贡》记载的彭蠡泽的南部水域。到南北朝（刘）宋永初二年（公元421年），繁荣了600余年的鄡阳县（今都昌周溪乡附近）被废，4年后海昏县（今永修吴城附近）被废，表明公元400年前后，北部彭蠡泽的水域已扩展到松门山以南，鄡阳平原被淹。此后湖泊水域不断向南延伸，到隋、唐以后湖水扩展至今鄱阳县西部，开始有了“鄱阳湖”的名称。随着湖域的继续扩展，唐、宋时期鄱阳湖面积曾达到6 000 km^{2}左右，但由于古河流水系三角洲向湖区伸展，逐渐形成了中国最大的内陆三角洲，湖泊面积相对缩小。到明、清时期湖域再次扩张，直至现代。

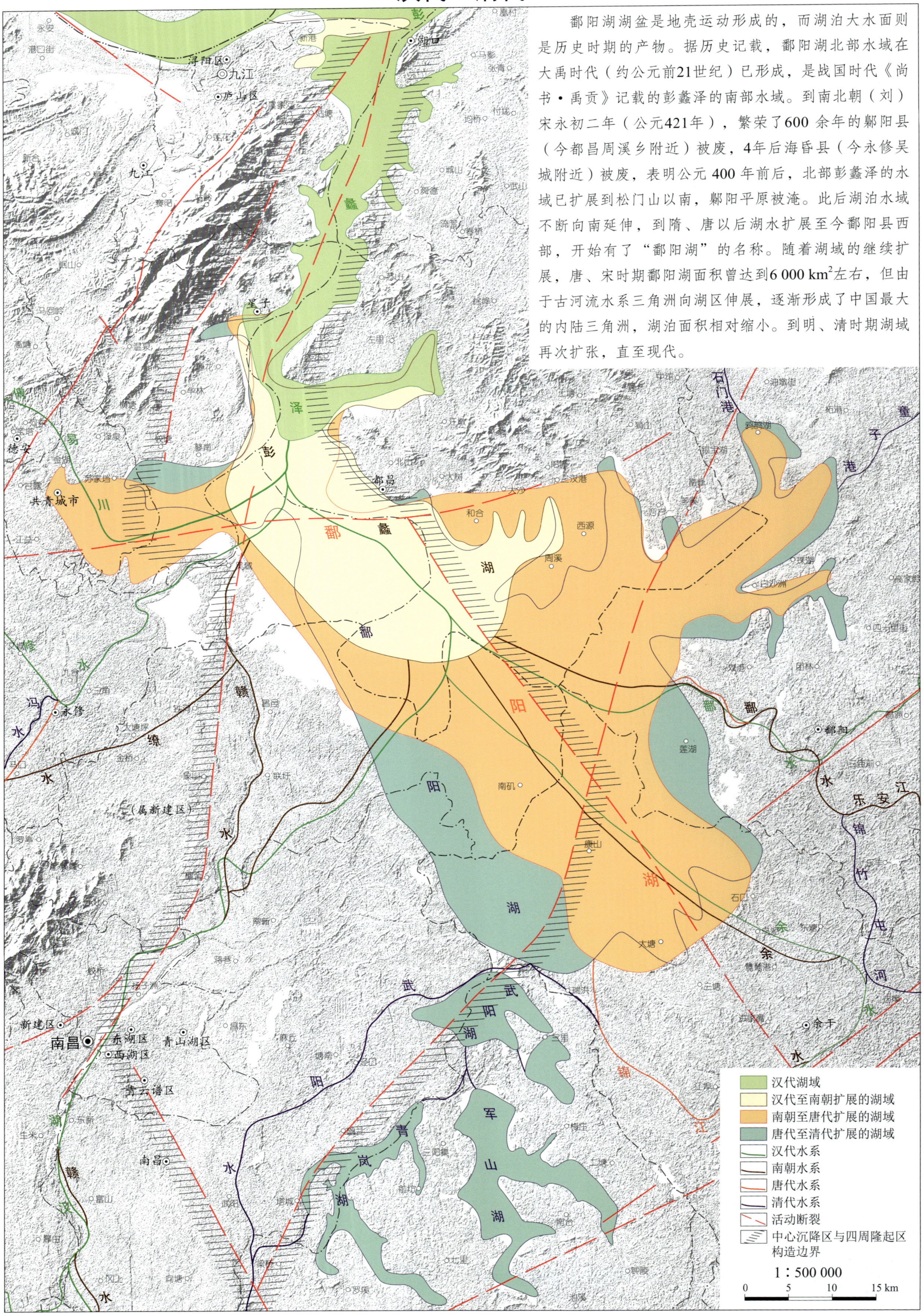

资料来源：《汉至清鄱阳湖河湖演变情势略图》，江西省地矿局水文地质工程地质大队鄱阳湖队自编。

现代

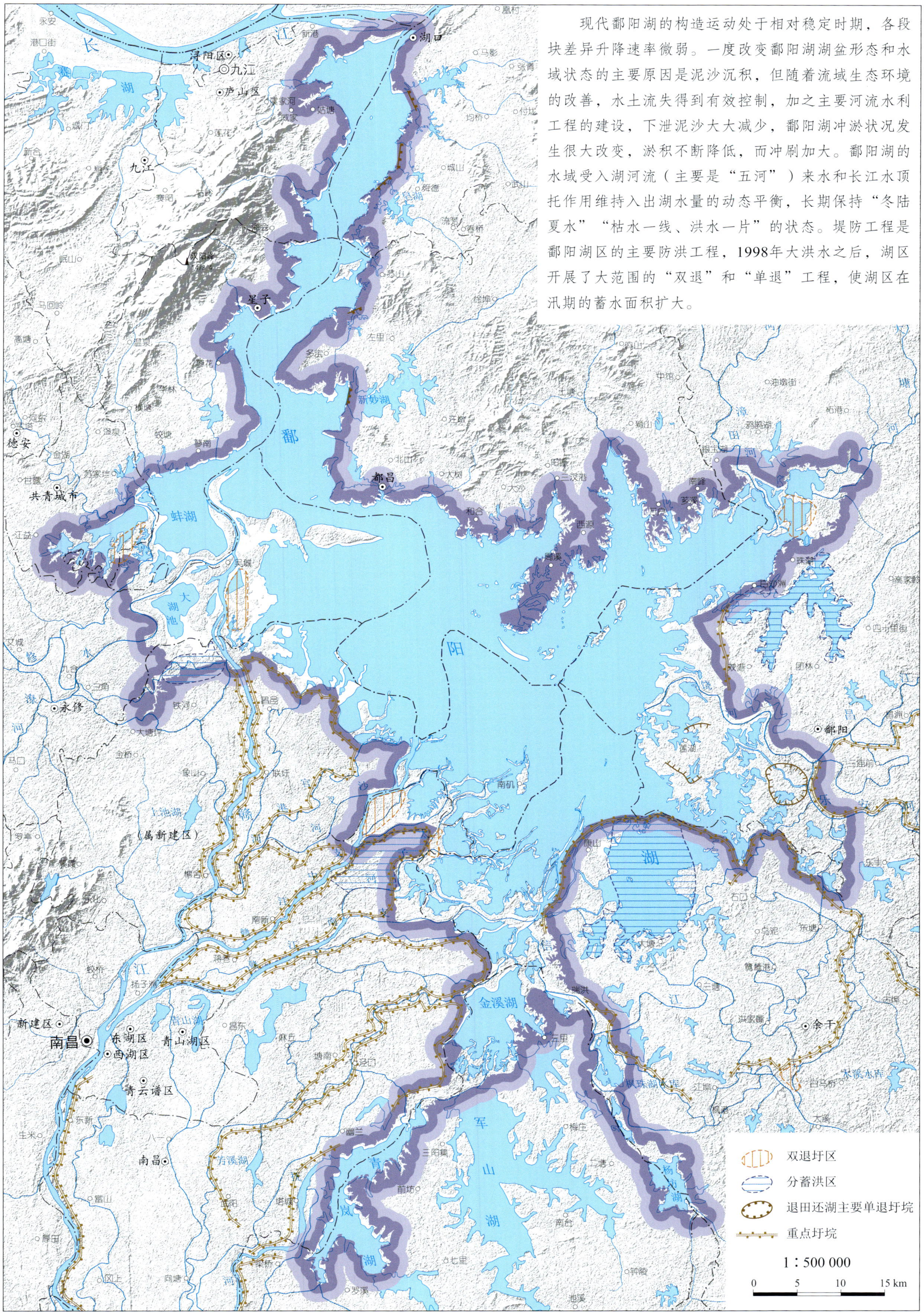

现代鄱阳湖的构造运动处于相对稳定时期，各段块差异升降速率微弱。一度改变鄱阳湖湖盆形态和水域状态的主要原因是泥沙沉积，但随着流域生态环境的改善，水土流失得到有效控制，加之主要河流水利工程的建设，下泄泥沙大大减少，鄱阳湖冲淤状况发生很大改变，淤积不断降低，而冲刷加大。鄱阳湖的水域受入湖河流（主要是“五河”）来水和长江水顶托作用维持入出湖水量的动态平衡，长期保持“冬陆夏水”“枯水一线、洪水一片”的状态。堤防工程是鄱阳湖区的主要防洪工程，1998年大洪水之后，湖区开展了大范围的“双退”和“单退”工程，使湖区在汛期的蓄水面积扩大。

资料来源：《中国湖泊分布地图集》，2015 年，科学出版社。

主湖区、临湖区、鄱阳湖生态经济区分布位置

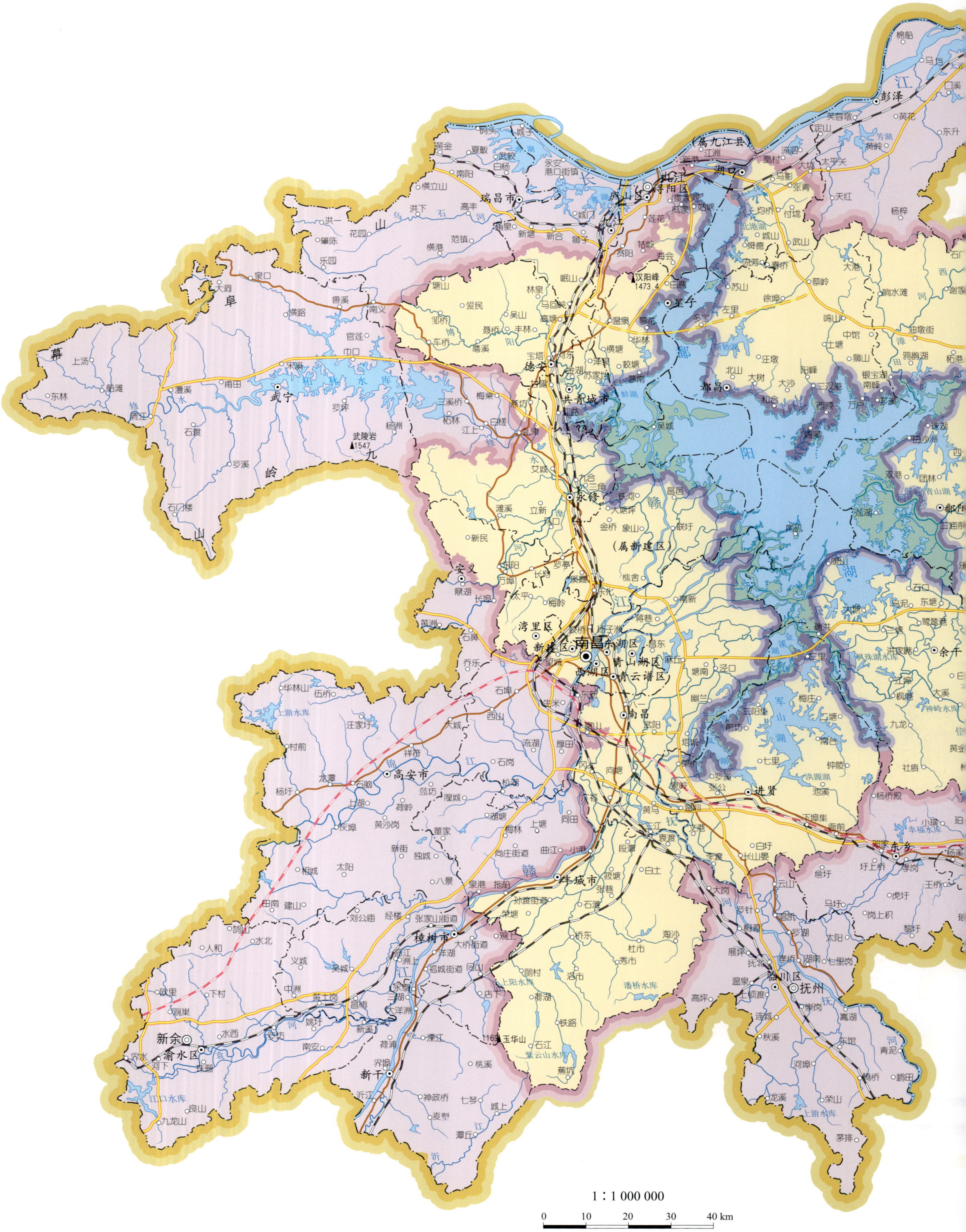

主湖区范围

临湖区范围

鄱阳湖生态经济区范围

主湖区——鄱阳湖湖泊水体核心区。湖岸线总长1 200 km。全湖南北长173 km，东西平均宽16.9 km，最宽处约74 km，最窄处的屏峰卡口，宽约2.8 km。湖盆自东南向西北倾斜，湖底高程一般由12 m降至湖口约1 m，湖泊形态系数为109，发展系数（弯曲系数）为6。

湖面以松门山为界，分为南北两部分。北部湖区，湖面狭窄，实为一狭长入江水道，长40 km，宽3～5 km，最窄处约2.8 km，湖水较深；南部湖区，湖面辽阔，是湖泊主体，长133 km，最宽处达74 km，湖水较浅。常水位时湖面高于长江水面，湖水北泄长江。经鄱阳湖调节，赣江等河流的洪峰可减弱15 %～30 %，减轻了对沿岸的威胁。

湖区地貌由水道、洲滩、湖岛、内湖、汊港组成。洲滩有沙滩、泥滩和草滩三种类型，面积约为3 130 km^2；湖岛41个，面积约为103 km^2；内湖出现在枯水期，主要分布在东、南、西部，中高水连成一片；主要汊港约20处。

鄱阳湖的水域、湖滩洲地，分别隶属沿湖12个县（市、区），即南昌市的南昌县、新建区（原新建县）、进贤县，上饶市的余干县、鄱阳县和九江市的都昌县、湖口县、星子县、德安县、永修县、庐山区、共青城市。根据第一次鄱阳湖科学考察的定义，将这些行政疆域总称为鄱阳湖区，总面积19 539.6 km^2。

临湖区——鄱阳湖“五河七口”水文观测站点（赣江外洲站，抚河李家渡站，信江梅港站，修河虬津站、万家埠站，饶河渡峰坑站、虎山站）以下，以直接流入鄱阳湖的十余条河流分水岭为基础，保持乡镇完整性的同时划定的临近鄱阳湖江西省境内的集水区域。范围涉及南昌、九江、上饶、景德镇、宜春等市所辖的23个县（市、区）273个乡（镇、场、街道），总面积为23 431.7 km^2。临湖区作为湖泊核心水体与五河的衔接带，是鄱阳湖核心水体重要的生态屏障和实施生态环境保护的重要范围。

鄱阳湖生态经济区——以鄱阳湖湖体区为中心，以环湖城市群为依托，以保护生态、发展经济为重要战略构想的生态经济示范区和中国低碳经济发展先行区。按照国务院正式批复的《鄱阳湖生态经济区规划》所确定的范围，包括南昌、景德镇、鹰潭3市，以及九江、新余、抚州、宜春、上饶、吉安的部分县（市、区），共38个县（市、区），国土面积为5.12×10^4 km^2。

临湖区行政区划

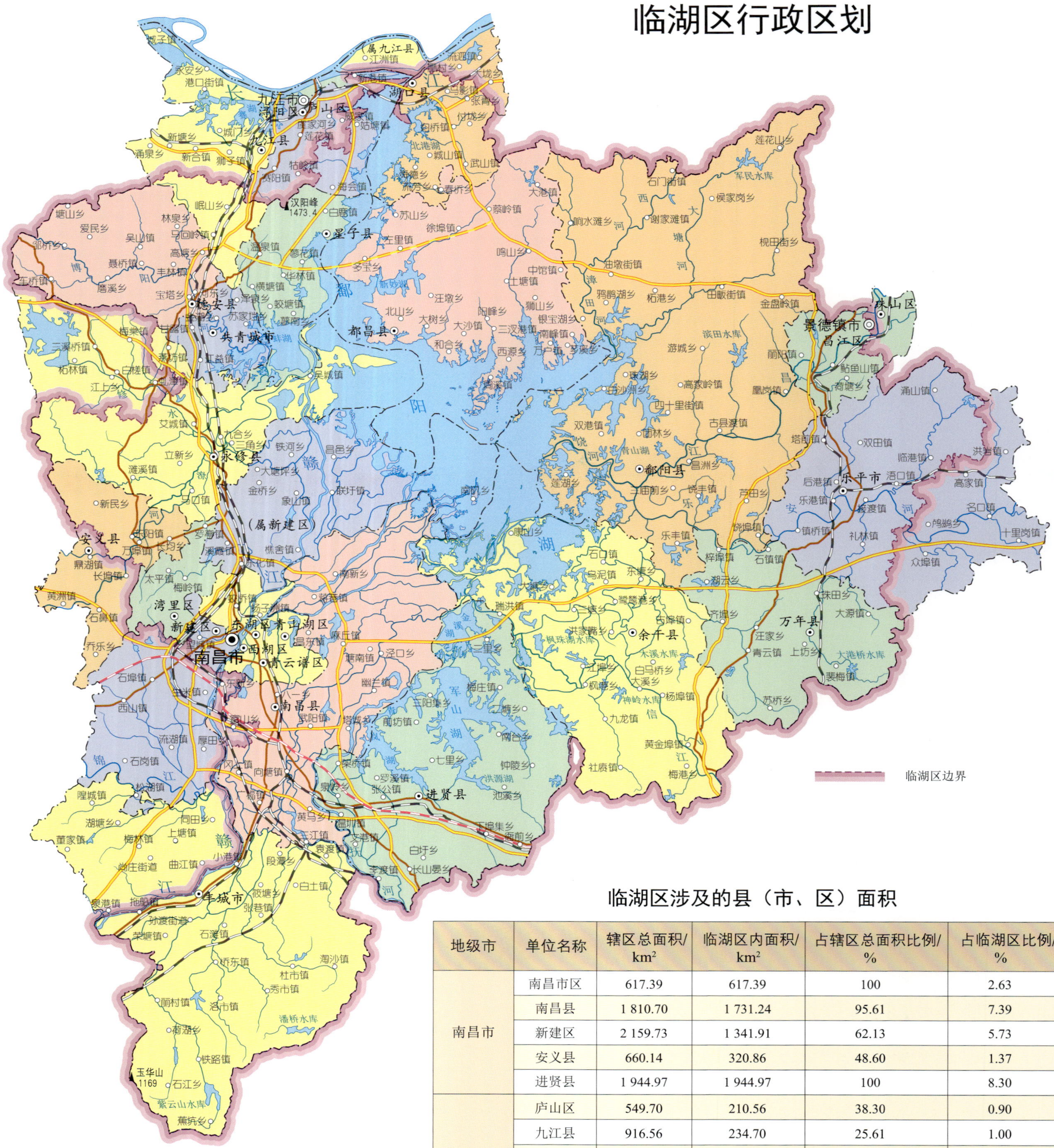

1∶1 000 000

0 10 20 30 40 km

临湖区涉及南昌市区（东湖区、西湖区、青云谱区、青山湖区、湾里区）、南昌县、新建区、进贤县、安义县，九江市的庐山区、九江县、德安县、共青城市、永修县、湖口县、都昌县、星子县，景德镇市的昌江区、乐平市，上饶市的鄱阳县、万年县、余干县，宜春市的丰城市等23个县（市、区），总面积为23 431.7 km^2，占各县（市、区）辖区国土面积总和的83.3%。

临湖区涉及的县（市、区）面积

地级市	单位名称	辖区总面积/km^2	临湖区内面积/km^2	占辖区总面积比例/%	占临湖区比例/%
南昌市	南昌市区	617.39	617.39	100	2.63
	南昌县	1 810.70	1 731.24	95.61	7.39
	新建区	2 159.73	1 341.91	62.13	5.73
	安义县	660.14	320.86	48.60	1.37
	进贤县	1 944.97	1 944.97	100	8.30
九江市	庐山区	549.70	210.56	38.30	0.90
	九江县	916.56	234.70	25.61	1.00
	永修县	1 947.08	1 335.81	68.61	5.70
	德安县	857.80	857.80	100	3.66
	星子县	722.84	722.84	100	3.08
	都昌县	2 225.03	2 225.03	100	9.50
	湖口县	673.66	517.25	76.78	2.21
	共青城市	174.79	174.79	100	0.75
景德镇市	昌江区	422.74	304.12	71.94	1.30
	乐平市	1 980.06	1 219.12	61.57	5.20
宜春市	丰城市	2 836.44	2 052.62	72.37	8.76
上饶市	余干县	2 350.24	2 350.24	100	10.03
	鄱阳县	4 123.03	4 123.03	100	17.60
	万年县	1 147.46	1 147.46	100	4.90
总计		28 120.36	23 431.74	83.30	100

临湖区小流域

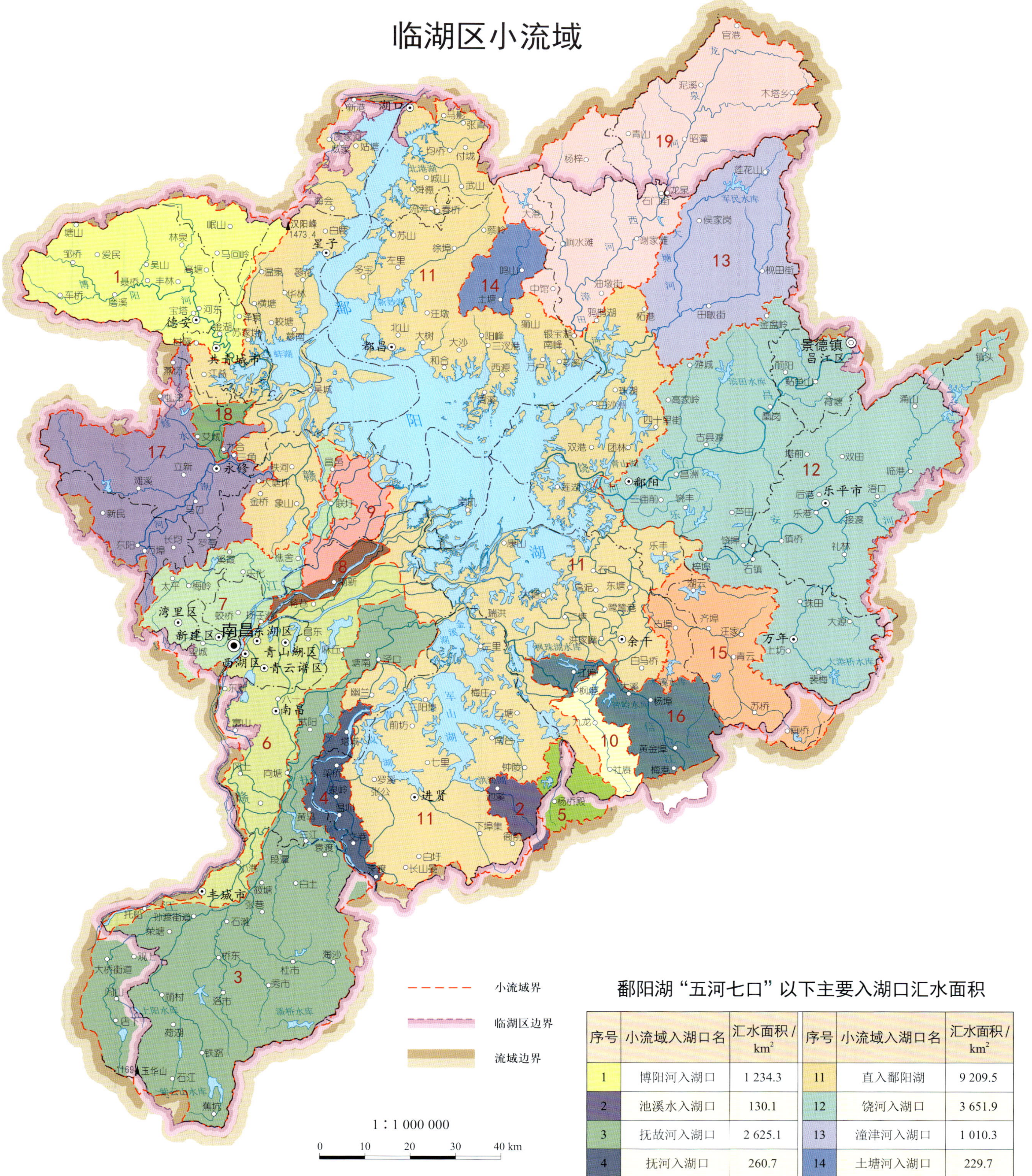

鄱阳湖“五河七口”以下主要入湖口汇水面积

序号	小流域入湖口名	汇水面积/km^2	序号	小流域入湖口名	汇水面积/km^2
1	博阳河入湖口	1 234.3	11	直入鄱阳湖	9 209.5
2	池溪水入湖口	130.1	12	饶河入湖口	3 651.9
3	抚故河入湖口	2 625.1	13	潼津河入湖口	1 010.3
4	抚河入湖口	260.7	14	土塘河入湖口	229.7
5	甘溪水入湖口	199.4	15	信江东支入湖口	786.0
6	赣江南支入湖口	1 062.1	16	信江西支入湖口	486.4
7	赣江主支入湖口	705.4	17	修河入湖口	1 173.9
8	赣江中支入湖口	108.9	18	杨柳津河入湖口	88.8
9	赣江北支入湖口	235.9	19	漳田河入湖口	1 996.5
10	九龙河入湖口	198.6	合计		25 393.4

临湖区可划分出19个小流域，“五河七口”以下流域面积在江西省内为2.42×10^4 km^2，在安徽省内为0.12×10^4 km^2，自然界线与行政界线差异导致两者相差0.08×10^4 km^2，相差3.3%。

临湖区主要河流入湖网络

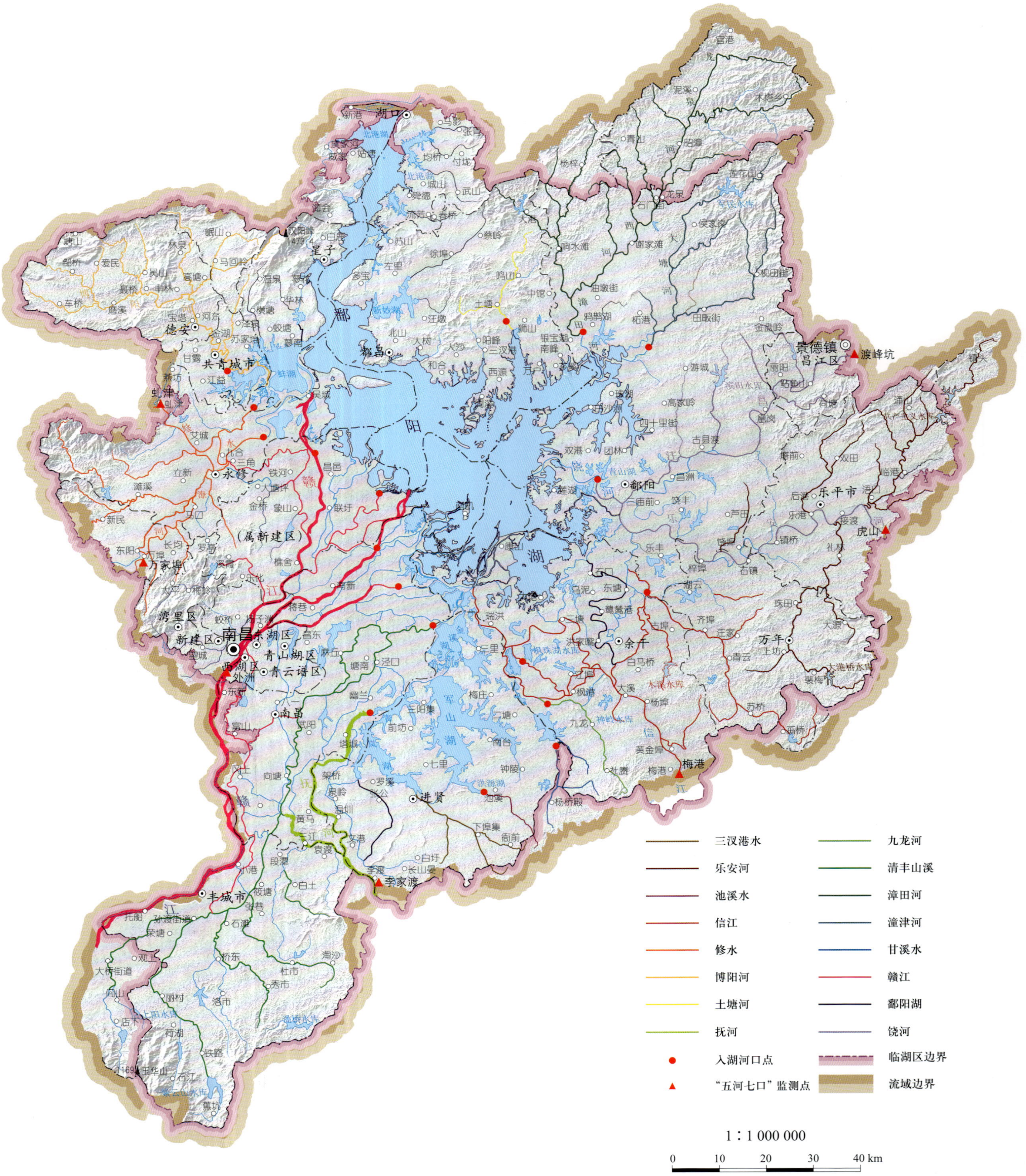

鄱阳湖流域内2 400多条大小河流通过赣、抚、信、饶、修五大河流汇入鄱阳湖；除五大河流外，还有徐埠港、土塘河、漳田河（又名西河）、潼津河（又名童子渡河）、九龙河、甘溪水、池溪水（又名池溪港）、三汊港水（又名进贤河、下埠港）、清丰山溪（又名丰水）、博阳河10条河流直接汇入鄱阳湖，形成完整的鄱阳湖水系。

鄱阳湖"五河七口"以下主要入湖口汇水面积

站名	河名	水系	汇水面积 / km²	断面位置	经度 / °	纬度 / °
外洲	赣江	赣江	80 948	江西省南昌市桃花乡外洲	115.83	28.63
李家渡	抚河	抚河	15 811	江西省进贤县李渡镇鉴良村	116.17	28.22
梅港	信江	信江	15 535	江西省余干县梅港乡梅港村	116.82	28.43
渡峰坑	昌江	饶河	5 013	江西省景德镇市西郊垦殖场庄屋下村	117.20	29.27
虎山	乐安河	饶河	6 374	江西省乐平市鸬鹚乡石里村	117.27	28.92
虬津	修水	修河	9 914	江西省永修县虬津镇	115.68	29.17
万家埠	潦河	修河	3 548	江西省安义县万埠镇桥南街	115.65	28.85

临湖区主要河流入湖信息

河流名称	一级河流名	入湖口名称	河流名称	一级河流名	入湖口名称
庐山水	博阳河	博阳河入湖口	昌江	饶河	昌江入湖口
田家河	博阳河	博阳河入湖口	丽阳水	饶河	昌江入湖口
泽泉水	博阳河	博阳河入湖口	合禄港	饶河	昌江入湖口
岷山水	博阳河	博阳河入湖口	游城河	饶河	昌江入湖口
五台水	博阳河	博阳河入湖口	乐安河	饶河	饶河入湖口
博阳河	博阳河	博阳河入湖口	饶家河	饶河	饶河入湖口
车桥水	博阳河	博阳河入湖口	饶河	饶河	饶河入湖口
木还垄水	博阳河	博阳河入湖口	南滨河	饶河	昌江入湖口
马回岭水	博阳河	博阳河入湖口	荷塘水	饶河	昌江入湖口
池溪水	池溪水	池溪水入湖口	库下水	三汊港水	三汊港水入湖口
抚河	抚河	抚河入湖口	衙前水	三汊港水	三汊港水入湖口
甘溪水	甘溪水	甘溪水入湖口	三汊港水	三汊港水	三汊港水入湖口
金桥河	赣江	鄱阳湖	田畈街水	潼津河	潼津河入湖口
赣江北支	赣江	官港河入湖口	张家山水	潼津河	潼津河入湖口
赣江中支	赣江	赣江中支入湖口	城墩水	潼津河	潼津河入湖口
赣江北支分支	赣江	沙汊河入湖口	莳山水	潼津河	潼津河入湖口
赣江南支	赣江	赣江南支入湖口	胡家河	潼津河	潼津河入湖口
丰城平原排滞道	赣江	赣江主支入湖口	潼津河	潼津河	潼津河入湖口
长堎河	赣江	赣江主支入湖口	化民水	土塘河	土塘河入湖口
前湖水	赣江	赣江主支入湖口	土塘河	土塘河	土塘河入湖口
铁河	赣江	鄱阳湖	大黄溪	信江	信江东支入湖口
梅岭水	赣江	赣江主支入湖口	黄石溪	信江	信江西支入湖口
抚河故道	赣江	赣江主支入湖口	三塘河	信江	鄱阳湖
蚂蚁河	赣江	鄱阳湖	湖云河	信江	信江东支入湖口
赣江	赣江	赣江主支入湖口	寨上河	信江	鄱阳湖
九龙河	九龙河	九龙河入湖口	珠桥河	信江	信江西支入湖口
安股水	乐安河	饶河入湖口	信江	信江	信江西支入湖口
涌山水	乐安河	饶河入湖口	信江东支	信江	信江东支入湖口
双田水	乐安河	饶河入湖口	万年河	信江	信江东支入湖口
塔前水	乐安河	饶河入湖口	木溪河	信江	信江东支入湖口
梅溪	乐安河	饶河入湖口	蔡溪河	修河	修河入湖口
临港	乐安河	饶河入湖口	潦河	修河	修河入湖口
龙口水	乐安河	饶河入湖口	龙安河	修河	修河入湖口
磻溪河	乐安河	饶河入湖口	马口河	修河	修河入湖口
车溪水	乐安河	饶河入湖口	观察水	修河	修河入湖口
大吉水	乐安河	饶河入湖口	修水	修河	修河入湖口
长源水	乐安河	饶河入湖口	杨柳津河	修河	杨柳津河入湖口
大源河	乐安河	饶河入湖口	峤岭水	修河	修河入湖口
彭源溪	乐安河	饶河入湖口	桃一河	修河	修河入湖口
横塘水	鄱阳湖	鄱阳湖	修水岔河	修河	修河入湖口
排门水	鄱阳湖	鄱阳湖	官营河	漳田河	漳田河入湖口
互惠河	鄱阳湖	鄱阳湖	南阳亭水	漳田河	漳田河入湖口
殷山水	鄱阳湖	鄱阳湖	大板河	漳田河	漳田河入湖口
花桥水	鄱阳湖	鄱阳湖	乐观水	漳田河	漳田河入湖口
下岸水	鄱阳湖	鄱阳湖	石城河	漳田河	漳田河入湖口
张青水	鄱阳湖	鄱阳湖	黄山河	漳田河	漳田河入湖口
五里水	鄱阳湖	鄱阳湖	响水滩河	漳田河	漳田河入湖口
罗溪水	鄱阳湖	罗溪水入湖口	胡家水	漳田河	漳田河入湖口
徐埠港	鄱阳湖	鄱阳湖	漳田河	漳田河	漳田河入湖口
流芳水	鄱阳湖	鄱阳湖	大港水	漳田河	漳田河入湖口
白土水	清丰山溪	抚故河入湖口	秀富水	清丰山溪	抚故河入湖口
焦头河	清丰山溪	抚故河入湖口	清丰山溪	清丰山溪	抚故河入湖口
芗水	清丰山溪	抚故河入湖口	槎水	清丰山溪	抚故河入湖口

临湖区地质

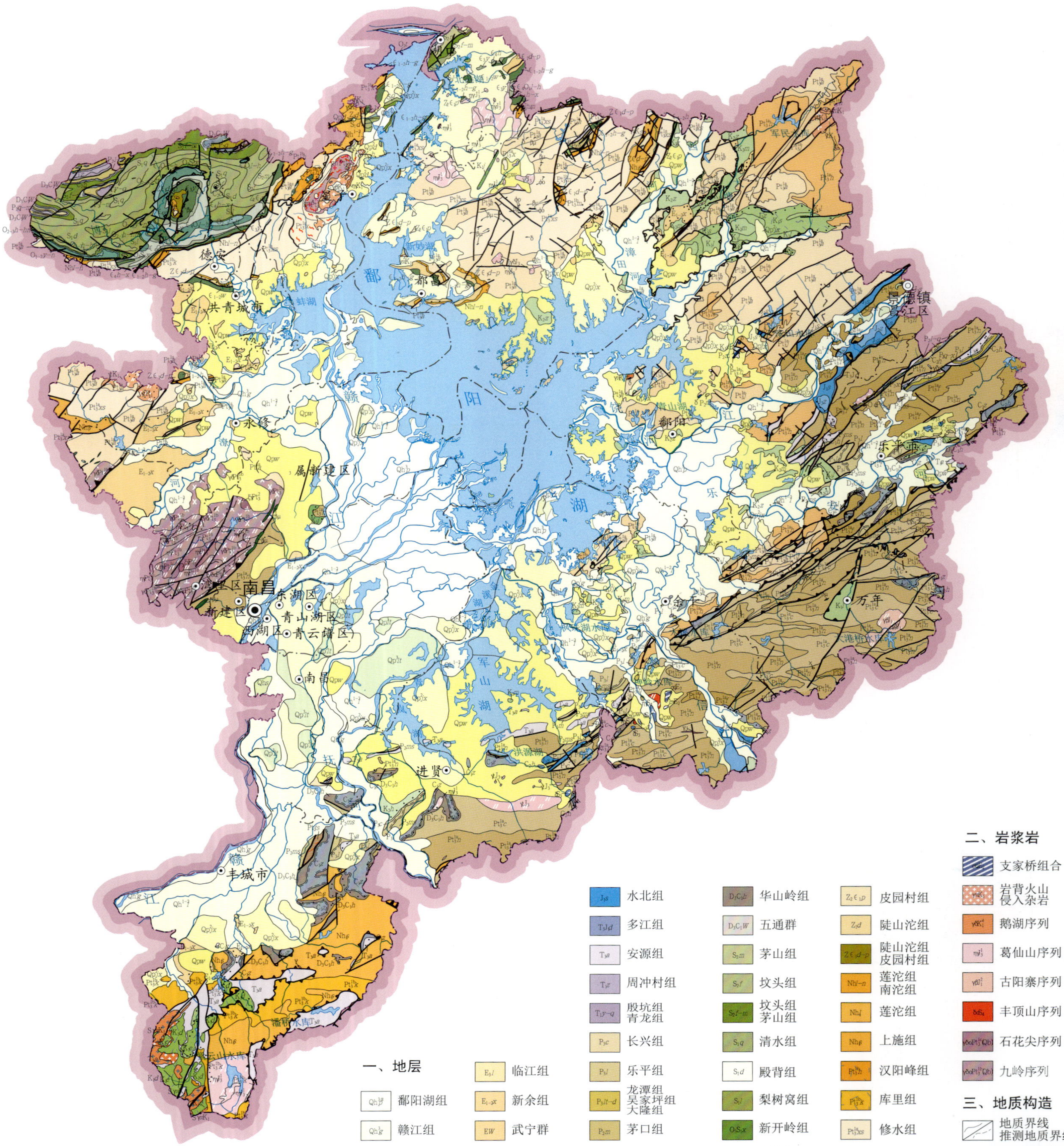

1∶1 000 000

0 10 20 30 40 km

临湖区位于中心位置的第四纪地层广泛发育，出露面积占50%以上；位于周围的前第四纪地层多样；以萍乡—乐平坳陷带为界，南北的地质构造演化存在明显的差异性；岩浆作用频繁；区内断裂构造十分发育。

一、地层

鄱阳湖组
赣江组
联圩组
山背组
莲塘组
新港组
柘矶组
进贤组
大姑组
赣县组
望城岗组
临江组
新余组
武宁群
河口组
周田组
茅店组
冷水坞组
石溪组
鹅湖岭组
打鼓顶组
鸡笼嶂组
漳平组
水北组
多江组
安源组
周冲村组
殷坑组 青龙组
长兴组
乐平组
龙潭组 吴家坪组 大隆组
茅口组
鸣山组
小江边组
栖霞组
栖霞组 小江边组
栖霞组 小江边组 茅口组
梁山组 栖霞组 小江边组 茅口组
藕塘底组
黄龙组
梓山组
华山岭组
五通群
茅山组
坟头组
坟头组 茅山组
清水组
殷背组
梨树窝组
新开岭组
汤山组 汤头组
胡乐组 砚瓦山组 黄泥岗组
汤山组
印渚埠组 宁国组
红花园组
仑山组 红花园组
华严寺组 西阳山组
杨柳岗组
观音堂组 荷塘组
皮园村组
陡山沱组
陡山沱组 皮园村组
莲沱组 南沱组
莲沱组
上施组
汉阳峰组
库里组
修水组
筲箕洼段
安乐林组
计林组
横涌组
星子岩群
程源组
牛头岭组
临江组
铁沙街岩片

二、岩浆岩

支家桥组合
岩背火山侵入杂岩
鹅湖序列
葛仙山序列
古阳寨序列
丰顶山序列
石花尖序列
九岭序列

三、地质构造

地质界线 推测地质界线
角度不整合界线 平行不整合界线
岩相界线
一般实测断层 一般推测断层
重要实测断层 重要推测断层
正断层
逆断层 平移断层
推滑覆断层
滑覆(脱)断层
地层产状 片麻理

临湖区地貌

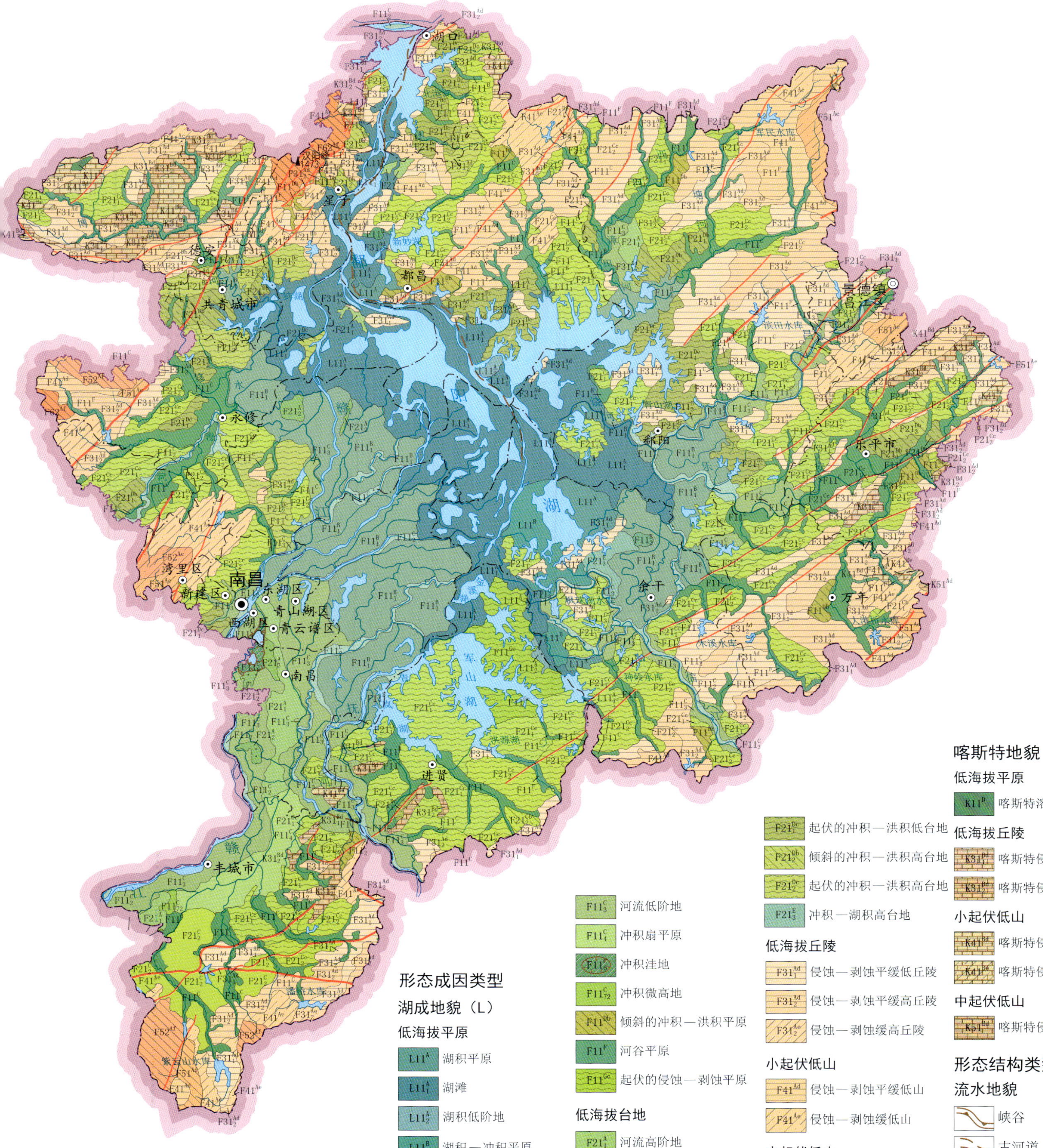

形态成因类型

湖成地貌（L）

低海拔平原
- 湖积平原
- 湖滩
- 湖积低阶地
- 湖积—冲积平原

流水地貌（F）
- 河流、湖泊

低海拔平原
- 冲积—湖积平原
- 冲积—湖积三角洲平原
- 冲积—湖积洼地
- 冲积平原
- 冲积河漫滩
- 河流低阶地
- 冲积扇平原
- 冲积洼地
- 冲积微高地
- 倾斜的冲积—洪积平原
- 河谷平原
- 起伏的侵蚀—剥蚀平原

低海拔台地
- 河流高阶地
- 冲积低台地
- 冲积高台地
- 倾斜的侵蚀—剥蚀低台地
- 起伏的侵蚀—剥蚀低台地
- 侵蚀—剥蚀高台地
- 倾斜的侵蚀—剥蚀高台地
- 起伏的侵蚀—剥蚀高台地
- 倾斜的冲积—洪积低台地
- 起伏的冲积—洪积低台地
- 倾斜的冲积—洪积高台地
- 起伏的冲积—洪积高台地
- 冲积—湖积高台地

低海拔丘陵
- 侵蚀—剥蚀平缓低丘陵
- 侵蚀—剥蚀平缓高丘陵
- 侵蚀—剥蚀缓高丘陵

小起伏低山
- 侵蚀—剥蚀平缓低山
- 侵蚀—剥蚀缓低山

中起伏低山
- 侵蚀—剥蚀平缓低山
- 侵蚀—剥蚀缓低山
- 侵蚀—剥蚀陡低山

中起伏中山
- 侵蚀—剥蚀缓中山
- 侵蚀—剥蚀陡中山

大起伏中山
- 侵蚀—剥蚀陡中山

喀斯特地貌（K）

低海拔平原
- 喀斯特溶蚀平原

低海拔丘陵
- 喀斯特侵蚀平缓低丘陵
- 喀斯特侵蚀平缓高丘陵

小起伏低山
- 喀斯特侵蚀平缓低山
- 喀斯特侵蚀缓低山

中起伏低山
- 喀斯特侵蚀平缓低山

形态结构类型

流水地貌
- 峡谷
- 古河道

风成地貌
- 沙地

构造地貌
- 实测主要断层
- 实测次要断层
- 断层崖与断层三角面

其他地貌
- 夷平面

临湖区的中心位置以湖积平原为主；湖区外围为冲积—湖积平原、冲积平原、冲积—洪积台地、侵蚀—剥蚀台地等；四周为流水作用产生的侵蚀—剥蚀丘陵、低山、中山，以及喀斯特作用产生的丘陵、低山等。

资料来源：《中华人民共和国地貌图集（1:1 000 000）》，2009 年，科学出版社。

临湖区土壤

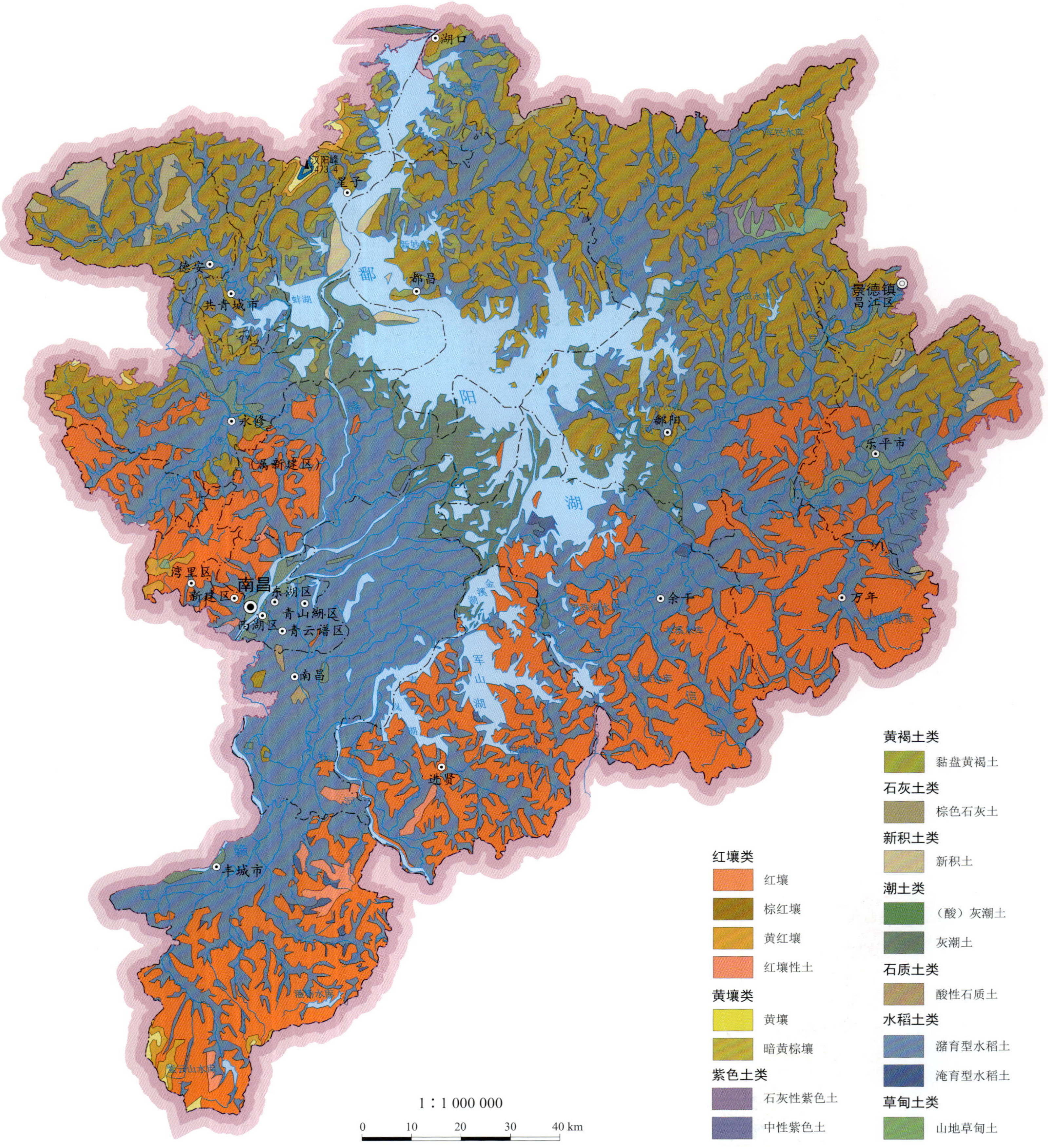

临湖区除水体覆盖区域外，土壤资源丰富、类型多样，适宜各种植物生长。根据土壤的形成条件和属性，主要类型分为：①红壤类，包括红壤、棕红壤、黄红壤、红壤性土，主要分布在湖区周边的低山丘陵岗地和部分湖岛上，成土母质主要是第四纪红色黏土和泥质岩风化物；②黄壤类；③紫色土类，包括石灰性紫色土、中性紫色土，分布范围较小；④黄褐土类；⑤石灰土类；⑥新积土类；⑦潮土类，包括（酸）灰潮土、灰潮土，为河流沉积物或草甸土经过人工旱耕熟化而形成的旱地土壤，主要分布在鄱阳湖沿岸和“五河”的冲积平原区；⑧石质土类；⑨水稻土类，包括潴育型水稻土、淹育型水稻土，是人为长期水耕熟化的土壤，起源于各种自然土壤或母质，广泛分布在平原圩区；⑩草甸土类，主要分布在沿河及滨湖草地，母质为近代河湖沉积物。

资料来源：《江西省土壤图》，1989 年，江西省土壤普查办公室编制。

临湖区土地覆被（2015 年）

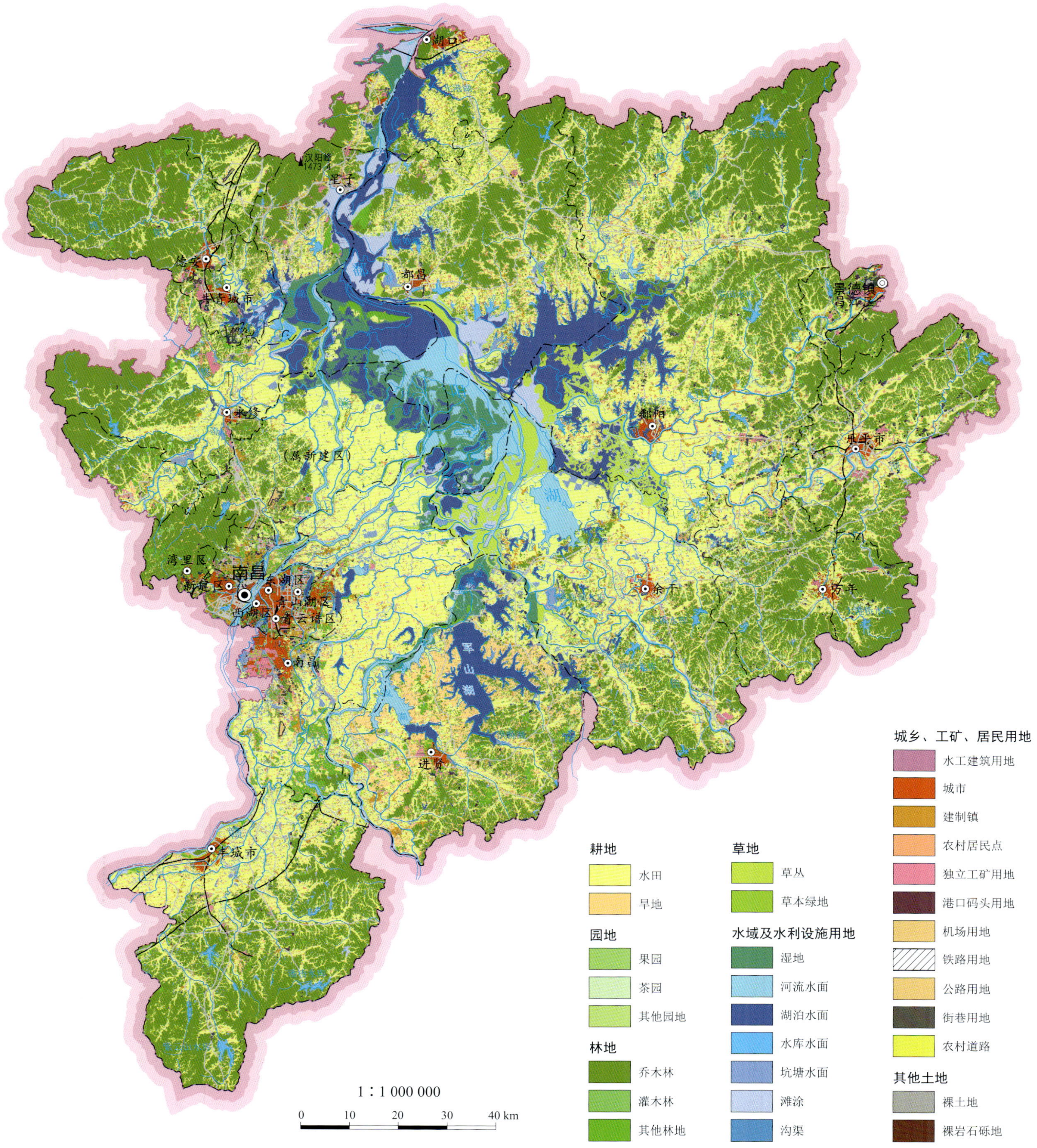

临湖区内林地面积广阔、分布广泛，面积为8 187.94 km^2，占总面积的35.05%；耕地主要集中于鄱阳湖周边河谷平原地区，以水田为主，共7 987.79 km^2，占总面积的34.19%；水域以河流、湖泊为主，散布于河谷平原地区，面积为4 350.17 km^2，占总面积的18.62%；城乡、工矿、居民用地面积为1 920.49 km^2，占总面积的8.22%；园地、草地面积较小，依次为713.95 km^2、145.5 km^2。

临湖区森林资源分布（2019 年）

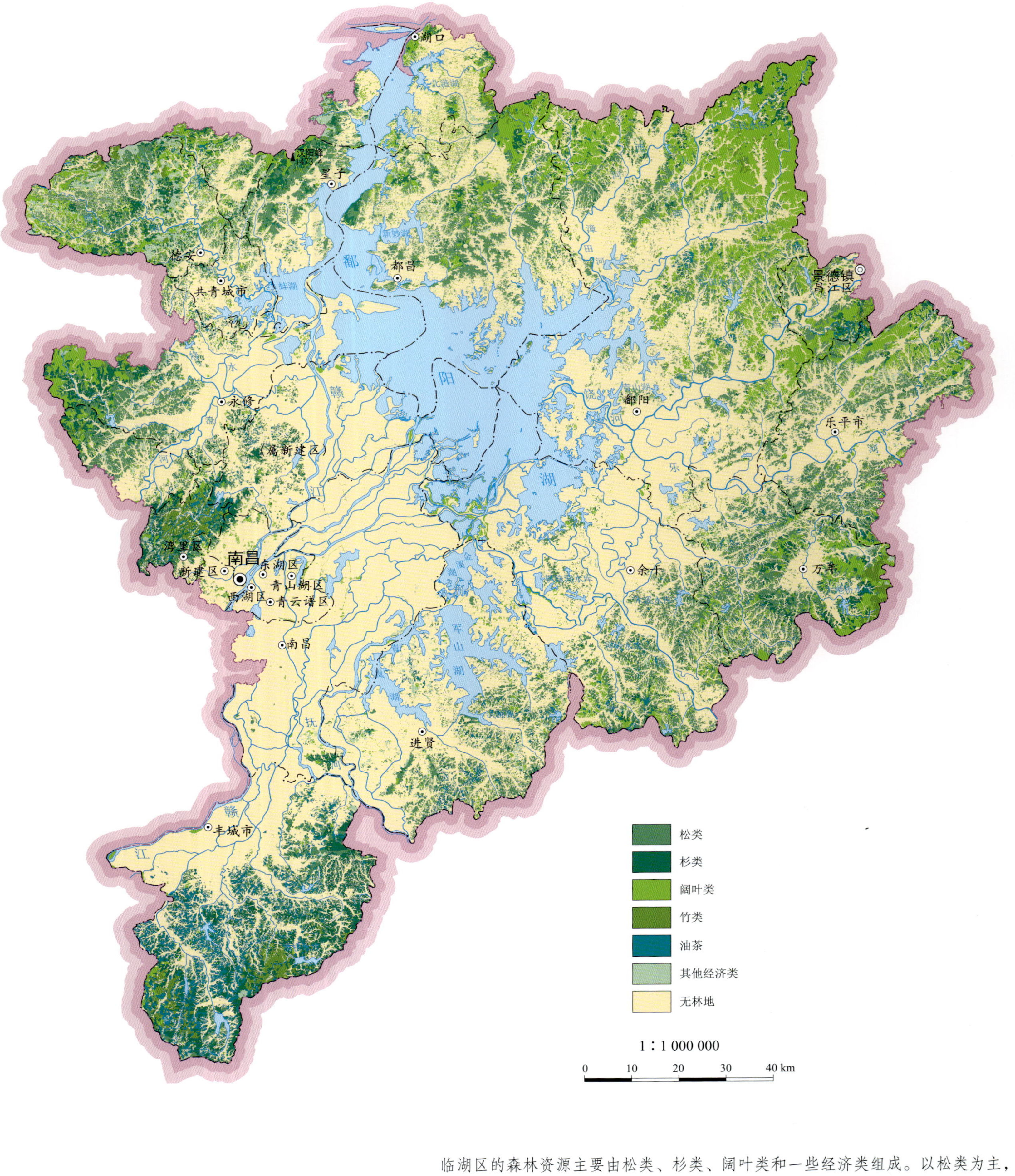

临湖区的森林资源主要由松类、杉类、阔叶类和一些经济类组成。以松类为主，其面积为2 675.87 km²，占林地总面积的36.52%；其次是阔叶类，共2 277.47 km²，占林地总面积的31.09%；竹类面积最少，面积为285.04 km²；经济类的代表油茶广泛分布在临湖区周边丘陵缓坡地带，面积为568.43 km²。

资料来源：江西省森林资源管理“一张图”，2019 年。

二、湿地景观

Wetland Landscape

鄱阳湖常水位遥感影像

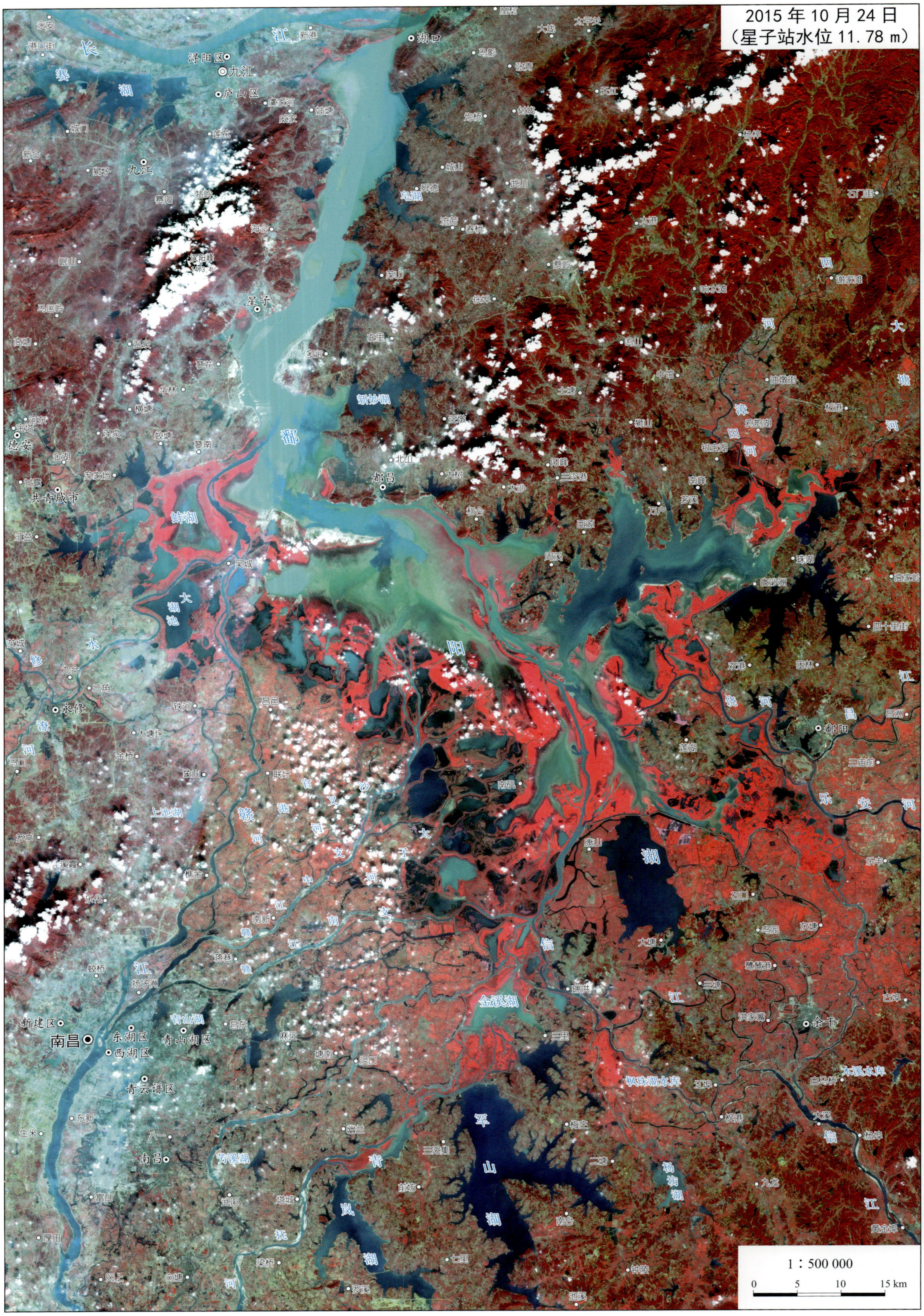
2015 年 10 月 24 日
（星子站水位 11. 78 m）
1 : 500 000
0 5 10 15 km
浔阳区
九江
庐山区
湖口
星子
都昌
共青城市
德安
永修
鄱阳
余干
新建区
南昌
东湖区
西湖区
青山湖区
青云谱区
南昌

鄱阳湖丰水位遥感影像

1∶1 000 000

鄱阳湖水位变化受“五河”和长江来水的双重影响，汛期长达半年之久（4—9月）。其中，4—6月为“五河”主汛期，7—9月为长江主汛期，湖区水位受春汛或长江洪水顶托或倒灌影响而壅高，水位长期维持高水位，湖面年最高水位一般出现在7—8月。进入10月，受长江稳定退水影响，湖区水位持续下降，湖区年最低水位一般出现在1—2月。

一般以星子站为鄱阳湖水情特点代表站。在实测资料中，星子站历年最高水位20.66 m（1985国家高程基准，以下同），出现在1998年8月2日；历年最低水位5.25 m，出现在2004年2月4日；多年平均水位11.41 m；年最高、最低水位多年平均值分别为17.24 m、6.10 m，历年最高、最低水位变幅15.44 m，年内变幅7.70～14.23 m，平均11.13 m。星子站年最高水位主要出现在6—8月，占历年的89.1 %（其中7月占58.0 %，6月占20.0 %）；年最低水位主要出现在12月至次年2月，占历年的94.5 %（其中12月占36.4 %，1月占34.5 %）。

星子站 1956—2013 年各月特征水位

单位：m

月份	1	2	3	4	5	6	7	8	9	10	11	12	年
最高水位	14.57	13.94	17.6	17.77	19.88	21.86	22.51	22.52	21.58	18.73	17.4	13.94	22.52
年份	1998	1959	1992	1992	1975	1998	1998	1998	1998	1988	1983	1982	1998
最低水位	7.19	7.11	7.20	7.51	8.65	10.00	12.79	10.62	9.46	8.10	8.00	7.27	7.11
年份	1957	2004	1963	1963	2011	2011	1963	2006	2006	2013	2013	2007	2004
变幅	7.38	6.83	10.40	10.26	11.23	11.86	9.72	11.90	12.12	10.63	9.40	6.67	15.41
平均水位	8.97	9.56	11.09	12.82	14.68	16.03	17.65	16.64	15.80	14.14	11.81	9.64	13.25

注：高程为吴淞高程。

鄱阳湖湖面多站水位变化统计

单位：m

站名	湖口	星子	都昌	棠荫	康山	吴城	滁槎	三阳
最高水位	22.59	22.52	22.43	22.57	22.43	22.98	23.17	23.16
年份	1998	1998	1998	1998	1998	1998	1998	1998
最低水位	5.90	7.11	7.53	9.64	11.97	9.12	12.35	14.86
年份	1963	2004	2013	2007	2004	2013	2013	2013
变幅	16.69	15.41	14.90	12.93	10.46	13.86	10.82	8.30
平均水位	12.73	13.25	13.66	14.52	15.10	14.56	17.31	17.08

注：高程为吴淞高程。

鄱阳湖枯水位遥感影像

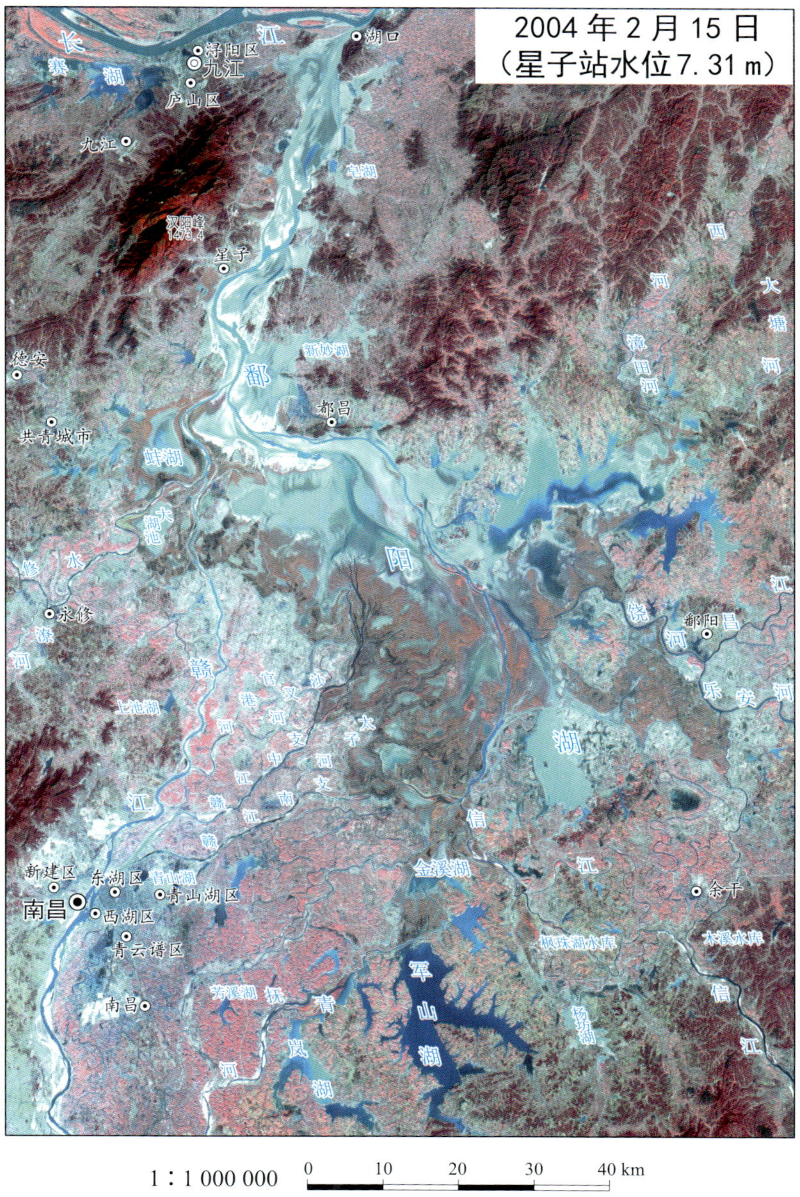

1∶1 000 000

鄱阳湖天然湿地景观季节性变化特征（2019年）

湿地是陆地生态系统与水生生态系统之间的过渡类型，其景观类型空间结构的变化是湿地格局变化的一种表现形式。水体、草洲、泥滩和沙滩是鄱阳湖天然湿地景观最重要的四种类型。其中，水体是指水面覆盖的区域，草洲为各种草类生长的区域，泥滩是指淤泥沉积形成的滩地，沙滩是指泥沙堆积形成的滩地。鄱阳湖水位季节性涨退过程造成鄱阳湖天然湿地各类型之间的动态变化，水位高时以水体为主体，水位低时以草洲和泥滩为主体，呈现水陆交替出现的景观，整个自然湿地处在年复一年有规律的波动之中。

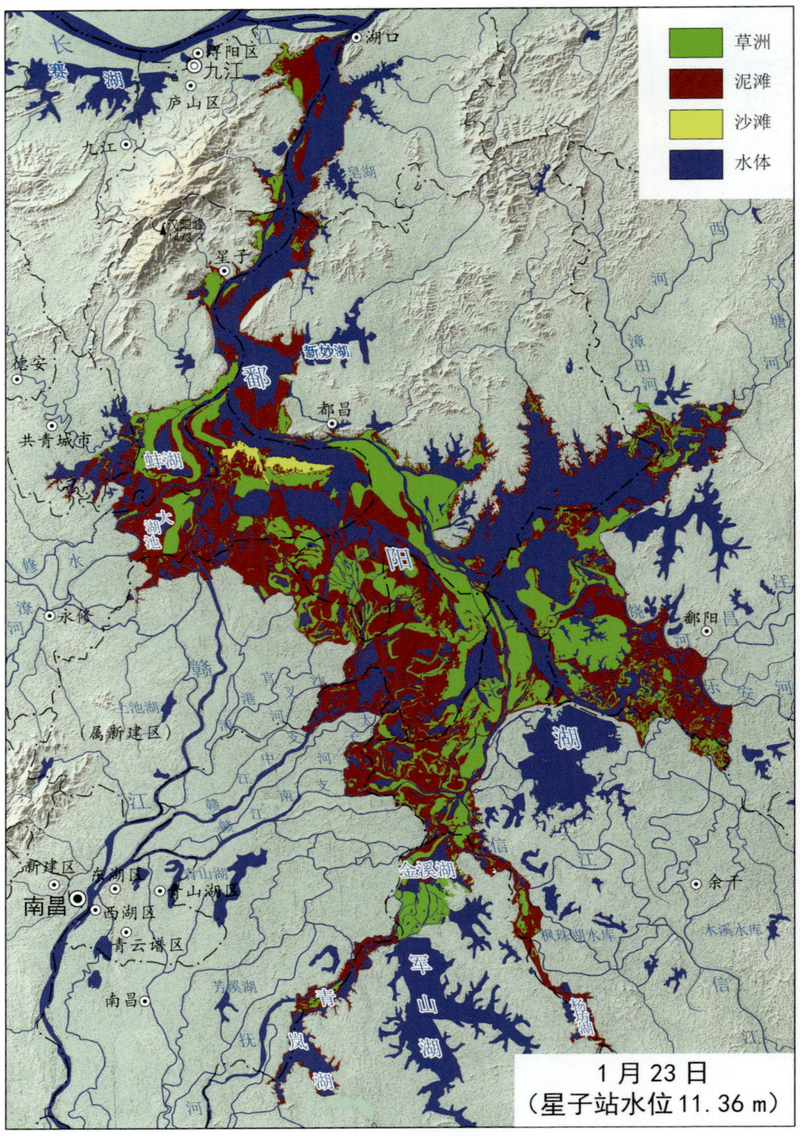

1月23日
（星子站水位11.36 m）

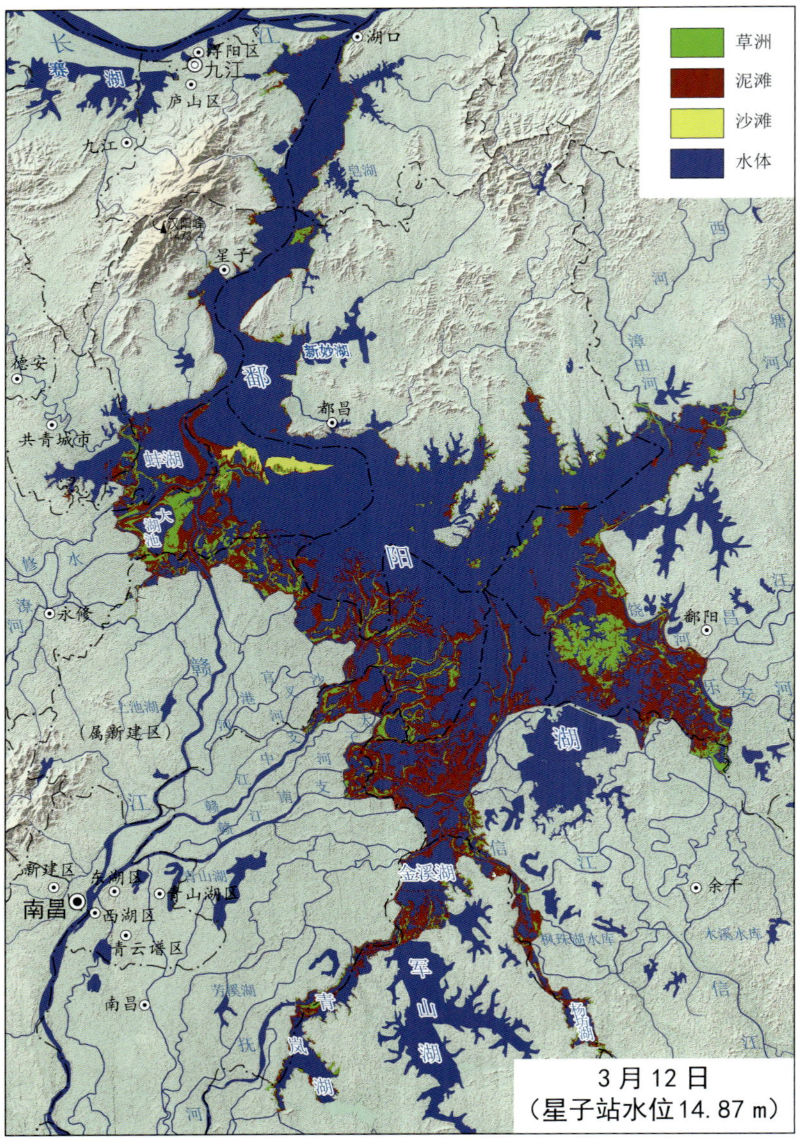

3月12日
（星子站水位14.87 m）

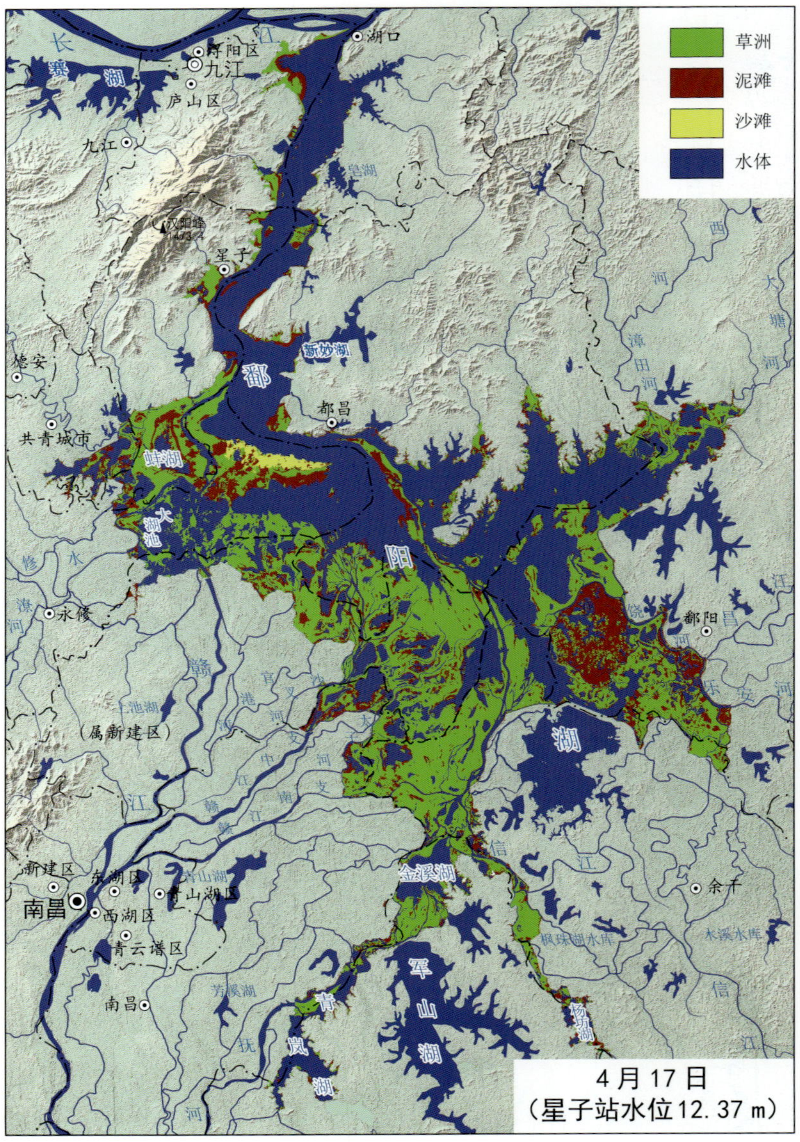

4月17日
（星子站水位12.37 m）

1∶1 000 000　0　10　20　30　40 km

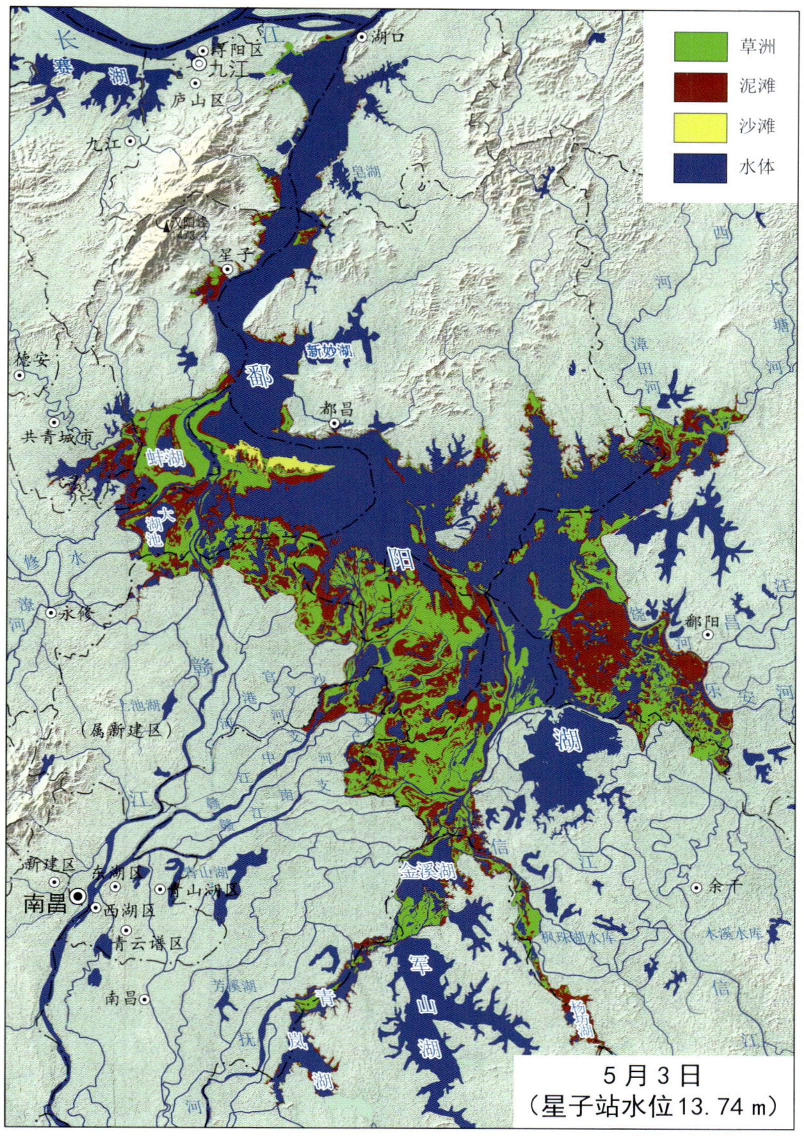

5 月 3 日
（星子站水位 13.74 m）

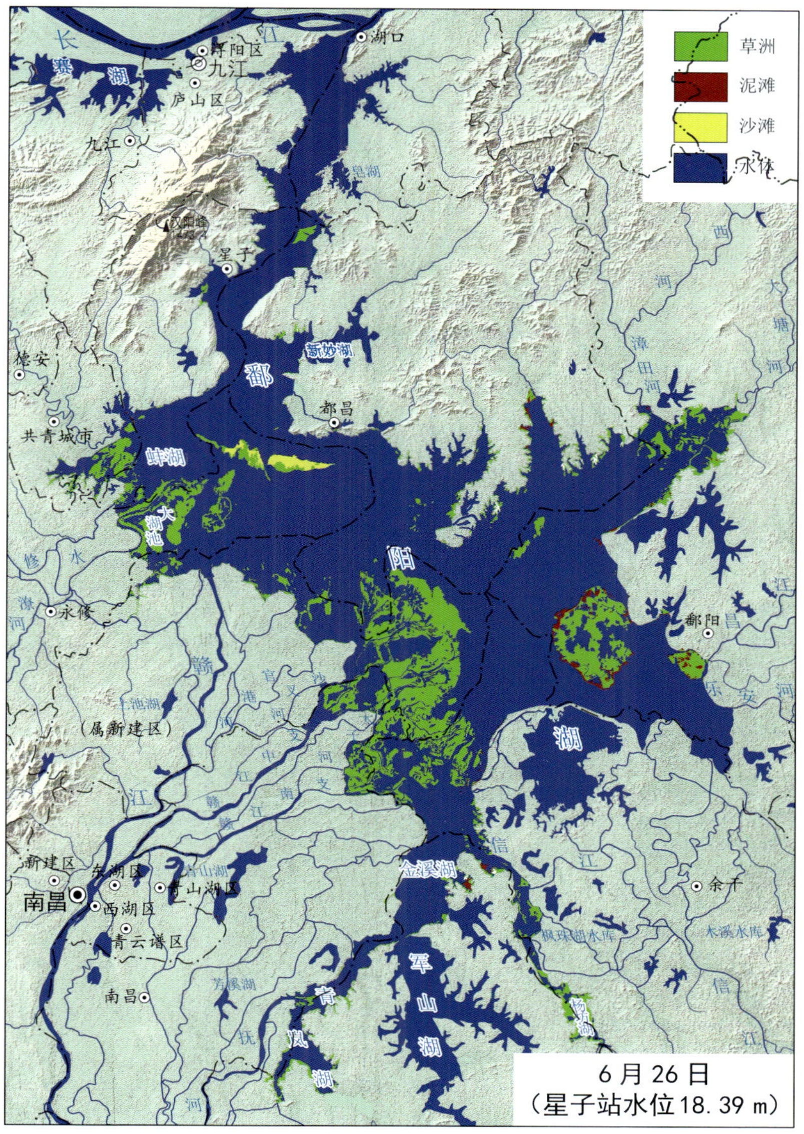

6 月 26 日
（星子站水位 18.39 m）

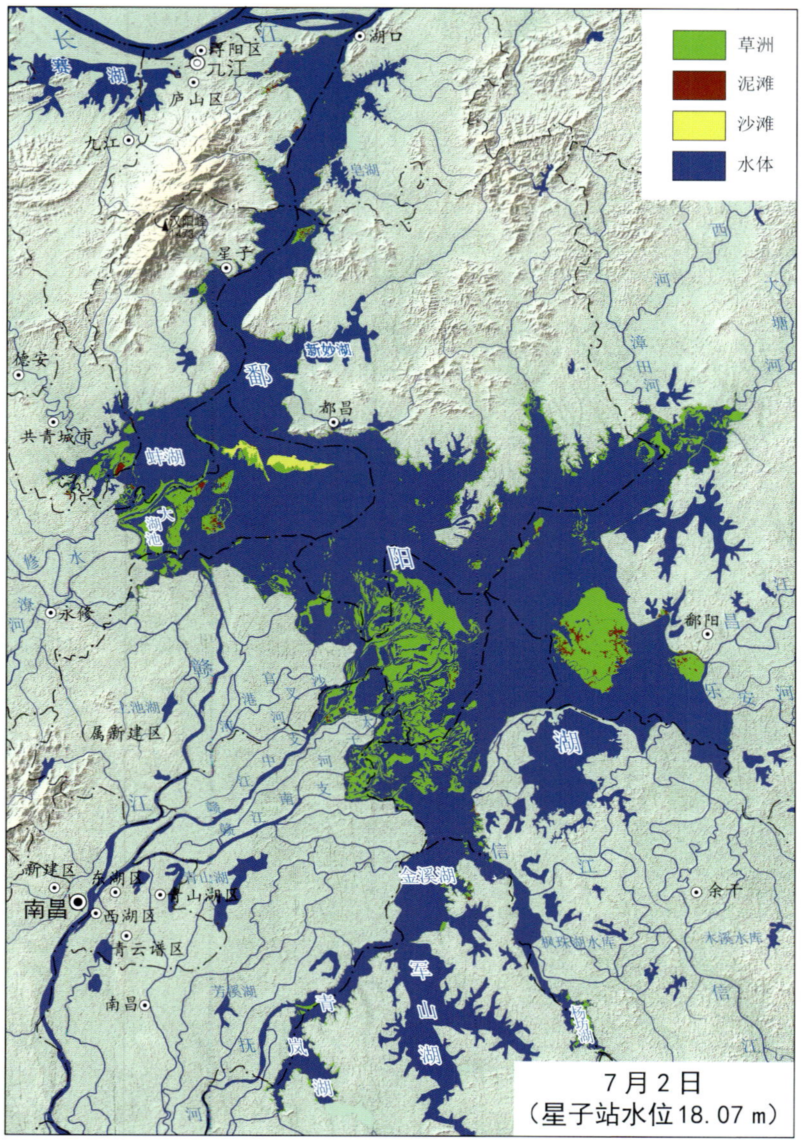

7 月 2 日
（星子站水位 18.07 m）

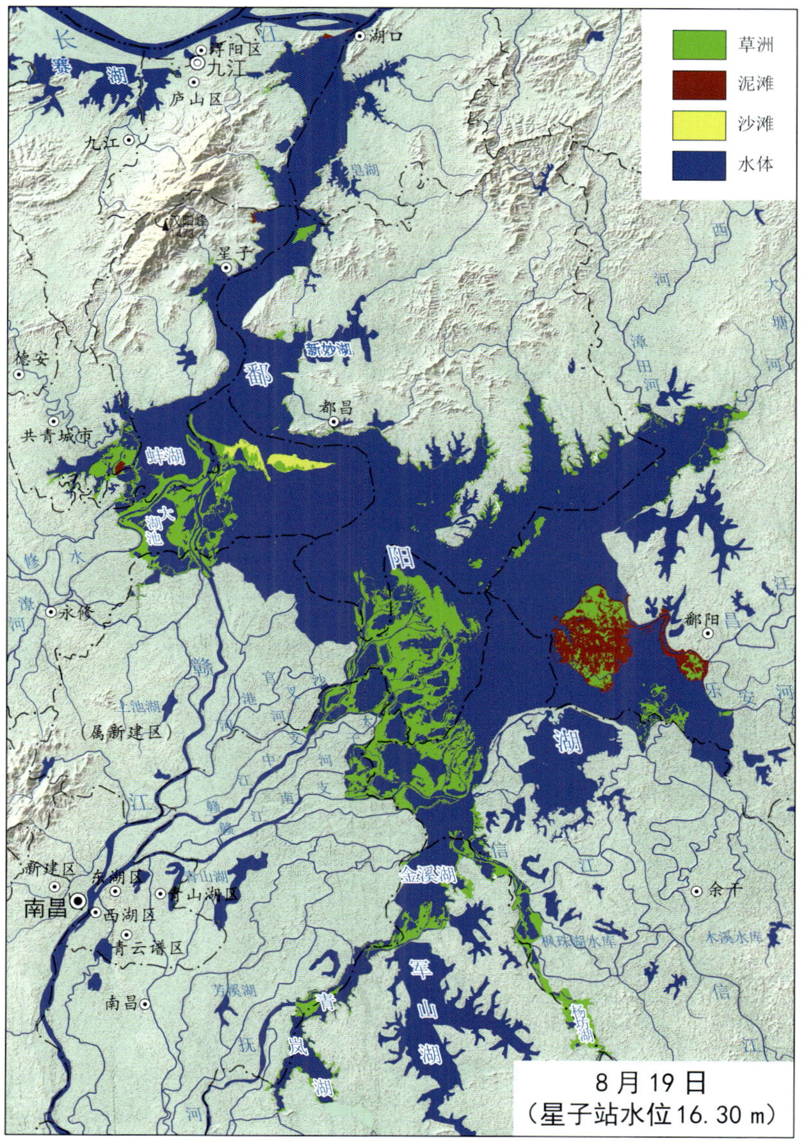

8 月 19 日
（星子站水位 16.30 m）

1：1 000 000　0　10　20　30　40 km

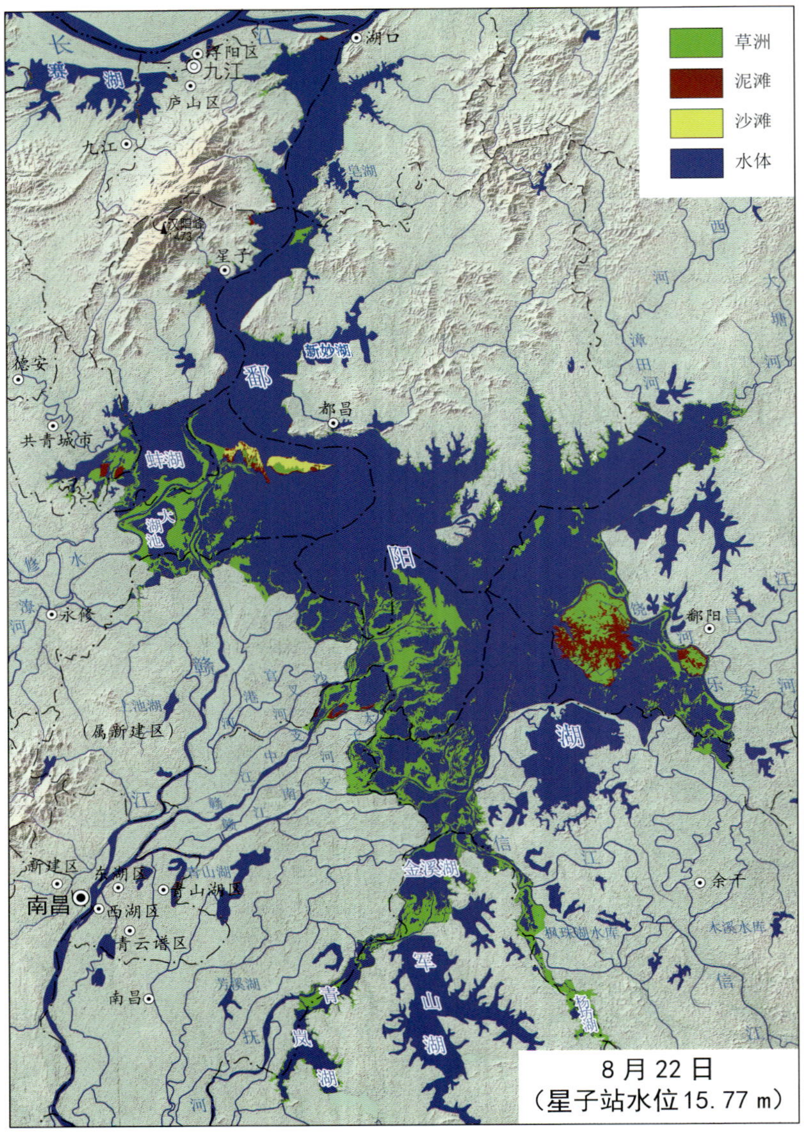

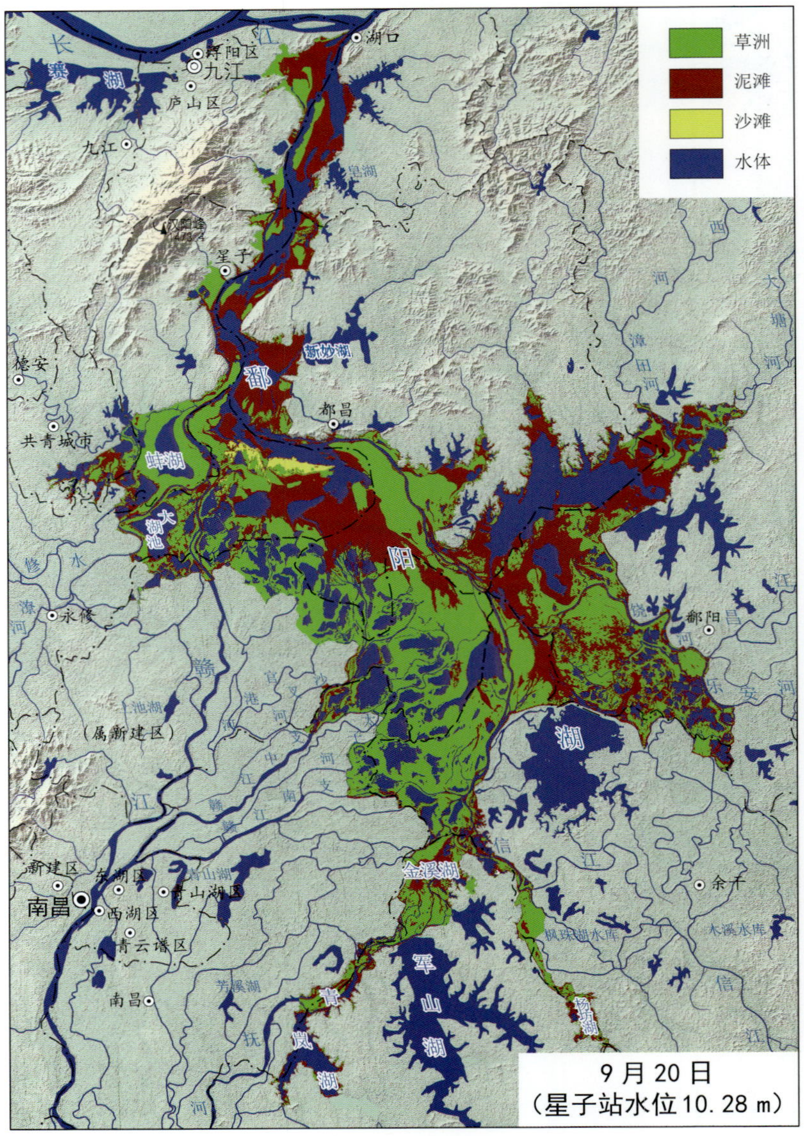

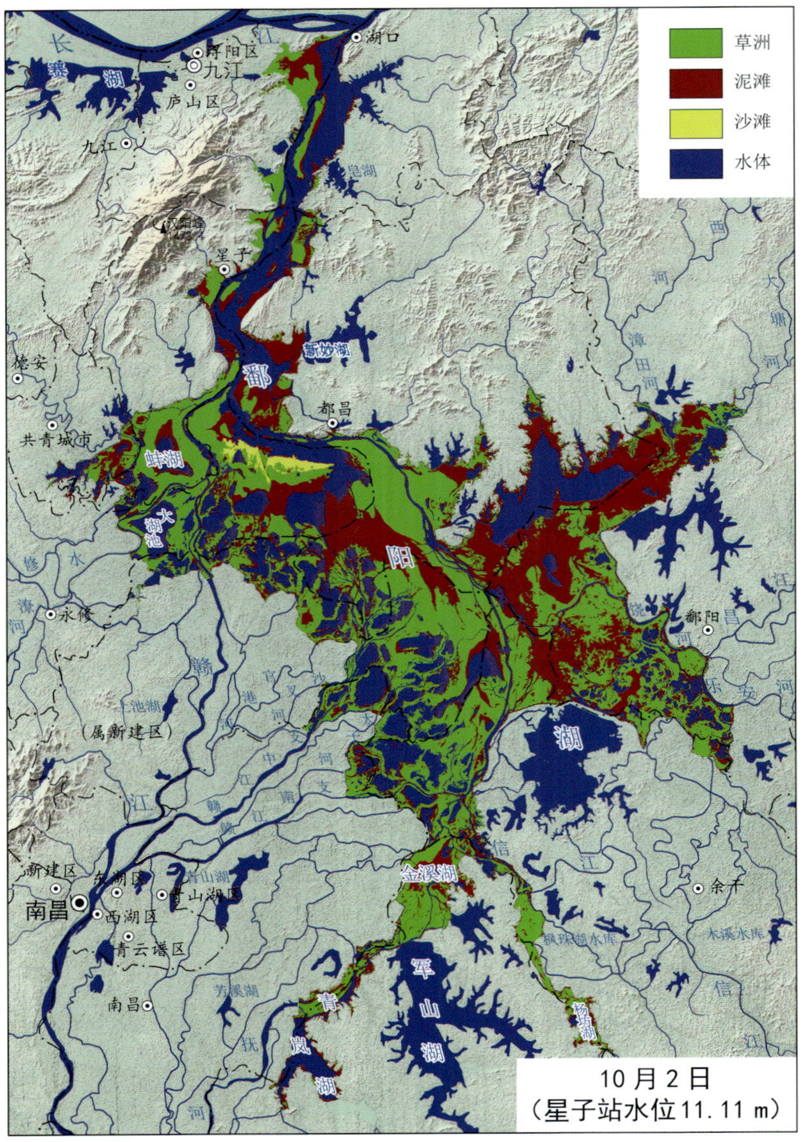

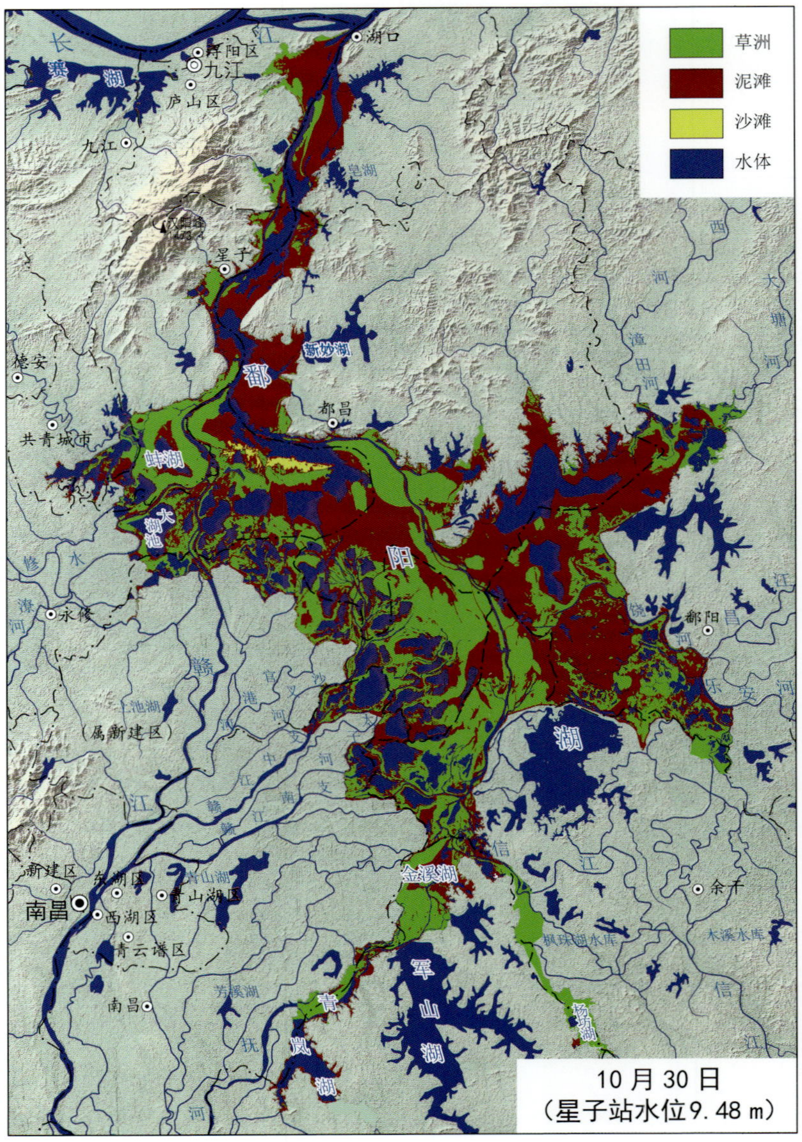

1∶1 000 000　0　10　20　30　40 km

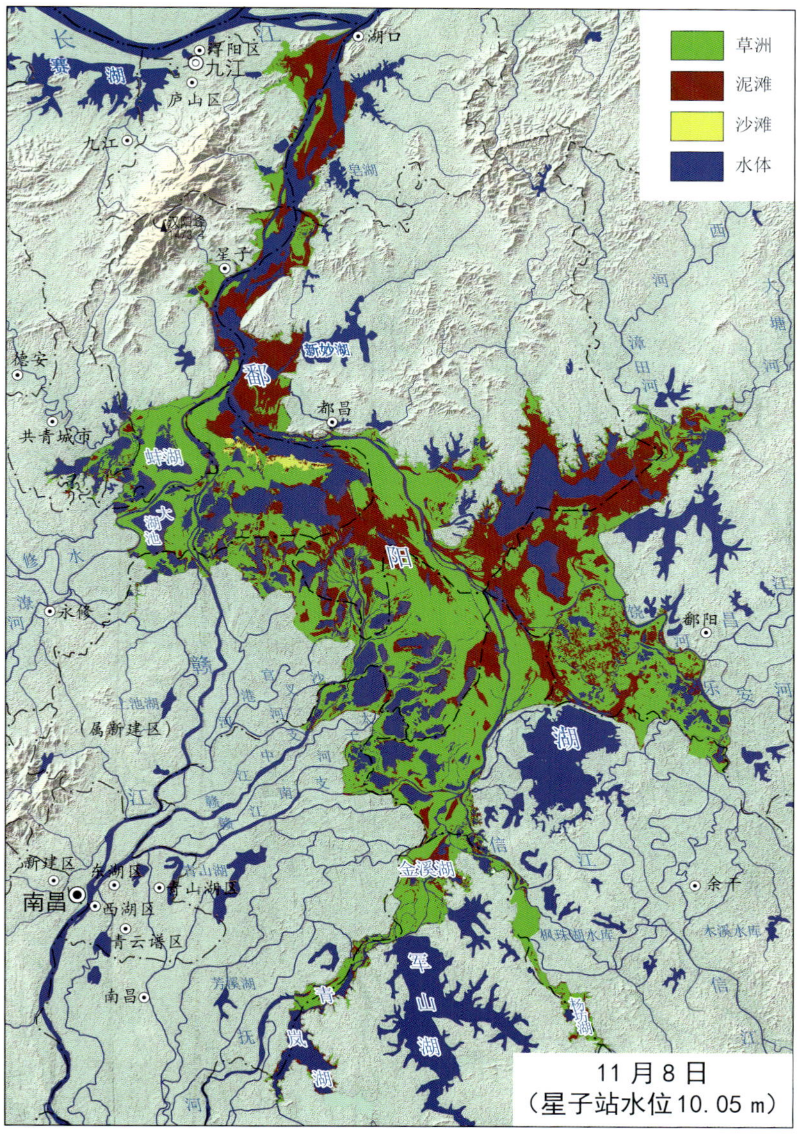

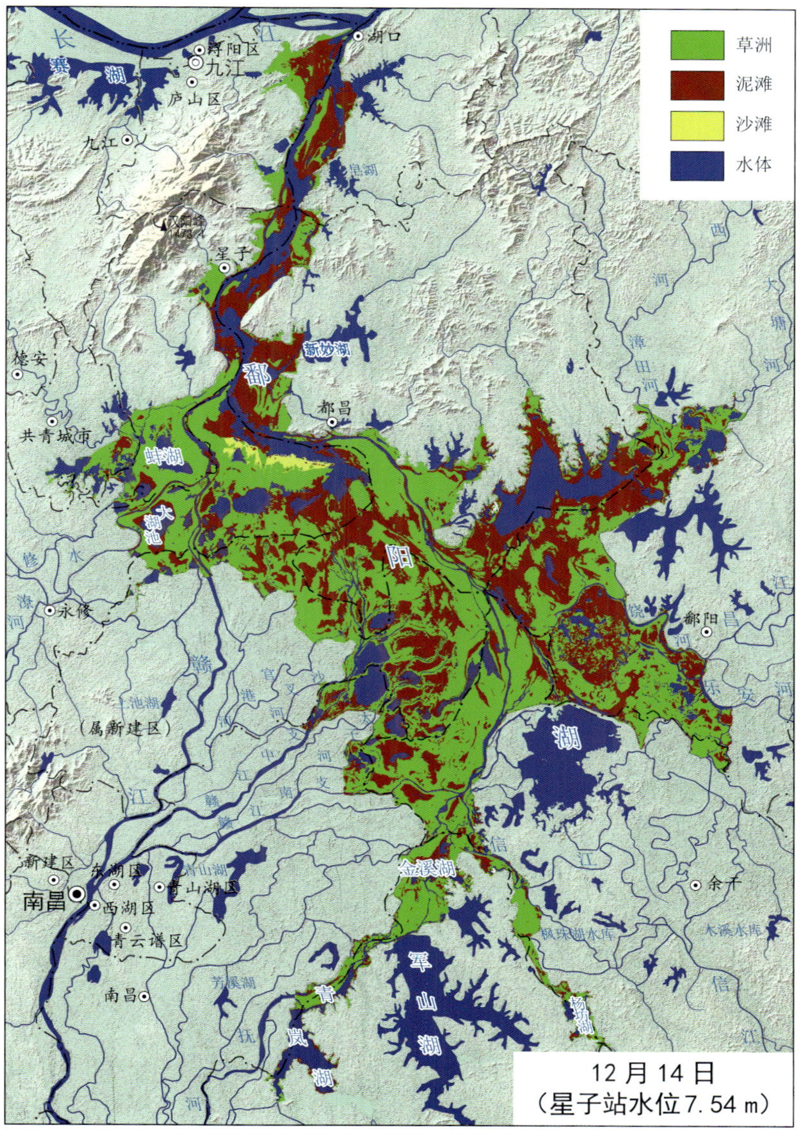

1：1 000 000　　0　10　20　30　40 km

2019年鄱阳湖不同水位下的各类湿地景观面积变化

水文过程		日期	水体／km^2	草洲／km^2	泥滩／km^2	沙滩／km^2	星子站水位／（吴淞高程，m）
涨水过程至退水过程	枯水期	1月23日	1 231.65	770.76	1 281.16	18.53	11.36
	丰水期	3月12日	2 331.77	251.92	701.46	16.95	14.87
		4月17日	1 673.76	1 120.79	489.03	18.52	12.37
		5月3日	1 690.49	825.49	770.16	15.96	13.74
		6月26日	2 743.82	525.45	20.83	12.00	18.39
		7月2日	2 731.99	535.41	21.54	13.16	18.07
		8月19日	2 596.84	603.97	84.48	16.81	16.30
		8月22日	2 596.39	622.66	70.61	12.44	15.77
	枯水期	9月20日	995.76	1 270.28	1 020.42	15.64	10.28
		10月2日	1 051.70	1 268.95	962.20	19.25	11.11
		10月30日	889.19	1 073.00	1 328.89	11.02	9.48
		11月8日	911.69	1 529.30	849.45	11.66	10.05
		12月14日	675.62	1 565.32	1 044.59	16.57	7.54

在丰水期，鄱阳湖天然湿地各景观类型的面积排序一般为水体＞草洲＞泥滩＞沙滩，景观类型以水体为主。当星子站水位高于12 m，水体景观约占整个天然湿地的一半；当星子站水位高于16 m，水体可以占到整个天然湿地的80%以上。鄱阳湖天然湿地的水面面积随着水位的升高而增大，星子站水位在9～16 m时水面面积增减幅度较大，以9 m和16 m为拐点，低于9 m水面面积减幅降低，高于16 m水面面积增加减缓。

在枯水期，水位下降，湖水归入河道，水面面积缩小，湿地景观类型以草洲和泥滩为主，二者的面积之和约占天然湿地总面积的2/3；当星子站水位低于9 m，草洲和泥滩的面积之和可以占到整个天然湿地总面积的80%以上；沙滩在鄱阳湖天然湿地景观中所占比重很小，不足1%。

鄱阳湖天然湿地景观长期演化特征
（1970 年代—2020 年代）

根据鄱阳湖主要控制站湖口、星子、都昌、棠荫和康山站长期水文特征数据，除湖口站外，湖区各个主要控制站实测最低水位均发生在2003年以后，即便是湖口站2004年也发生较枯水位4.74 m，鄱阳湖各站年最低水位呈下降趋势，极端最低水位屡创新低。鄱阳湖长期低枯水位，不仅严重影响生产生活用水，对湿地生态系统的危害也非常严重。

选取星子站18 m（丰水期代表性水位）、13 m（平水期代表性水位）、10 m（枯水期代表性水位）、8 m（极枯期代表性水位）四个特征水位，结合Landsat TM卫星数据，展示近50年来鄱阳湖天然湿地景观的长期变化。

湖区及尾闾地区各站年最低水位

1985 国家高程基准，单位：m

站点 / 年份	湖口	星子	都昌	棠荫	康山
2003年以前	4. 02	5. 26	6. 97	9. 25	10. 38
2003	5. 72	6. 04	7. 20	8. 27	10. 34
2004	4. 74	5. 22	7. 07	8. 24	10. 26
2005	5. 94	6. 31	7. 82	9. 92	11. 17
2006	5. 46	5. 91	7. 45	9. 60	10. 88
2007	5. 27	5. 38	6. 53	7. 92	10. 48
2008	5. 28	5. 48	6. 40	8. 13	10. 59
2009	5. 41	5. 60	6. 34	9. 25	10. 64
2010	5. 65	5. 85	6. 50	9. 50	10. 82
2011	6. 08	6. 16	6. 46	9. 48	10. 87
2012	5. 79	5. 90	6. 27	9. 59	10. 77
2013	5. 42	5. 51	5. 88	9. 29	10. 40
2014	5. 43	5. 50	5. 81	9. 30	10. 46
2015	5. 64	5. 68	5. 95	9. 31	10. 55
2016	6. 86	7. 09	7. 44	9. 98	11. 32
2017	5. 76	5. 87	6. 55	9. 43	10. 62
2018	5. 75	5. 85	6. 45	9. 46	10. 52
2019	5. 44	5. 43	5. 97	8. 92	10. 02

星子站 1970 年代以来代表性水位及对应遥感影像日期

吴淞高程，单位：m

特征水位 / 年代	极枯期代表性水位 8 m	枯水期代表性水位 10 m	平水期代表性水位 13 m	丰水期代表性水位 18 m
1970	—	—	12.98（1976.10.06）	—
1980	7.87（1976.10.06）	9.96（1983.01.28）	12.65（1983.11.28）	18.34（1984.08.02）
1990	8.58（1993.01.31）	10.21（1993.03.12）	12.89（1991.10.25）	18.22（1996.09.04）
2000	7.94（2006.12.29）	9.80（2000.01.27）	12.91（2000.05.10）	18.27（2005.09.13）
2010	—	—	12.71（2012.10.18）	18.50（2012.08.18）
2020	8.13（2021.02.21）	9.95（2021.11.23）	12.63（2021.10.30）	18.56（2020.09.06）
所选择影像最大水位差	0.68	0.41	0.35	0.34

8 m 水位时鄱阳湖天然湿地景观的长期演化特征

从长期的湖泊水位变化情况来看，在星子站水位为8 m时，鄱阳湖处于极端枯水水位，湖水归入河槽，湖泊水面缩小到一个很小的范围，仅在棠荫东北方和松门山以南存有大范围水面。在这样的水位情况下，从1980年代到2020年代，水体面积仅为整个景观面积的25%～30%，草洲面积占整个景观面积的24%～44%，泥滩面积占整个景观面积的28%～45%。水体在鄱阳湖湿地景观中并不处于绝对优势地位，而是与草洲、泥滩一起构成鄱阳湖天然湿地的主要景观类型。

8 m 水位时鄱阳湖天然湿地景观的长期演化特征

日期 \ 湿地景观类型	水体		草洲		泥滩		沙滩	
	面积/km²	比例/%	面积/km²	比例/%	面积/km²	比例/%	面积/km²	比例/%
1987.01.31	988.43	29.93	1 223.13	37.04	1 061.24	32.14	29.30	0.89
1993.01.31	918.51	27.82	795.37	24.09	1 490.68	45.14	97.54	2.95
2006.12.29	978.31	29.63	1 344.52	40.72	920.05	27.86	59.23	1.79
2021.02.21	831.84	25.19	1 459.17	44.19	992.96	30.07	18.13	0.55

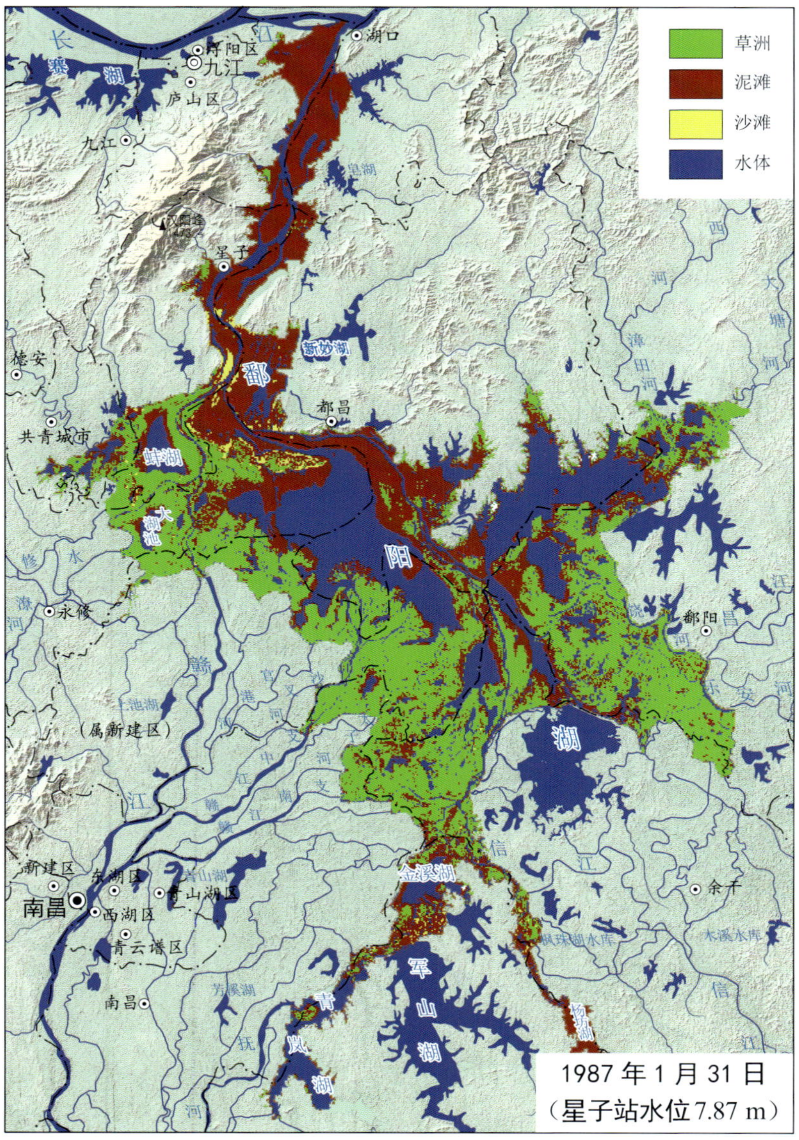

1987 年 1 月 31 日
（星子站水位 7.87 m）

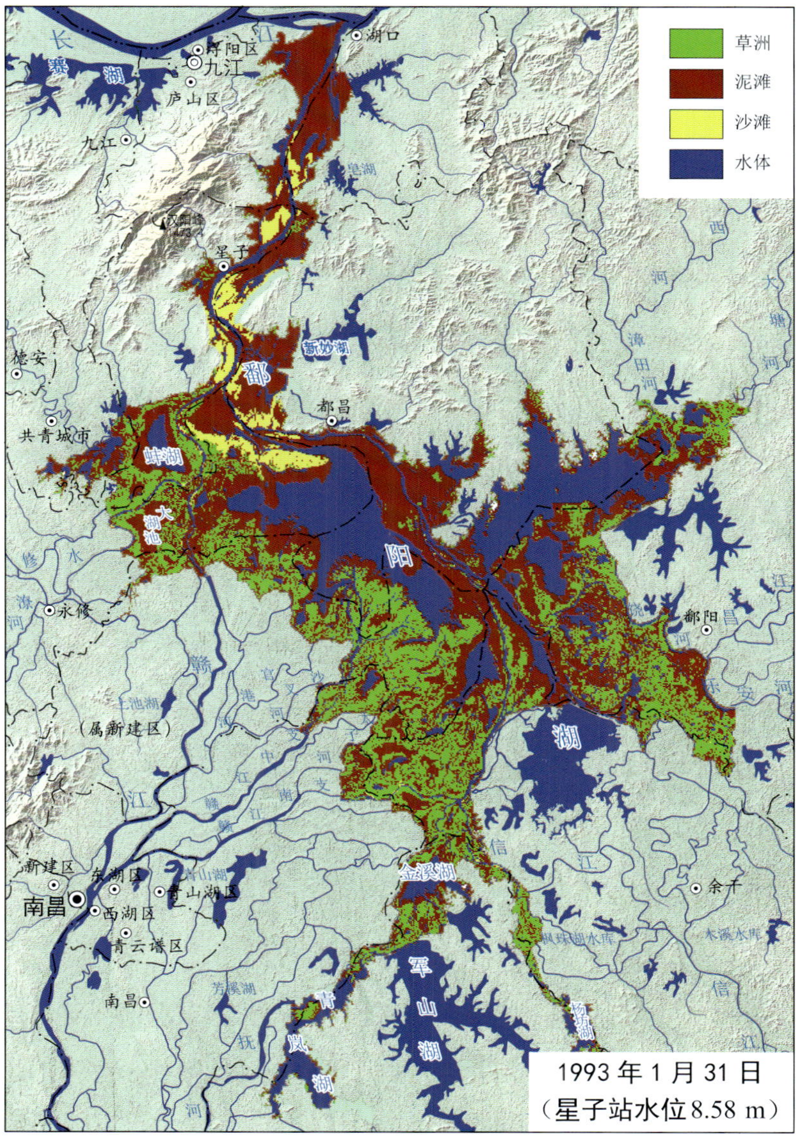

1993 年 1 月 31 日
（星子站水位 8.58 m）

1∶1 000 000　0　10　20　30　40 km

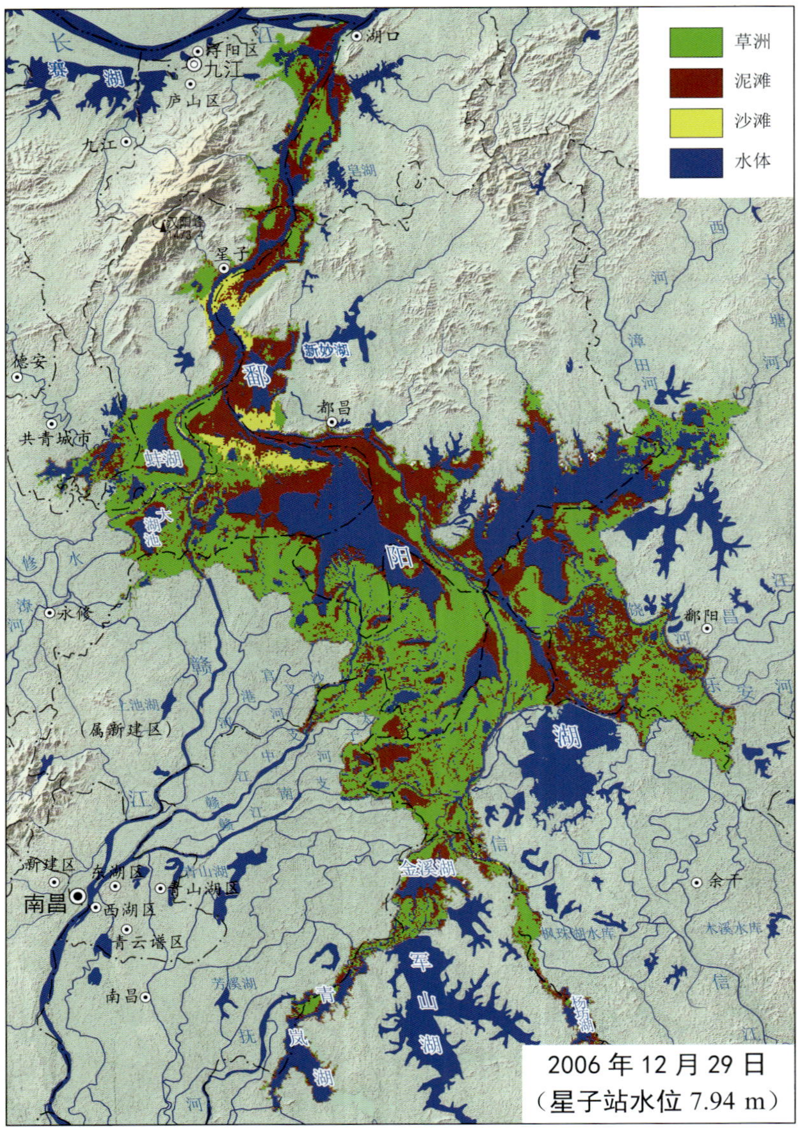

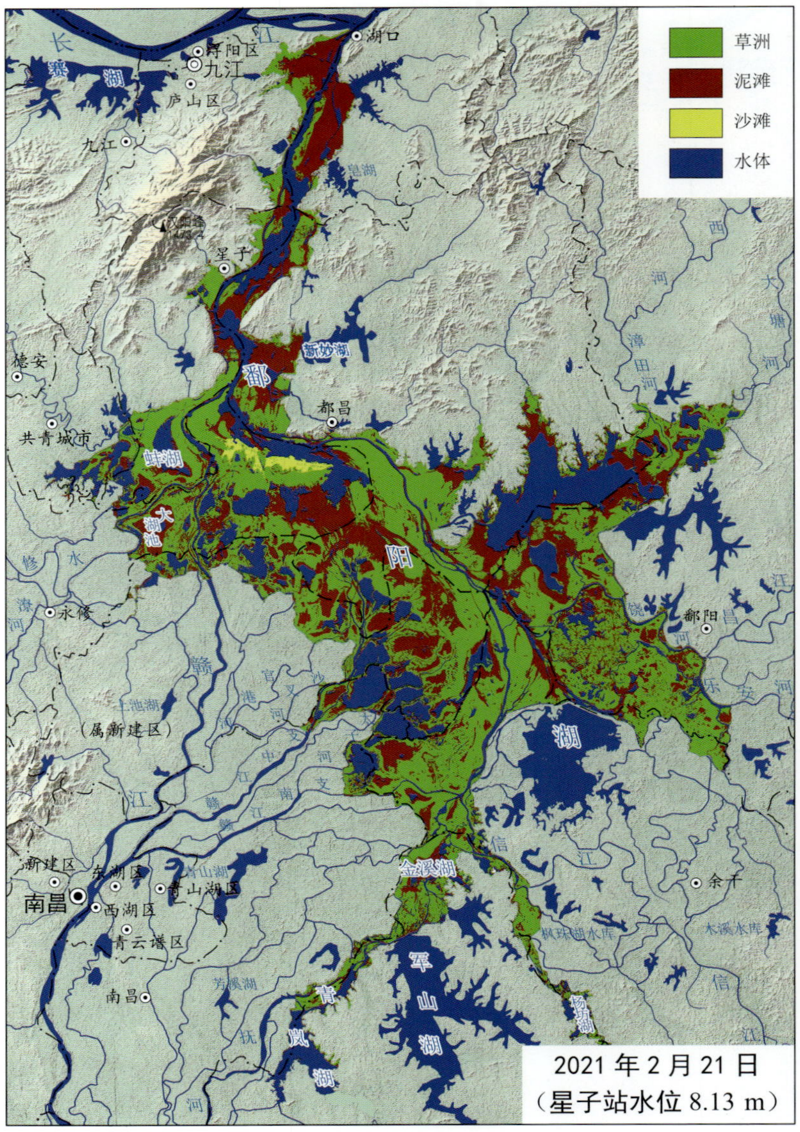

1∶1 000 000　0　10　20　30　40 km

10 m 水位时鄱阳湖天然湿地景观的长期演化特征

从长期的湖泊水位变化情况来看，在星子站水位为10 m时，鄱阳湖处于一般枯水水位，湖水归入河槽，大水面集中在棠荫东北方和松门山以南。在这样的水位情况下，从1980年代到2020年代，水体面积占整个景观面积的28%～37%，草洲面积占整个景观面积的22%～38%，泥滩面积占整个景观面积的24%～47%。水体在鄱阳湖湿地景观中仍不处于绝对优势地位，而是与草洲、泥滩一起构成鄱阳湖天然湿地的主要景观类型。

10 m 水位时鄱阳湖天然湿地景观的长期演化特征

湿地景观类型 / 日期	水体		草洲		泥滩		沙滩	
	面积/km²	比例/%	面积/km²	比例/%	面积/km²	比例/%	面积/km²	比例/%
1983.01.28	988.79	29.94	741.85	22.47	1 539.80	46.63	31.65	0.96
1993.03.12	1 233.36	37.35	800.40	24.24	1 237.27	37.47	31.07	0.94
2000.01.27	1 179.87	35.73	1 265.25	38.32	805.30	24.39	51.69	1.57
2021.11.23	921.58	27.91	1 267.68	38.39	1 099.64	33.30	13.20	0.16

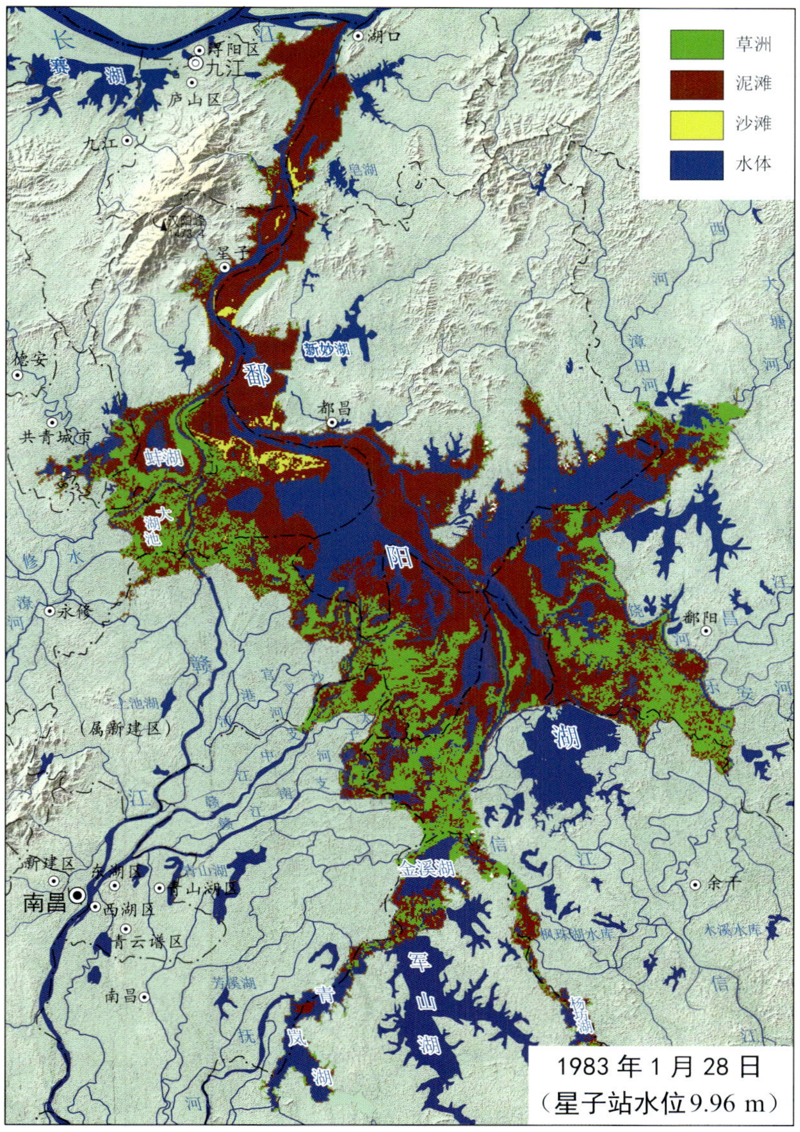

1983 年 1 月 28 日
（星子站水位9.96 m）

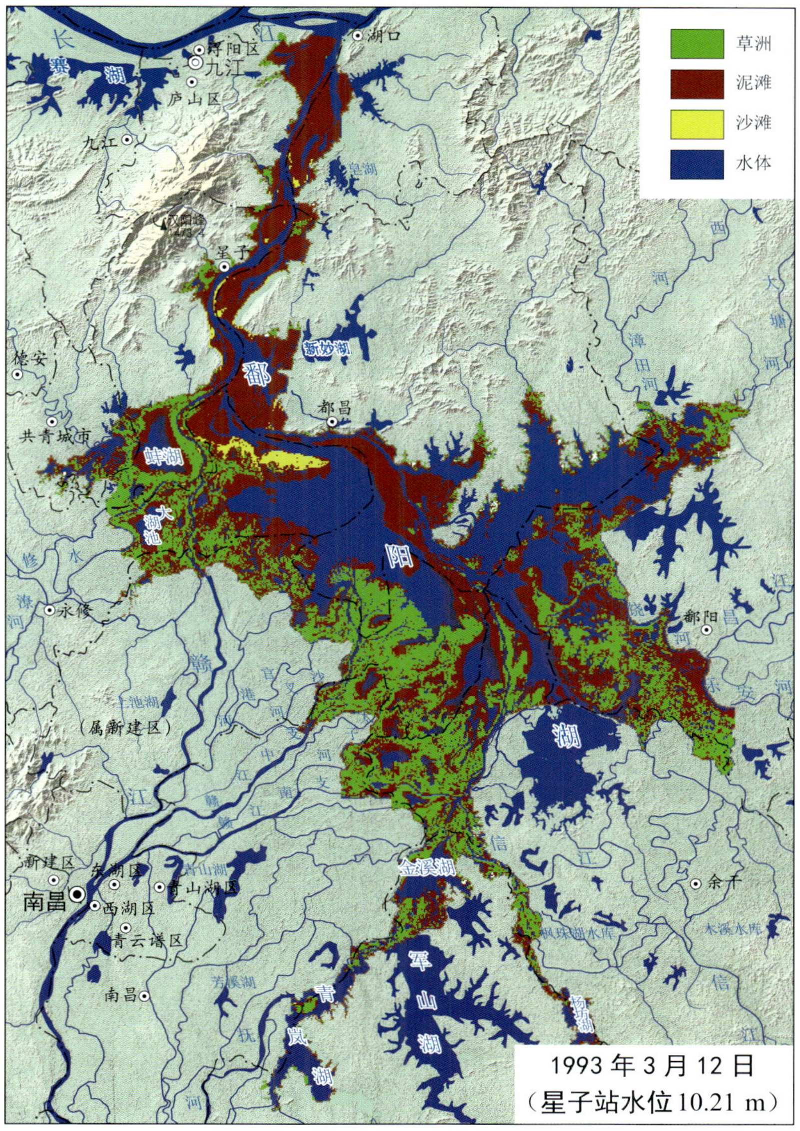

1993 年 3 月 12 日
（星子站水位10.21 m）

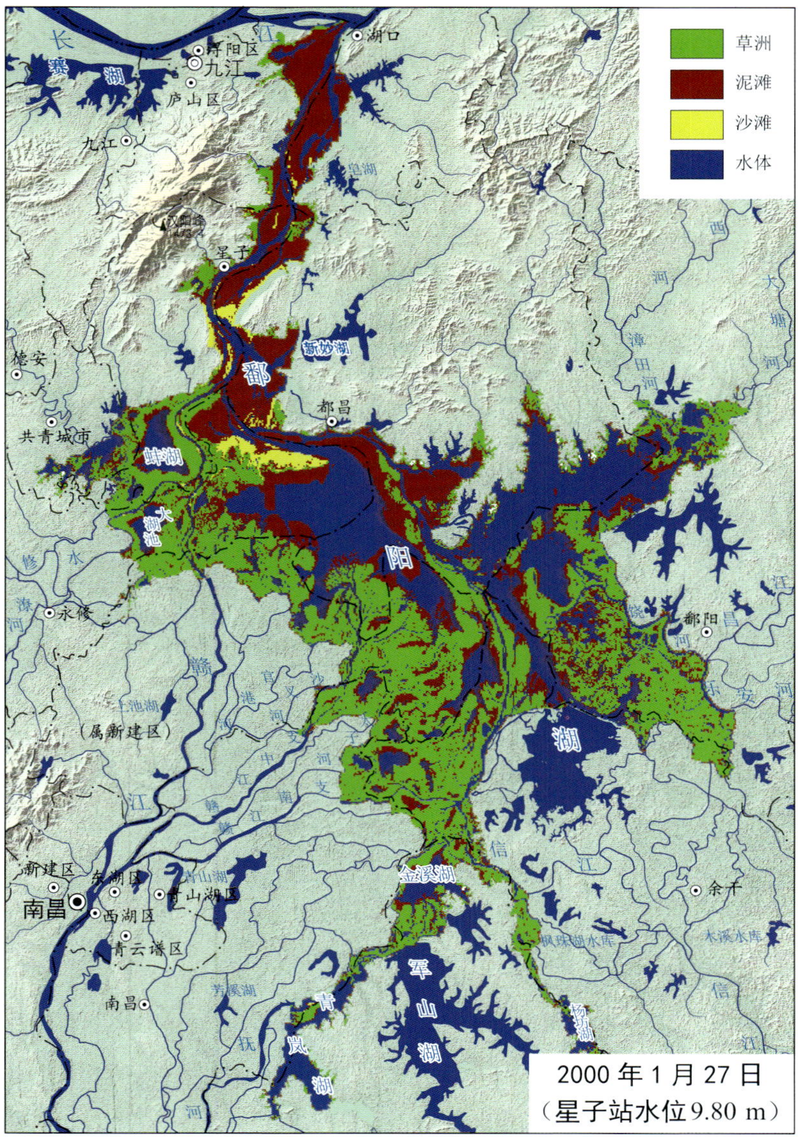

2000 年 1 月 27 日
（星子站水位9.80 m）

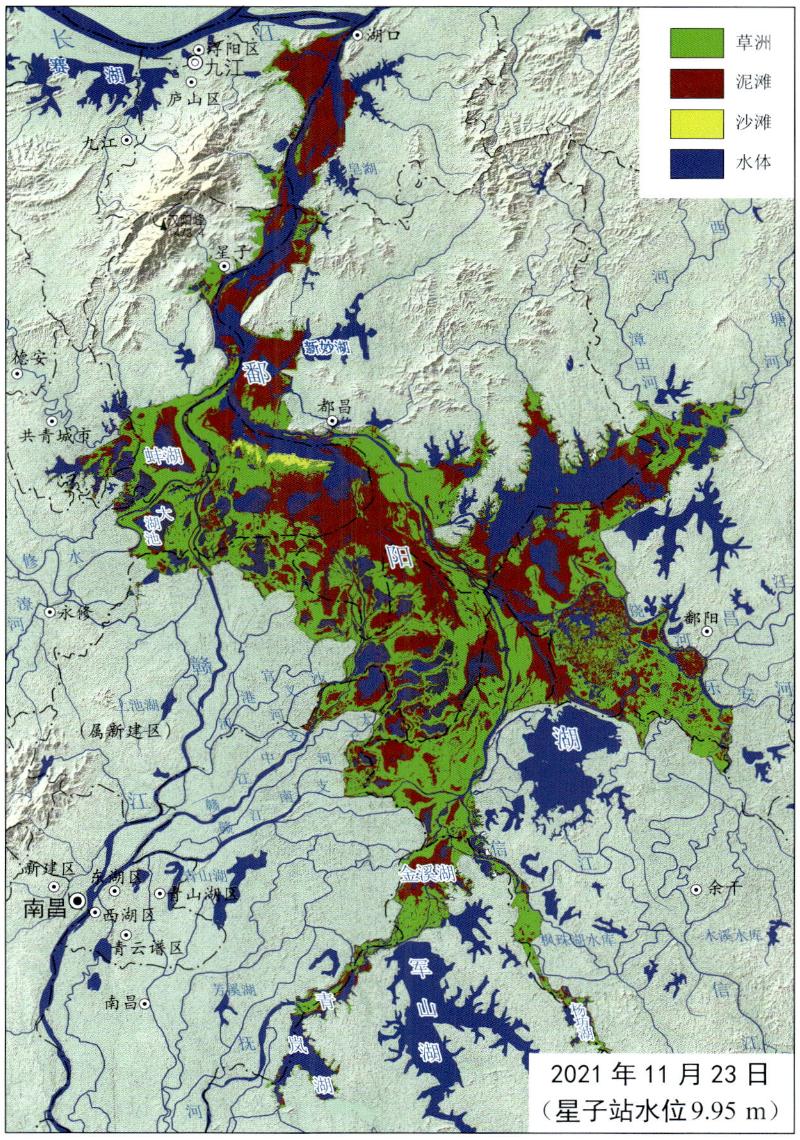

2021 年 11 月 23 日
（星子站水位9.95 m）

1：1 000 000　0　10　20　30　40 km

13 m 水位时鄱阳湖天然湿地景观的长期演化特征

从长期的湖泊水位变化情况来看，在星子站水位为13 m时，鄱阳湖接近多年平均水位，湖面面积较大，松门山南北两部分的水面连通性大大增强，大部分碟形湖连成面积较大的水面，其余湖汊的水体面积也增大。在这样的水位情况下，从1970年代到2020年代，水体面积占整个景观面积的46%～63%，草洲面积占整个景观面积的16%～31%，泥滩面积占整个景观面积的6%～33%。水体在鄱阳湖湿地景观中处于相对优势地位，并与草洲、泥滩一起构成鄱阳湖天然湿地的主要景观类型。

13 m 水位时鄱阳湖天然湿地景观的长期演化特征

湿地景观类型 / 日期	水体		草洲		泥滩		沙滩	
	面积/km²	比例/%	面积/km²	比例/%	面积/km²	比例/%	面积/km²	比例/%
1976.10.06	1 620.78	49.08	836.14	25.32	695.24	21.05	149.94	4.54
1983.11.28	1 642.11	49.73	517.26	15.66	1 094.24	33.14	48.49	1.47
1991.10.25	2 001.09	60.60	841.78	25.49	430.65	13.04	28.58	0.87
2000.05.10	2 080.18	63.00	1 003.73	30.40	193.53	5.86	24.66	0.75
2012.10.18	1 526.65	46.23	1 012.15	30.65	740.06	22.41	23.24	0.70
2021.10.30	1 791.70	54.26	572.99	17.35	924.68	28.00	12.73	0.39

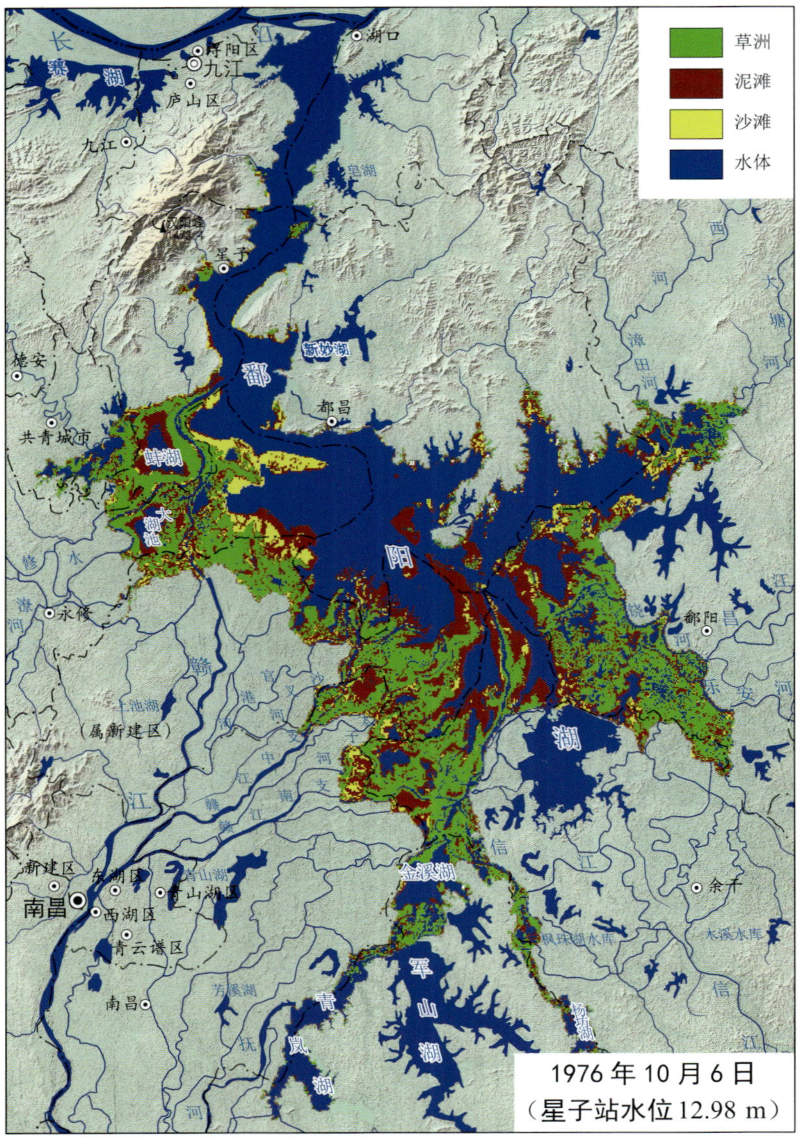

1976 年 10 月 6 日
（星子站水位 12.98 m）

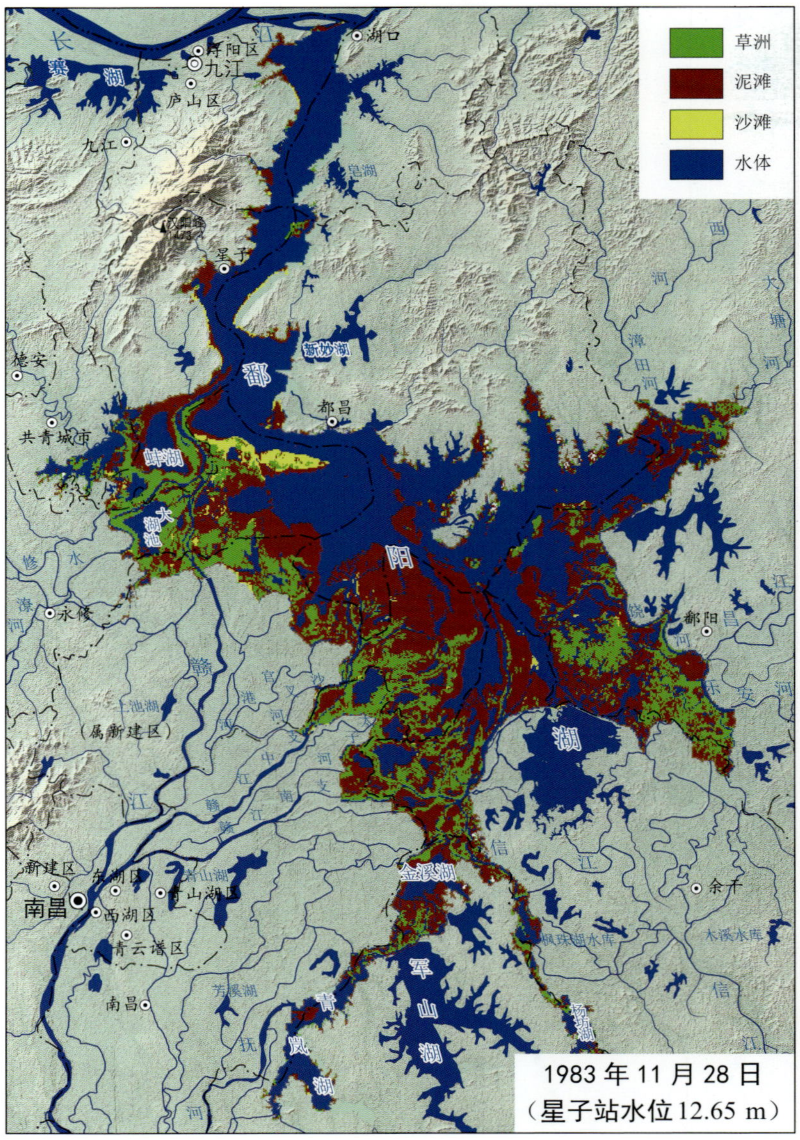

1983 年 11 月 28 日
（星子站水位 12.65 m）

1∶1 000 000　0　10　20　30　40 km

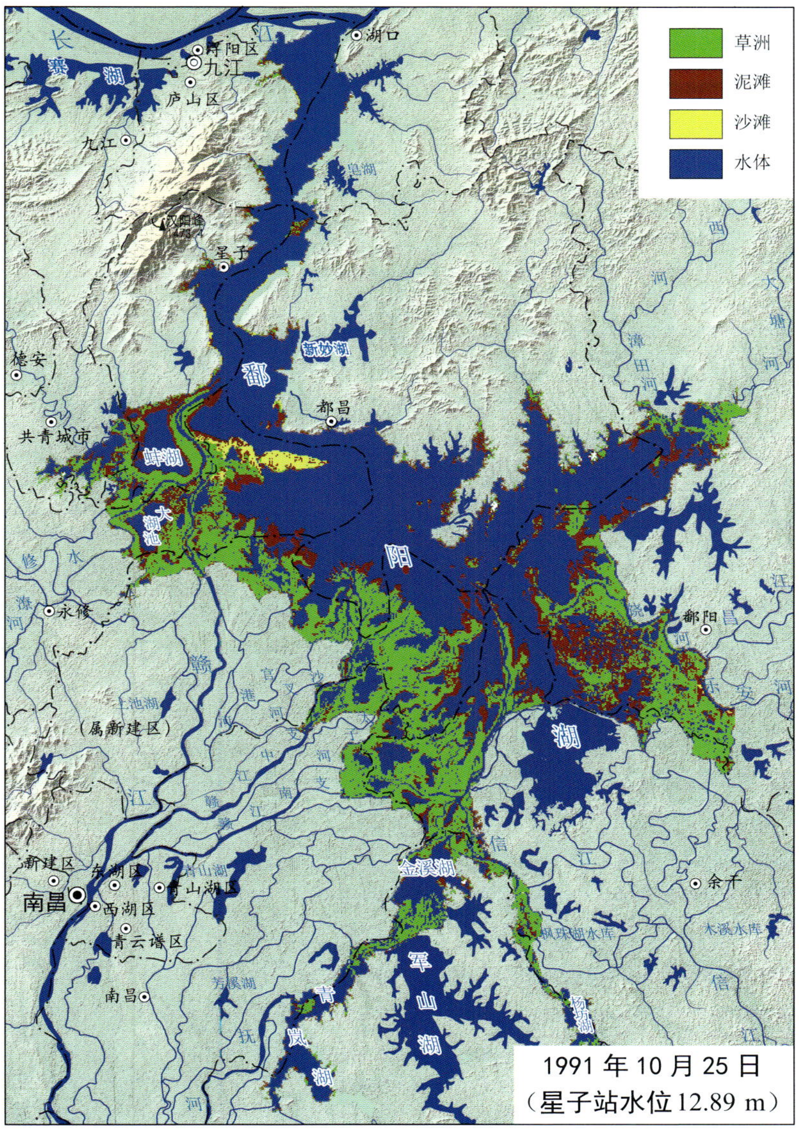

1991 年 10 月 25 日
（星子站水位 12.89 m）

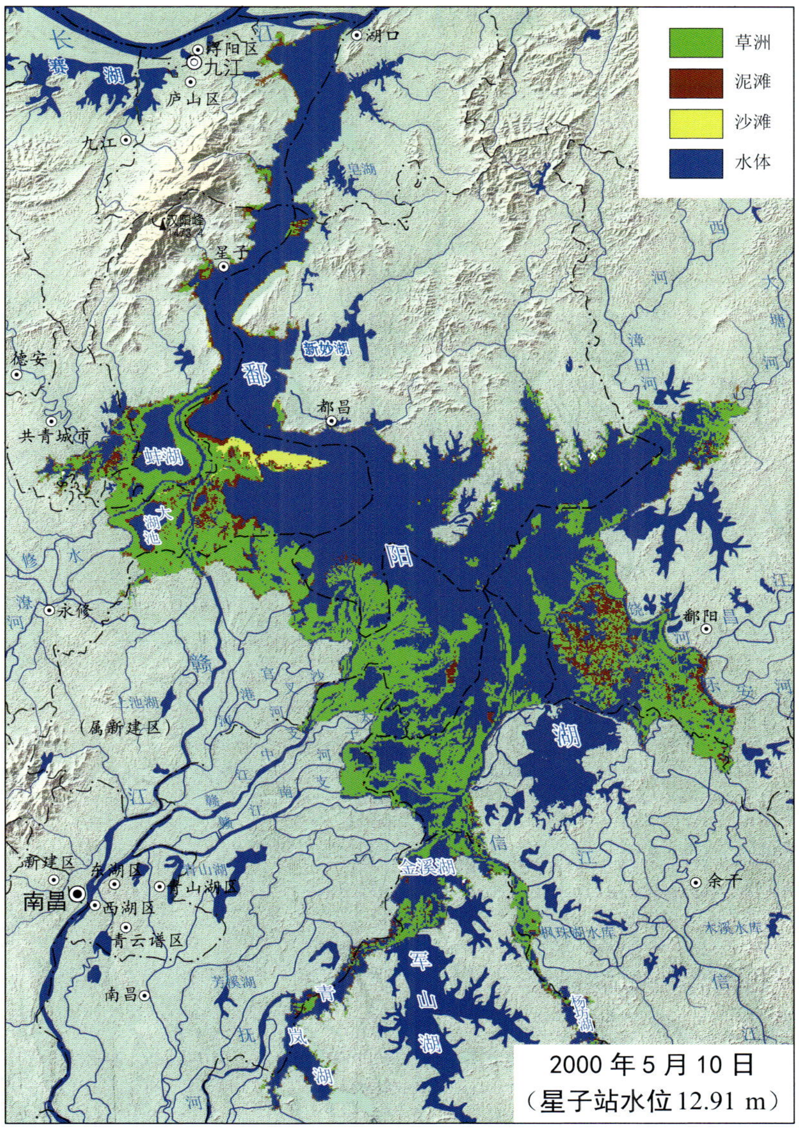

2000 年 5 月 10 日
（星子站水位 12.91 m）

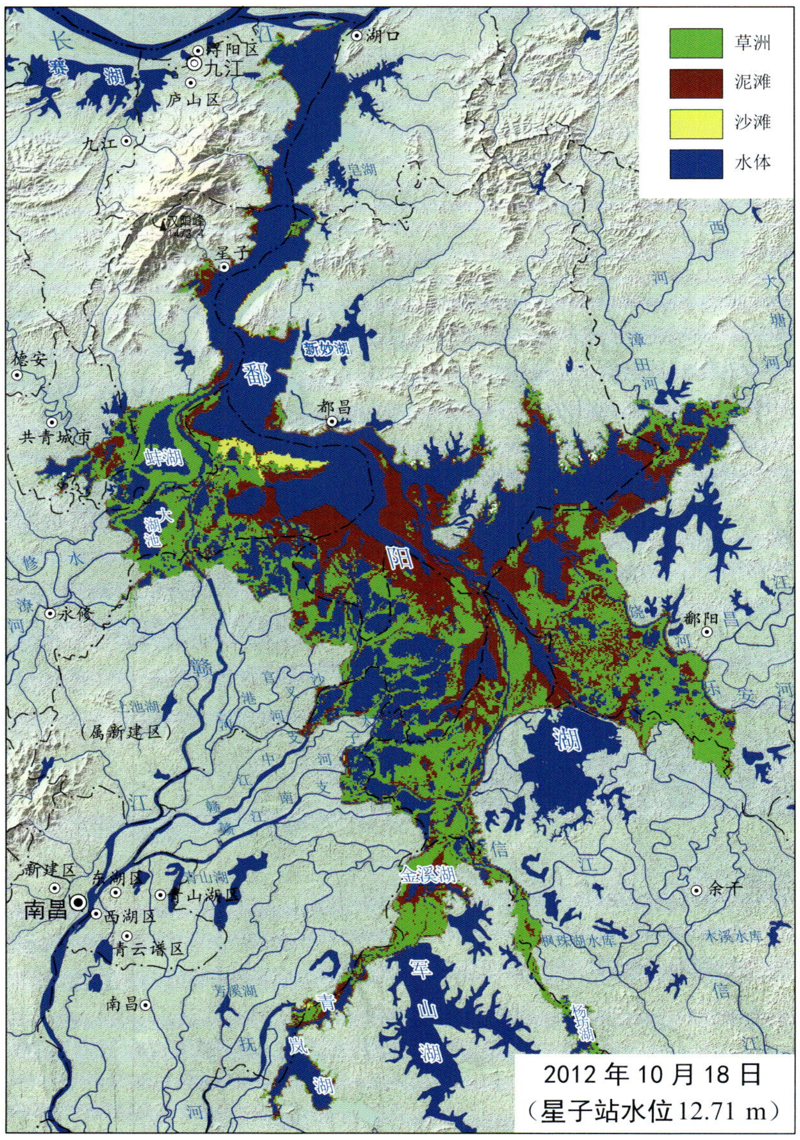

2012 年 10 月 18 日
（星子站水位 12.71 m）

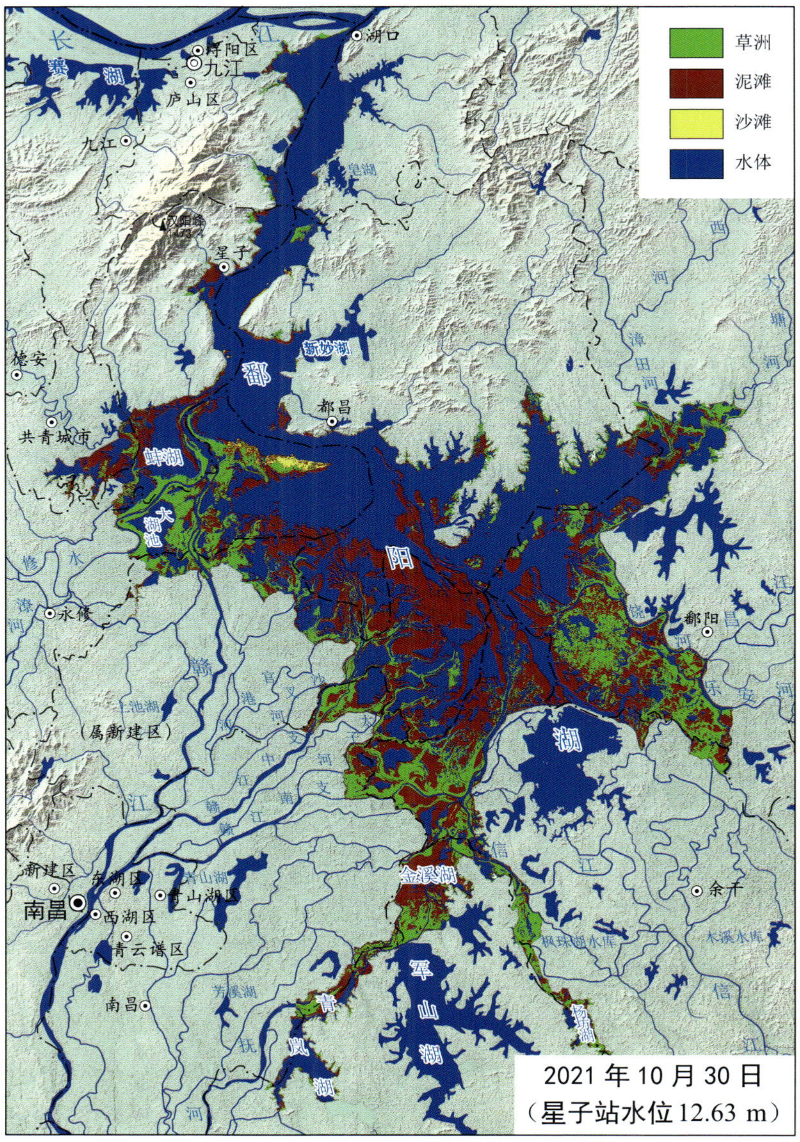

2021 年 10 月 30 日
（星子站水位 12.63 m）

1∶1 000 000　0　10　20　30　40 km

18 m水位时鄱阳湖天然湿地景观的长期演化特征

从长期的湖泊水位变化情况来看，在星子站水位为18 m时，鄱阳湖处于丰水期水位，湖面面积急剧扩大，松门山南北水面、各个湖汊连成一体，成为水面宽阔的鄱阳湖。在这样的水位情况下，从1980年代到2020年代，水体面积占整个景观面积的90%以上，草洲面积占整个景观面积的5%，泥滩、沙滩的面积不足3%。水体在鄱阳湖湿地景观中处于绝对优势地位，是最主要的景观类型，草洲、泥滩、沙滩零星分布在湖中岛屿和湖汊周边。

18 m水位时鄱阳湖天然湿地景观的长期演化特征

湿地景观类型 / 日期	水体		草洲		泥滩		沙滩	
	面积/km²	比例/%	面积/km²	比例/%	面积/km²	比例/%	面积/km²	比例/%
1984.08.02	3 124.43	94.62	78.48	2.38	85.64	2.59	13.55	0.41
1996.09.04	3 094.46	93.71	130.09	3.94	62.02	1.88	15.53	0.47
2005.09.13	3 099.11	93.85	118.99	3.60	71.88	2.18	12.12	0.37
2012.08.19	3 115.55	94.35	133.58	4.05	40.30	1.22	12.66	0.38
2020.09.06	3 139.71	95.08	105.87	3.21	44.10	1.34	12.42	0.38

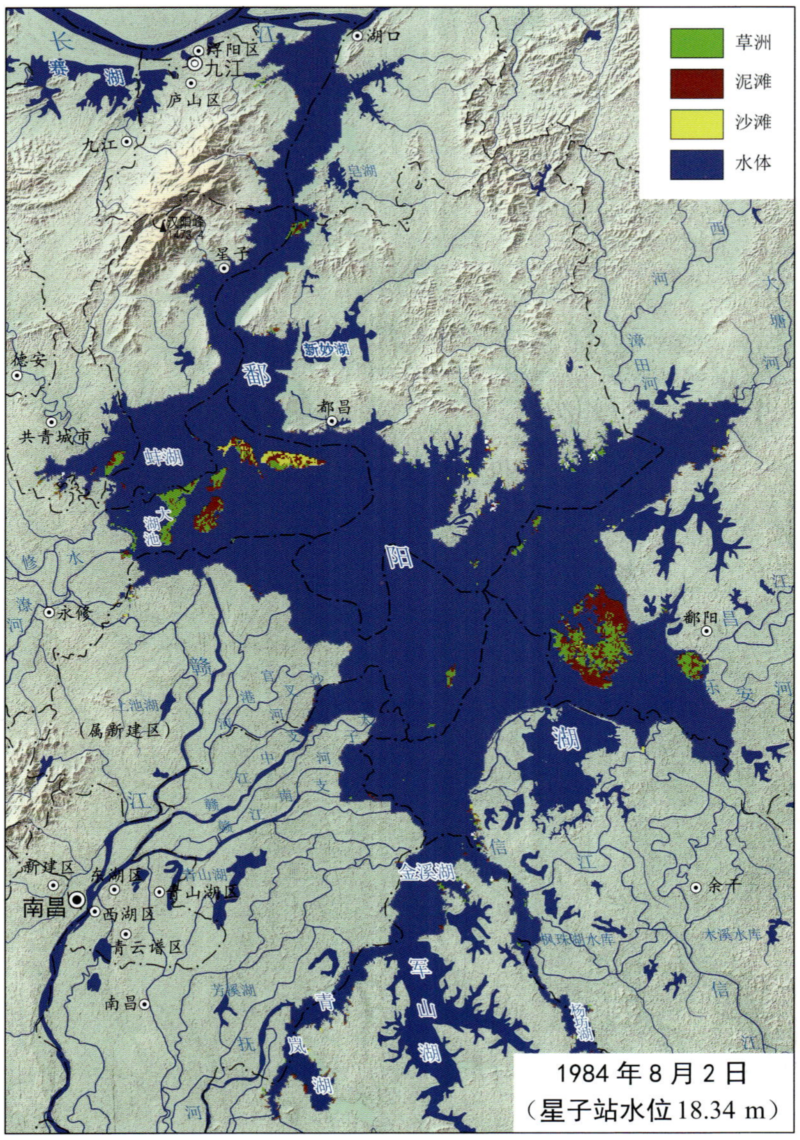

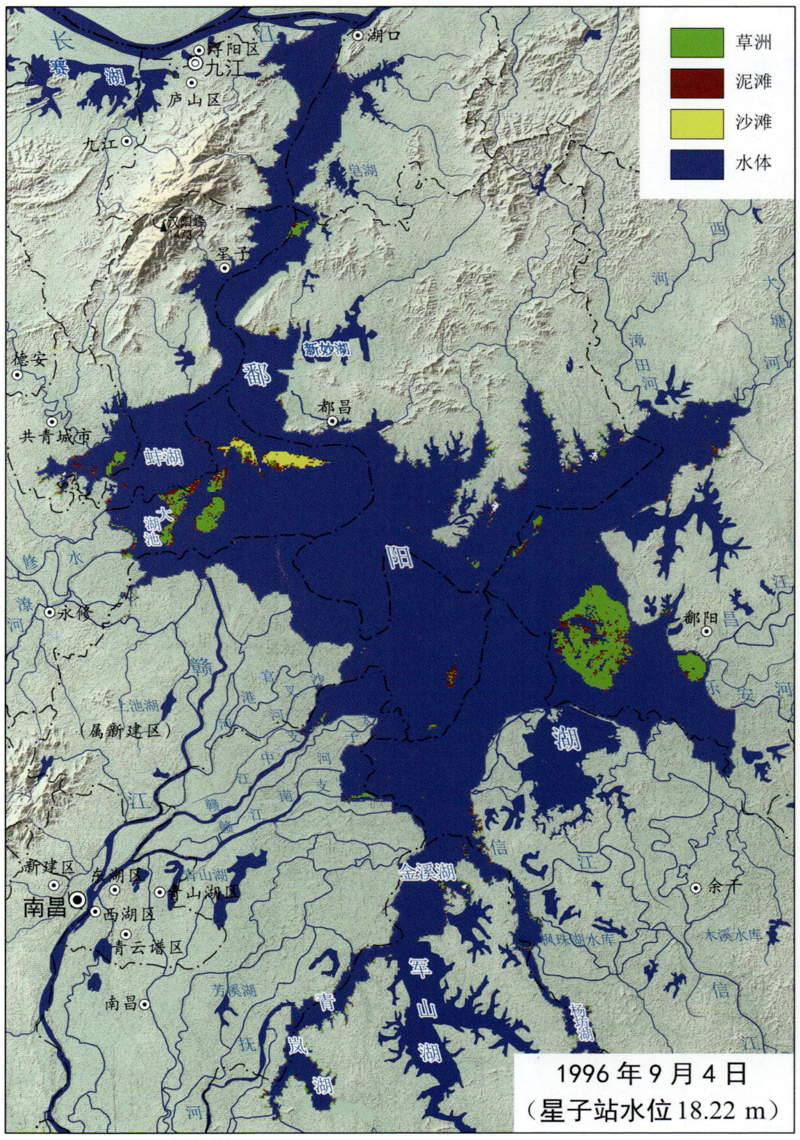

1：1 000 000　0　10　20　30　40 km

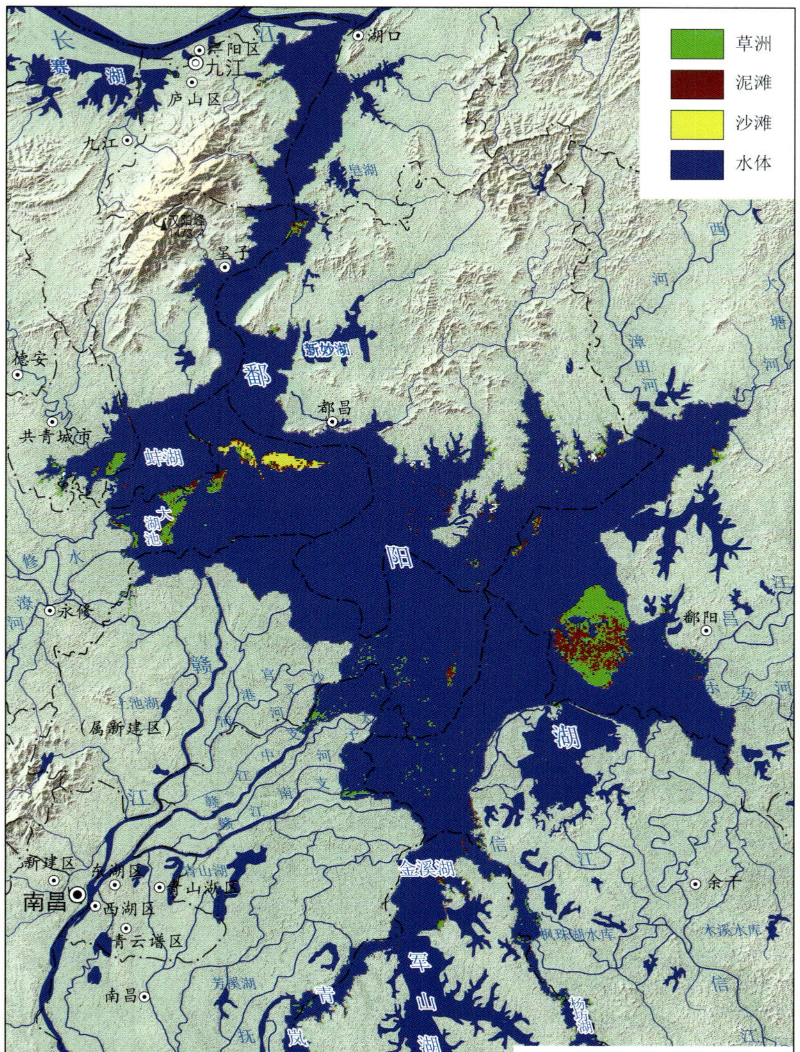

2005 年 9 月 13 日
（星子站水位 18.27 m）

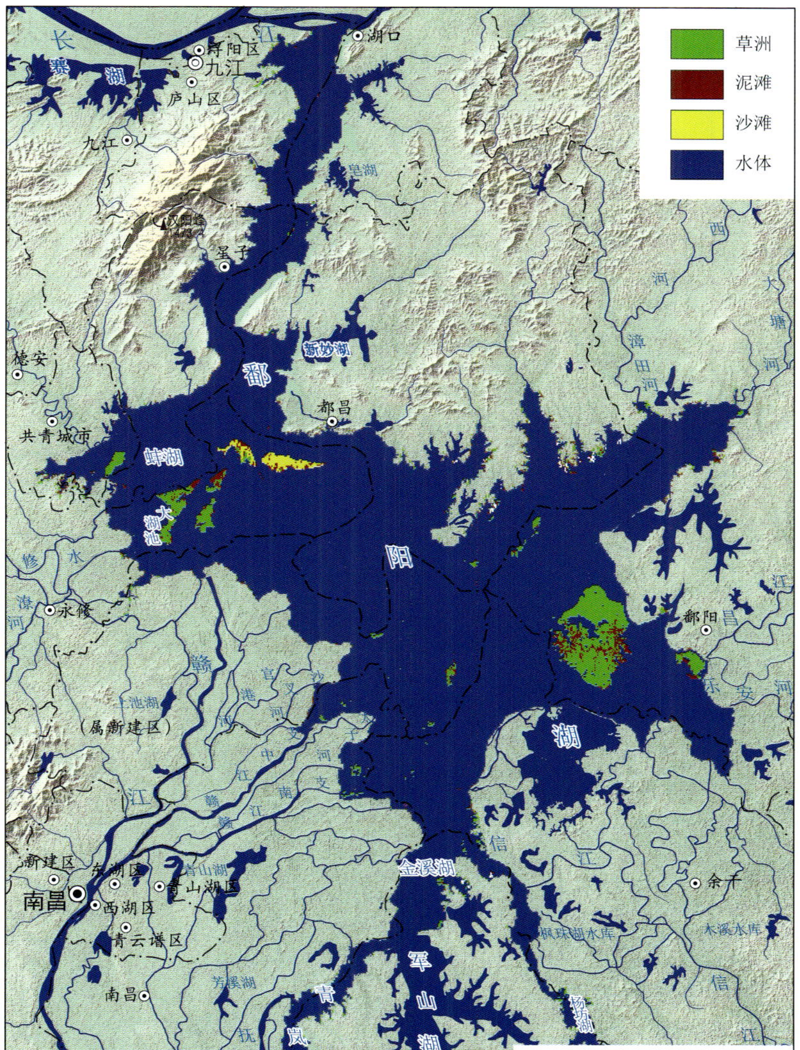

2012 年 8 月 19 日
（星子站水位 18.50 m）

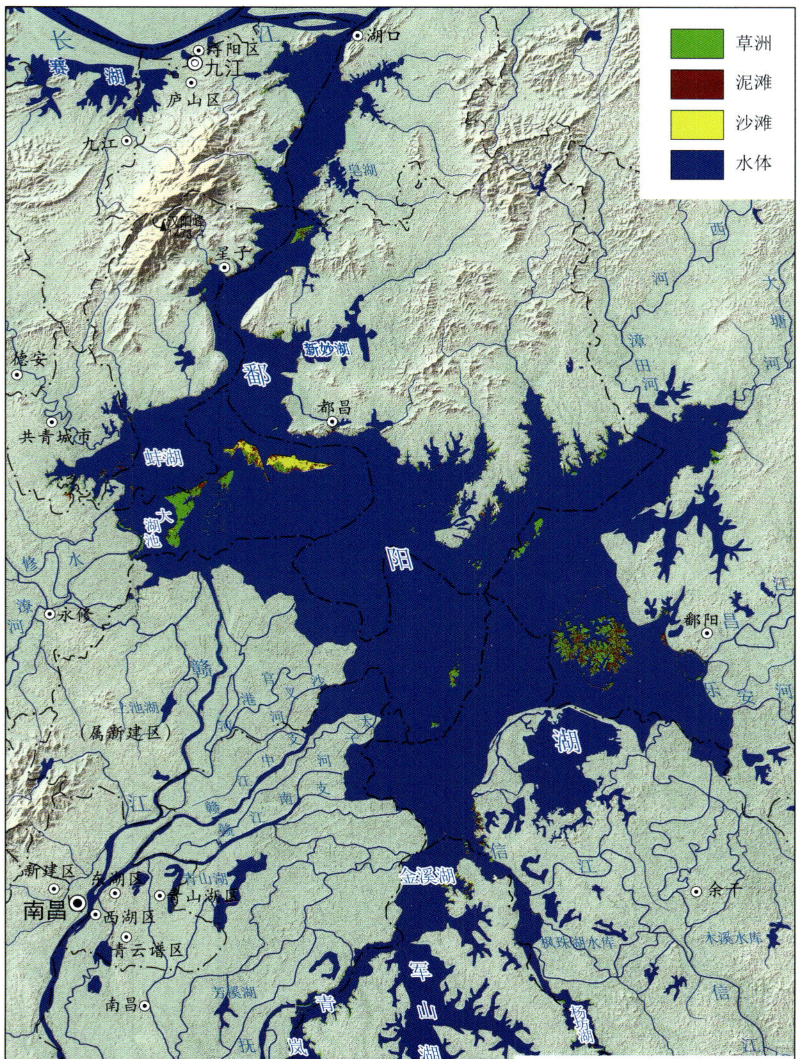

2020 年 9 月 6 日
（星子站水位 18.56 m）

1∶1 000 000　0　10　20　30　40 km

从1980年代到2020年代，在不同水位条件下，鄱阳湖湿地景观构成呈现不同变化：水位低于13 m时，水体、草洲、泥滩、沙滩的面积呈现显著的波动变化；水位升高到18 m时，湿地景观构成没有发生显著变化。

鄱阳湖天然湿地景观的长期演化特征
（1970 年代—2020 年代）

水位	水体面积	草洲面积	泥滩面积	沙滩面积
8 m	↓	↑	↓	↗
10 m	↑	↑	↓	↓
13 m	↑	↑	～	↓
18 m	—	↗	↘	—

注：—表示无明显变化；～表示波动变化，但无明显规律；↗表示呈弱增趋势，↘表示呈弱减趋势；↓表示呈显著减少趋势，↑表示呈显著增加趋势。

鄱阳湖主要碟形湖及其分布

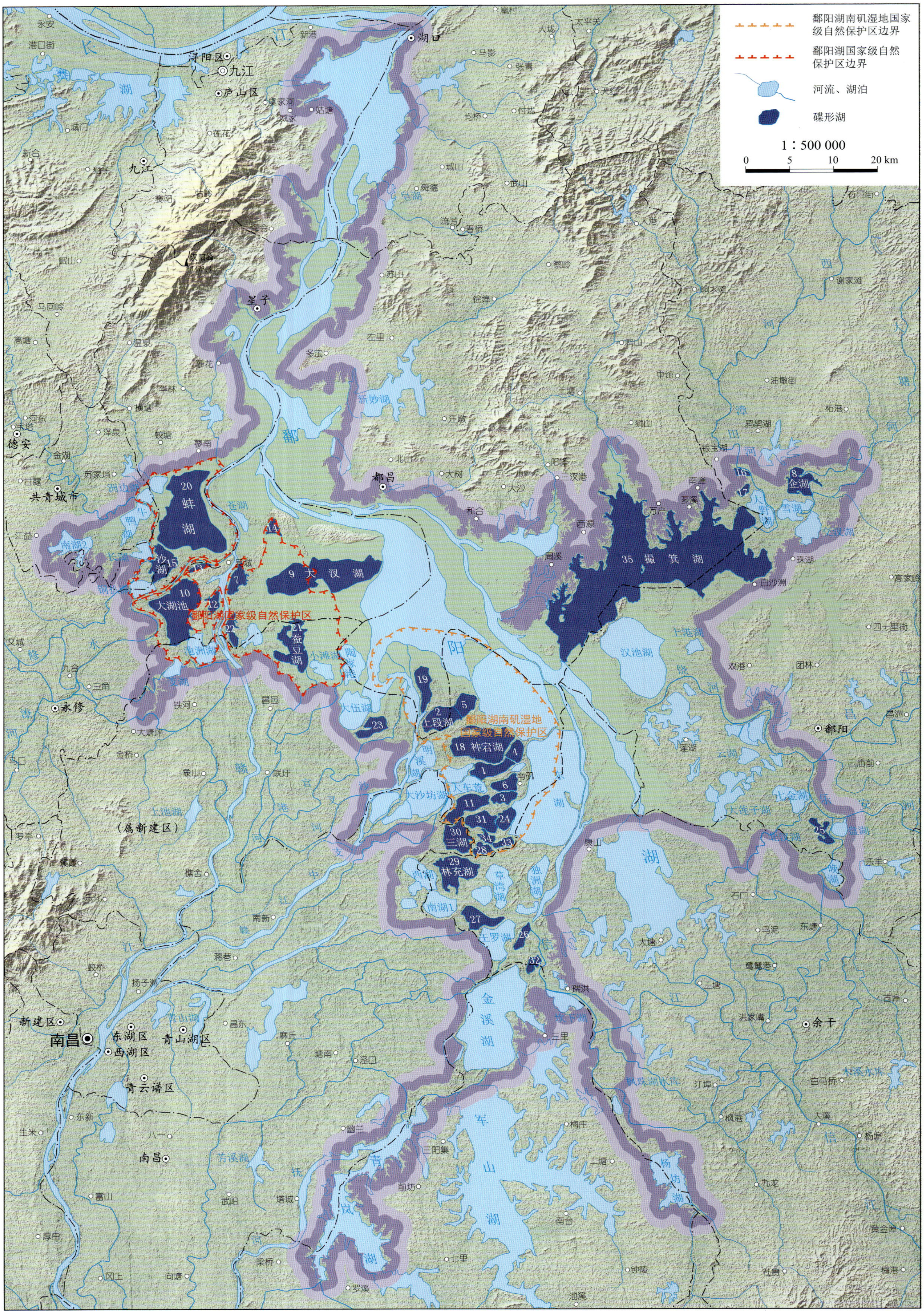

三、水文水资源

Hydrology and Water Resources

鄱阳湖水文情势

江湖水文关系

鄱阳湖冲淤变化

鄱阳湖湖流监测

鄱阳湖水文水动力

丰水期、枯水期水文过程变化

鄱阳湖水文情势

鄱阳湖主要水文站点

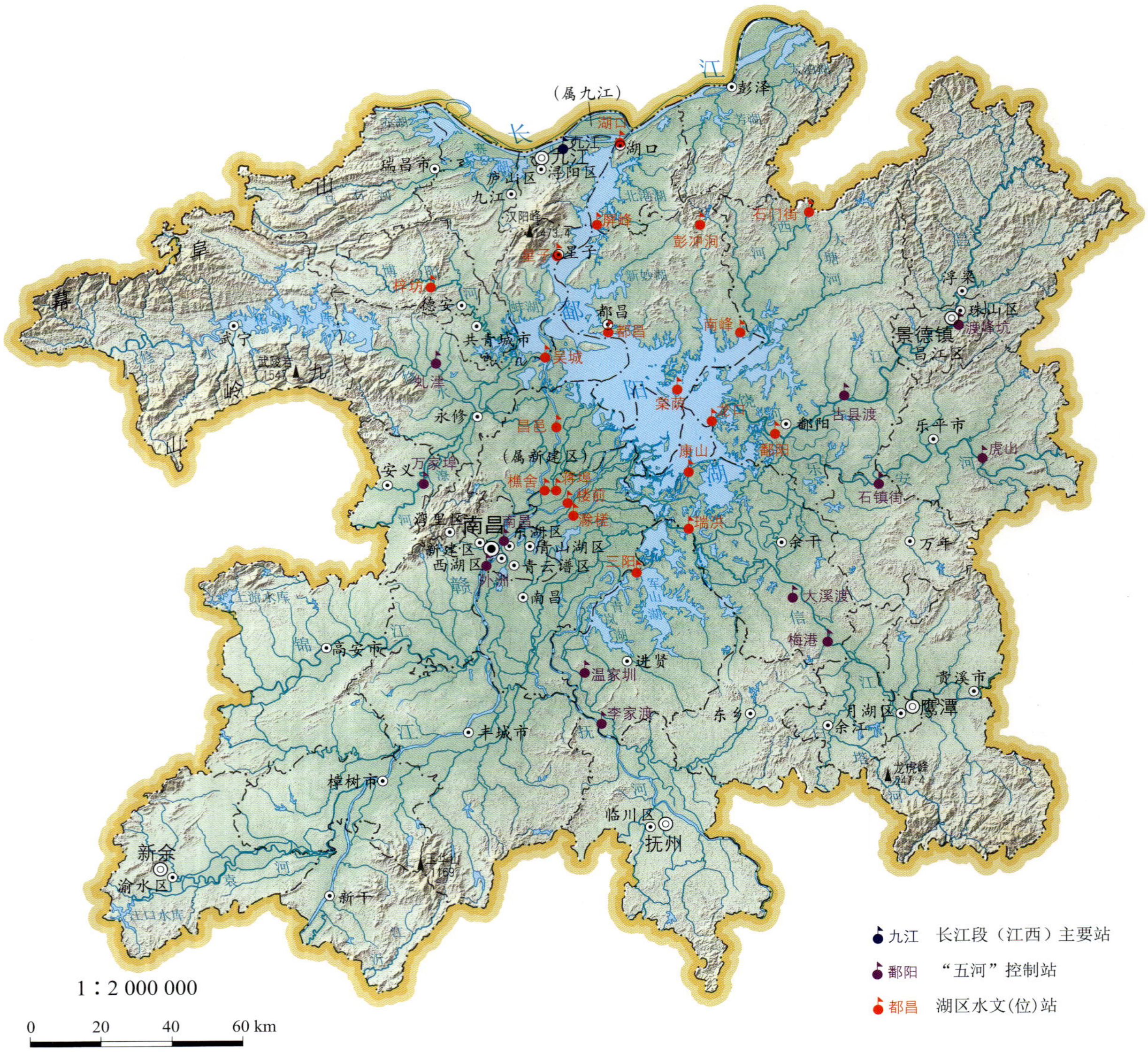

鄱阳湖“五河”控制站包括：赣江的外洲站、南昌站；抚河的李家渡站、温家圳站；信江的梅港站、大溪渡站；饶河的石镇街站、虎山站、渡峰坑站、古县渡站；修河的万家埠站、虬津站，共12个站。

湖区水文（位）站包括湖口站、石门街站、彭冲涧站、梓坊站、岗前站、吴城站、三阳站、滁槎站、楼前站、蒋埠站、昌邑站、星子站、屏峰站、都昌站、棠荫站、南峰站、龙口站、康山站、鄱阳站、樵舍站、瑞洪站，共21个站。

长江段（江西）主要站包括九江站。

鄱阳湖各主要水文站情况表

序号	河流（区域）	站点	集水面积 / km^2	主要观测项目	序号	河流（区域）	站点	集水面积 / km^2	主要观测项目
1	赣江	外洲	80 948	水位、流量、泥沙	18	湖区	吴城	—	水位
2	赣江	南昌	—	水位	19	湖区	三阳	—	水位
3	抚河	李家渡	15 811	水位、流量、泥沙	20	湖区	滁槎	—	水位
4	抚河	温家圳	—	水位	21	湖区	楼前	—	水位
5	信江	梅港	15 535	水位、流量、泥沙	22	湖区	蒋埠	—	水位
6	信江	大溪渡	—	水位	23	湖区	昌邑	—	水位
7	饶河	石镇街	8 367	水位、流量、泥沙	24	湖区	星子	—	水位
8	饶河	虎山	6 374	水位、流量、泥沙	25	湖区	屏峰	—	水位
9	饶河	渡峰坑	5 013	水位、流量、泥沙	26	湖区	都昌	—	水位
10	饶河	古县渡	—	水位	27	湖区	棠荫	—	水位
11	修河	万家埠	3 548	水位、流量、泥沙	28	湖区	南峰	—	水位
12	修河	虬津	9 914	水位、流量	29	湖区	龙口	—	水位
13	湖区	湖口	162 225	水位、流量、泥沙	30	湖区	康山	—	水位
14	湖区	石门街	841	水位、流量、泥沙	31	湖区	鄱阳	—	水位
15	湖区	彭冲涧	2.90	水位、流量	32	湖区	樵舍	—	水位
16	湖区	梓坊	626	水位、流量	33	湖区	瑞洪	—	水位
17	湖区	岗前	2 313	水位、流量	34	长江	九江	1 523 041	水位、流量、泥沙

鄱阳湖水位基本特征

鄱阳湖水位的多年变幅居长江中下游各大湖泊之首，周围各水文站的多年水位变幅和年水位变幅均呈现自上（南）至下（北）逐渐加大的空间变化规律。鄱阳湖湖泊补给系数（湖泊流域面积与湖水面积之比）为46.1，星子站多年平均水位13.25 m，相应容积为41.67×10^8 m^3，湖口多年出湖水量为1 435.9×10^8 m^3，鄱阳湖年平均换水周期为10天。

鄱阳湖不同站点水位变化

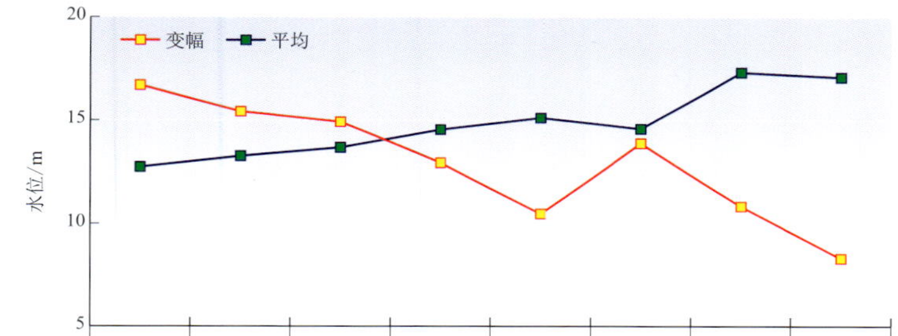

	湖口	星子	都昌	棠荫	康山	吴城	滁槎	三阳
最高/m	22.59	22.52	22.43	22.57	22.43	22.98	23.17	23.16
年份	1998	1998	1998	1998	1998	1998	1998	1998
最低/m	5.90	7.11	7.53	9.64	11.97	9.12	12.35	14.86
年份	1963	2004	2013	2007	2004	2013	2013	2013

星子站 1956—2013 年各月特征水位

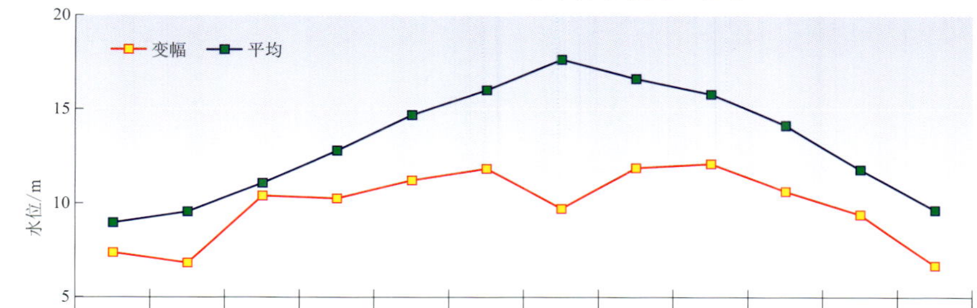

	1	2	3	4	5	6	7	8	9	10	11	12
最高/m	14.57	13.94	17.60	17.77	19.88	21.86	22.51	22.52	21.58	18.73	17.40	13.94
年份	1998	1959	1992	1992	1975	1998	1998	1998	1998	1988	1983	1982
最低/m	7.19	7.11	7.20	7.51	8.65	10.00	12.79	10.62	9.46	8.10	8.00	7.27
年份	1957	2004	1963	1963	2011	2011	1963	2006	2006	2013	2013	2007

鄱阳湖湖盆容积、出湖水量与换水周期（1956—2013 年各月均值）

月份	星子站水位 /m	湖盆容积 /10^8m^3 综合线	出湖水量 /10^8m^3	换水周期 / 天
1	8.97	10.90	44.24	8
2	9.56	12.98	58.49	7
3	11.09	21.03	117.64	6
4	12.82	36.14	178.74	6
5	14.68	63.48	214.41	9
6	16.03	93.23	224.38	13
7	17.65	133.45	154.08	27
8	16.64	107.39	124.96	27
9	15.80	87.75	93.07	29
10	14.14	54.38	100.95	17
11	11.81	25.77	76.82	10
12	9.64	13.25	48.13	9
年均	13.25	41.67	1 435.90	10

长江干流九江站水位流量基本特征

九江站特征水位、特征流量

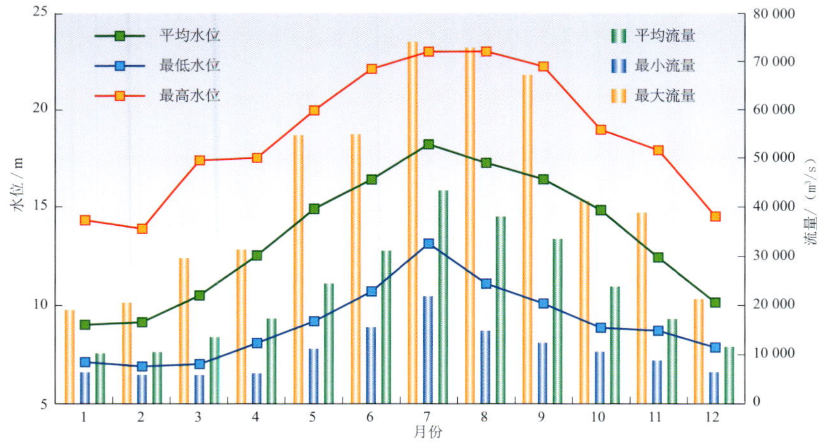

九江站最高、平均、最低水位年内变化过程线

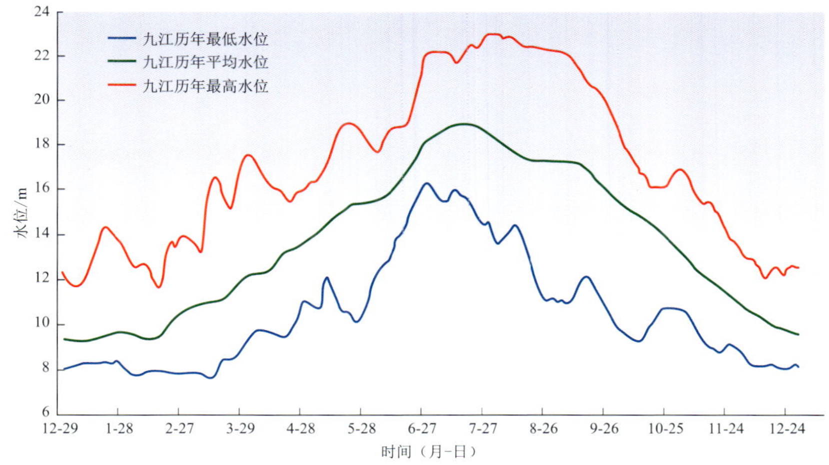

九江站多年（1957—2013年）平均水位13.45 m，月平均水位以7月的18.17 m最高；月平均水位的最低值出现在1月，为8.95 m；月平均水位自1月至7月逐月升高，7月至次年1月逐月降低。

九江站1988—2013年最大流量74 000 m^3/s，出现在1996年7月23日；最小流量5 860 m^3/s，出现在1999年3月11日；多年平均流量22 900 m^3/s。月平均流量以7月的43 200 m^3/s最大，与月平均水位最高值的出现时间一致。月平均流量的最小值出现在1月，为10 250 m^3/s，与月最低水位的出现时间也一致。

九江站历年最高、最低水位的年内变化均呈多峰型，而历年平均水位的年内变化则呈单峰型，最高顶峰的出现时间依次为最低水位过程线、平均水位过程线和最高水位过程线，总体上表明，长江的大洪水比小洪水出现时间更迟。

注：水位数据系根据 1957—2013 年水文资料统计；
流量数据系根据 1988—2013 年水文资料统计。

“五河”控制站水位流量基本特征

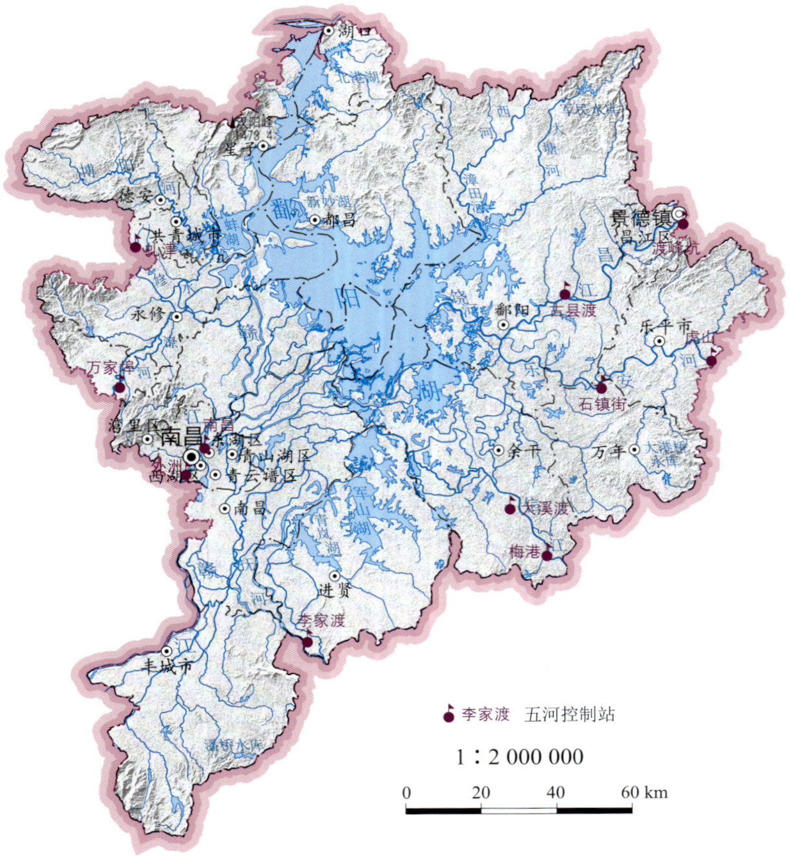

梅港站 1956—2013 年特征水位、特征流量

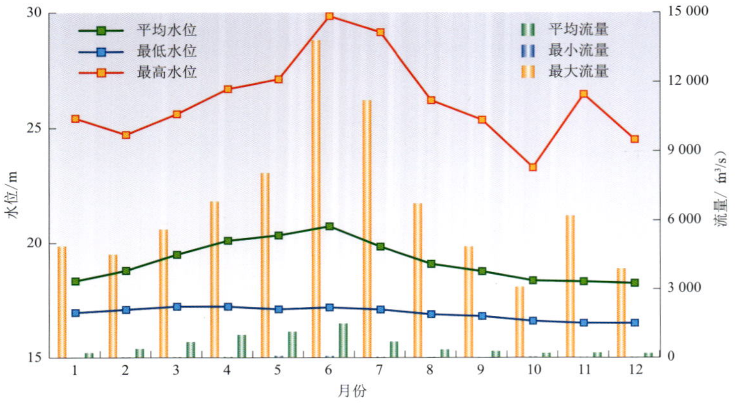

虎山站 1956—2013 年特征水位、特征流量

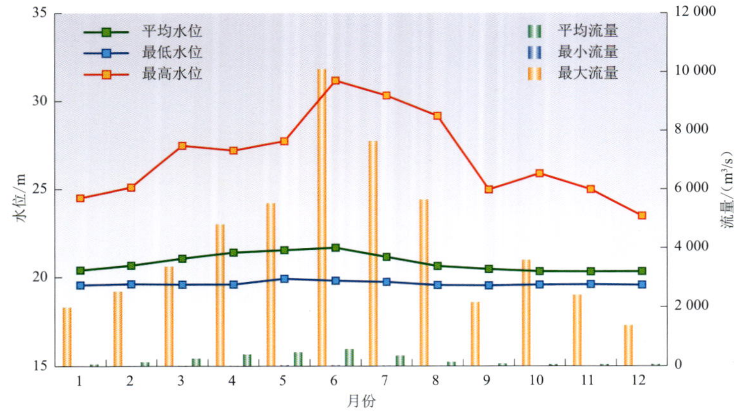

外洲站 1956—2013 年特征水位、特征流量

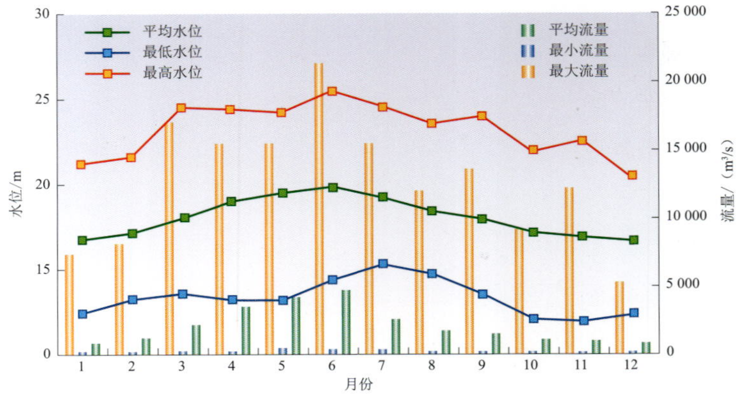

李家渡站 1956—2013 年特征水位、特征流量

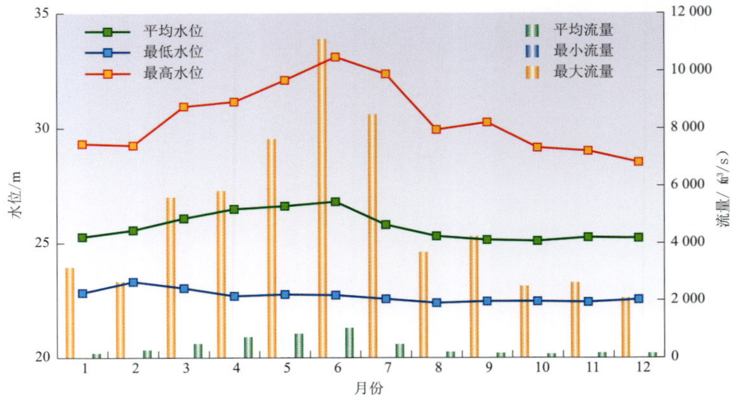

渡峰站 1956—2013 年特征水位、特征流量

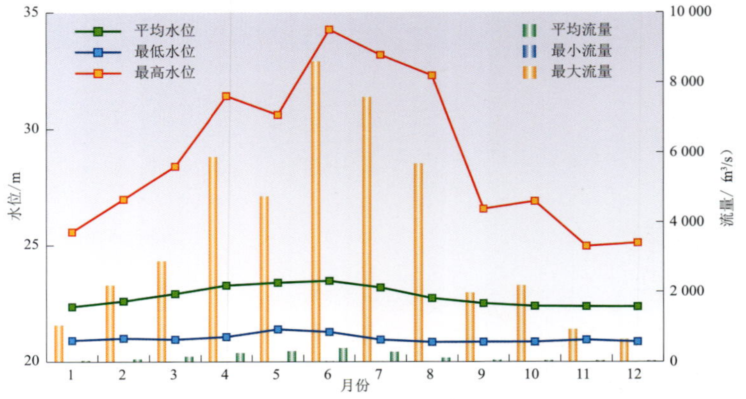

虬津站 1956—2013 年特征水位、特征流量

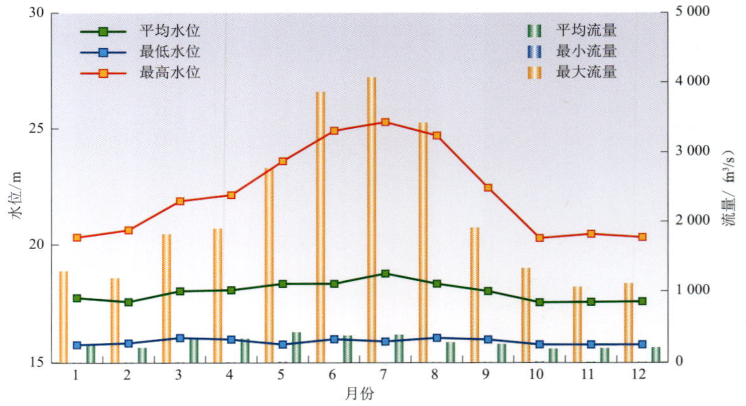

万家埠站 1956—2013 年特征水位、特征流量

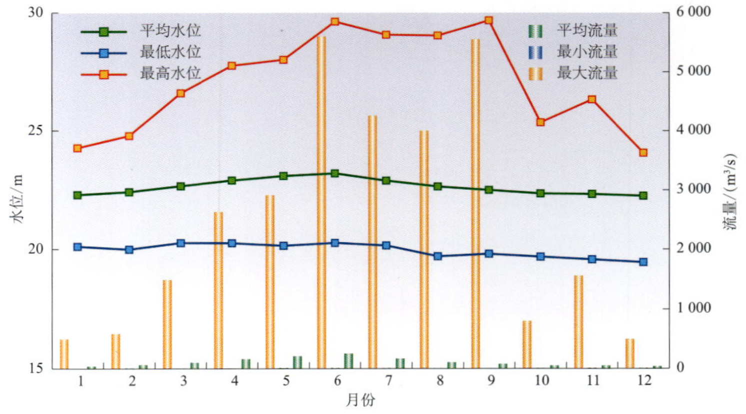

鄱阳湖入湖、入江水量

鄱阳湖的入湖水量由“五河”和湖区区间径流组成。入湖水量的年内变化很大。鄱阳湖流域4月进入汛期，暴雨频繁，洪水不断。入湖水量主要集中在4—7月，占全年总量的61.4%，其中5、6两月占36.3%。7月雨季基本结束，转入干旱季节，入湖水量急剧减少，9月至次年2月各月占年总量的比重都小于5%。入湖水量最大出现于6月，占全年19.3%；最小出现于12月，只占2.9%，最大与最小的比值为6.7倍。

1956—2000 年鄱阳湖流域多年入湖水量

水系	赣江	抚河	信江	饶河	修河	“五河”合计	湖区	入湖
面积 /km^2	80 948	15 811	15 535	11 387	13 462	137 143	25 082	162 225
年平均径流量 /10^4m^3	6 756 042	1 551 119	1 781 756	1 179 977	1 230 712	12 499 606	1 859 366	14 358 972
占“五河”/%	54.05	12.41	14.25	9.44	9.85	100.00	—	—
占入湖总水量 /%	47.05	10.80	12.41	8.22	8.57	87.05	12.95	100.00
最大年径流量 /10^4m^3	11 489 200	2 329 301	3 444 000	2 424 300	2 715 699	20 560 048	3 731 575	24 291 623
年份	1973	1970	1998	1998	1998	1998	1998	1998
最小年径流量 /10^4m^3	2 366 700	583 443	799 600	494 900	544 936	4 867 318	725 369	5 582 687
年份	1963	1963	1963	1963	1968	1963	1963	1963
最大与最小比值	4.85	3.99	4.31	4.90	4.98	5.46	5.14	4.35
年平均流量 /(m^3/s)	2 142	492	565	374	390	3 964	590	4 553
最大年流量	3 643	739	1 092	769	861	8 422	1 183	7 703
最小年流量	750	185	254	157	173	1 543	230	1 770

入江水量年内变化与入湖水量年内变化趋势一致，但由于湖盆的调蓄影响，各月占年总量的比重不同。入江水量集中在4—7月，占年总量的53.7%，其中5、6两月约占年总量的30.6%。1—7月入江水量小于同期入湖水量，9—12月各月入江水量均大于同期入湖水量。6月入江水量最多，达$224.4\times10^8\ m^3$；1月最少，只有$44.2\times10^8\ m^3$，入江水量最大、最小相差$180.2\times10^8\ m^3$，其比值为5.1倍，小于入湖水量的比值。

鄱阳湖流域入湖、入江水量月分配明细

项 目			1月	2月	3月	4月	5月	6月	7月	8月	9月	10月	11月	12月	全年
径流量 /(10^4m^3)	入湖水量	总量	476 354	689 038	1 340 424	2 030 136	2 451 599	2 765 266	1 568 403	893 303	701 249	551 172	479 985	412 044	14 358 972
		“五河”	398 636	571 514	1 136 040	1 750 414	2 134 757	2 397 868	13 92 795	786 289	646 671	495 730	421 224	367 669	12 499 606
		湖区	77 718	117 525	204 384	279 722	316 842	367 398	175 608	107 014	54 577	55 441	58 761	44 375	1 859 366
	入江水量		442 383	584 911	1 176 394	1 787 377	2 144 103	2 243 769	1 540 846	1 249 560	930 653	1 009 506	768 152	481 318	14 358 972
	鄱阳湖调蓄量		33 970	104 128	164 029	242 759	307 497	521 497	27 556	-356 257	-229 404	-458 335	-288 167	-69 274	—
流量 /(m^3/s)	入湖水量	总量	1 779	2 848	5 005	7 832	91 53	10 668	5 856	3 335	2 705	2 058	1 852	1 538	4 553
		“五河”	1 488	2 362	4 241	6 753	7 970	9 251	5 200	2 936	2 495	1 851	1 625	1 373	3 964
		湖区	290	486	763	1 079	1 183	1 417	656	400	211	207	227	166	590
	入江水量		1 652	2 418	4 392	6 896	8 005	8 657	5 753	4 665	3 590	3 769	2 964	1 797	4 553

鄱阳湖流域入湖、入江水量各月占比

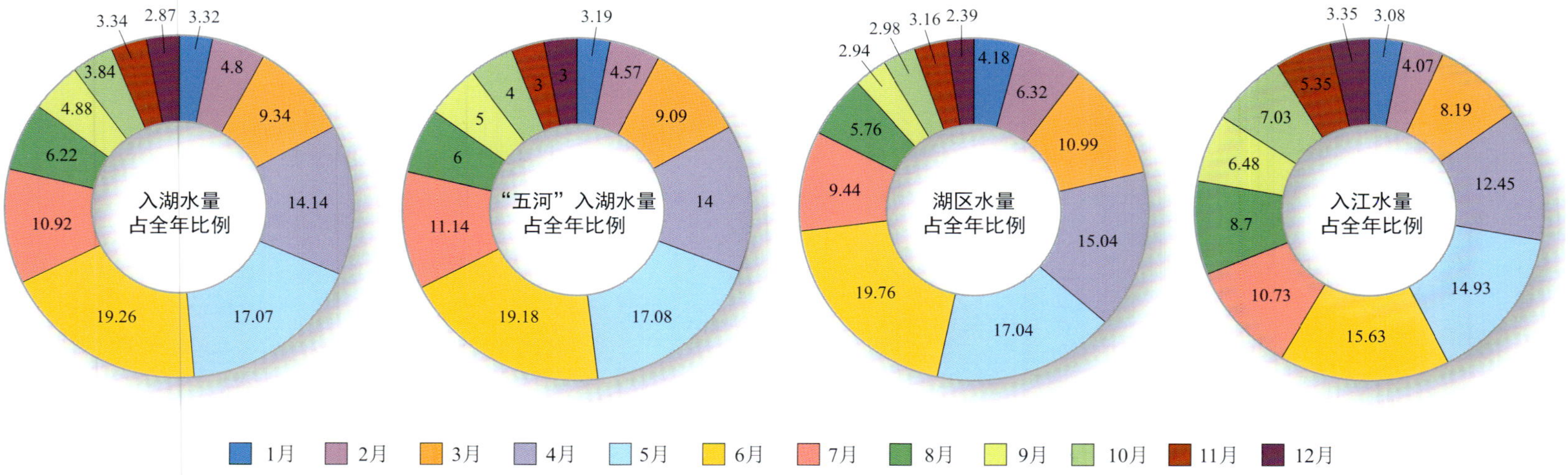

鄱阳湖出湖、入湖泥沙

鄱阳湖湖泊径流、泥沙主要来源于赣江、抚河、信江、饶河、修河五大河流，直入鄱阳湖诸河及湖区区间。

“五河”控制站年输沙量年内分配不均，各站输沙量主要集中在4—7月，占年输沙量的74 %以上。湖口站主要集中在2—5月，占年输沙量的71.2 %。7—9月受长江洪水倒灌影响，多年平均倒灌输沙量为161×10^4 t，占年输沙量的16.2 %。

鄱阳湖多年月出湖、入湖平均输沙率、流量、含沙量特征值

站名	项目	1月	2月	3月	4月	5月	6月	7月	8月	9月	10月	11月	12月	年平均
外洲	输沙率 / (kg/s)	31.70	82.80	273.10	585	690.10	829.40	279	156.10	134	64	40.30	24.10	266
	流量 / (m^3/s)	838	1 225	2 215	3 554	4 228	47 77	2 608	1 761	1 532	1 104	1 011	829	2 140
	含沙量 / (kg/m^3)	0.027	0.051	0.106	0.149	0.15	0.159	0.087	0.08	0.064	0.044	0.031	0.021	0.123
李家渡	输沙率 / (kg/s)	5.30	17.34	44.64	93.20	107.70	167.60	58.85	13.26	10.73	5.56	6.53	4.30	41.64
	流量 / (m^3/s)	148	259	476	713	830	1 036	463	195	154	124	165	146	392
	含沙量 / (kg/m^3)	0.025	0.05	0.081	0.115	0.114	0.136	0.083	0.051	0.042	0.027	0.022	0.017	0.107
梅港	输沙率 / (kg/s)	6.53	26.17	67.10	131.90	147.50	253.7	82.22	21.70	12.79	5	7.32	5.44	63.80
	流量 / (m^3/s)	207	376	673	998	1 134	1 490	692	347	279	190	208	183	564
	含沙量 / (kg/m^3)	0.02	0.046	0.087	0.117	0.111	0.147	0.074	0.051	0.038	0.018	0.018	0.015	0.11
渡峰坑	输沙率 / (kg/s)	0.47	2.44	7.15	17.98	24.01	58.96	37.77	10.77	1.17	0.87	0.40	0.20	13.40
	流量 / (m^3/s)	33.70	74.90	152.10	248.50	294.20	379.30	278.70	113.60	48.90	36	32.60	25.80	143
	含沙量 / (kg/m^3)	0.009	0.021	0.036	0.061	0.064	0.11	0.08	0.037	0.012	0.01	0.007	0.006	0.081
虎山	输沙率 / (kg/s)	1.33	5.29	16.70	32.87	36.04	82.91	40.13	7.34	1.37	1.27	1.28	1.04	18.77
	流量 / (m^3/s)	68.3	135	254.70	403.20	471.30	574.20	351.40	138.60	82.40	59.90	60.90	57.70	221
	含沙量 / (kg/m^3)	0.013	0.027	0.049	0.067	0.071	0.106	0.061	0.025	0.012	0.01	0.01	0.009	0.079
万家埠	输沙率 / (kg/s)	1.10	3.64	8.35	18.55	24.62	37.56	19.28	10.03	4.89	1.72	2.01	0.80	10.75
	流量 / (m^3/s)	39.30	58.80	98.90	159.60	205.90	248.30	165.80	105.30	77.60	50.10	50.40	38.40	108
	含沙量 / (kg/m^3)	0.021	0.049	0.074	0.104	0.107	0.127	0.082	0.066	0.043	0.027	0.029	0.016	0.093
虬津	流量 / (m^3/s)	193	195	309	367	476	429	369	244	211	152	163	169	273
“五河六口”合计	输沙率 / (kg/s)	46.40	137.60	417.10	879.50	1 030	1 430	517.30	219.20	164.90	78.40	57.90	35.90	414
	流量 / (m^3/s)	1 335	2 129	3 870	6 076	7 163	8 504	4 560	2 661	2 173	1 564	1 528	1 280	3 569
	含沙量 / (kg/m^3)	0.114	0.244	0.433	0.612	0.617	0.786	0.468	0.31	0.21	0.136	0.117	0.084	0.592
湖口站	输沙率 / (kg/s)	272.70	535.50	934.60	833.60	409.80	305.90	-84	-31.60	-71.20	150.10	271.10	266.40	314.10
	流量 / (m^3/s)	1 766	2 542	4 561	6 883	8 001	8 753	5 787	4 766	3 805	3 797	2 972	1 972	4 638
	含沙量 / (kg/m^3)	0.137	0.184	0.202	0.127	0.055	0.039	0.082	0.084	0.112	0.067	0.104	0.127	0.109

注：表内数据系根据1956—2012年水文资料统计。

“五河六口”及区间多年平均入湖输沙量为 1 538×10^4 t，多年平均出湖输沙量为 991×10^4 t；历年入湖输沙量总体呈下降趋势，自 2000 年以后，下降趋势更加明显，基本维持在均线下方；出湖输沙量自 2000 年以后，基本维持在均线上方，且入湖输沙量均小于出湖输沙量。

1956—2012 年鄱阳湖出湖、入湖年输沙量过程线

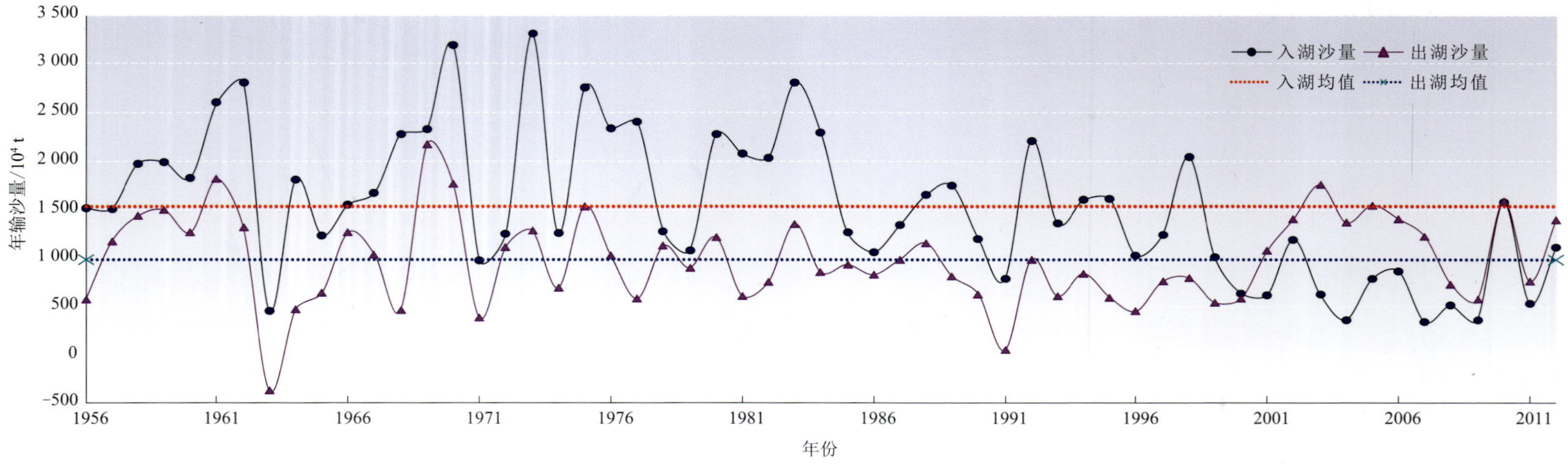

鄱阳湖枯水期水文变化特征

鄱阳湖在枯水期，“五河”来水较小，从上游到下游水位降低值越来越大，长江中上游水库的补水使长江干流水位有所抬高，对湖口水道水位有一定的顶托作用，但对湖区水位顶托作用不明显。长江中上游水库的蓄水作用对鄱阳湖9月至次年3月的水位会产生一定影响，其中10月、11月影响最大，空间分布上都昌附近影响幅度最大。

鄱阳湖区各水位站 9 月平均水位比较

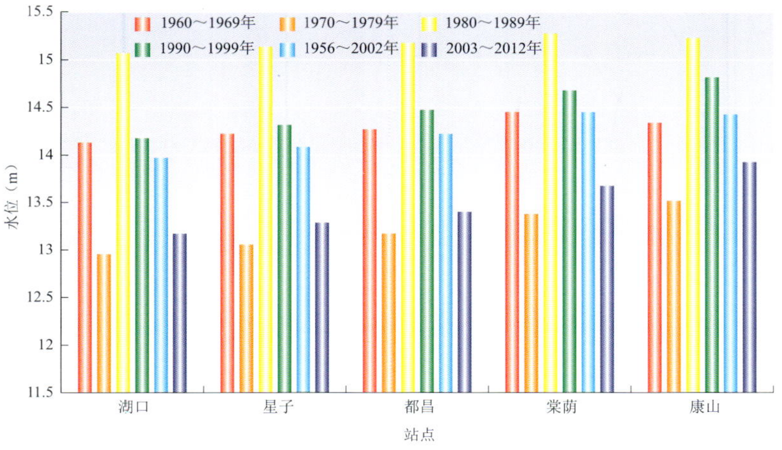

鄱阳湖区各水位站 10 月平均水位比较

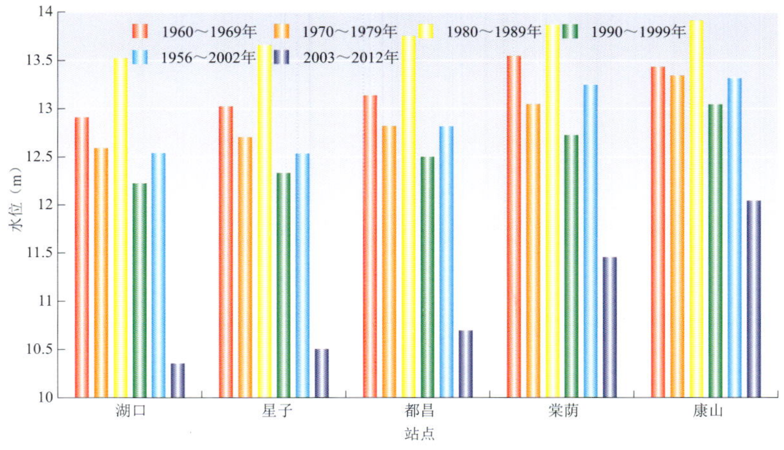

鄱阳湖区各水位站 11 月平均水位比较

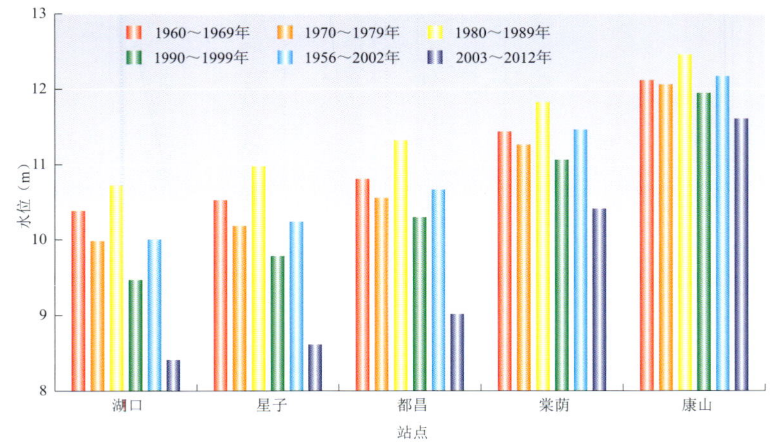

鄱阳湖区各水位站 12 月平均水位比较

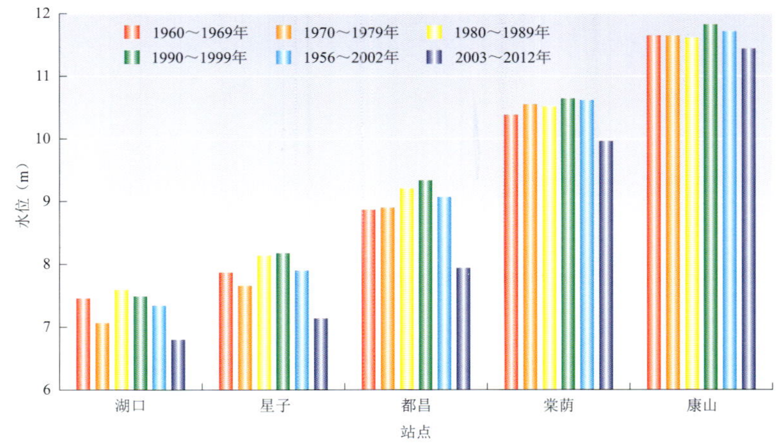

鄱阳湖区各水位站 1 月平均水位比较

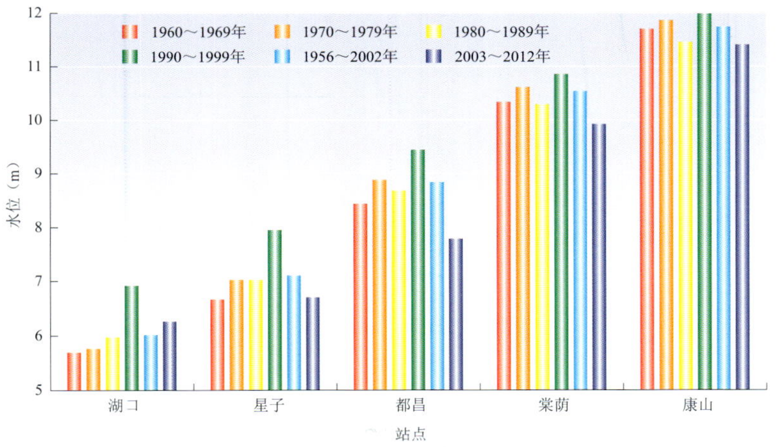

鄱阳湖区各水位站 2 月平均水位比较

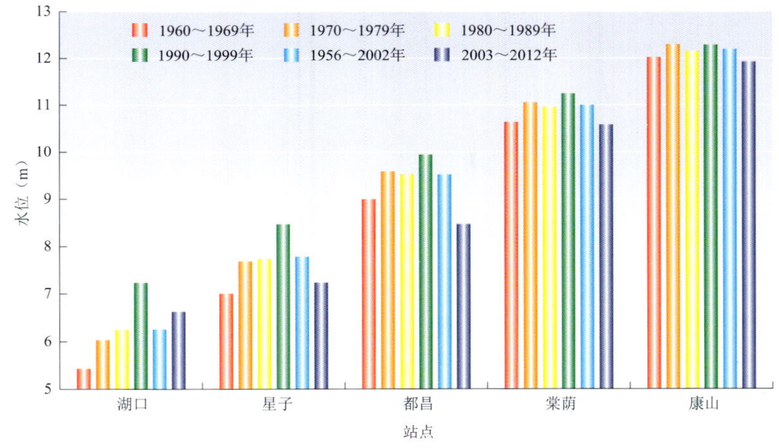

鄱阳湖区各水位站 3 月平均水位比较

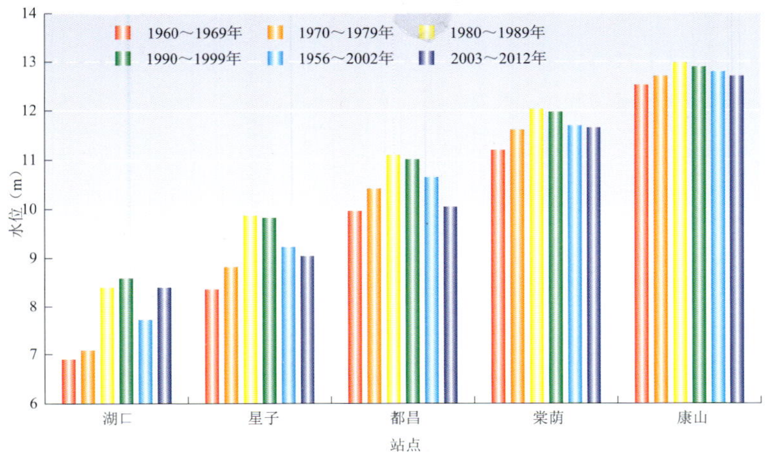

2003—2012年鄱阳湖区各水位站各月平均水位低于1956—2002年，仍属于各站水位丰枯变化周期中的枯水期。10月各站平均水位出现了显著减少的变化，2003—2012年10月平均水位不仅远低于1956—2002年平均水位，而且远低于历史出现的最枯年代水位；11月各站平均水位同样出现了显著减少的变化，但越往上游减少的趋势影响越小，都昌以下各站2003—2012年11月水位不仅远低于1956—2002年平均水位，而且远低于历史出现的最枯年代水位，都昌以上水位降低幅度则相对较小。

江湖水文关系

鄱阳湖水位－面积、水位－蓄水量计算分区

鄱阳湖依据不同水情变化导致湖面各处水位差异，尤其是低水位时期湖面各处水位的差异显著，采用泰森多边形，结合现有水文（水位）站数量和分布、鄱阳湖湖盆特征和不同时期出入流特点，将鄱阳湖分成9个区域（每个区域有一个代表水文站或水位站）。

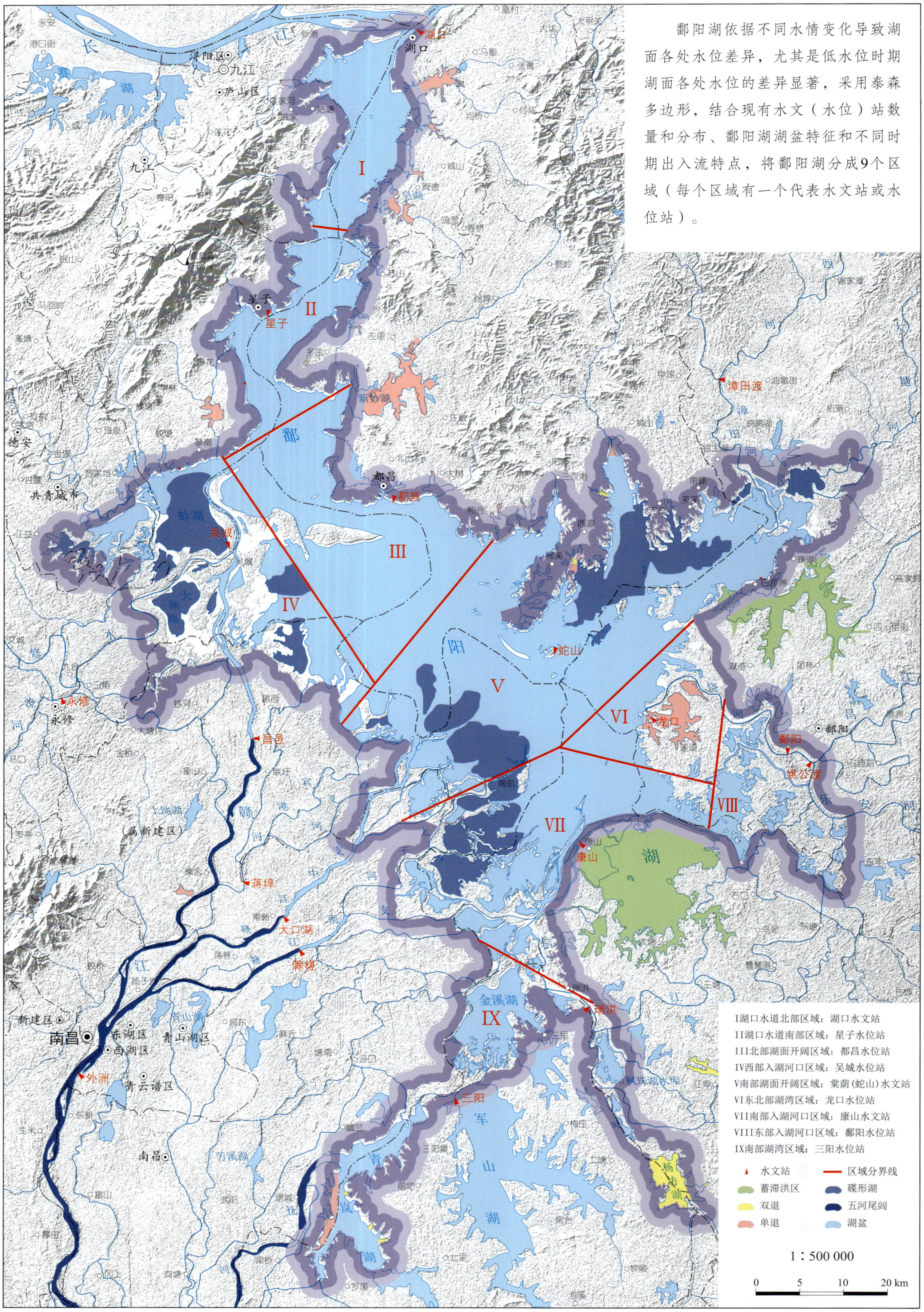

鄱阳湖湖盆区水位与面积、蓄水量关系

水位/m	高程		水位–面积/km²					水位–蓄水量/10^8 m³				
	面积/km²	容积/10^8m³	3—6月	7—8月	9—10月	11—2月	综合线	3—6月	7—8月	9—10月	11—2月	综合线
4	88.376	3.411	200	—	—	200	200	6	—	—	6	6.20
4.50	95.096	3.87	205	—	—	205	210	6.75	—	—	6.40	6.60
5	104.081	4.367	215	—	—	210	215	7.50	—	—	7	7
5.50	110.872	4.905	250	—	—	222	220	8.38	—	—	7.60	7.90
6	119.574	5.481	290	—	—	233	260	9.25	—	—	8.25	8.50
6.50	127.303	6.098	370	—	—	260	320	10.57	—	—	8.83	9.30
7	138.733	6.763	470	—	315	291	400	11.89	—	10.24	9.41	10.50
7.50	149.869	7.484	602	—	370	323	500	14.13	—	11.66	10.42	12.30
8	172.501	8.289	785	—	435	360	630	16.37	—	13.08	11.44	14
8.50	208.167	9.24	994	—	555	439	795	19.18	—	14.87	12.72	16.80
9	280.465	10.457	1 208	—	682	522	980	22	—	16.67	14	19.50
9.50	365.127	12.066	1 399	—	890	703	1 165	26.44	—	19.66	16.27	22.82
10	504.406	14.23	1 590	1 333	1 122	877	1 355	30.95	27	22.72	19	26.50
10.50	742.116	17.328	1 781	1 535	1 360	1 110	1 545	36.50	32	28	23.50	31.80
11	1 018.007	21.71	1 972	1 739	1 598	1 340	1 735	42.02	37.45	32.89	28.32	36.52
11.50	1 377.303	27.676	2 163	1 950	1 836	1 600	1 925	49.13	44.40	39.66	34.93	43.13
12	1 704.546	35.366	2 354	2 162	2 074	1 861	2 115	56.33	51.43	46.53	41.63	49.83
12.50	2 012.072	44.647	2 545	2 374	2 300	2 125	2 305	64.91	60.09	55.28	50.46	57.96
13	2 287.84	55.389	2 736	2 596	2 515	2 421	2 520	74.09	69.36	64.62	59.89	66.59
13.50	2 535.191	67.441	2 900	2 802	2 730	2 700	2 735	85.10	81.08	77.08	73.08	77.83
14	2 727.449	80.595	3 010	2 966	2 940	2 950	2 950	96.50	93	89.57	86.30	89.10
14.50	2 884.473	94.623	3 040	3 050	3 049	3 045	3 050	107.90	105	102	99	101.20
15	3 000.828	109.34	3 062	3 070	3 070	3 070	3 070	119	117	113.80	112	113
15.50	3 053.743	124.47	3 084	3 089	3 090	3 090	3 090	130	128.70	127	124.60	124.60
16	3 102.041	139.86	3 102	3 102	3 102	3 102	3 102	139.90	139.90	139.90	139.90	139.90
16.50	3 125.816	155.43	3 126	3 126	3 126	3 126	3 126	155.40	155.40	155.40	155.40	155.40
17	3 152.695	171.13	3 153	3 153	3 153	3 153	3 153	171.10	171.10	171.10	171.10	171.10
17.50	3 170.202	186.93	3 170	3 170	3 170	3 170	3 170	186.90	186.90	186.90	186.90	186.90
18	3 189.851	202.83	3 190	3 190	3 190	3 190	3 190	202.80	202.80	202.80	202.80	202.80
18.50	3 204.719	218.82	3 205	3 205	3 205	3 205	3 205	218.80	218.80	218.80	218.80	218.80
19	3 223.512	234.89	3 224	3 224	3 224	3 224	3 224	234.90	234.90	234.90	234.90	234.90
19.50	3 237.812	251.04	3 238	3 238	3 238	3 238	3 238	251	251	251	251	251
20	3 256.376	267.28	3 256	3 256	3 256	3 256	3 256	267.30	267.30	267.30	267.30	267.30
20.50	3 271.542	283.60	3 272	3 272	3 272	3 272	3 272	283.60	283.60	283.60	283.60	283.60
21	3 286.856	300	3 287	3 287	3 287	3 287	3 287	300	300	300	300	300

注：未考虑碟形湖影响（包括碟形湖门槛以下面积蓄水量）。高程为1985国家高程基准。

利用9个分区的代表水文（水位）站1990—2010年各月平均水位，建立各个区域的高程—面积、高程—容积关系；以星子站水位为代表，反映3—6月、7—8月、9—10月、11月至次年2月4个时段星子站水位对应的鄱阳湖湖面实际面积和湖中实际水量。

星子水位与鄱阳湖湖盆区面积关系

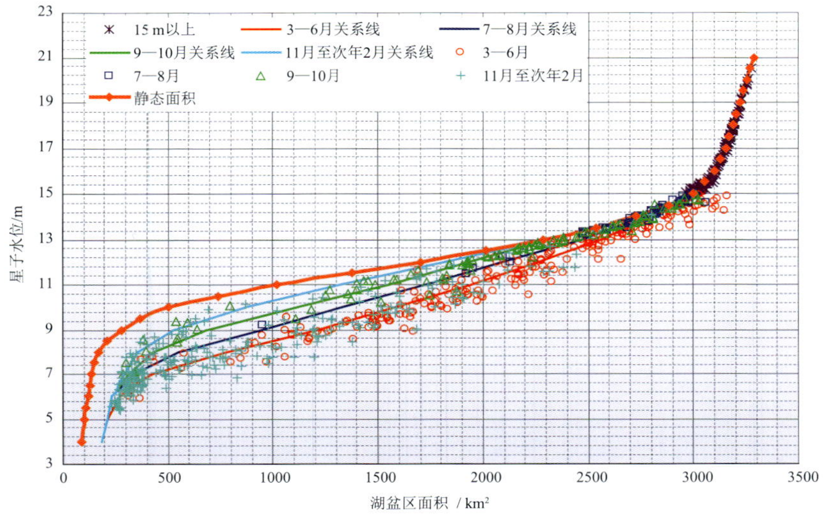

星子水位与鄱阳湖湖盆蓄水量关系

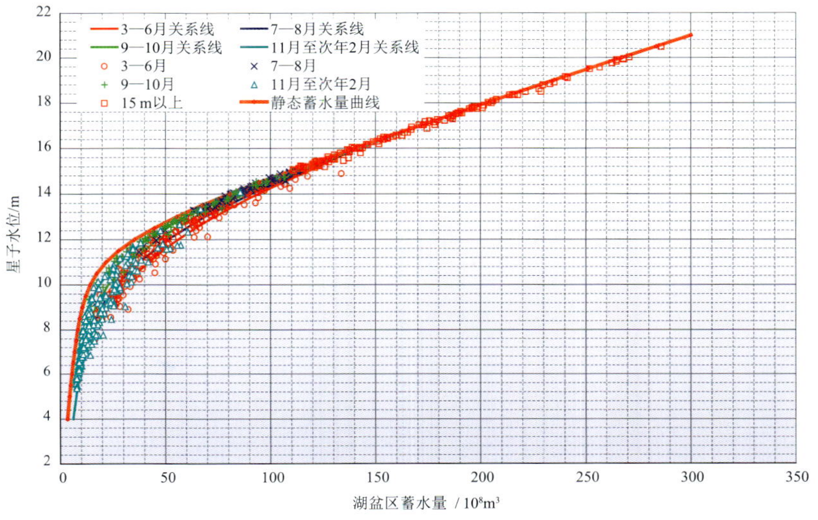

鄱阳湖冲淤变化

鄱阳湖湖流、冲淤监测断面与垂线分布

监测断面及垂线布设：在全国首创大湖流域网格法布设监测断面。横向沿湖盆南北向每5 km布设一个断面，遇河流入湖口、水利枢纽工程闸址等特殊湖域则适当调整，监测区范围为东经115° 39′～117° 12′，北纬28° 12′～29° 45′，全湖173 km共布设断面34个；垂线布设最多68条，最少46条。

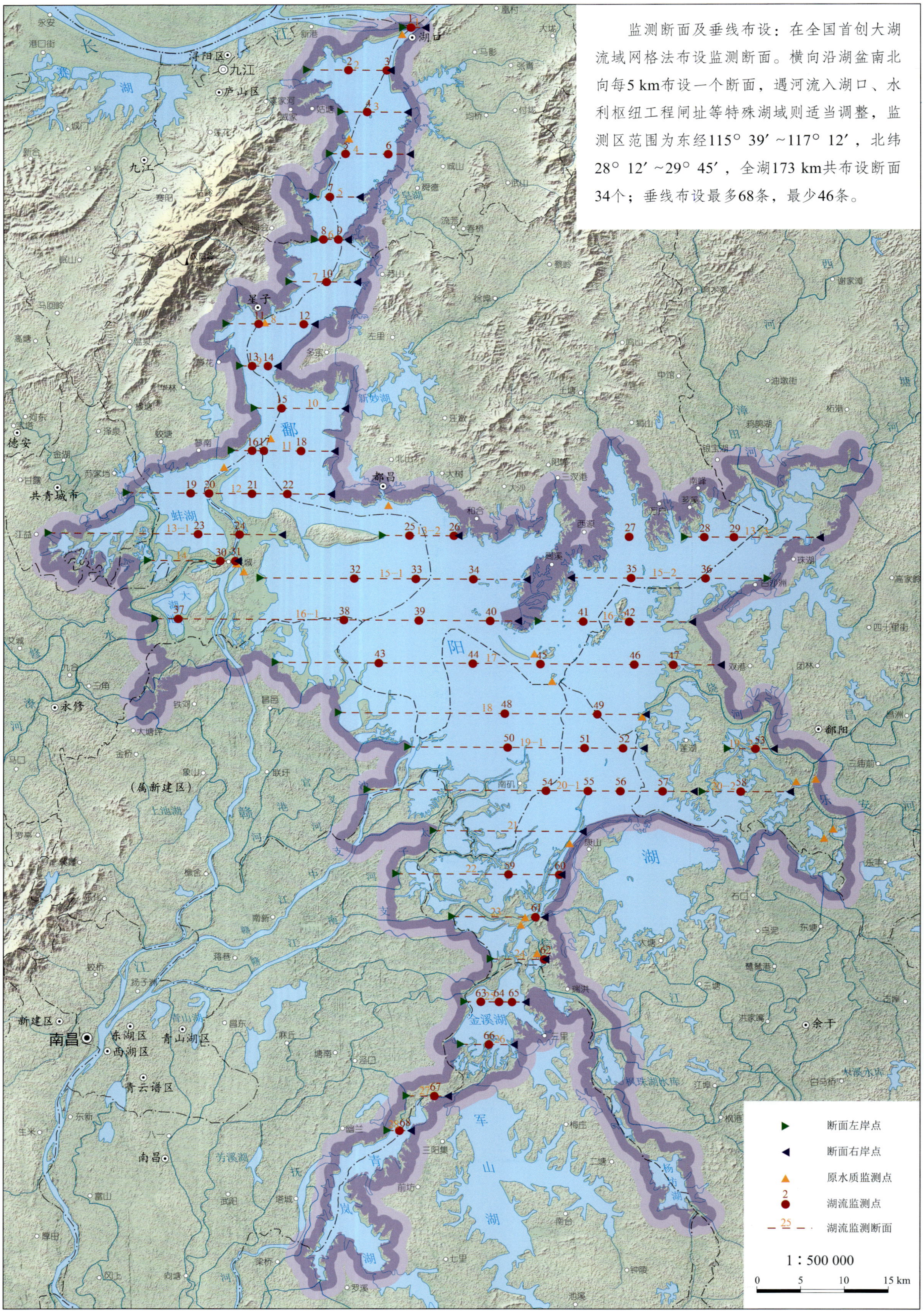

鄱阳湖冲淤分布特征

1956—2002年鄱阳湖入湖、出湖年均输沙量分别为1 465×10^8 t、938×10^8 t。2003—2012年“五河”入湖年均输沙量为607×10^4 t，较1956—2002年多年均值偏小58.6%；2003—2012年年均出湖输沙量为1 238×10^4 t，较1956—2002年多年均值偏大31.9%（含采砂活动影响）。1998—2010年，湖区总体处于冲刷状态，尤其是窄长的入江水道河段，断面变化较大。

从湖区淤积形态来看，由于“五河”来沙量、时程分配不同，流态变化复杂，且河段地形差异较大，使泥沙淤积在平面和高度上的分布都不同，导致对某些河段和水域的影响仍很严重。流域来沙主要淤积在水网区的分支口、扩散段、弯曲段凸岸和湖盆区的东南部、南部、西南部的各河入湖扩散区。

鄱阳湖湖盆入江水道区域（1～10号断面）淤积情况对比

1998 年、2010 年 1 号断面对比

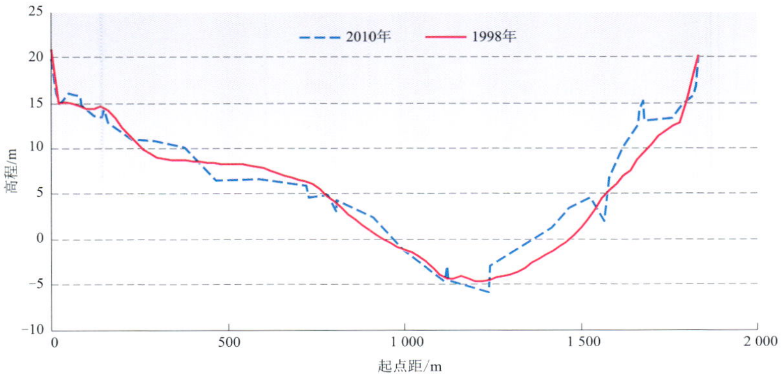

1998 年、2010 年 2 号断面对比

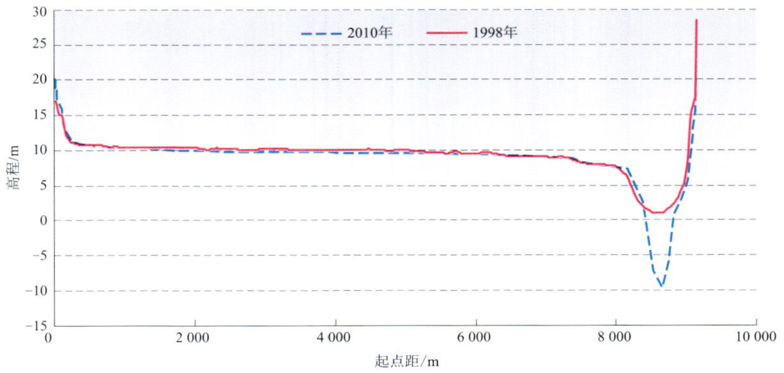

1998 年、2010 年 3 号断面对比

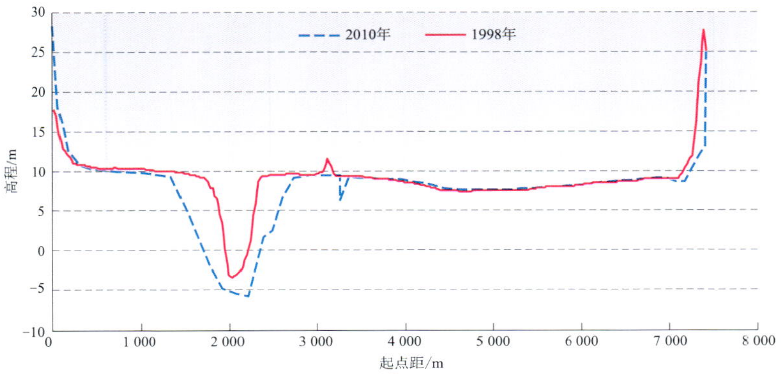

1998 年、2010 年 4 号断面对比

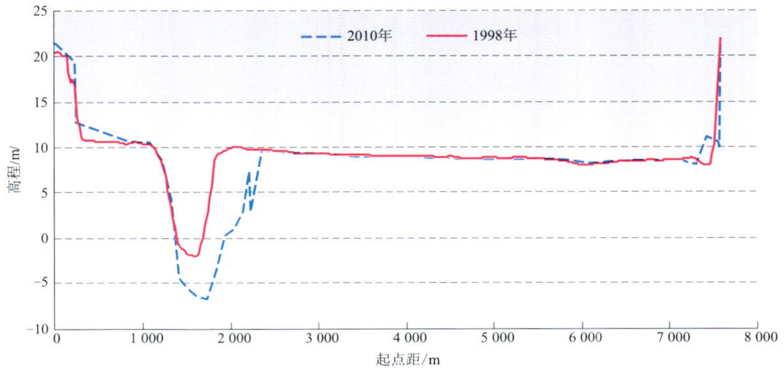

1998 年、2010 年 5 号断面对比

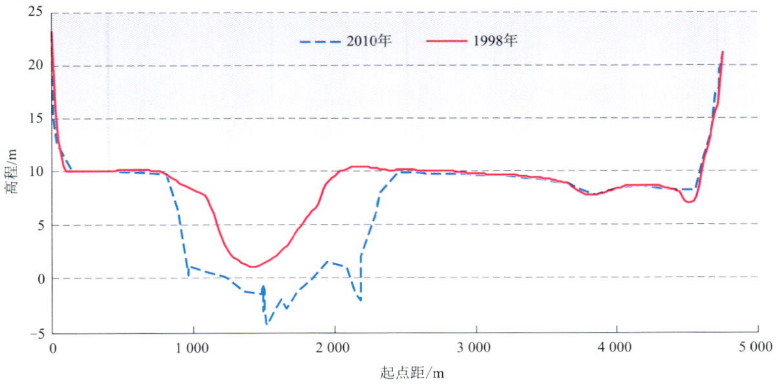

1998 年、2010 年 6 号断面对比

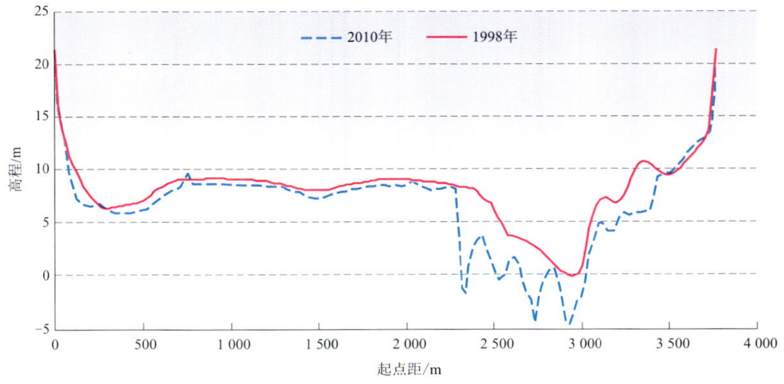

1998 年、2010 年 7 号断面对比

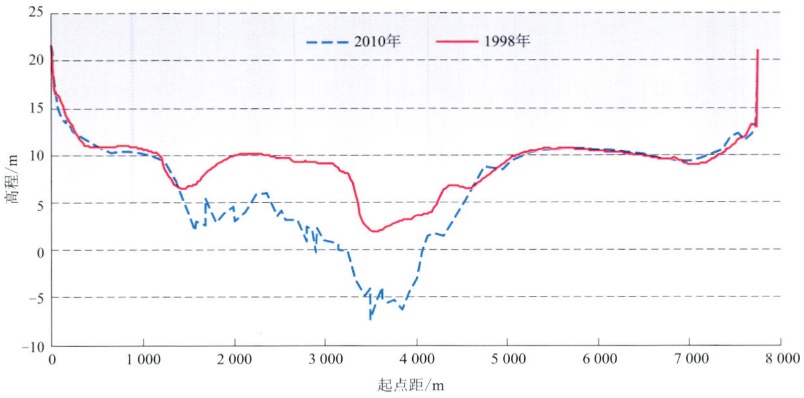

1998 年、2010 年 8 号断面对比

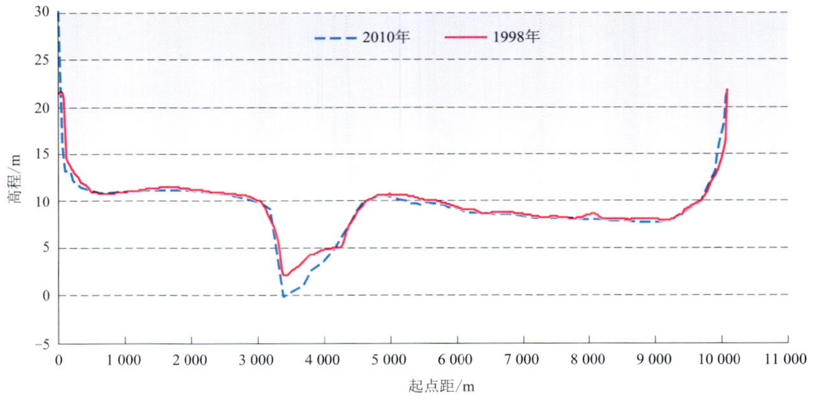

1998 年、2010 年 9 号断面对比

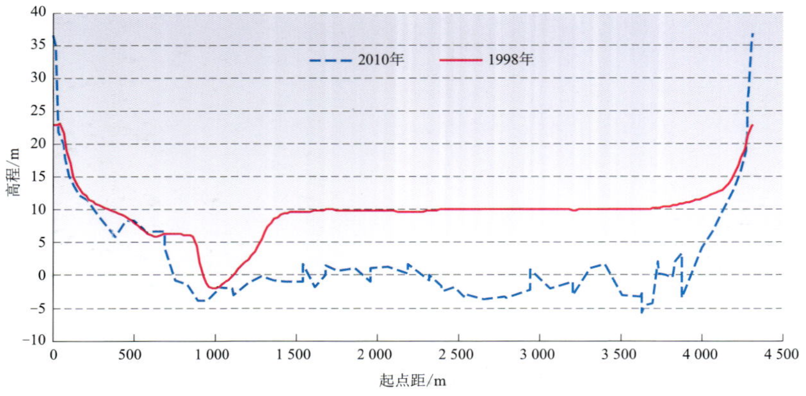

1998 年、2010 年 10 号断面对比

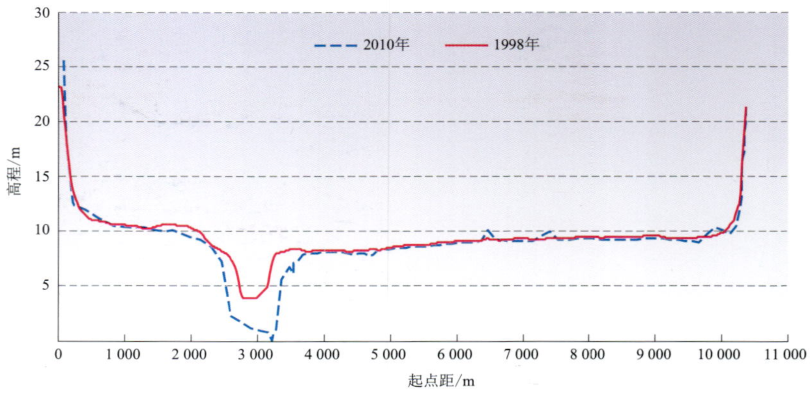

1998—2010 年，鄱阳湖湖盆入江水道区域总体为下切，主流摆动不大，主流河床冲刷下切明显。除 1 号断面发生轻微淤积外，其他断面均发生下切，下切均在 10 m 高程以下河床，10 m 以上变化较小，断面变化最大的为 9 号断面，湖底平均高程下降 7.91 m。

赣江、修河河口湖盆区域（11号、12号、13-1号、14号断面）淤积情况对比

1998 年、2010 年 11 号断面对比

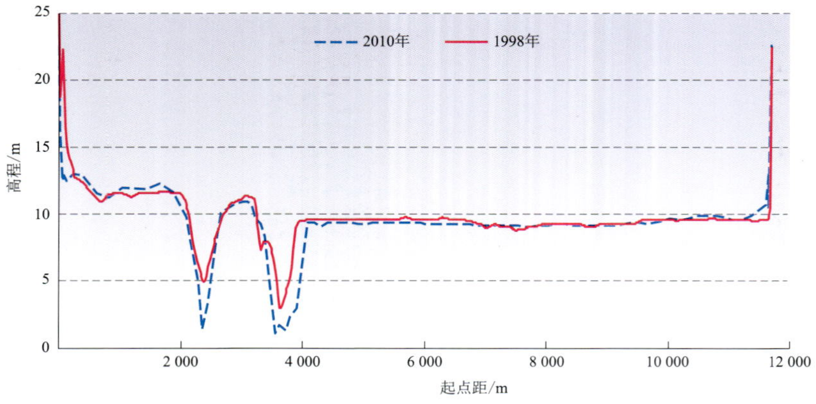

1998 年、2010 年 12 号断面对比

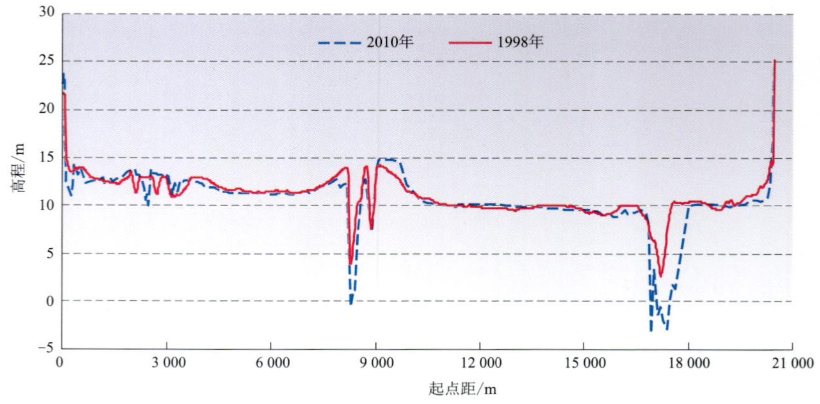

1998 年、2010 年 13-1 号断面对比

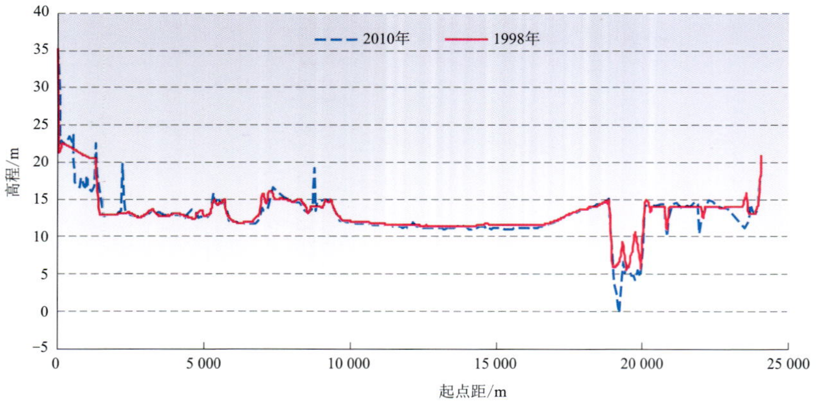

1998 年、2010 年 14 号断面对比

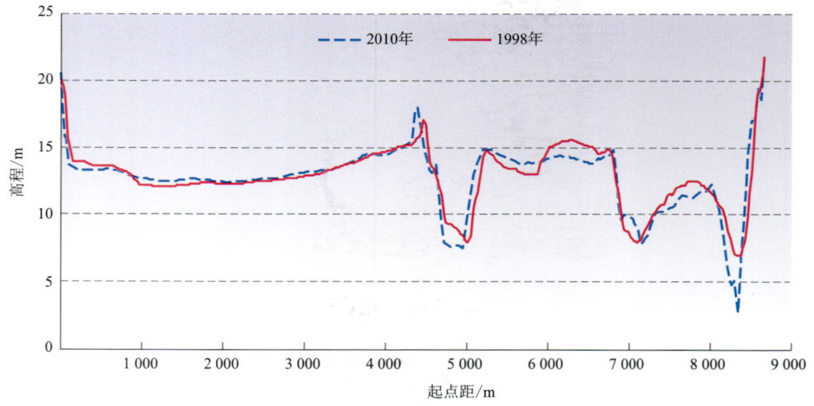

1998—2010年，鄱阳湖赣江、修河河口湖盆区域典型断面均发生冲刷，冲刷均在15 m高程以下河床，15 m以上变化较小，最大变化发生在12号断面，15 m以下河床平均高程下切0.16 m，断面最低点下切幅度达到4.5 m左右。该区域总体为冲刷，但冲刷强度小于入江水道区域。

鄱阳湖湖盆中部区域（13-2～23号断面）淤积情况对比

1998 年、2010 年 13-2 号断面对比

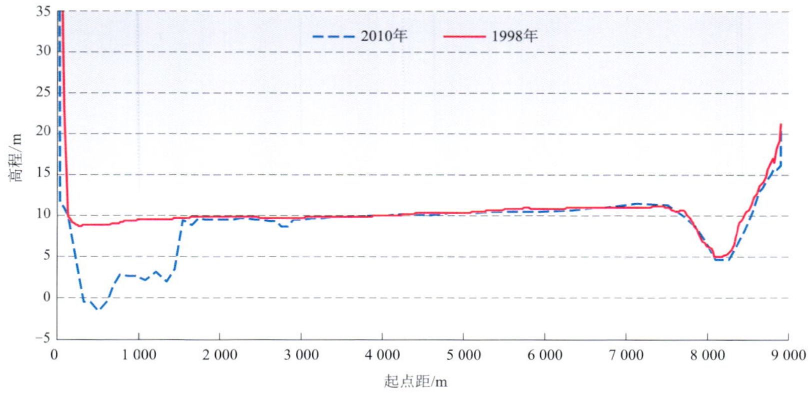

1998 年、2010 年 15-1 号断面对比

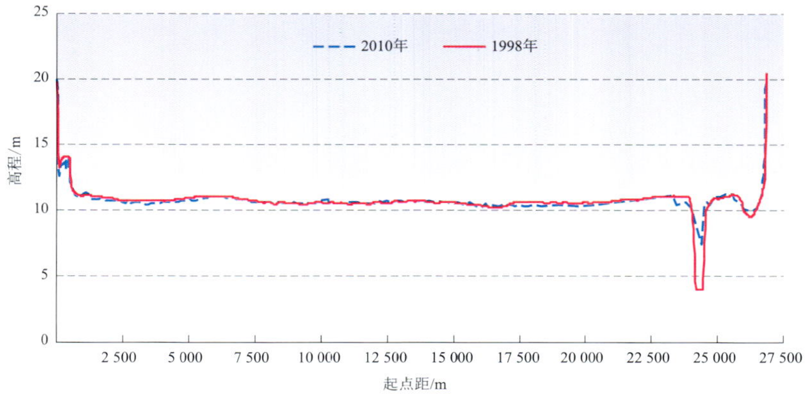

1998 年、2010 年 16-1 号断面对比

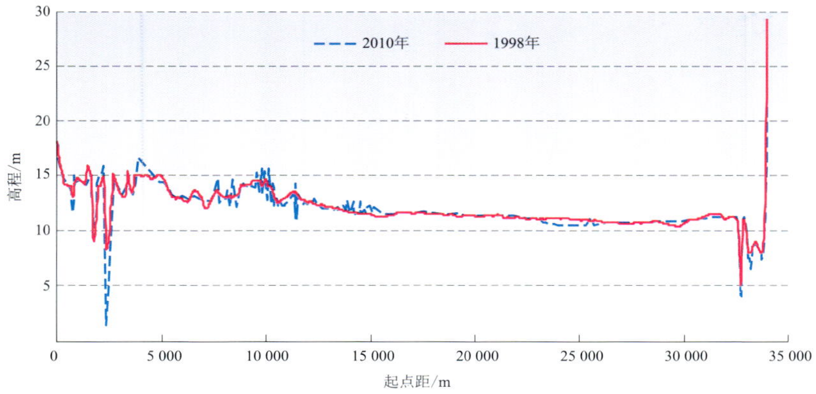

1998 年、2010 年 17 号断面对比

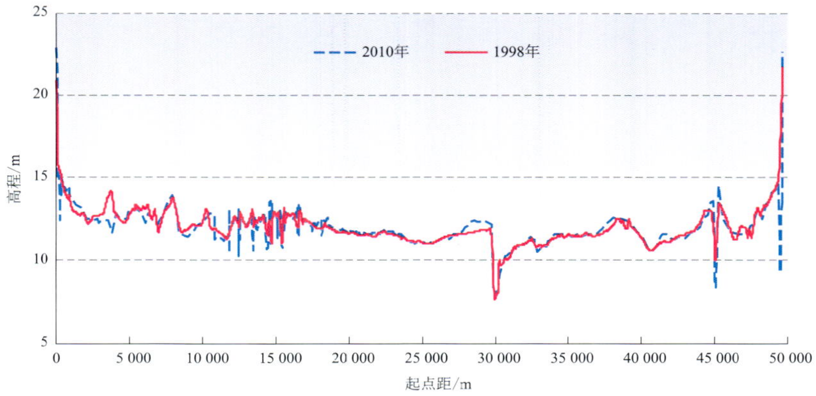

1998 年、2010 年 18 号断面对比

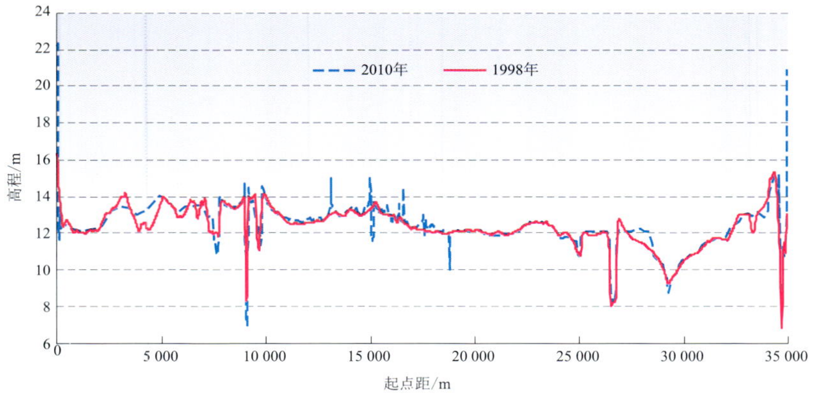

1998 年、2010 年 19-1 号断面对比

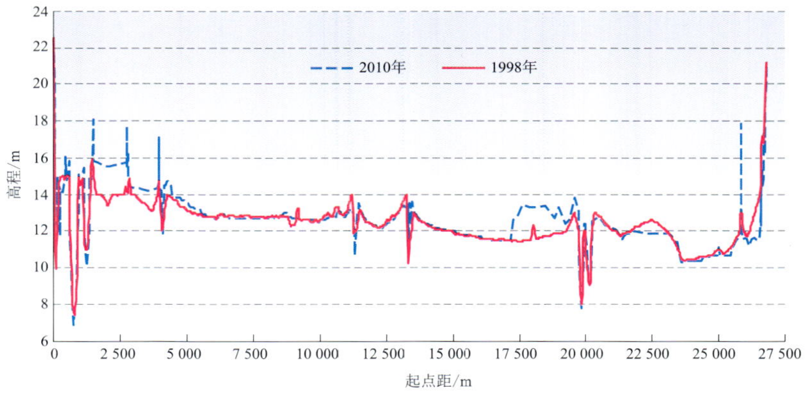

1998 年、2010 年 20-1 号断面对比

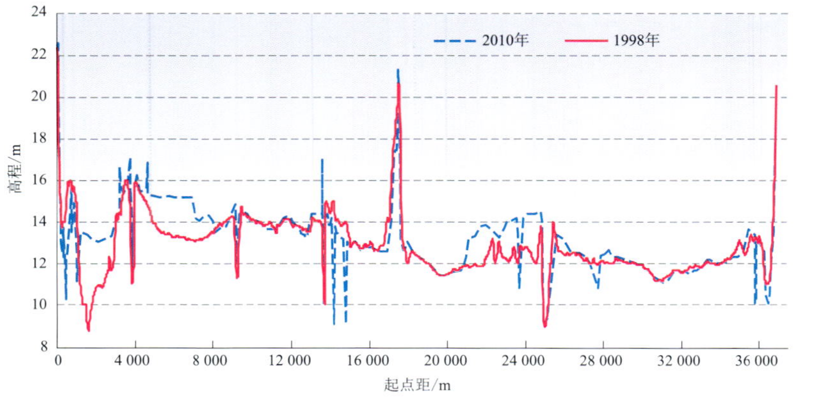

1998 年、2010 年 21 号断面对比

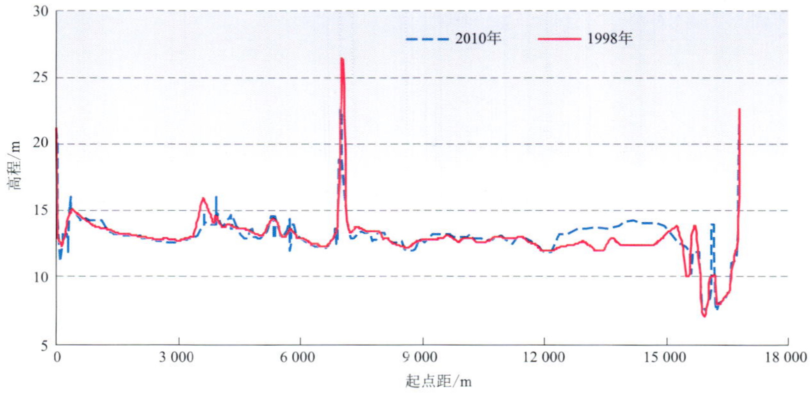

1998 年、2010 年 22 号断面对比

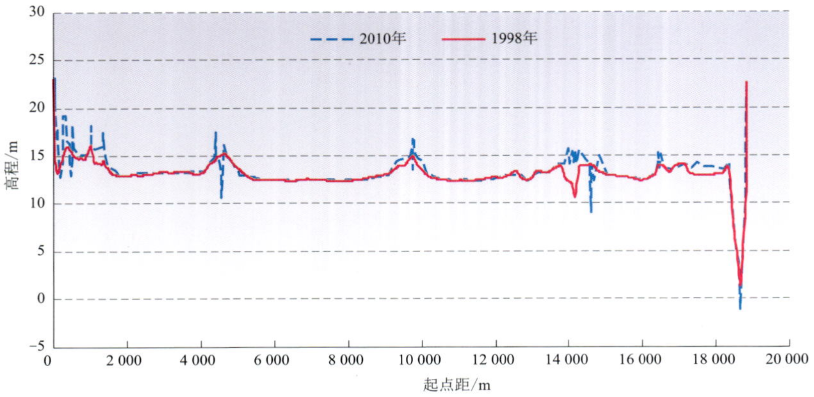

1998 年、2010 年 23 号断面对比

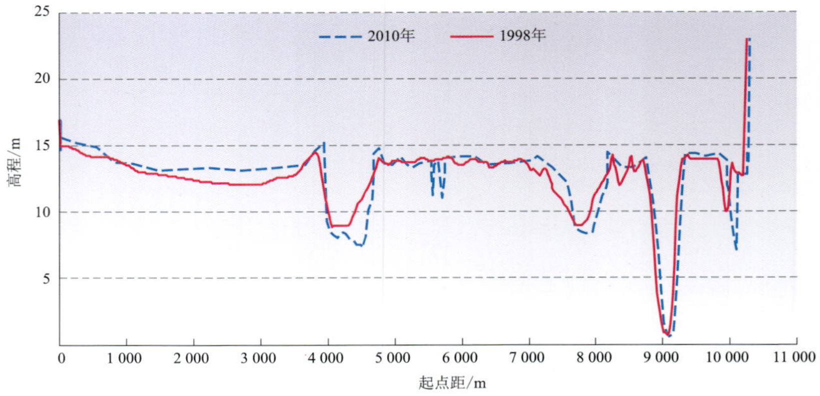

1998—2010年，鄱阳湖湖盆中部区域总体仍以淤积为主，除13-2号断面主流区冲刷较大、16-1号断面发生轻微冲刷外，其他断面均发生淤积，淤积强度较小，淤积基本集中在16 m高程以下河床，16 m以上变化较小，断面变化最大的为20-1号断面。

鄱阳湖湖盆东北部区域（13-3号、15-2号、16-2号断面）淤积情况对比

1998 年、2010 年 13-3 号断面对比

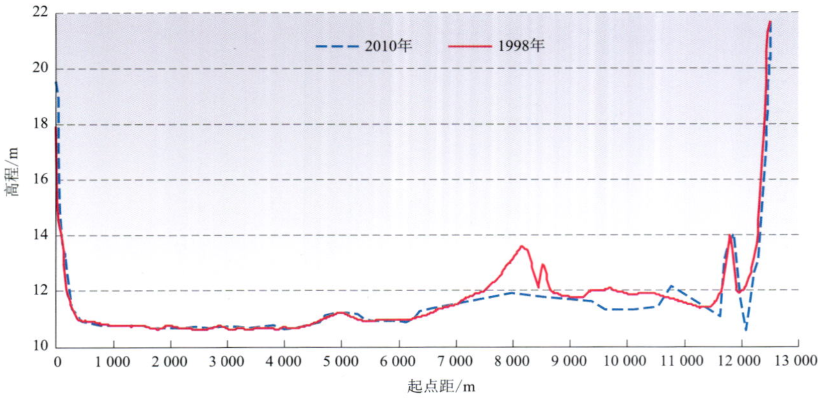

1998 年、2010 年 15-2 号断面对比

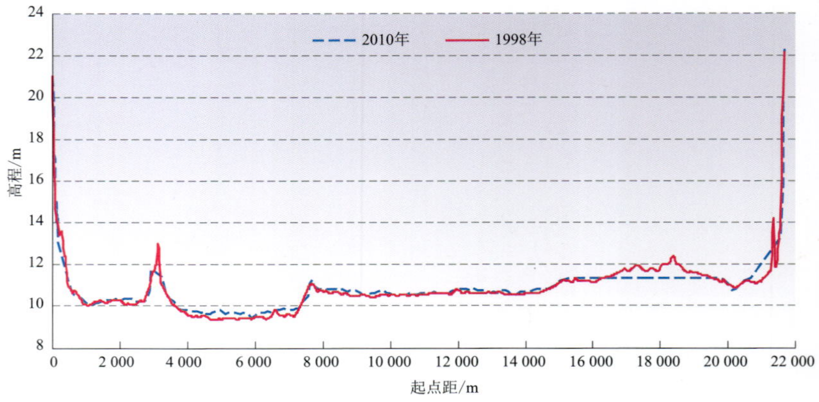

1998 年、2010 年 16-2 号断面对比

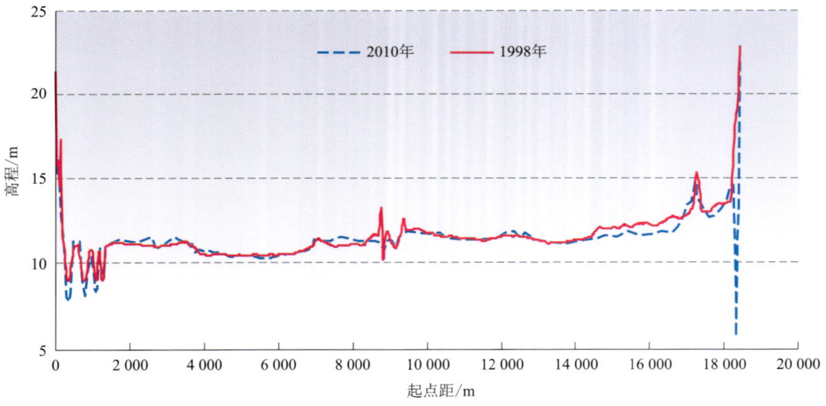

1998—2010年，鄱阳湖湖盆东北部区域冲淤变化基本维持平衡，断面变化较小，在14 m高程以下有冲有淤，14 m以上较为稳定。

鄱阳湖湖盆南部区域（24 ～ 26 号断面）淤积情况对比

1998 年、2010 年 24 号断面对比

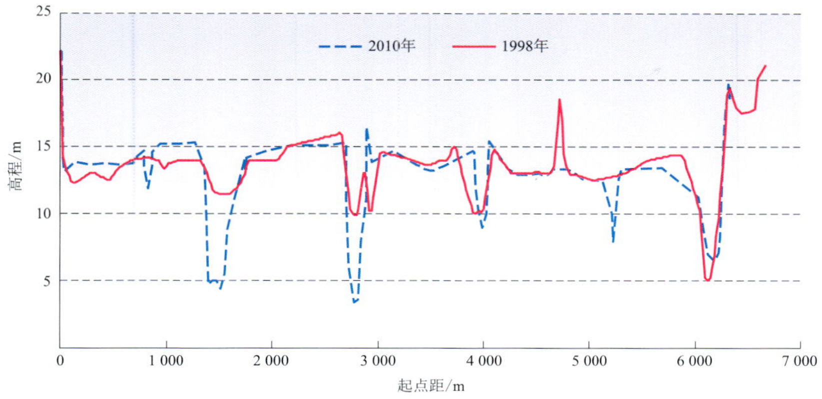

1998 年、2010 年 25 号断面对比

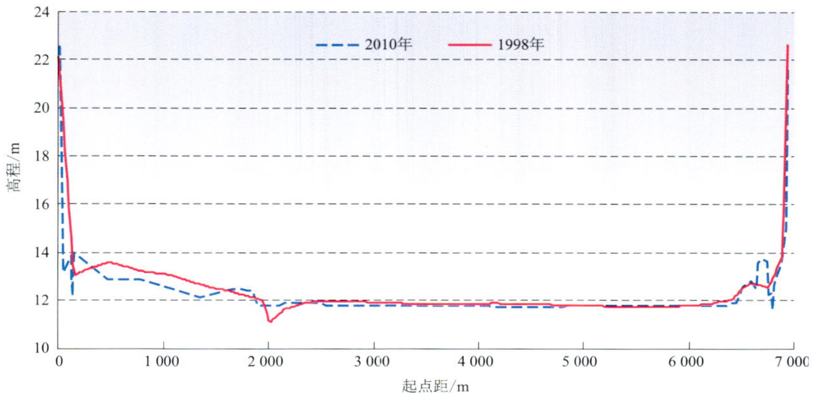

1998 年、2010 年 26 号断面对比

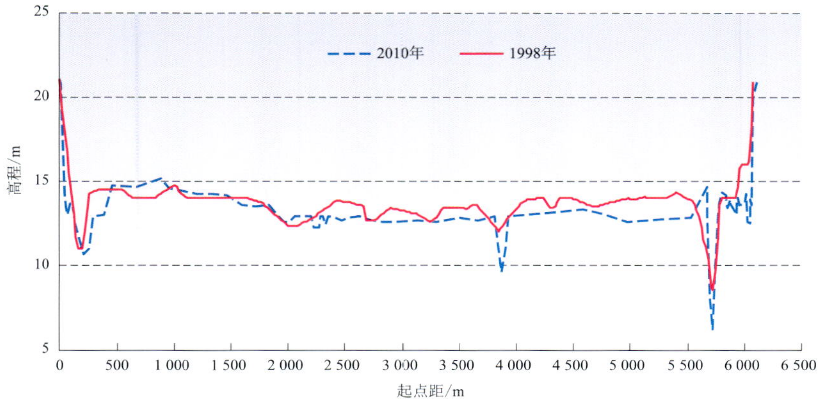

1998—2010年，鄱阳湖湖盆南部区域15 m高程以下断面发生冲刷，但总体冲刷强度较入江水道区域仍是偏小的，断面变化最大的为24号断面，河床平均下切1.35 m，断面最大冲刷深度接近7 m。

青岚湖下游区域（27～28号断面）淤积情况对比

1998 年、2010 年 27 号断面对比

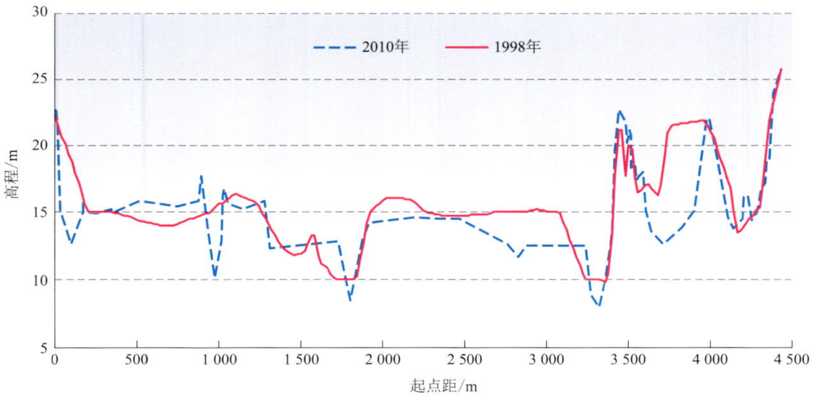

1998 年、2010 年 28 号断面对比

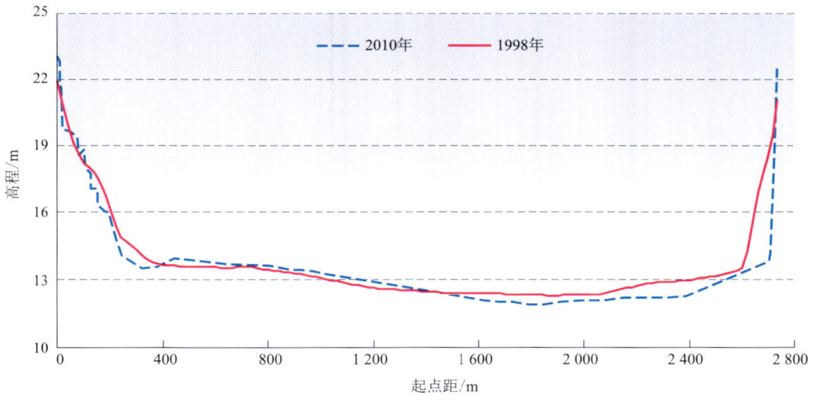

1998—2010年，鄱阳湖区青岚湖下游区域27号断面在17 m高程以下发生冲刷，17 m以下河床平均高程下切0.4 m，28号断面变化较小。

从总体看，1998—2010年鄱阳湖入江水道区域，冲刷下切较为显著，断面变化最大，最大冲刷深度为10.57 m（出现在入江水道2号断面）。赣江、修河河口区域断面总体表现为冲刷，但冲刷强度较小。湖区中部区域断面总体表现为淤积，但强度较小。东北部、南部、青岚湖下游区域断面有冲有淤，断面总体变化不大。

鄱阳湖湖流监测

第一次湖流监测

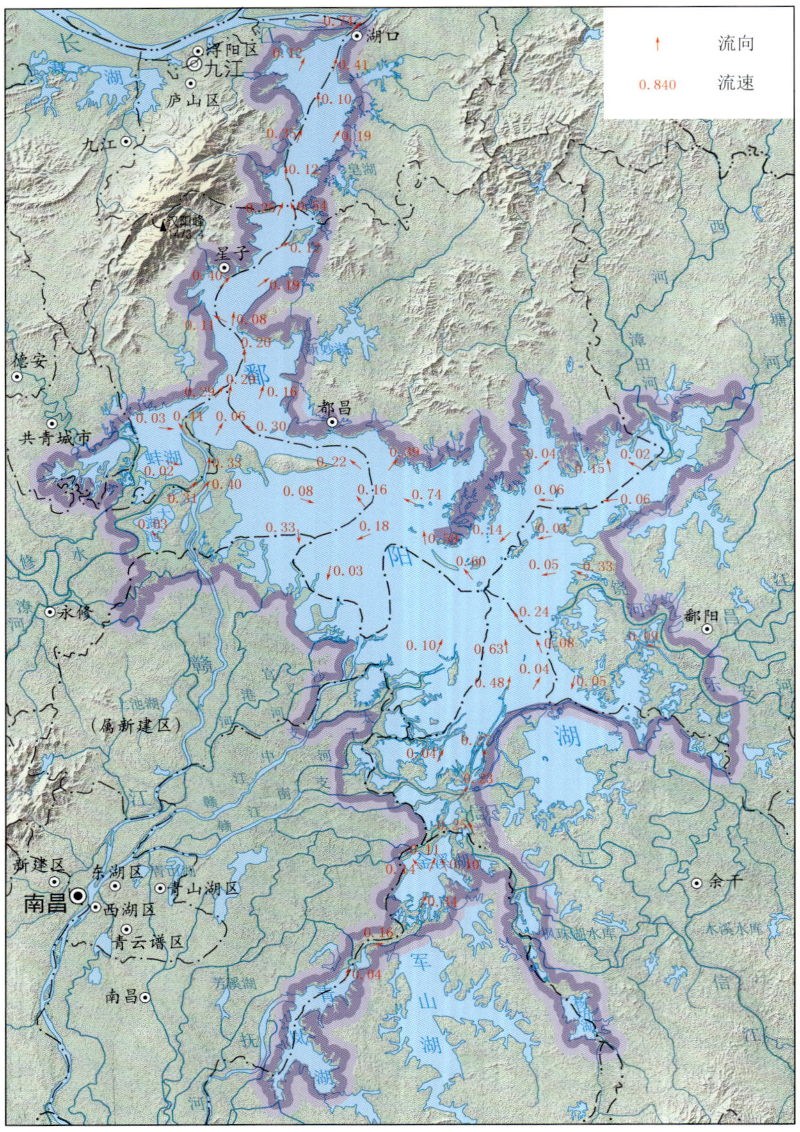

鄱阳湖湖区水流监测断面和监测垂线布设与水质监测断面和监测垂线同步。

所有监测垂线都测定水面流速、流向，当水深≤5m时，采用二点法（0.2、0.6）测定流速流向；当水深>5m时，采用三点法（0.2、0.6、0.8）测定流速流向。选定1号、11号、都昌、45号、31号、60号垂线为典型垂线，分别代表湖口、星子、都昌、棠荫、吴城、康山湖域，用五点法（水面、0.2、0.6、0.8、水底）测定流速流向，以分析湖流在垂线上的分布。

第一次监测期（2010年10月9—12日），在鄱阳湖湖区共布设68条垂线实施湖流流速、流向监测。监测结果表明，全湖测点流速范围为0～0.744 m/s，平均流速0.213 m/s，最小测点流速为0，出现在44号、48号、58号垂线，最大测点流速为1号垂线。

第二次监测期（2010年12月19—20日），在鄱阳湖湖区共布设46条垂线实施湖流流速、流向监测。监测结果表明，全湖测点流速范围为0.010～1.59 m/s，平均流速0.830 m/s，最小测点流速为14号垂线，最大测点流速为34号垂线。

1∶1 000 000

0　10　20　30　40 km

第二次湖流监测

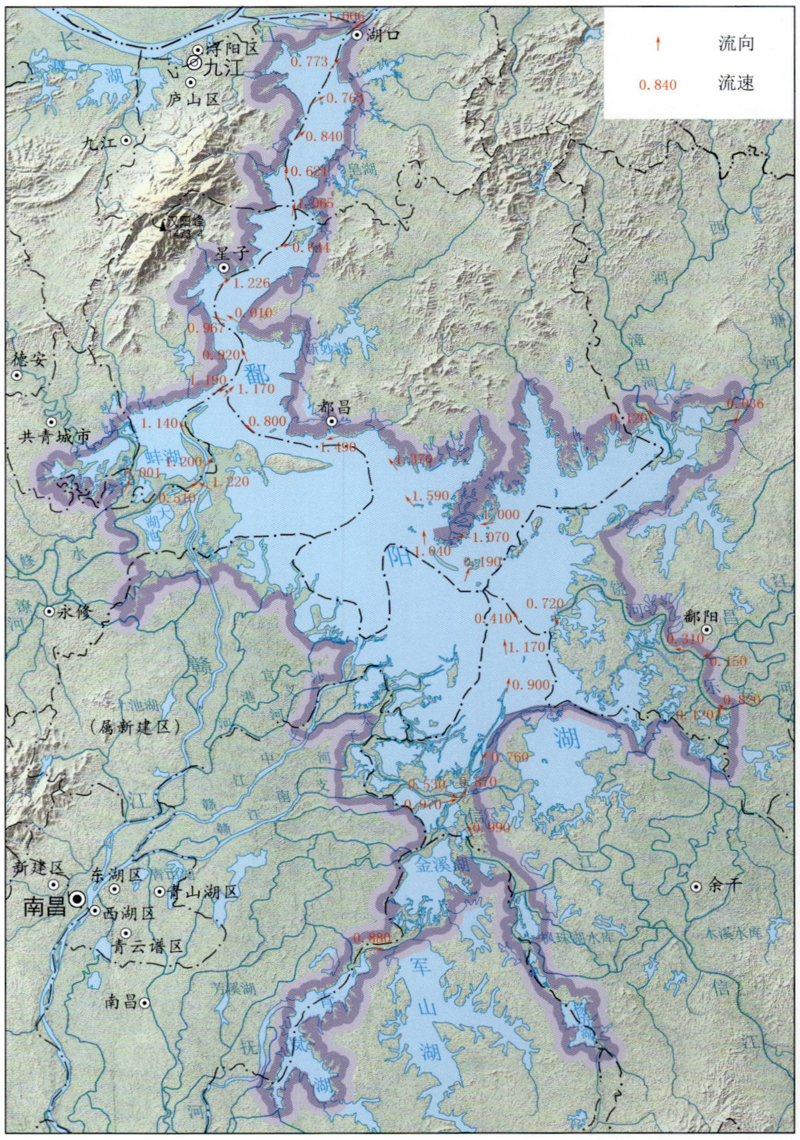

第三次监测期（2010年12月28—29日），在鄱阳湖湖区共布设46条垂线实施湖流流速、流向监测。监测结果表明，全湖测点流速范围为0.007～1.79 m/s，平均流速0.640 m/s，最小测点流速为14号垂线，最大测点流速为45号垂线。

第四次监测期（2012年5月17—18日），在鄱阳湖湖区共布设68条垂线实施湖流流速、流向监测。监测结果表明，全湖垂线平均流速范围为0.091～1.11 m/s，平均流速0.288 m/s，最小测点流速为57号垂线，最大测点流速为61号垂线。

第五次监测期（2013年3月11—12日），在鄱阳湖湖区布设64条垂线实施湖流流速、流向监测。监测结果表明，全湖测点流速范围为0.120～1.29 m/s，平均流速0.624 m/s，最小测点流速为68-1号垂线，最大测点流速为31-1号垂线。

第三次湖流监测

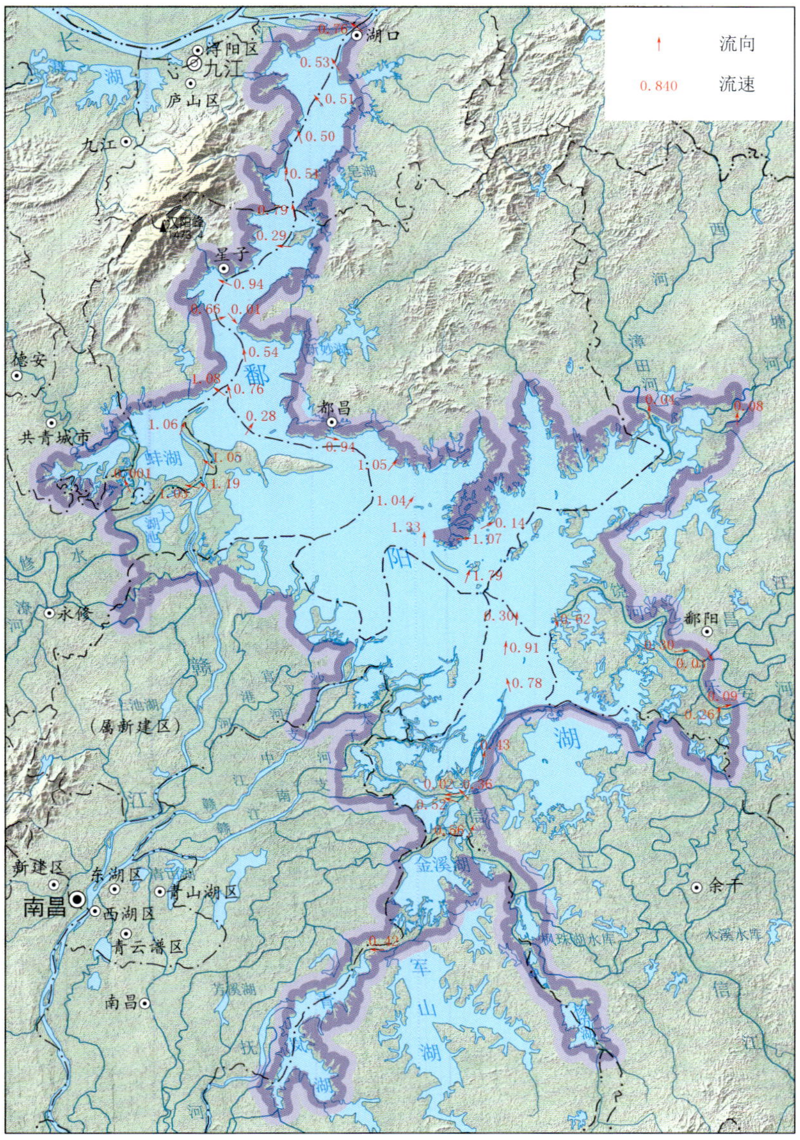

1：1 000 000

0 10 20 30 40 km

第四次湖流监测

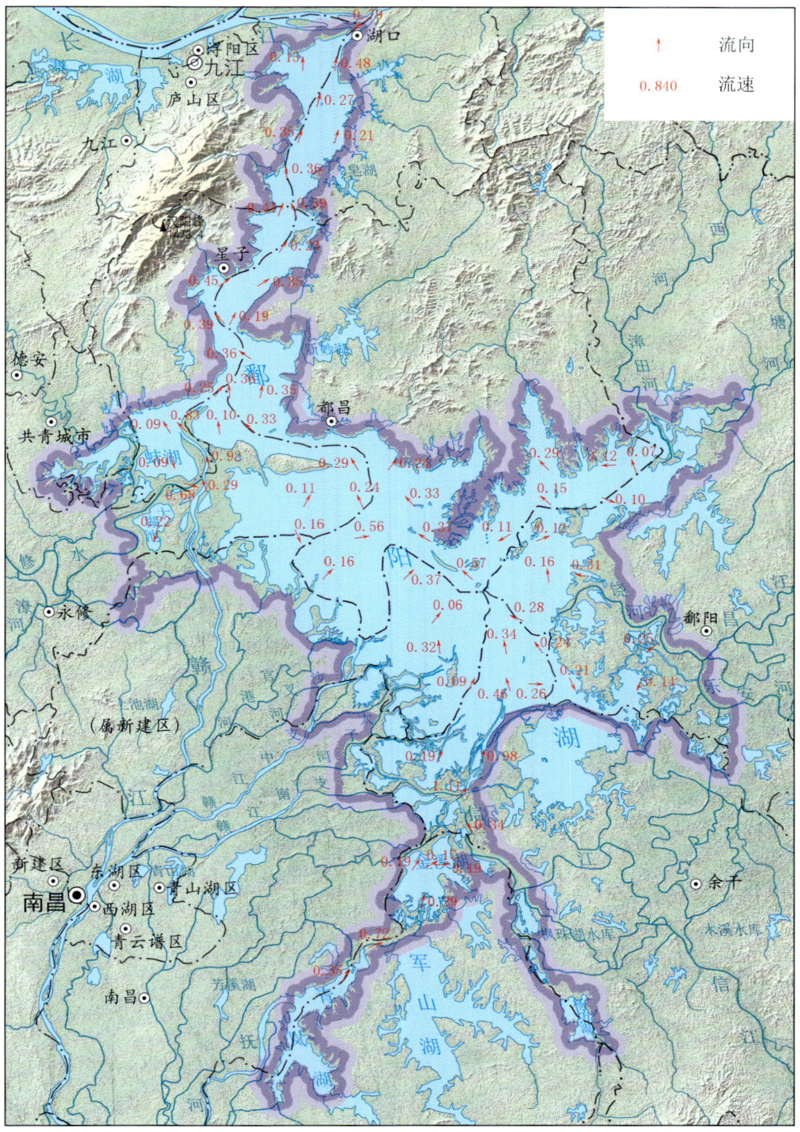

第五次湖流监测

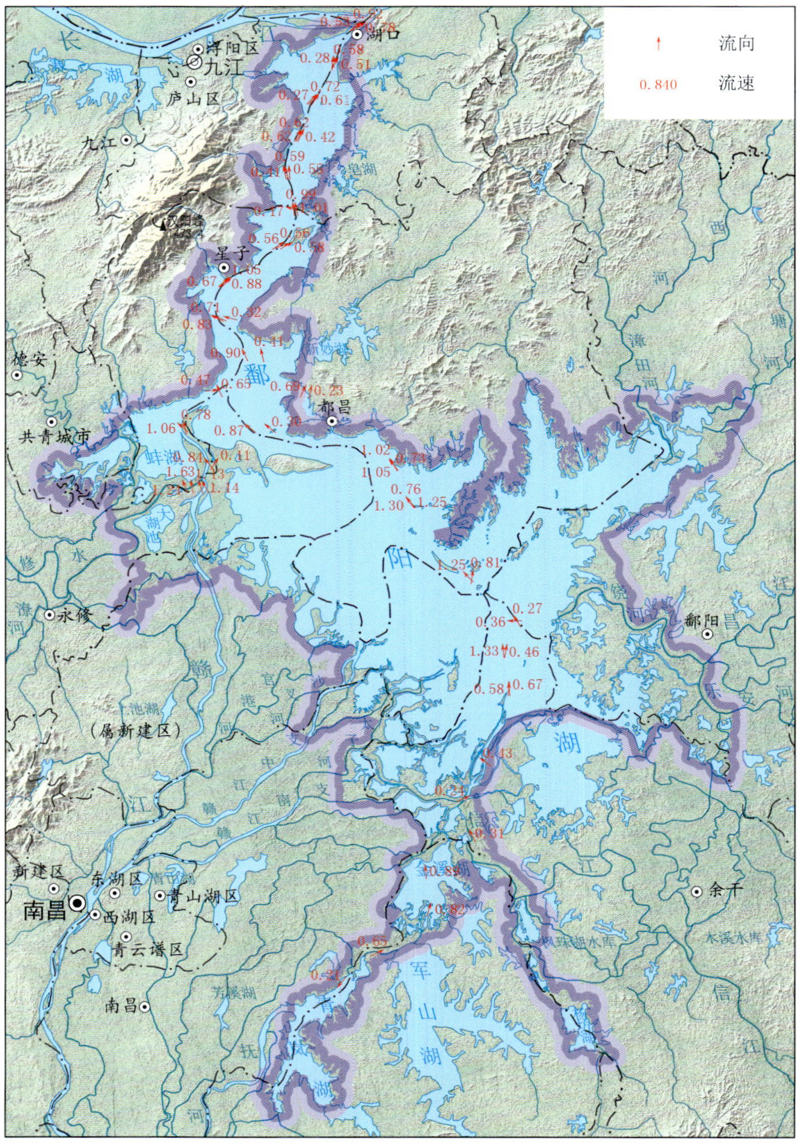

鄱阳湖水文水动力

鄱阳湖典型年份水动力流场特征

鄱阳湖是一个吞吐型湖泊，其湖流的主要形态为吞吐流。重力型流场中，从南到北主河道维持较大流速，且以由南向北流向为主；顶托型流场中，除入江水道外，主湖区流速相对比较均匀且维持较小的流速，流向以由南至北为主；倒灌型流场中，棠荫以北至湖口主河道流速相对较大，且基本维持由北向南流向。

类型	水位落差 / cm	湖口流量 / (m^3/s)	湖口流向	湖口流速 / (m/s)
重力型	≥7	＞1 000	NE	＞0.5
倒灌型	＜7	＜0.0	SW	＜0.0
顶托型	＜7	≥0.0	NE	≤0.5 且≥0.0

重力型流场

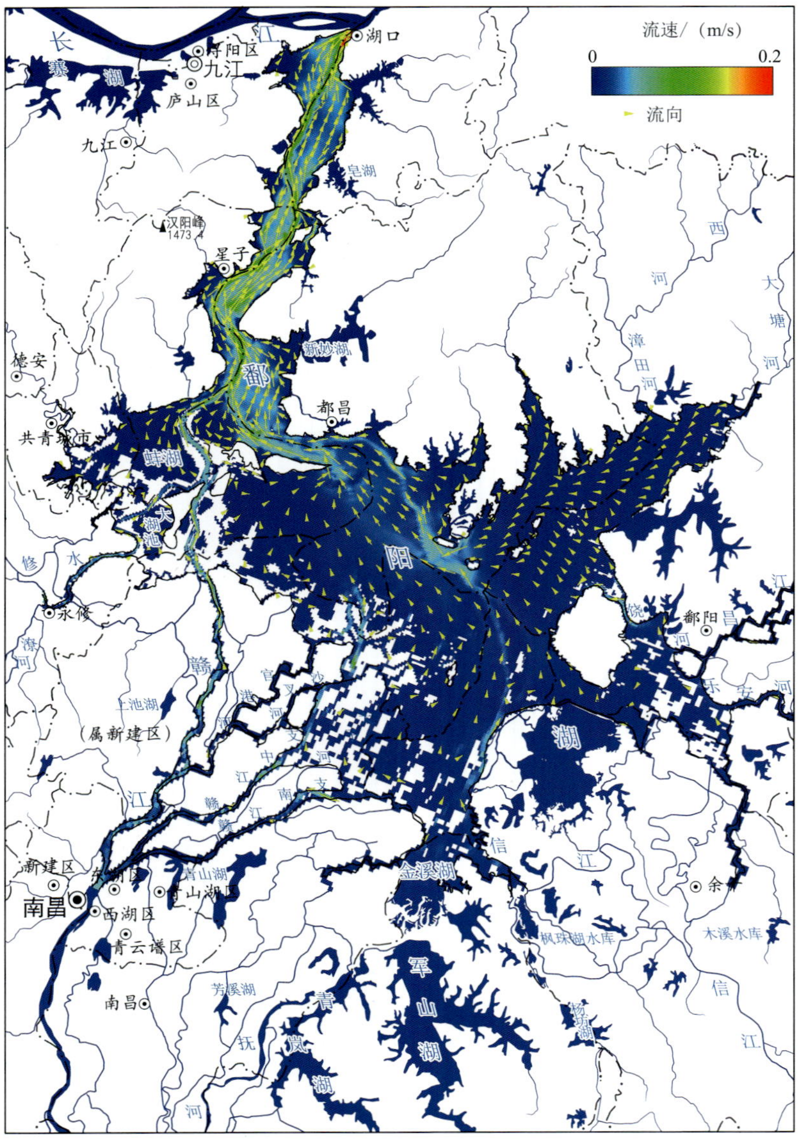

1∶1 000 000

0 10 20 30 40 km

倒灌型流场

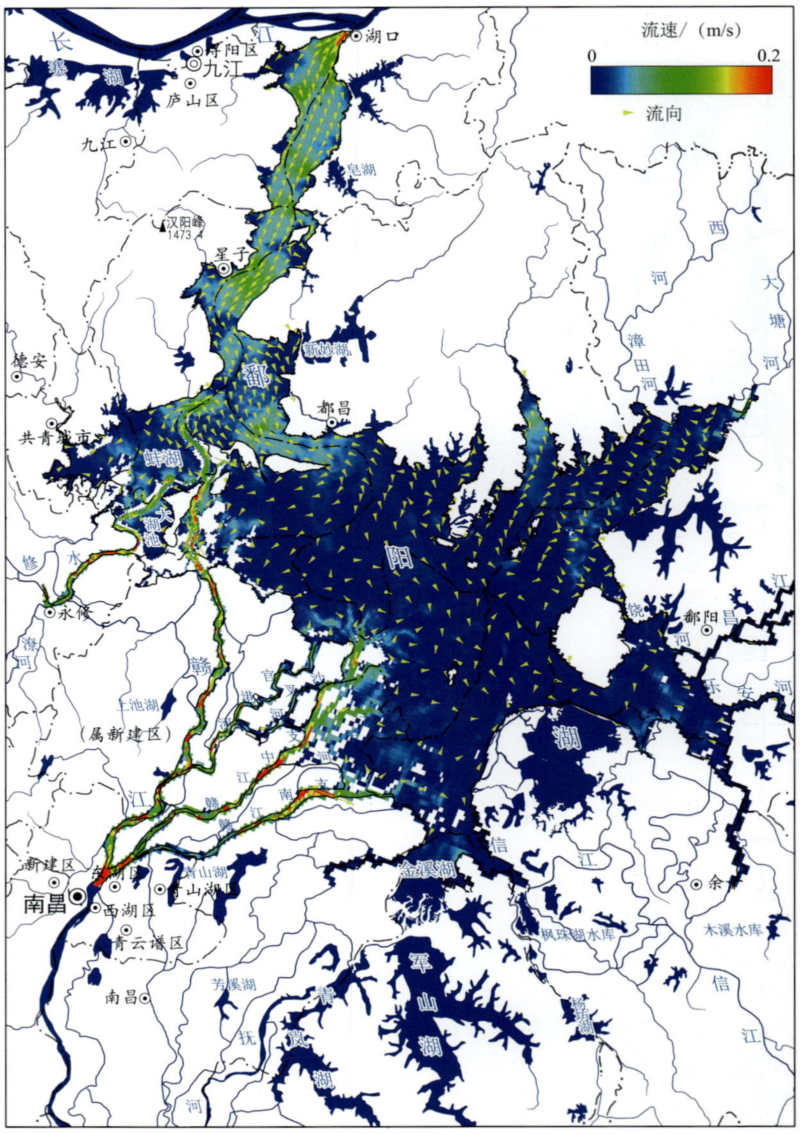

顶托型流场

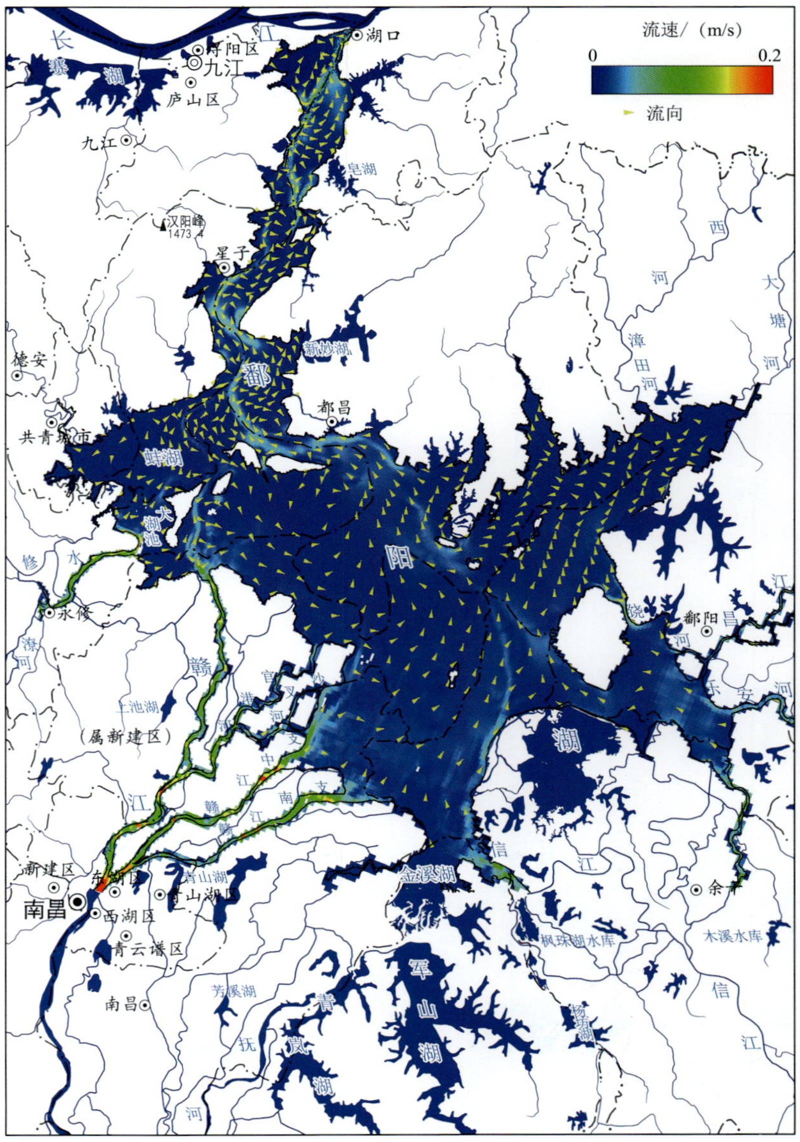

典型年份基本湖流格局下的局部流场特征

顶托型湖流格局下松门山南部的环流场

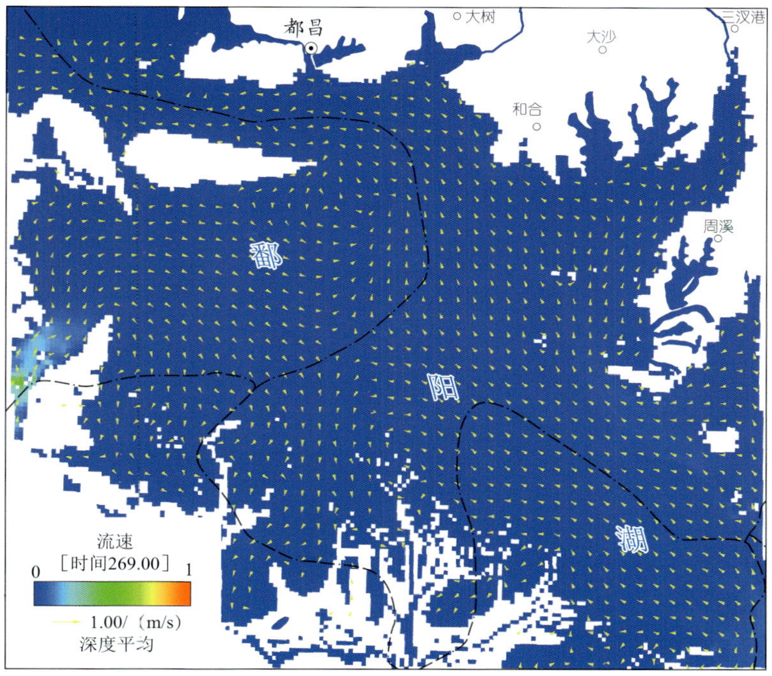

倒灌型湖流格局下松门山南部的环流场

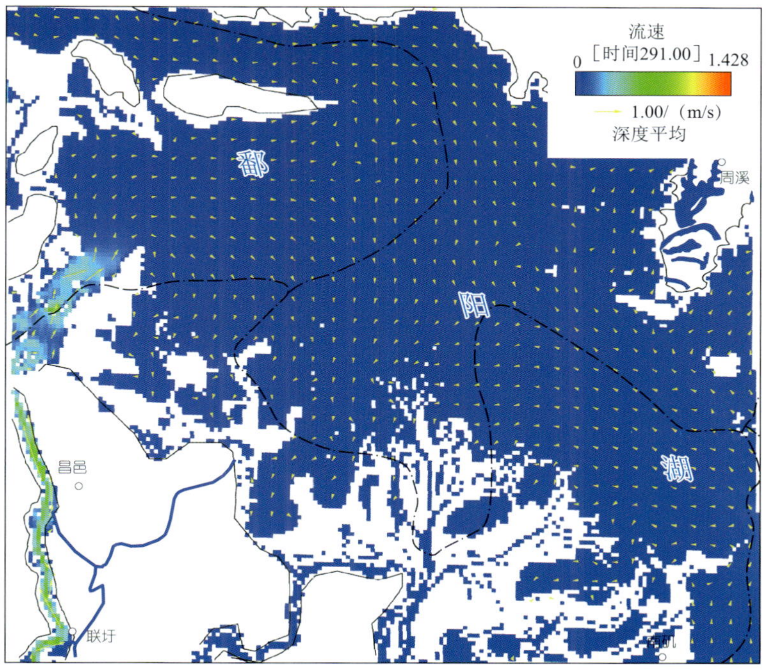

1：350 000

0 3.5 7.0 10.5 km

顶托型湖流格局下松门山南部的（半）环流场

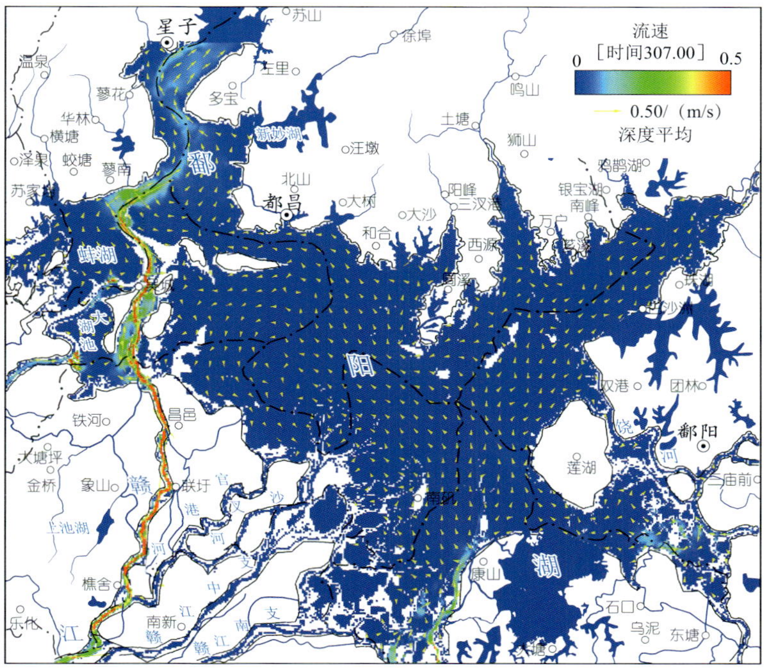

顶托型湖流格局下主湖区的回流场

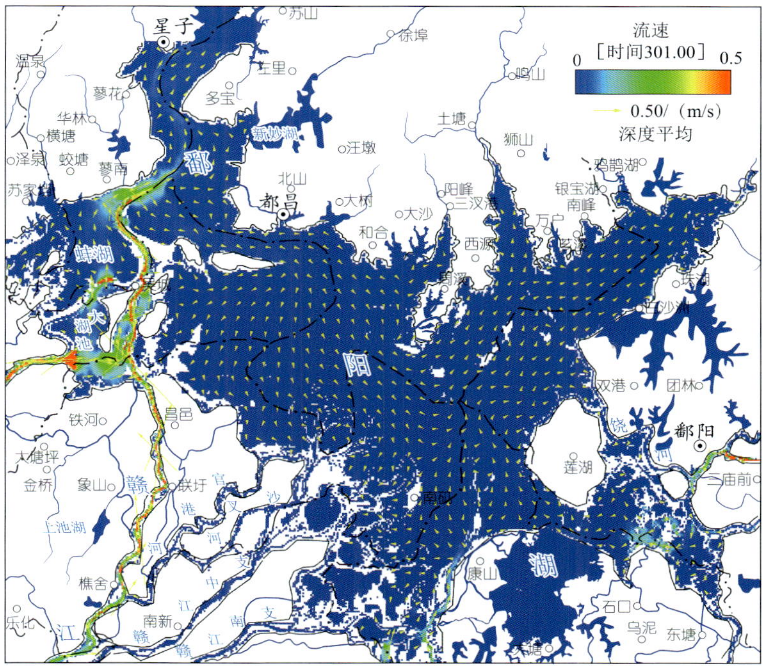

1：900 000

0 9 18 27 km

重力型湖流格局下汉池湖湖区的回流场

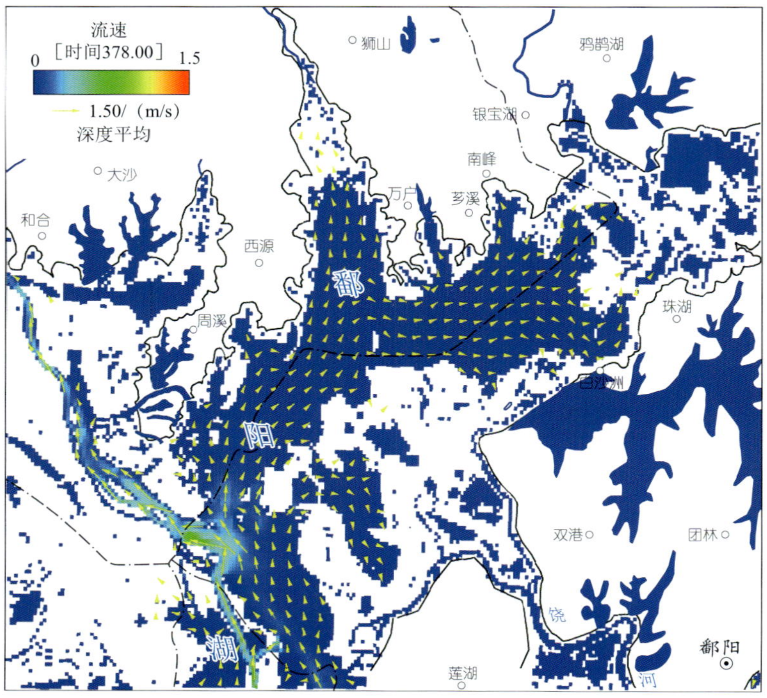

重力型湖流格局下汉池湖湖区的环流场

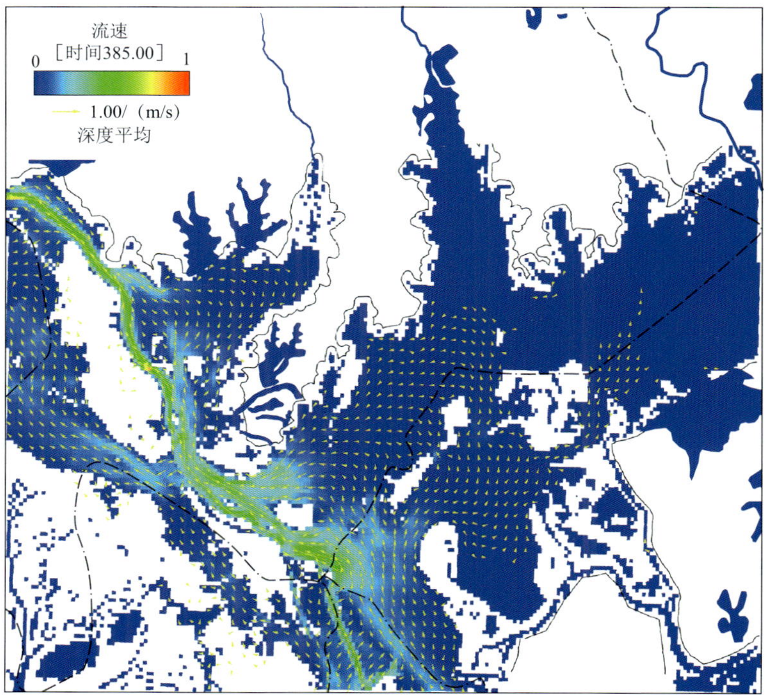

1：400 000

0 4 8 12 km

丰水期、枯水期水文过程变化

星子站涨水过程及潴水特征值

项目 / 年份	第一阶段涨水过程		第二阶段涨水过程		潴水过程天数/天		备注
	时间/（月，日）	水位/m 15 m以下	时间（月，日）	水位/m 15 m以上	15 m以上	16 m以上	
1998	03.01—03.12 03.12—03.31	13.57～15.56 15.56～15.06	05.16—06.17 06.17—08.02	15.29～16.01 16.01～22.50	173	142	洪水年潴水
2005	03.01—05.16 05.16—05.19	12.87～13.92 14.74～15.06	05.19—05.26 05.27—09.24	15.06～15.90 16.18～16.15	128	120	汛后期潴水
2010	03.01—03.12 03.12—04.17	9.06～13.02 13.02～15.07	04.17—04.23 06.30—09.30	15.07～16.04 20.20～16.05	161	144	汛早期潴水
2012	03.01—03.08 03.08—05.03	9.93～13.09 13.09～15.24	05.03—05.14 05.14—08.13	15.24～16.20 16.01～19.64	103	92	汛早期潴水

星子站 1998 年、2005 年、2010 年、2012 年水位过程线

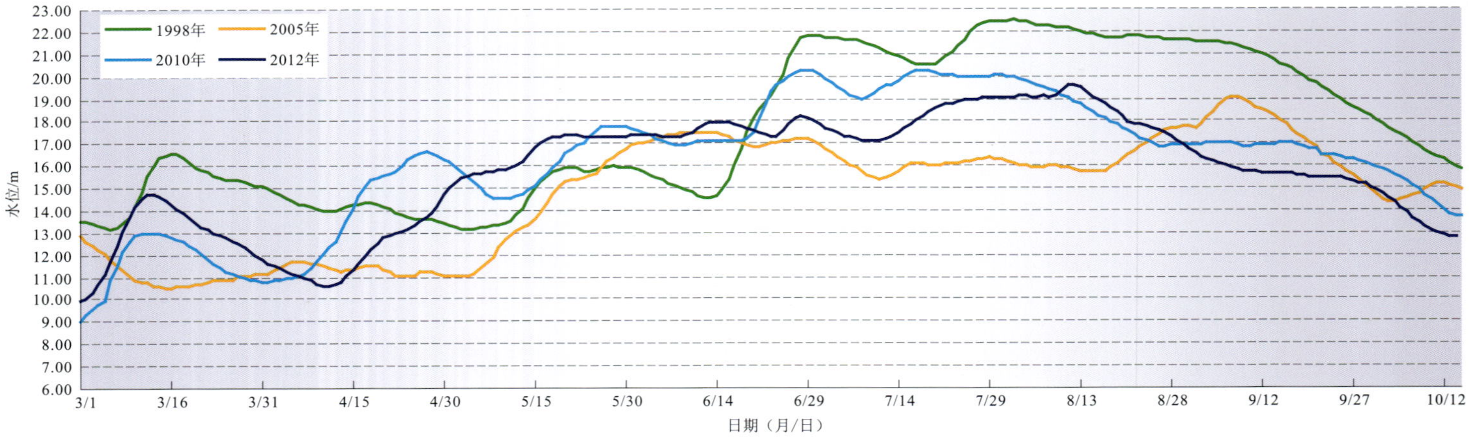

星子站近 10 年枯水位特征值

项目 / 年份	枯水位		低枯水位		极枯水位	
	时间/（月，日）	<12 m天数/天	时间/（月，日）	<10 m天数/天	时间/（月，日）	<8 m天数/天
2003—2004	10.31—05.03	185	11.07—03.28	142	12.31—03.01	61
2004—2005	10.26—05.09	179	11.09—02.14	104	—	—
2005—2006	11.07—04.13	158	12.06—02.28	85	02.11—02.15	5
2006—2007	08.22—06.05	288	09.28—03.04	158	12.30—01.22	35
2007—2008	10.18—04.13	178	10.31—03.24	145	12.04—02.18	50
2008—2009	10.23—04.21	154	12.12—03.01	79	2009.01.01—01.09	9
2009—2010	10.03—04.19	175	10.11—03.05	146	12.08—01.15	24
2010—2011	11.05—06.09	217	11.14—05.19	187	—	—
2011—2012	10.07—04.17	170	10.27—03.01	125	2012.01.02—02.10	9
2012—2013	10.25—03.26	152	2013.01.22—03.01	38	—	—
2013	10.14—12.31	88	10.19—12.31	72	2013.12.03—12.19	17

星子站枯水年日水位过程线

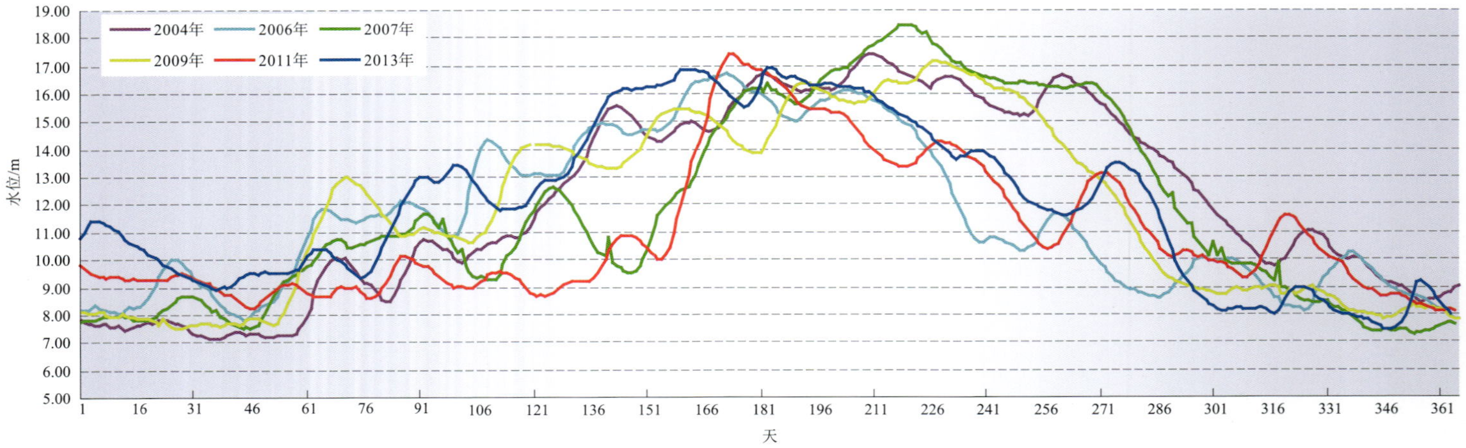

四、环境状况

Environmental Condition of Lakeside District

临湖区表层（0～20cm）土壤 pH 和重金属元素地球化学特征

pH

临湖区表层土壤pH总体呈现酸性，东部和东南部元古代地层区表层土壤局部出现了点式强酸性（pH<4.5）。西、西南部晚古生代坳陷区土壤呈弱碱性，局部呈现酸性（煤岩分布区）和中性至弱碱性（灰岩分布区）。

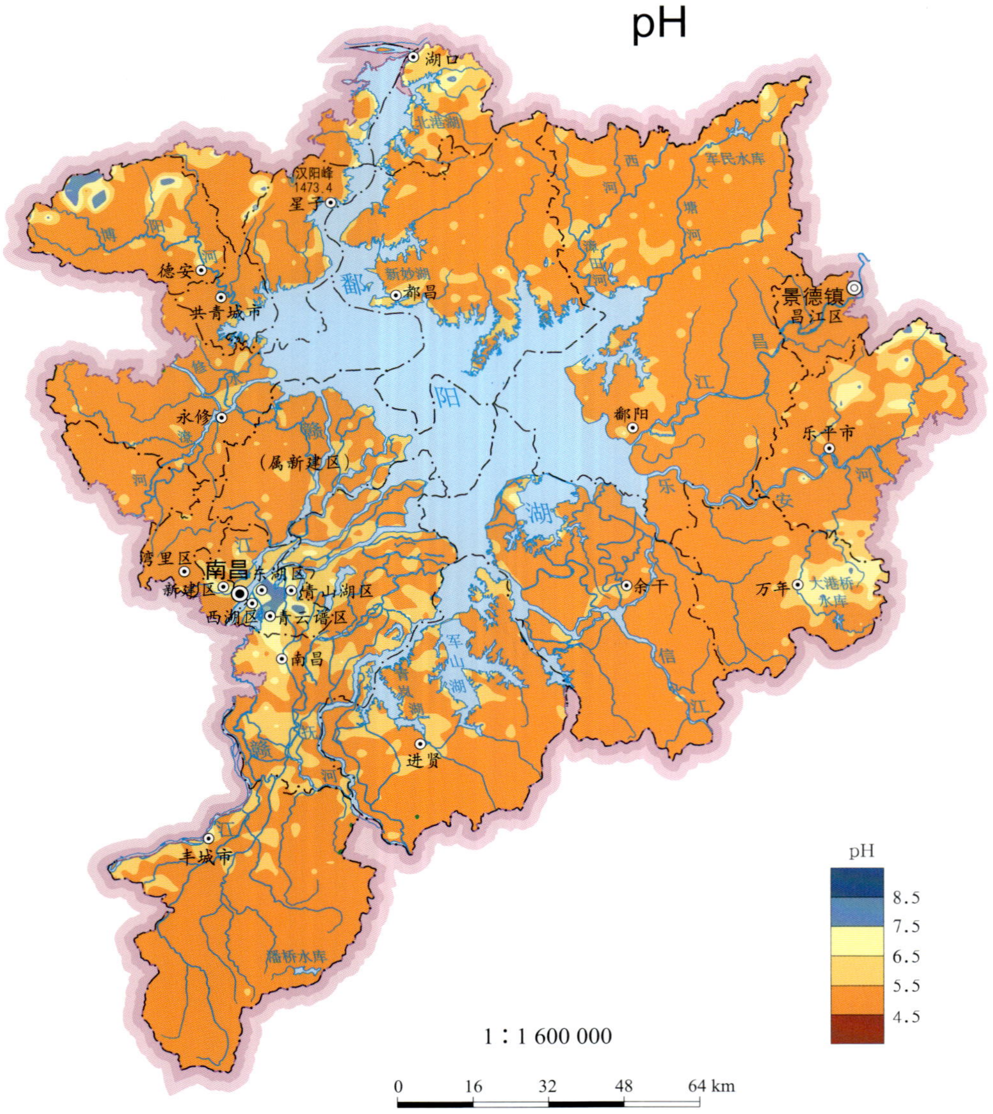

铬 (Cr)

临湖区表层土壤Cr具有北低南高的地球化学分布特征。北部由早中元古代变质岩和早古生代沉积岩组成的地层区，表层土壤中Cr含量为55～76 mg/kg，呈现偏低的地球化学背景。南部由中晚元古代变质岩和晚古生代及中生代沉积岩组成的地层区，表层土壤为65～86 mg/kg，为Cr的高背景区。

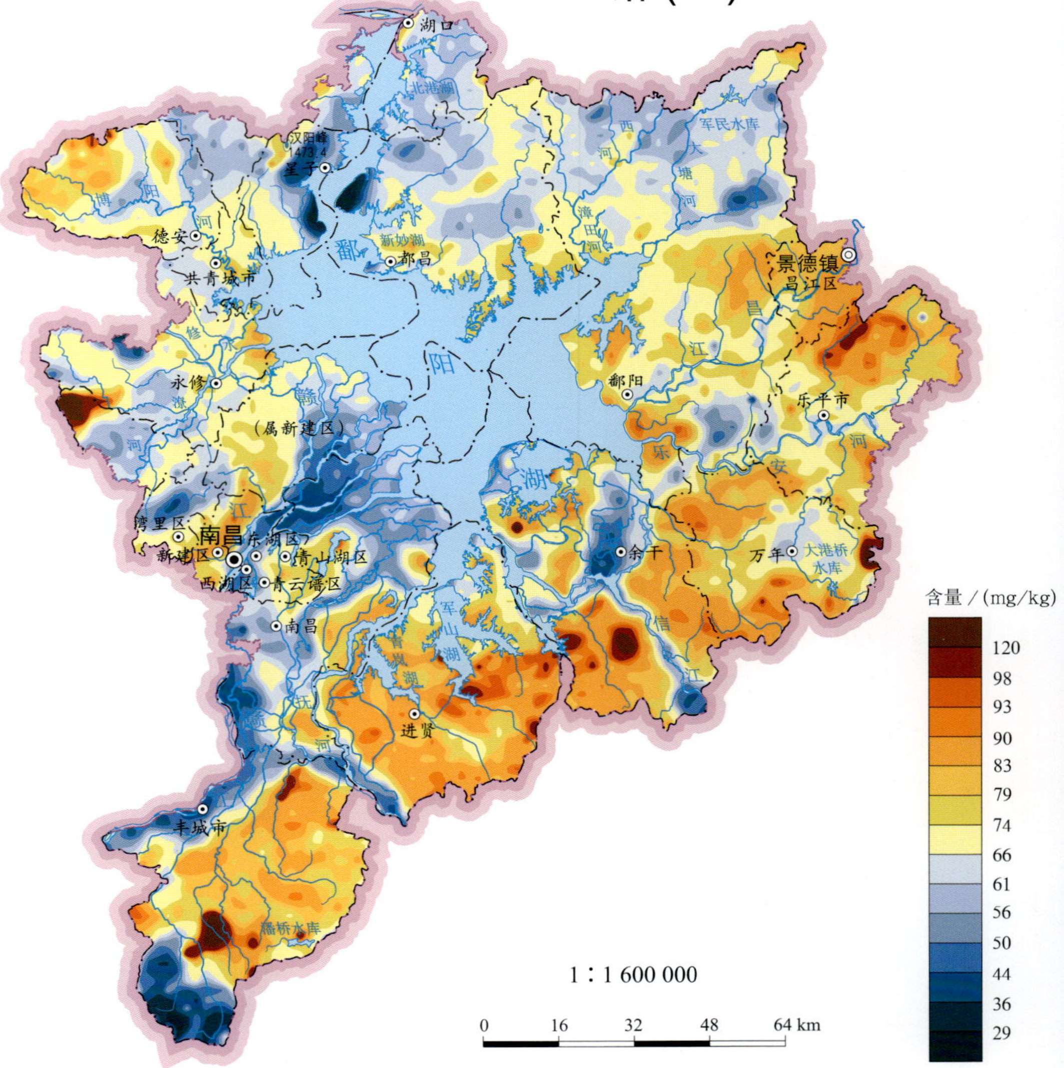

铜 (Cu)

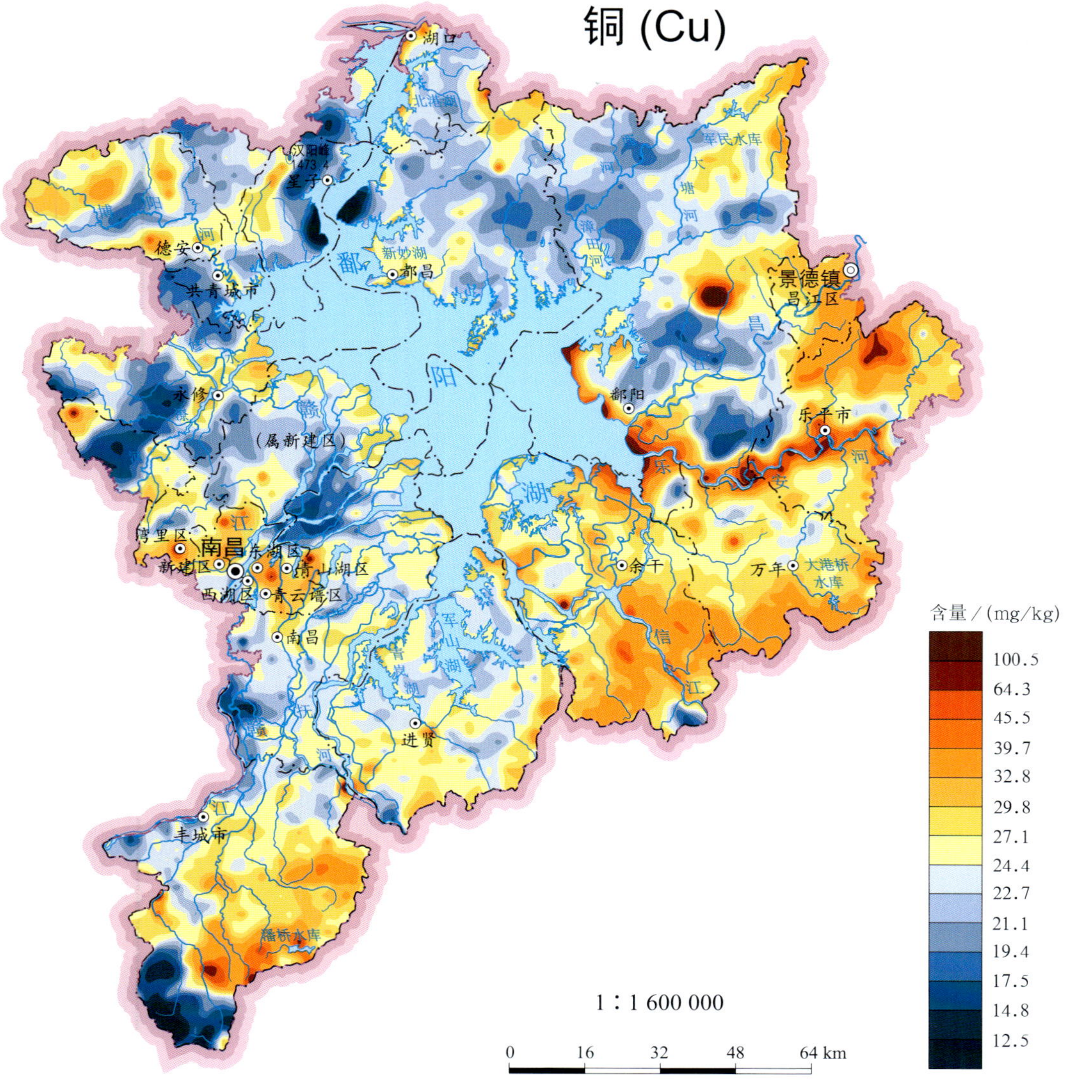

临湖区表层土壤Cu在区域分布上表现为，东部及东南部元古代变质岩区表层土壤为22～29 mg/kg，呈现高地球化学背景，局部出现Cu的聚集。北部早古生代沉积岩区表层土壤22～26 mg/kg，Cu的地球化学背景略低于东及东南部元古代地层区。

镍 (Ni)

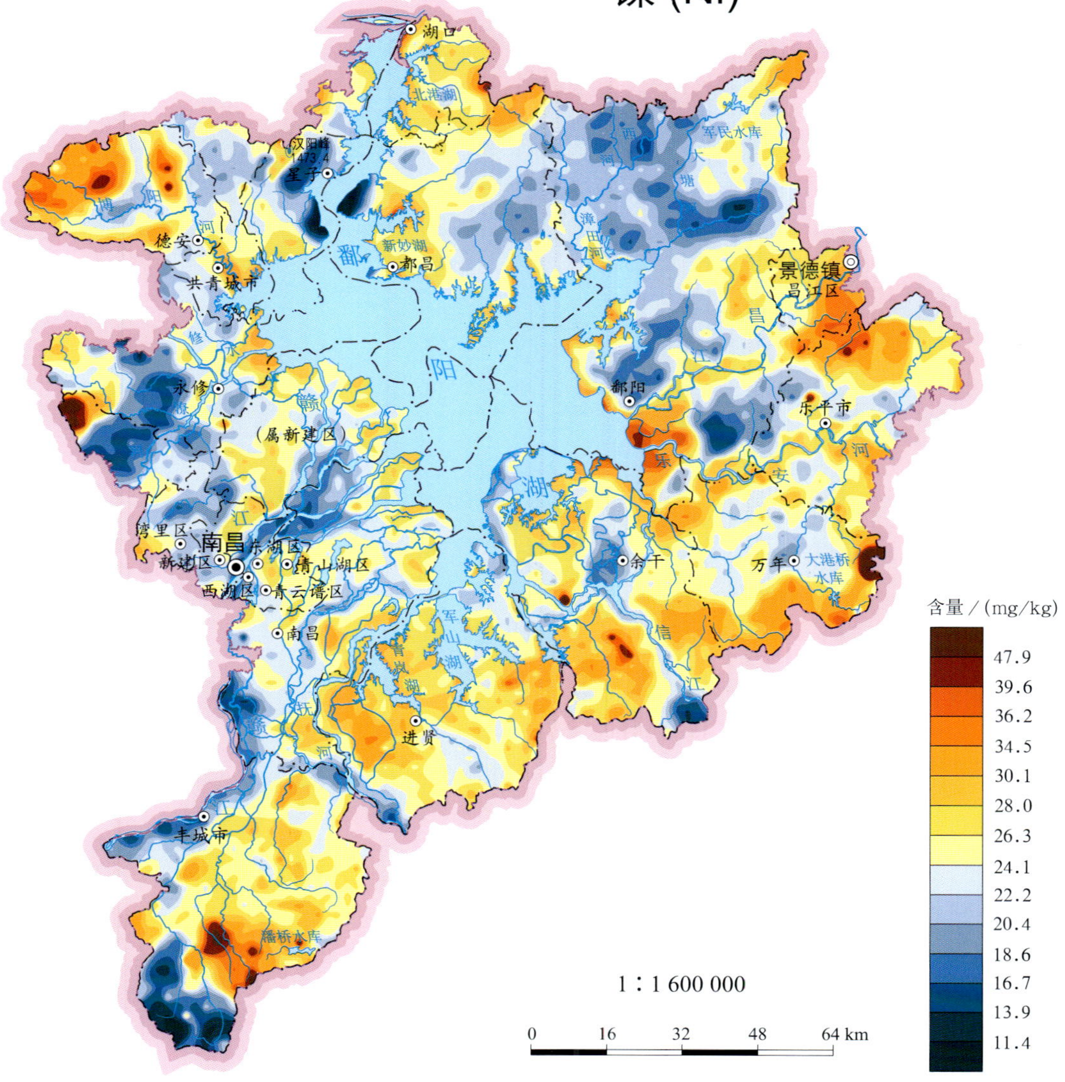

临湖区东部及东南部元古代变质岩区表层土壤为 22.5 ～ 30.1 mg/kg，为高地球化学背景。北部早古生代地层区表层土壤为 22.5 ～ 30.1 mg/kg，Ni 地球化学背景稍高于元古代变质岩区，在炭质泥岩发育区出现了 Ni 的局部聚集现象。

铅 (Pb)

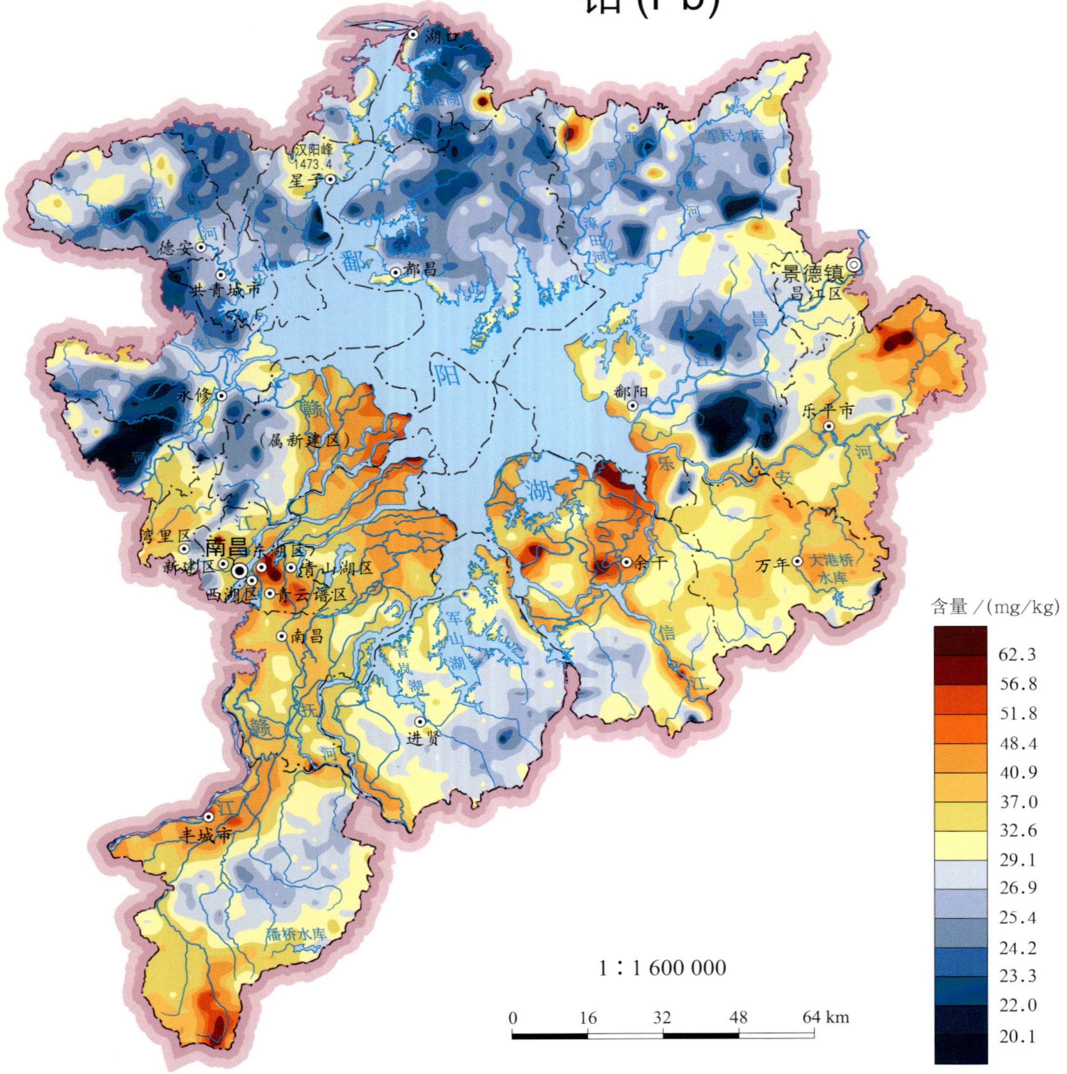

临湖区表层土壤Pb的区域地球化学分布特征表现为，东部元古代地层区土壤含量为26～33 mg/kg，总体以高背景为特征。北部早古生代地层区表层土壤为22～29 mg/kg，以低背景区分布为特征。西南部晚古生代地层区表层土壤为22～33 mg/ kg，背景高于北部早古生代地层区，以高背景为主，并在碳酸盐岩分布区局部出现了Pb的聚集。中生代地层区表层土壤小于26 mg/kg，呈现低背景区。

锌 (Zn)

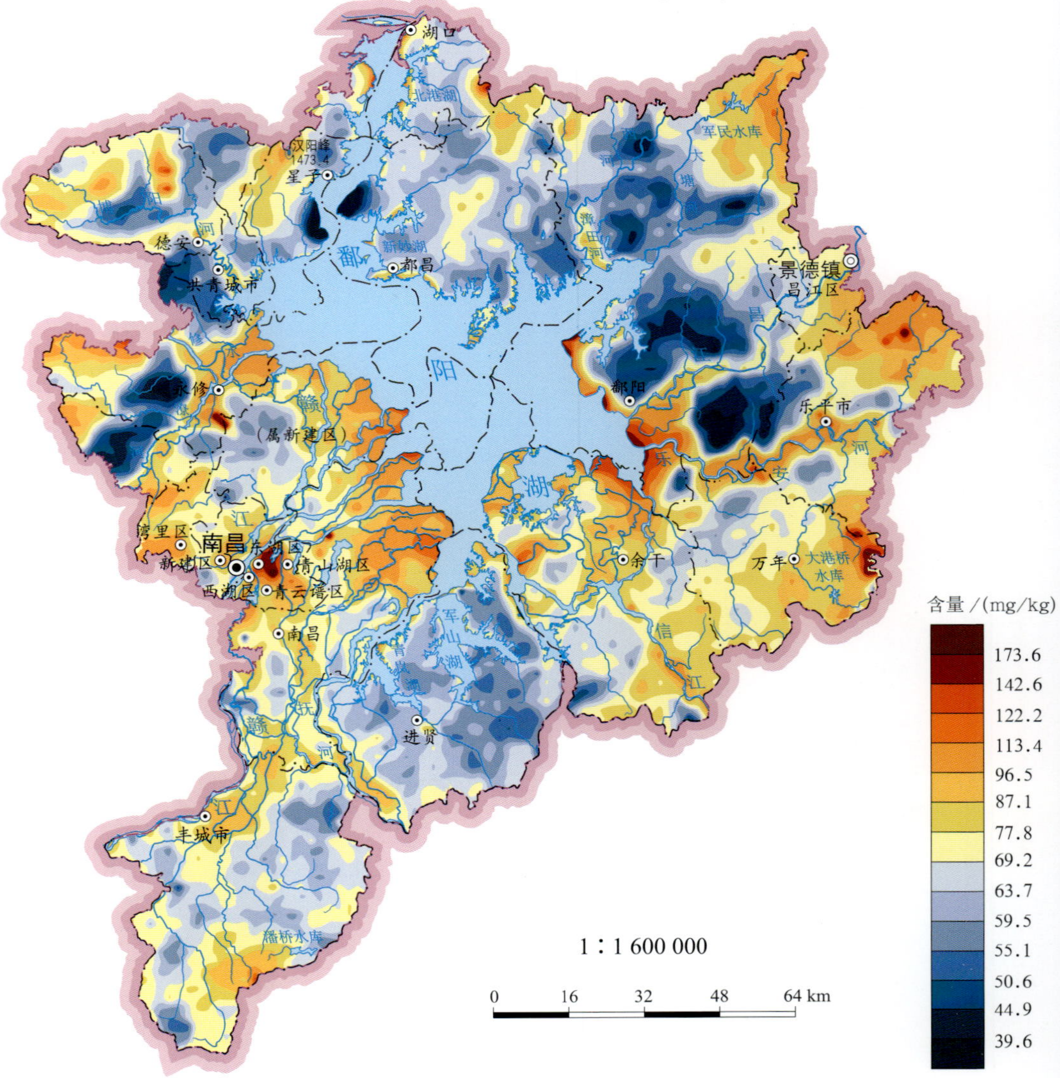

临湖区表层土壤为61～83 mg/kg。其中元古代和早古生代地层略高于晚古生代地层区，表层土壤Zn的局部聚集和流失程度比深层土壤强。中生代碎屑岩区深层土壤Zn含量小于65 mg/kg、表层土壤小于61 mg/ kg，表现为Zn的低背景区。花岗岩类区及酸性火山岩区土壤中Zn呈现高地球化学背景。河谷区表层土壤Zn 表现为高地球化学背景带，局部出现了Zn的聚集。

临湖区表层（0 ～ 20cm）土壤重金属储量密度特征

铜 (Cu)

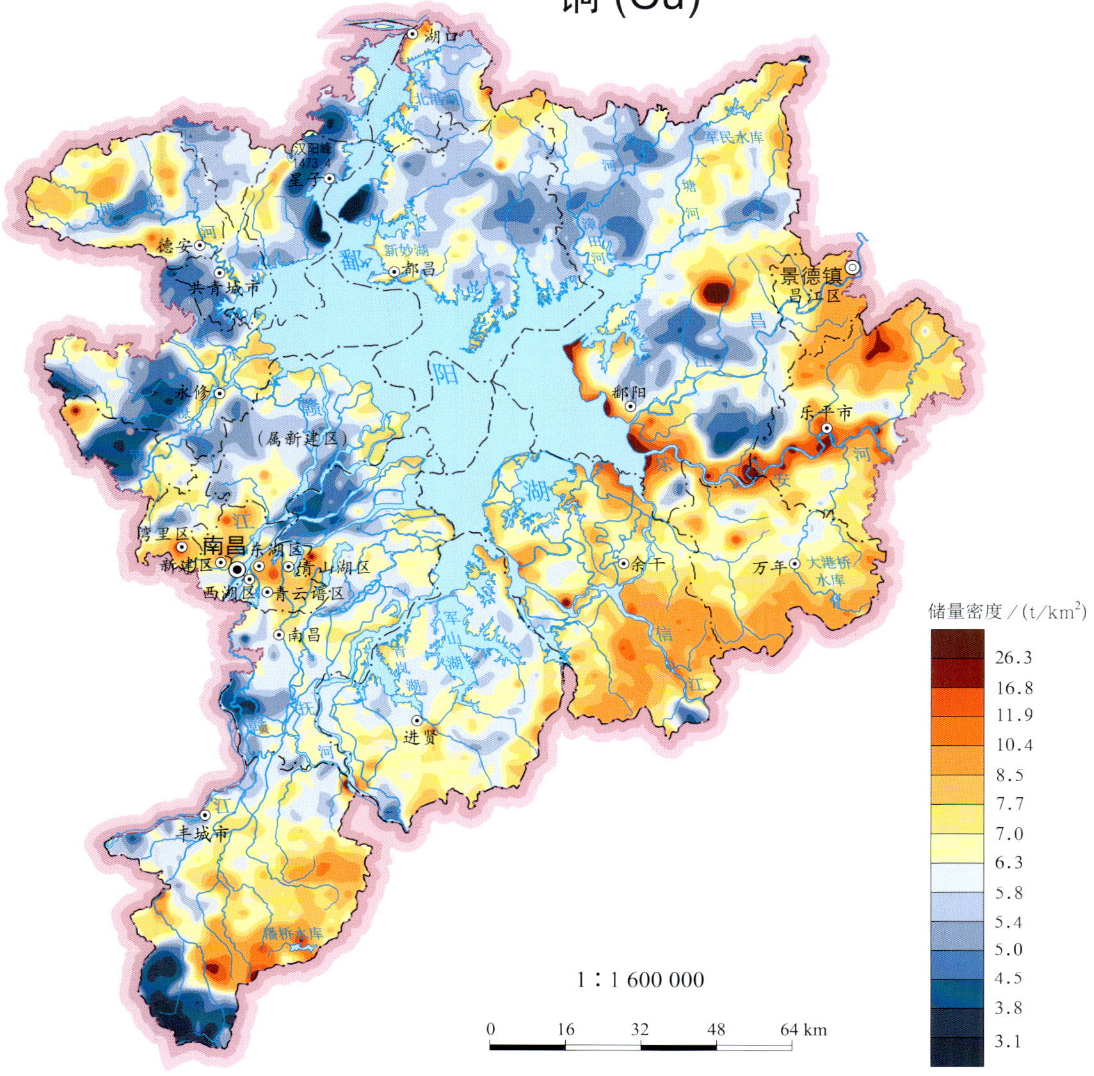

临湖区表层土壤Cu平均储量密度为6.8 t/km²，在乐安河流域储量密度明显偏高，而在星子县和丰城市南部柘矶组砂岩区出现低密度区。

铅 (Pb)

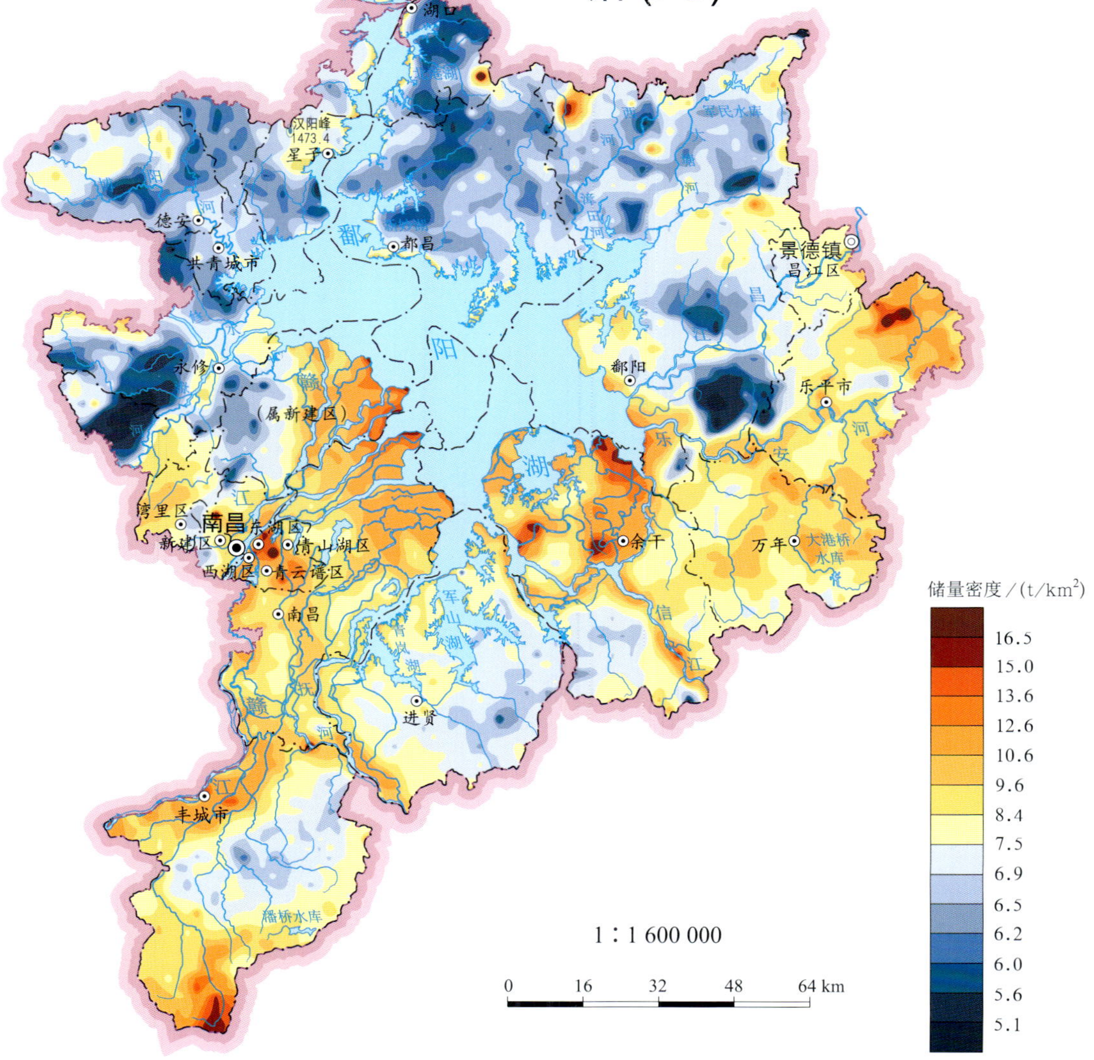

临湖区表层土壤Pb密度高值区主要集中在三角洲、平原区。表层土壤Pb平均储量密度为8.1 t/km²，冲湖积平原区密度为10.6 t/km²、水域密度为10.2 t/km²、三角洲区密度为10.0 t/km²、冲积平原区密度为8.8 t/km²，储量密度相对较高；岗地区密度为7.4 t/km²，储量密度相对较低；丘陵、低山、中低山和中山区密度为7.7 ～ 8.3 t/km²。

锌 (Zn)

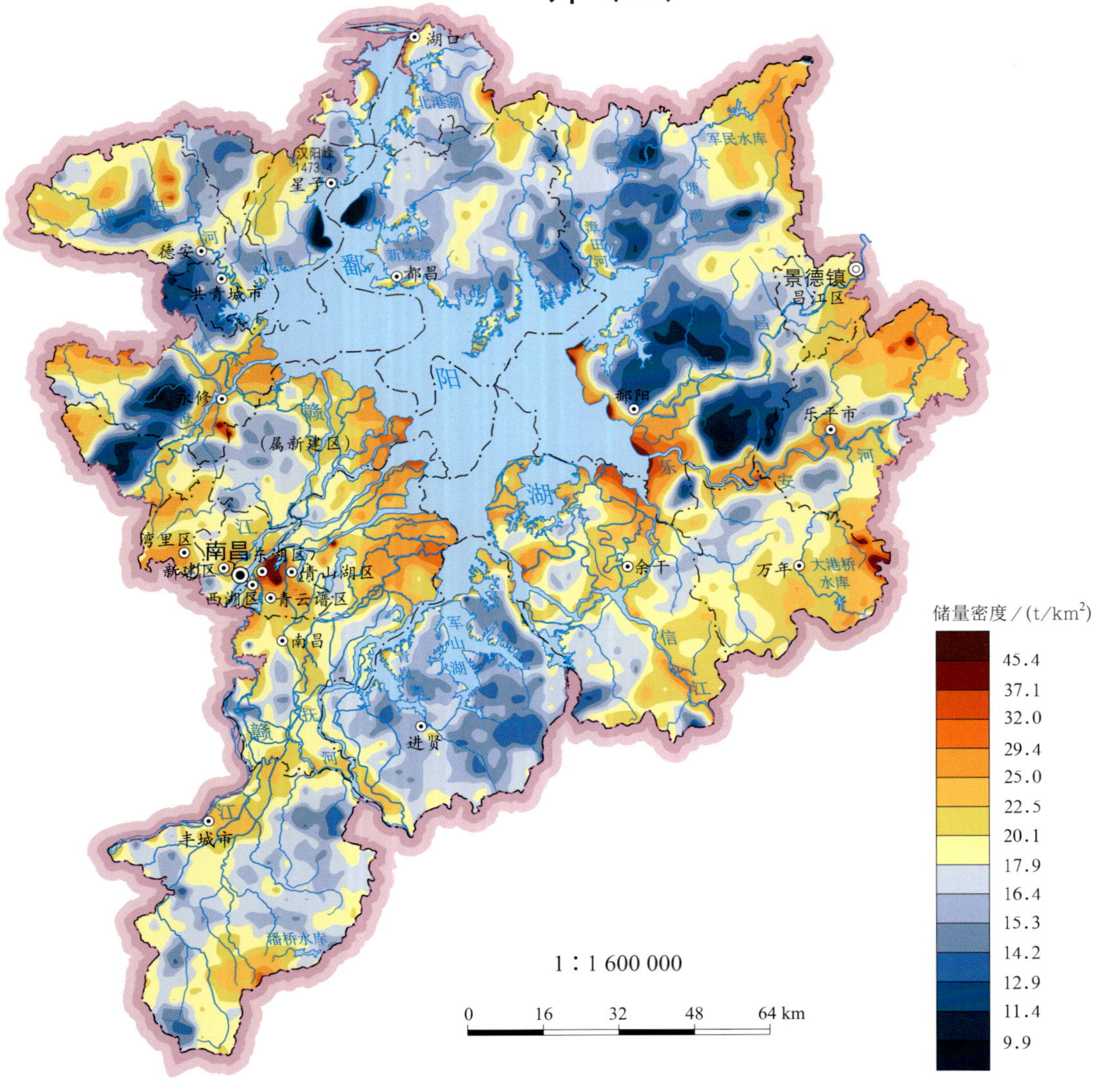

临湖区表层土壤Zn平均储量密度为18.6 t/km^2，冲湖积平原区密度为23.6 t/km^2、三角洲区密度为22.5 t/km^2，储量密度相对较高；岗地区密度16.2 t/km^2，储量密度相对较低。

镍 (Ni)

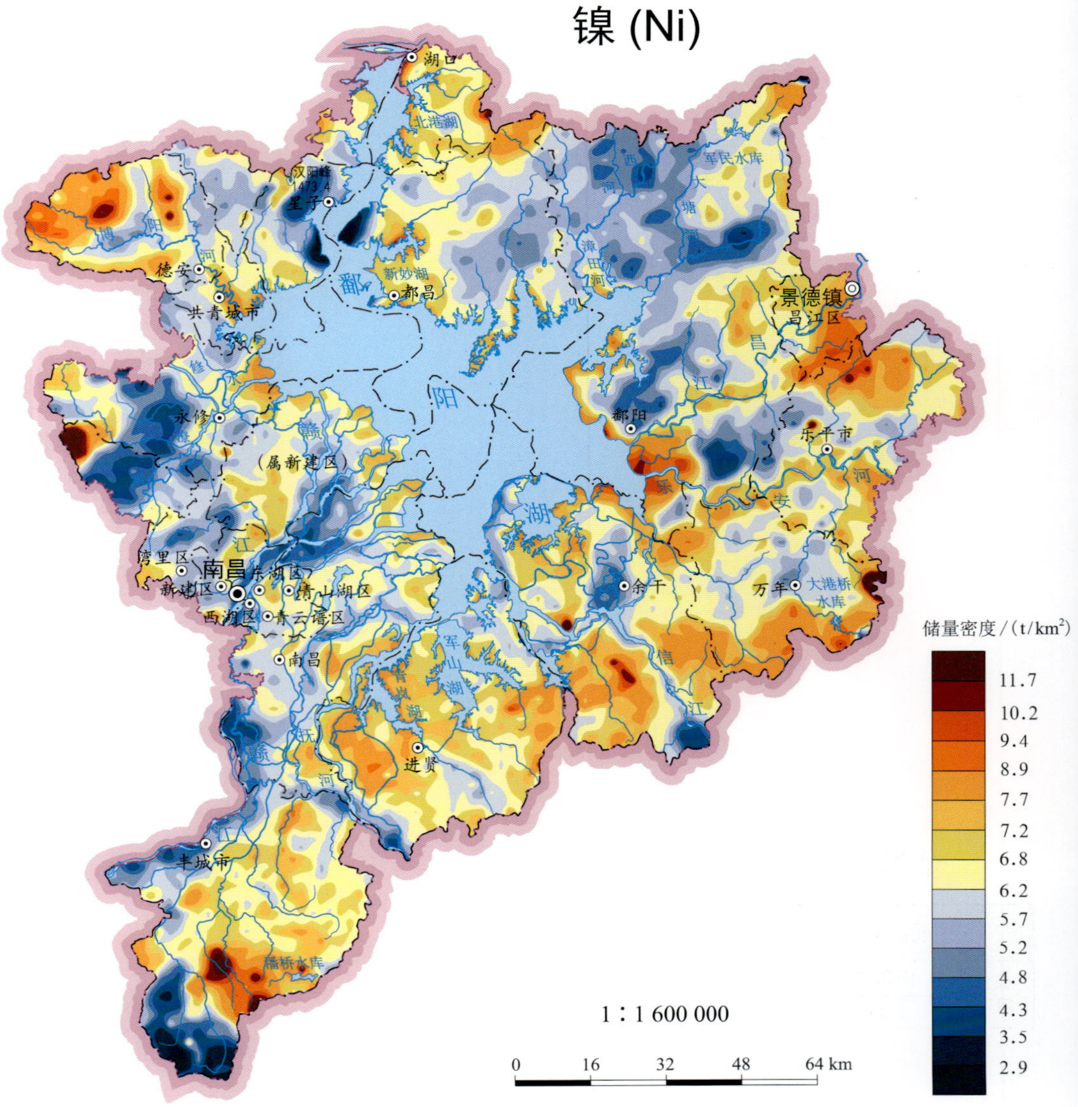

临湖区表层土壤Ni平均储量密度为6.37 t/km^2，各县（市、区）平均储量密度为5.77～7.17 t/km^2，变化幅度较小。

临湖区表层（0～20cm）土壤环境质量综合评价

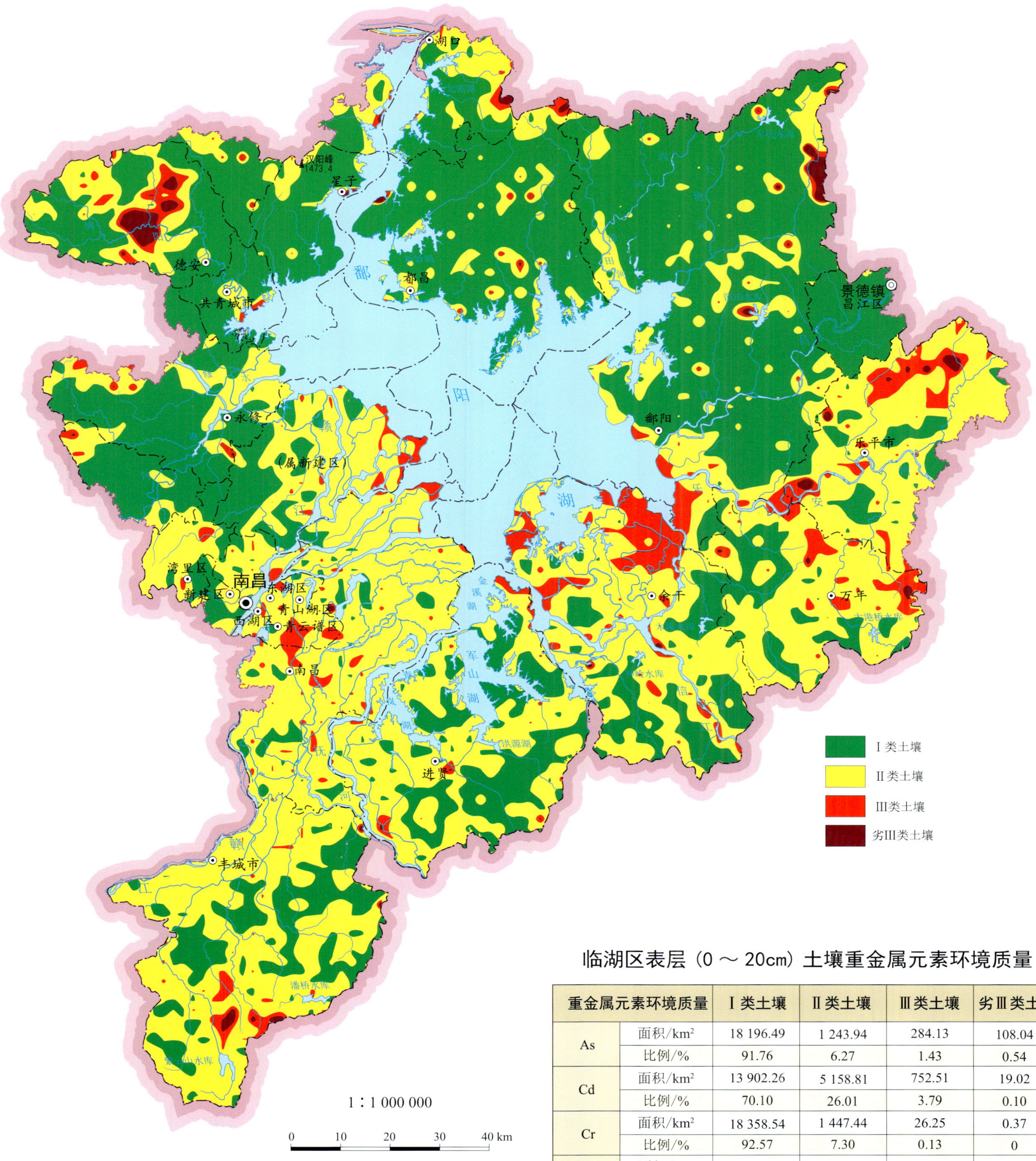

临湖区表层（0～20cm）土壤重金属元素环境质量

重金属元素环境质量		Ⅰ类土壤	Ⅱ类土壤	Ⅲ类土壤	劣Ⅲ类土壤
As	面积/km²	18 196.49	1 243.94	284.13	108.04
	比例/%	91.76	6.27	1.43	0.54
Cd	面积/km²	13 902.26	5 158.81	752.51	19.02
	比例/%	70.10	26.01	3.79	0.10
Cr	面积/km²	18 358.54	1 447.44	26.25	0.37
	比例/%	92.57	7.30	0.13	0
Cu	面积/km²	18 051.42	1 725.93	52.88	2.37
	比例/%	91.02	8.70	0.27	0.01
Hg	面积/km²	17 835.66	1 912.27	79.73	4.94
	比例/%	89.94	9.64	0.40	0.02
Ni	面积/km²	19 447.04	334.06	51.50	0
	比例/%	98.06	1.68	0.26	0
Pb	面积/km²	15 357.02	4 475.58	0	0
	比例/%	77.43	22.57	0	0
Zn	面积/km²	18 285.81	1 545.29	1.50	0
	比例/%	92.20	7.79	0.01	0

临湖区表层（0～20cm）土壤综合环境质量

环境质量		Ⅰ类土壤	Ⅱ类土壤	Ⅲ类土壤	劣Ⅲ类土壤
综合环境质量	面积/km²	7 340.97	11 069.57	1 276.04	146.02
	比例/%	37.01	55.82	6.43	0.74

临湖区表层（0～20cm）土壤N含量丰缺现状评价

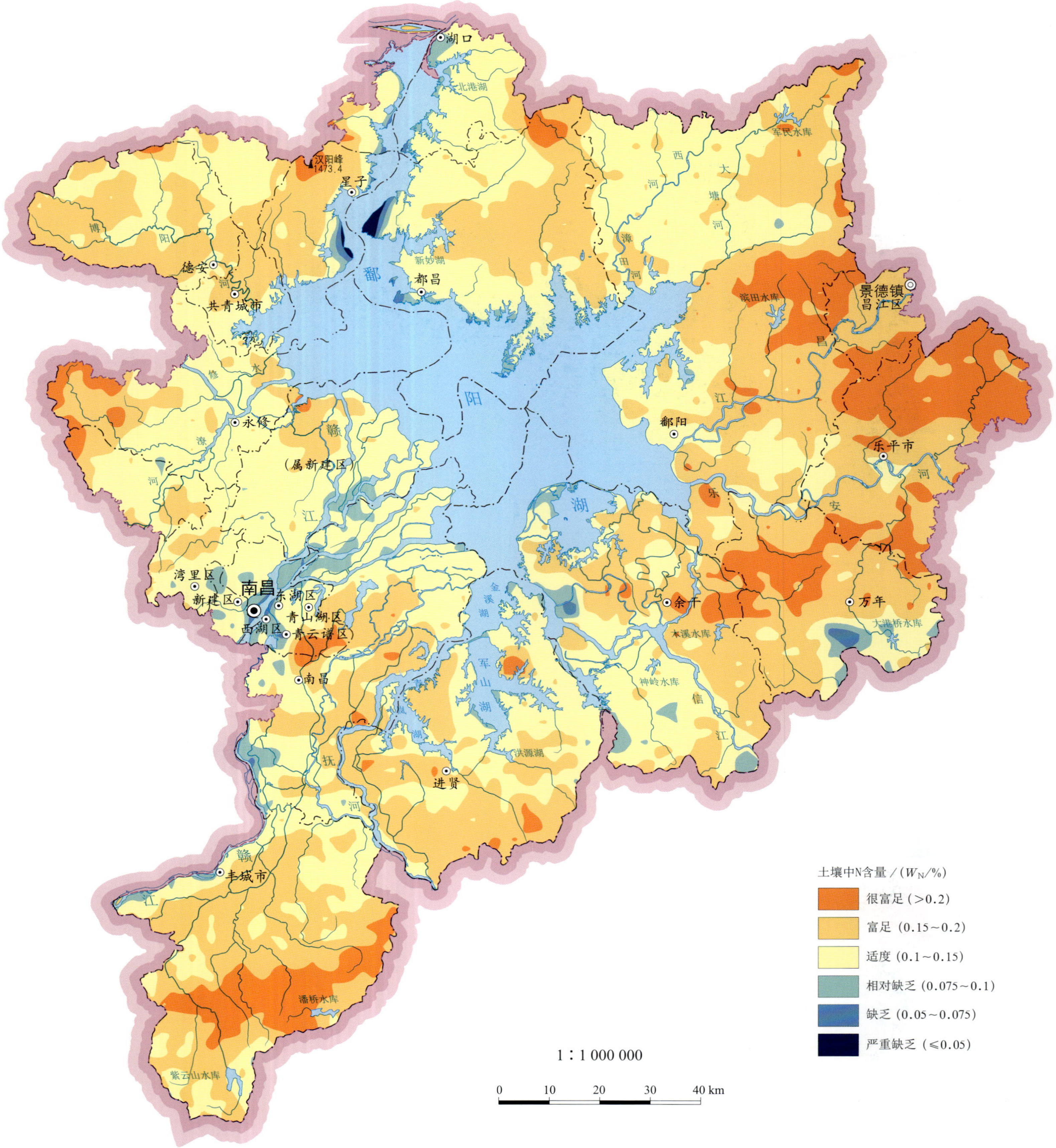

临湖区表层土壤中N元素含量大部分区域很富足、富足或适度，只有6.43%的区域处于相对缺乏及以下的状态，相对缺乏地区主要分布在河流、鄱阳湖水体周边，主要是农业种植和水体冲刷的缘故。

临湖区表层（0～20cm）土壤N元素丰缺评价

N元素特征	面积/km²	比例/%
很富足	2 573.94	11.78
富足	9 696.22	44.36
适度	8 180.01	37.43
相对缺乏	1 046.19	4.78
缺乏	284.65	1.30
严重缺乏	75.90	0.35
合计	21 856.91	100

临湖区表层（0～20cm）土壤 P 含量丰缺现状评价

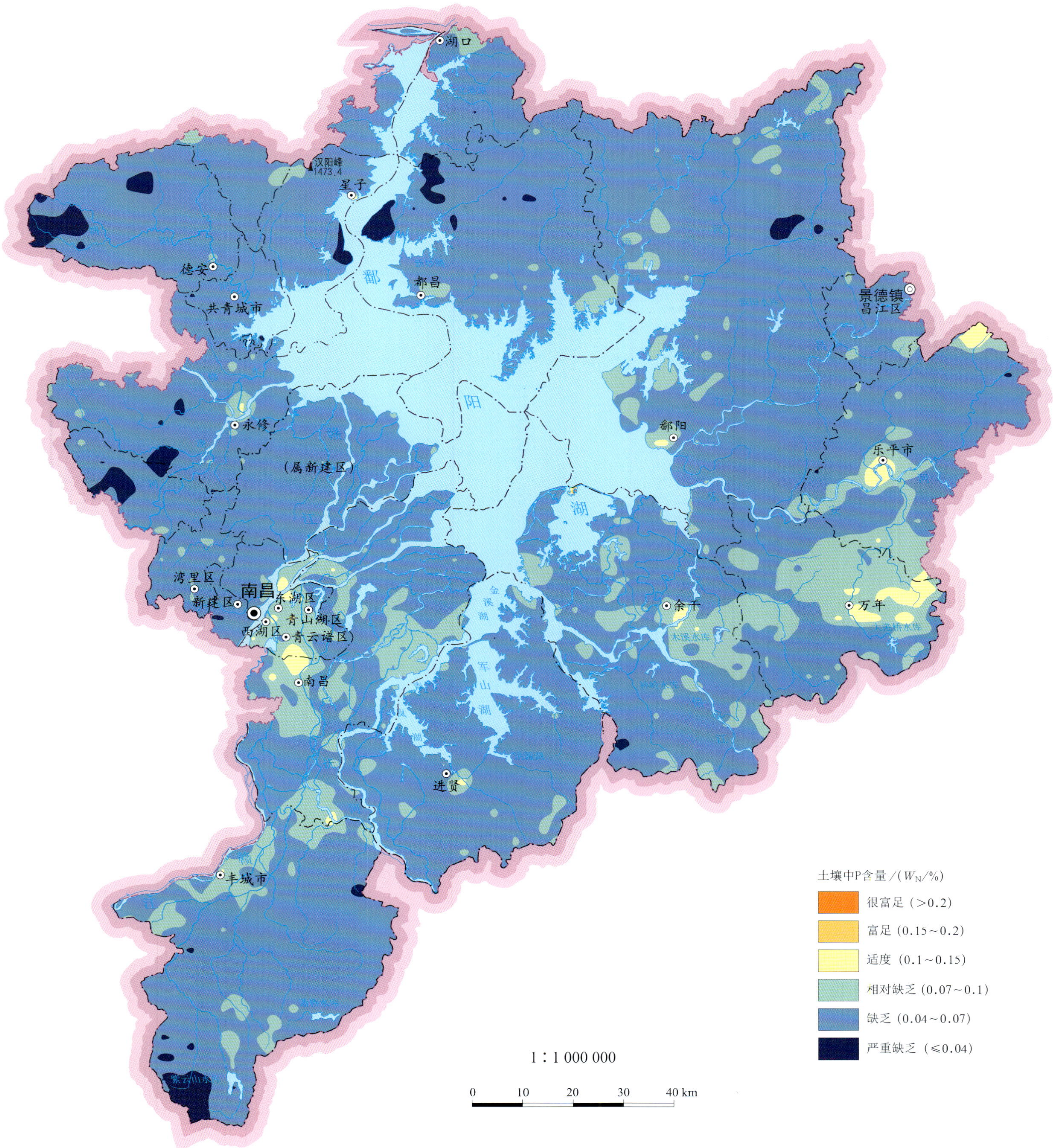

临湖区表层土壤中P元素含量大部分区域处于相对缺乏或缺乏的状态，很富足、富足或适度的区域仅占研究区域的1.46%，区域北半部的缺乏状况比南半部要严重。

临湖区表层（0～20cm）土壤
P 元素丰缺评价

P元素特征	面积/km²	比例/%
很富足	3.13	0.01
富　足	9.63	0.04
适　度	307.76	1.41
相对缺乏	3 063.65	14.02
缺　乏	17 662.69	80.81
严重缺乏	810.05	3.71
合　计	21 856.91	100

临湖区农村及农业面源污染

临湖区农村生活污染

2013年临湖区农村生活垃圾产生总量（不包括城镇建筑垃圾等向农村转移的量）为166.0×10^4 t。

临湖区各县（市、区）农村生活垃圾产排量（2013 年）

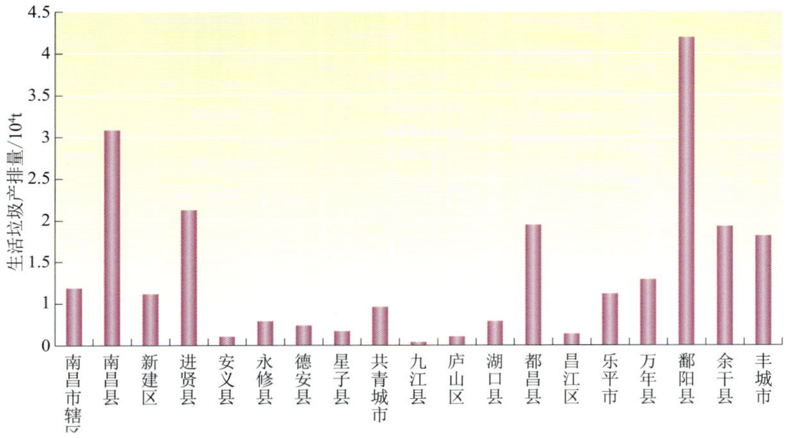

临湖区各县（市、区）农村生活污水产排放量（2013 年）

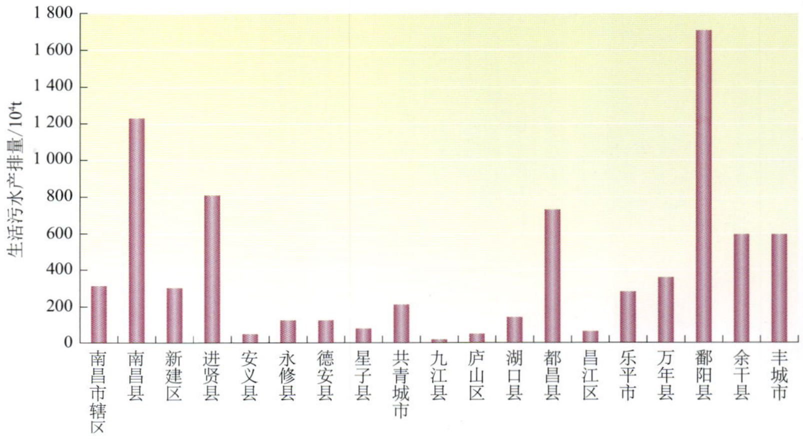

2013年临湖区农村生活污水产生总量为$7\,783.5\times10^4$ t。由于调查区域内的农村生活污水基本上未经处理就直接外排，因此2013年临湖区农村生活污水的排放量为$7\,783.5\times10^4$ t。

临湖区种植业污染

临湖区地势平坦开阔，农业开发历史较早，是江西省粮食、棉花、油料和蔬菜主要产区，种植业在全省具有举足轻重的地位。全省粮食作物播种面积最大的10个县（市、区），有6个在临湖区，6县稻谷产量占全省稻谷总产量的25%以上。全省10大油料作物生产大县，也有6个在临湖区；10大棉花主产区，其中7个在临湖区，7县棉花产量占全省总产量的65%以上。乐平市、永修县、南昌县和丰城市是重点商品蔬菜基地。

全省10大化肥用量大县，5个在临湖区，5县化肥用量占全省用量的5%以上；10大农药用量大县，6个在临湖区，6县农药用量占全省总用量的25%以上。施肥水平高、农药用量大，农业集约化、规模化程度高，加之湖区地形复杂和地下水位高，种植业污染也相对较为严重。

临湖区农业用地现状

临湖区农业用地构成

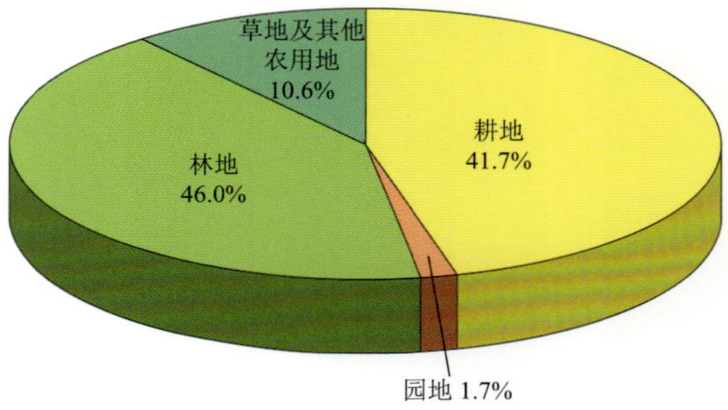

2006年临湖区农业用地面积为155.1×10^4 hm^2，其中耕地面积为64.6×10^4 hm^2、园地面积为2.7×10^4 hm^2、林地面积为71.4×10^4 hm^2、草地及其他农用地面积为16.5×10^4 hm^2，依次占农业总用地面积的41.7%、1.7%、46.0%、10.6%。

临湖区园地面积构成

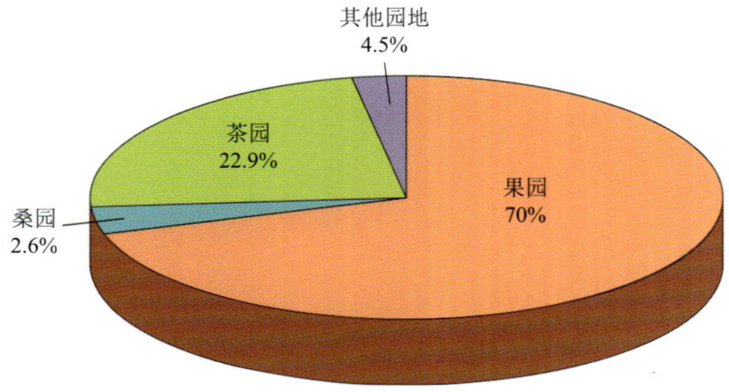

在临湖区园地中，果园面积为1.87×10^4 hm^2，茶园面积为0.61×10^4 hm^2，桑园面积为0.07×10^4 hm^2，其他园地面积为0.12×10^4 hm^2；依次分别占园地总面积的70%、22.9%、2.6%和4.5%。

临湖区耕地空间分布

临湖区耕地主要分布在鄱阳湖周围和赣江、抚河、信江、饶河、修河下游以及清丰山溪等河流下游的冲积平原、岗地、低丘及部分坡度在15° 以下的丘陵。平原耕地约占耕地总面积的 60%，岗地、低丘耕地面积占 40% 左右。不同县（市、区）耕地空间分布不同，永修县、新建区、南昌县、进贤县、丰城市、鄱阳县和余干县耕地面积较大。

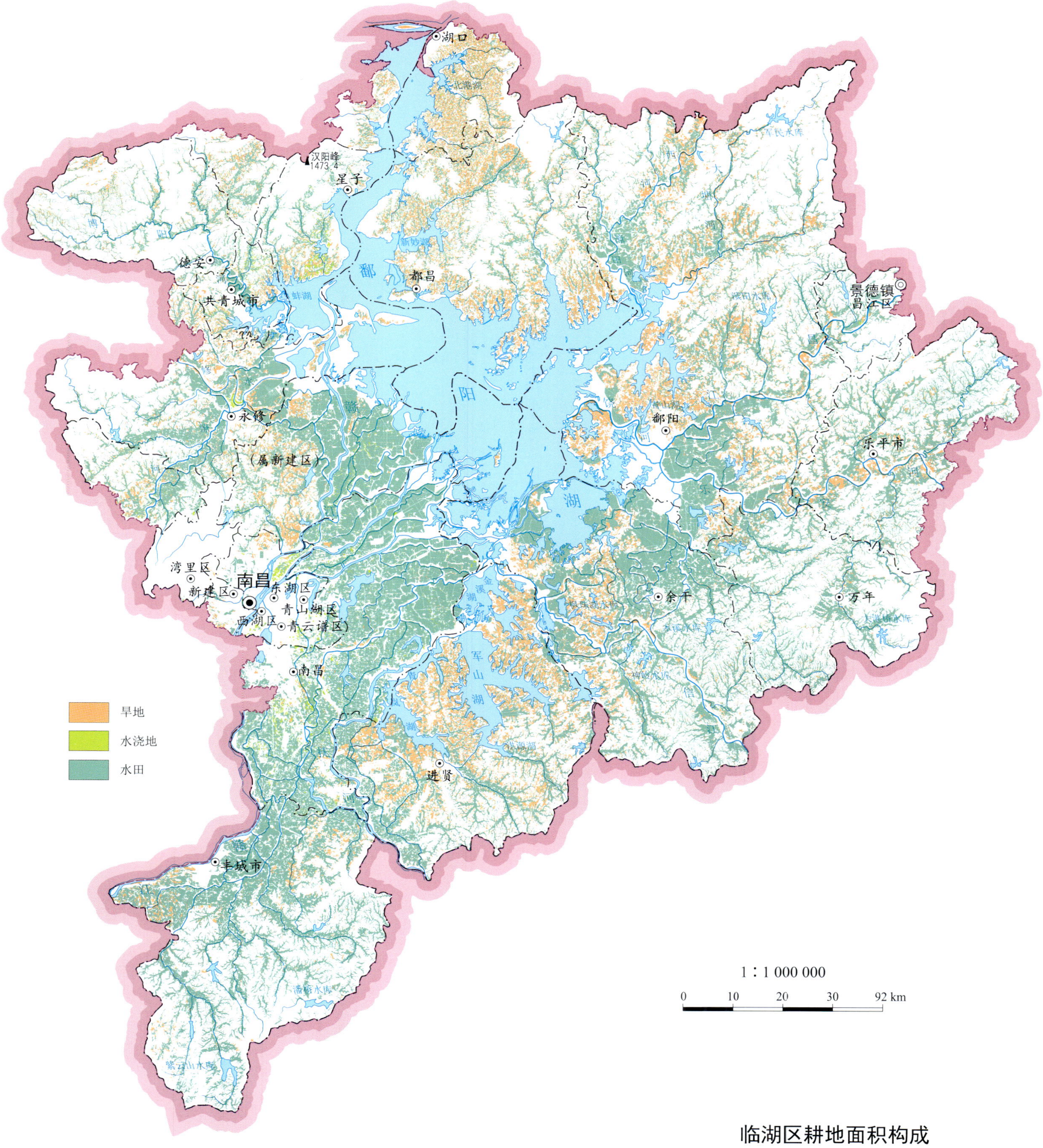

在临湖区耕地中，水田（灌溉水田、望天田和水浇地）面积为51.0×10^4 hm²，占耕地总面积的78.9 %；旱地面积为11.3×10^4 hm²，占耕地总面积的17.5 %；菜地面积2.3×10^4 hm²，占耕地总面积的3.6 %。

临湖区耕地面积构成

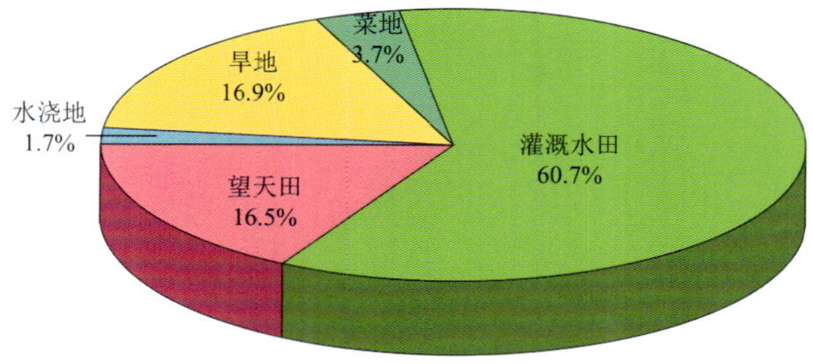

粮食作物生产状况

临湖区原是江西省小麦和杂粮主要产区，杂粮主要是玉米。2008年，临湖区小麦及杂粮播种面积为0.69×10^4 hm^2，产量为1.57×10^4 t。2012年，小麦及杂粮面积为0.92×10^4 hm^2，较2008年增长33.7%；产量为2.82×10^4 t，较2008年增长79.1%。

油料作物生产状况

2008年，临湖区花生播种面积3.38×10^4 hm^2，花生产量9.8×10^4 t。2012年，花生播种面积、产量分别为4.05×10^4 hm^2、12.6×10^4 t，较2008年，面积增加19.6%，产量增加27.6%。

经济作物生产状况

临湖区中药材种植仅在湖口、都昌、星子、余干、鄱阳、万年和丰城等地，药材种类主要有黄栀子、蔓荆子、菊三七、百合、车前、薄荷、杜仲等。2008年和2012年中药材种植面积分别为1 821 hm^{2}和1 220 hm^2，2012年较2008年面积减少33.0%，产量减少27.0%。

临湖区小麦播种总面积、总产量变化

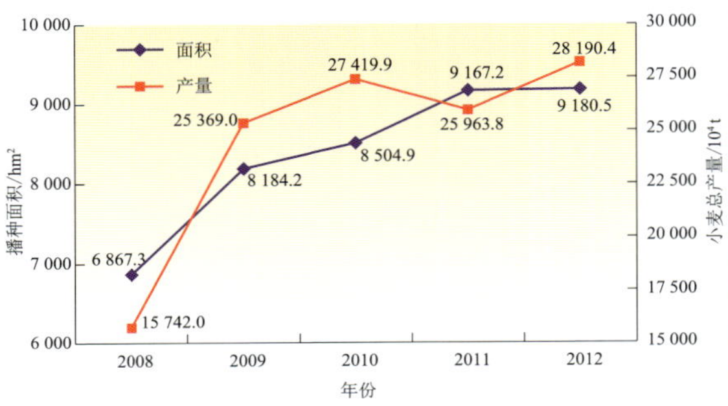

临湖区花生播种总面积、总产量变化

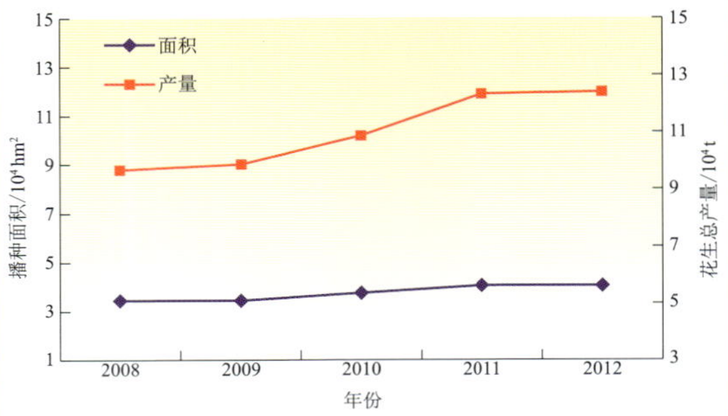

临湖区中药材播种总面积、总产量变化

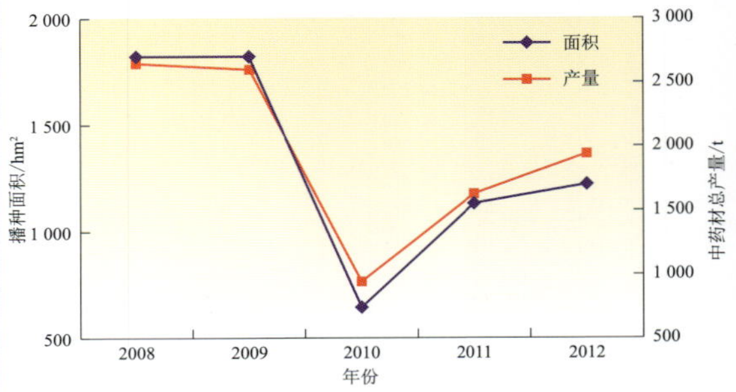

临湖区稻谷播种总面积、总产量变化

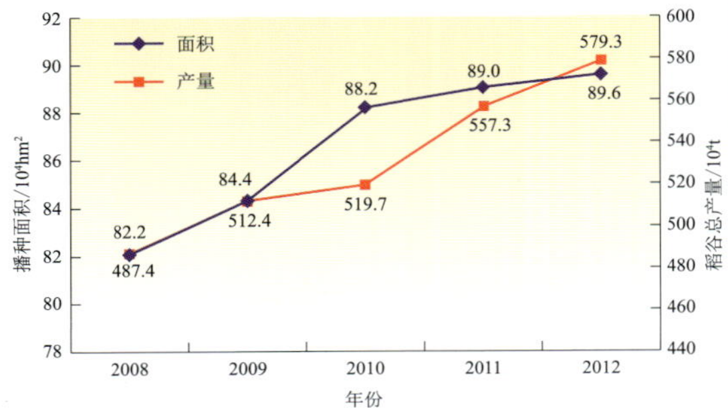

临湖区油菜播种总面积、总产量变化

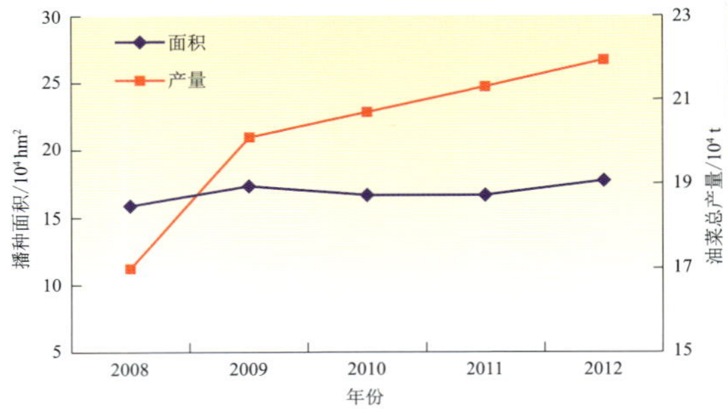

临湖区棉花播种总面积、总产量变化

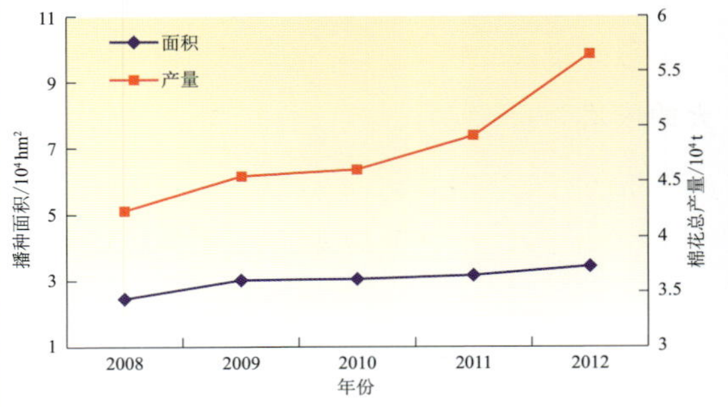

临湖区最主要的农作物是水稻。2008年至2012年水稻总播种面积总体呈增加趋势，早稻播种面积增加较多，中稻及一季稻有所增加，二季晚稻则有略有下降，尤其2012年，临湖区稻谷总播种面积为89.6×10^4hm^2，较2008年增加8.0%。

临湖区是江西省油菜主产区。2008 年，油菜播种面积为15.8×10^4 hm^2，油菜籽产量为16.9×10^4 t。随着国家对油菜生产的重视和种植水平的提高，区域油菜播种面积和产量双双增加，尤其单产提高较多。2012 年，油菜播种面积、产量分别为17.6×10^4 hm^2、22.0×10^4 t，较之2008 年分别增加 11.9%、29.9%。

临湖区棉花种植在全省占有很重要的地位。2008年，棉花播种面积为2.45×10^4hm^2，棉花产量为4.23×10^4t。2012年，棉花播种面积、产量分别为3.41×10^4hm^2、5.65×10^4t，与2008年相比，棉花播种面积增加3.9.2%、产量增加33.1%。

临湖区农用化学品投入

2008—2012年，农用塑料和地膜的用量逐年增加，2012年比2008年农用塑料用量增长11.9%，地膜用量增长12.6%。

农用塑料投入变化

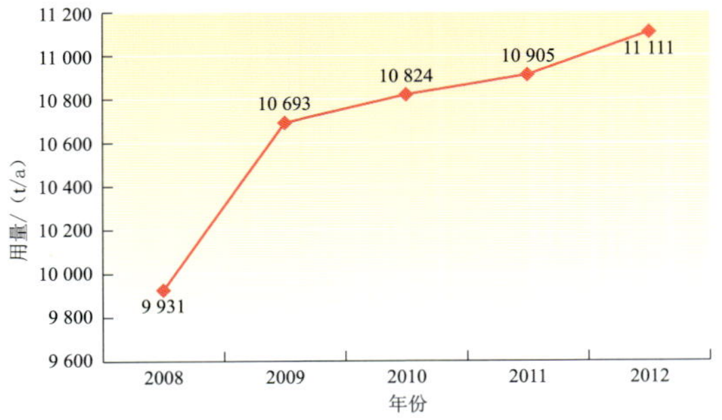

地膜投入变化

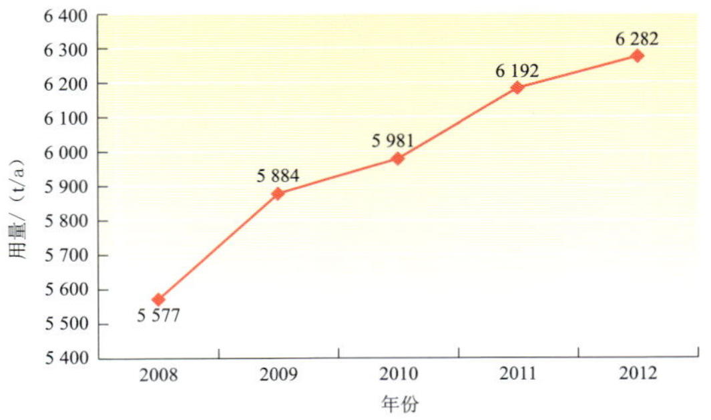

塑料秧盘投入变化

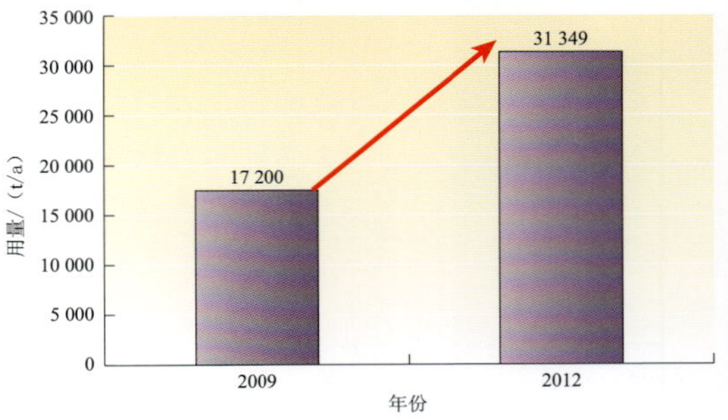

临湖区化肥施用变化

2008年，临湖区化肥施用量（折纯量）为41.1×10⁴ t，占全省化肥施用量的30.9%。2012年，临湖区化肥施用量为46.8×10⁴ t，占全省化肥施用量的33.1%。2012年较2008年，总施用量增加14%、氮肥减少2.8%、磷肥减少2.8%、钾肥增加6.7%、复合肥则增加30.6%。

临湖区化肥用量变化

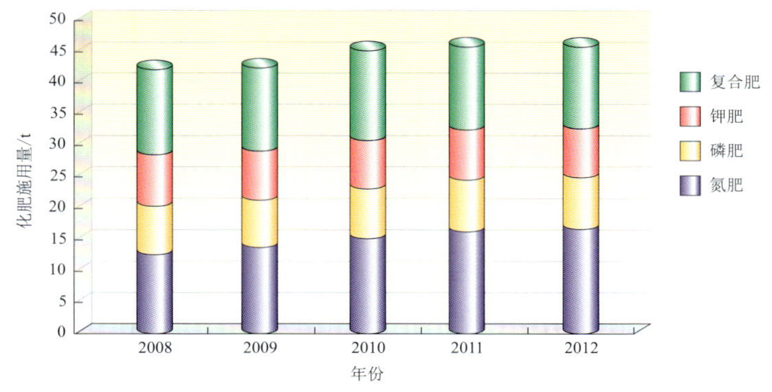

临湖区农药施用变化

2008—2012年，从农药用量年度演变看，2008—2010年，农药用量快速增长，2010年以后，由于施药器械进步、精准施药技术和统防统治方式的推广应用，农作物农药施用量下降。

临湖区农药用量变化

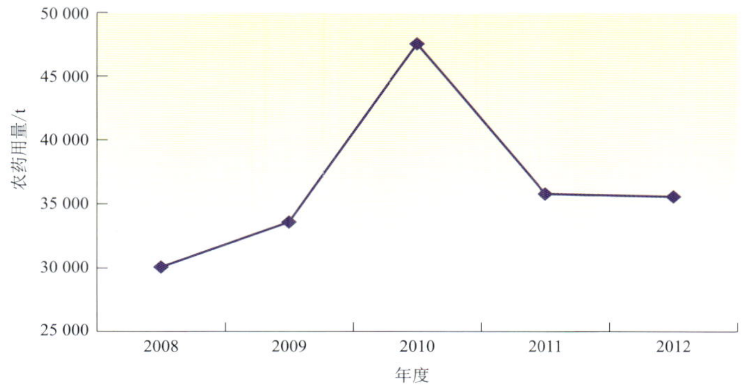

临湖区农田氮、磷流失总量

临湖区农田TN流失量为9 479.1 t，农田TP流失量为2 168.6 t。从种植业类型分析，TN流失量最大的依次为稻田、菜地、棉田，TP流失量最大的依次为棉田、菜地、果园。农田N、P流失量分列前3位的依次为鄱阳县、南昌县、丰城市。

临湖区农田 TN 总流失量 /t

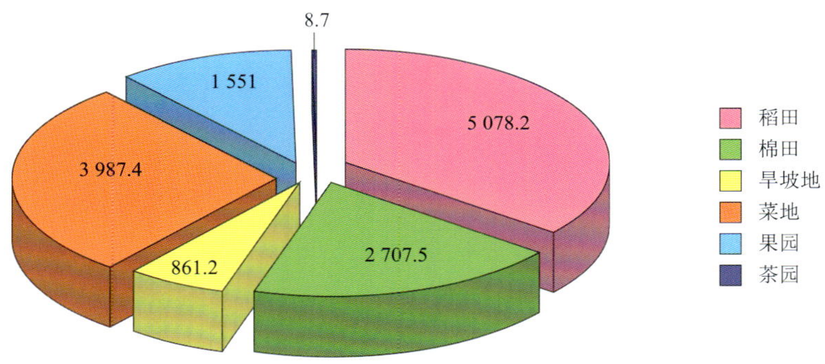

临湖区农田 TP 总流失量 /t

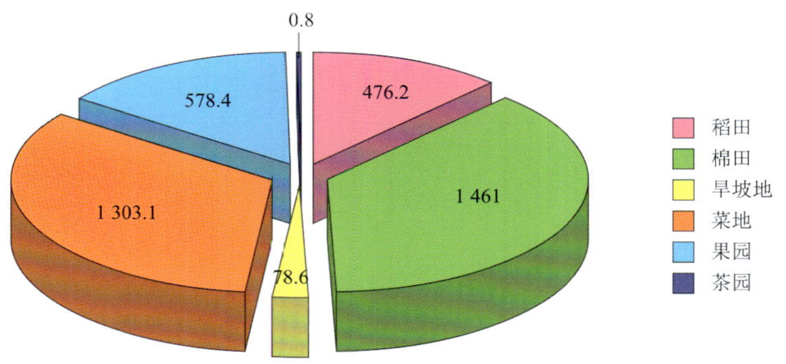

注：农田氮、磷流失总量指临湖区稻田、棉田、旱坡地、菜地、果园和茶园氮、磷流失量合计。

临湖区各县（市、区）农田氮、磷总流失量

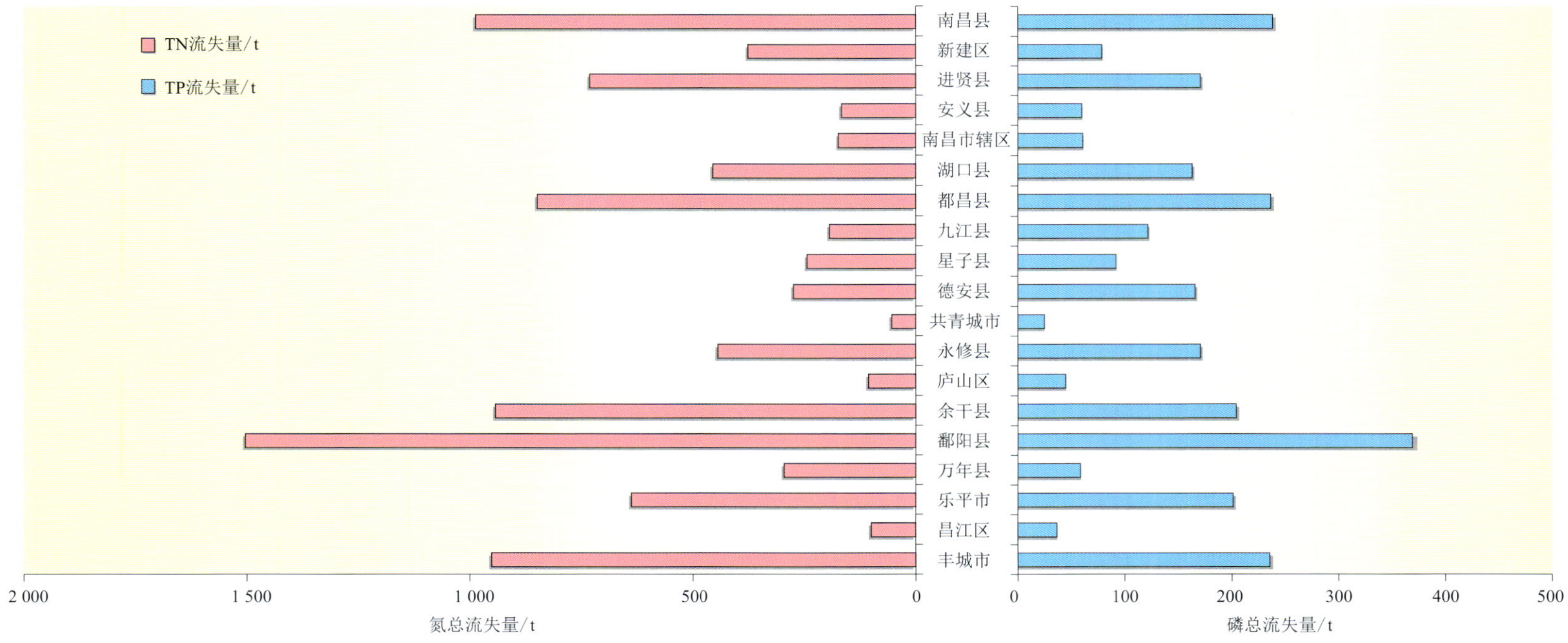

临湖区畜禽养殖污染

临湖区丰富的自然资源，独特的自然生态，为畜牧业的发展提供了有利条件，但畜禽养殖业在快速发展的同时，也产生了大量的畜禽粪污。未经有效处理和利用的畜禽粪便会导致大量的氮、磷流失，对鄱阳湖及其周边环境造成空气、水体和土壤的污染。

主要家畜、家禽养殖量

2007—2013年临湖区生猪养殖量逐年增加；肉牛养殖量在2007—2009年逐年减少，2009—2013年缓慢回升。2013年，生猪出栏量为577.0×10⁴头，较2007年出栏量增加14.9%，存栏量增加7.1%；肉牛出栏量为16.3×10⁴头，较2007年下降33.5%，存栏量则下降42.4%。

2007—2013年临湖区家禽养殖数量逐年增加。2013年，肉鸡出栏量为2 201.2×10⁴只，较2007年出栏量增加37.1%，存栏量增加125.8%；蛋鸡存栏量为971.3×10⁴只，较2007年增加28.5%；肉鸭养殖快速发展，肉鸭出栏量为3 961.9×10⁴只，较2007年增加153.2%，存栏量则增加311.8%；鹅出栏量为2 84.4×10⁴只，较2007年增加11.2%，存栏量则增加49.5%。

临湖区主要家畜养殖量变化

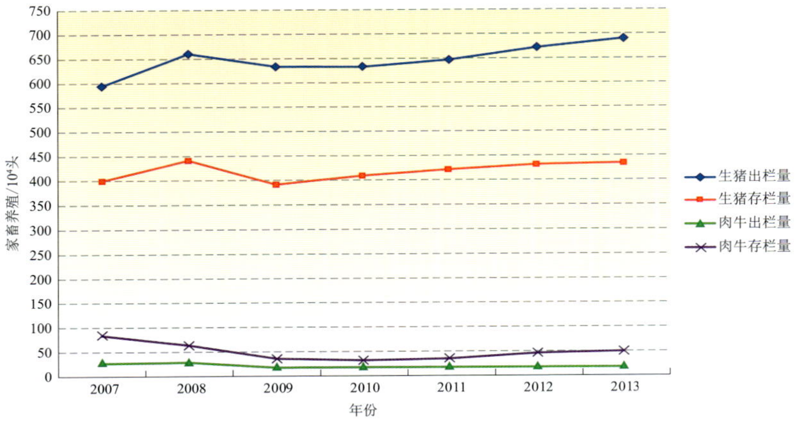

临湖区家禽养殖量变化

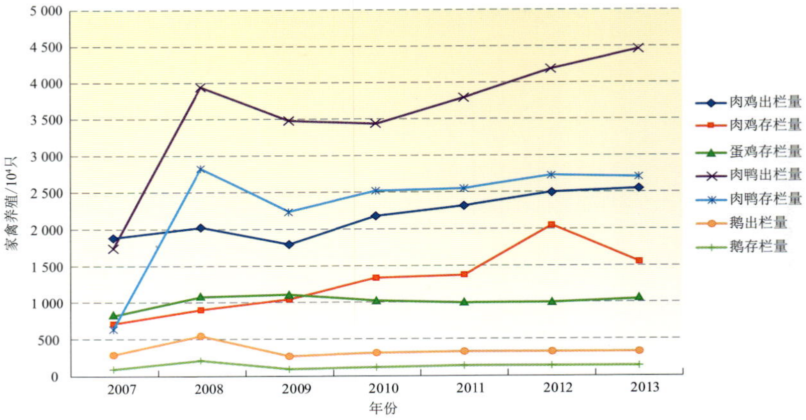

畜禽养殖规模情况

2007—2012年，在畜禽养殖出栏数增长的情况下，畜禽养殖场的总数量减少，但规模化养殖场的数量增加，规模化养殖场出栏数占总畜禽出栏数的比例上升。

年出栏500头以上的规模化生猪养殖场数由1 086家上升为2 096家，生猪规模养殖场数比例由0.15%上升至1.08%，规模养殖场生猪出栏数占比由41.54%上升至62.16%。

年出栏50头以上的规模化肉牛养殖场由151家上升至204家，规模养殖场比例由0.15%上升至0.39%，肉牛规模养殖场出栏肉牛数占比由6.58%上升至18.05%。

年出栏2 000只以上的规模肉鸡养殖场由2 728家下降至2 017家，规模养殖场比例由1.63%下降至1.34%，但规模养殖场肉鸡出栏数占比由57.91%上升至72.22%。

年存栏2 000只以上的蛋鸡养殖场由636家上升至698家，规模养殖场比例由0.28%上升至0.38%，规模化蛋鸡养殖场存栏数占比由49.98%上升至51.82%。

临湖区畜禽规模化养殖情况

畜禽种类	养殖场与出栏量		2007年	2012年
生猪	养殖场	总数/家	739 167	194 945
		>500头规模养殖场数/家	1 080	2 096
		规模化养殖场比例/%	0.15	1.08
	出栏量	总出栏量/头	5 820 796	6 681 182
		>500头规模养殖场出栏量/头	2 418 175	4 153 157
		规模化养殖场出栏量比例/%	41.54	62.16
肉牛	养殖场	总数/家	98 056	52 612
		>50头规模养殖场数/家	151	204
		规模化养殖场比例/%	0.15	0.39
	出栏量	总出栏量/头	253 976	164 444
		>50头规模养殖场出栏量/头	16 703	29 688
		规模化养殖场出栏量比例/%	6.58	18.05
肉鸡	养殖场	总数/家	166 987	150 729
		>2 000只规模养殖场数/家	2 728	2 017
		规模化养殖场比例/%	1.63	1.34
	出栏量	总出栏量/只	16 583 997	21 592 026
		>2 000只规模养殖场出栏量/只	9 604 523	15 593 254
		规模化养殖场出栏量比例/%	57.91	72.22
蛋鸡	养殖场	总数/家	230 104	182 570
		>2 000只规模养殖场数/家	636	698
		规模化养殖场比例/%	0.28	0.38
	出栏量	总出栏量/只	7 621 059	8 884 547
		>2 000只规模养殖场出栏量/只	3 808 978	4 604 022
		规模化养殖场出栏量比例/%	49.98	51.82

主要畜禽粪便及污染物产生量

2013 年不同县（市、区）畜禽粪便 COD 产生量

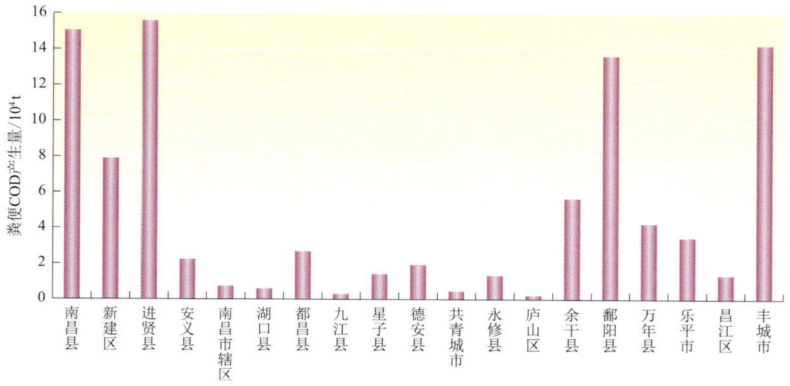

临湖区畜禽养殖污水 COD 产生量

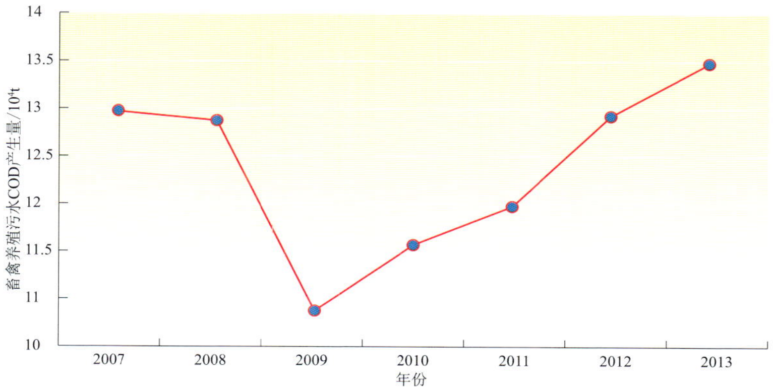

2013 年不同县（市、区）畜禽粪便 TN 产生量

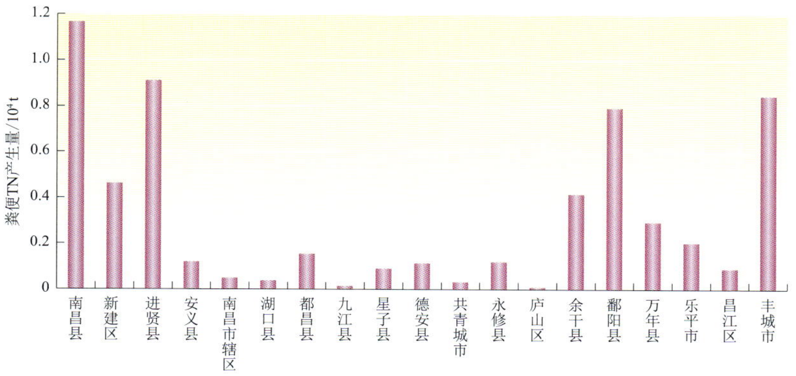

临湖区畜禽养殖污水 TN 产生量

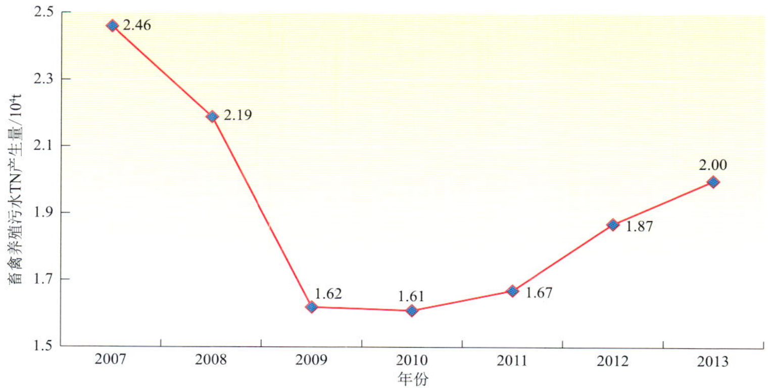

2013 年不同县（市、区）畜禽粪便 TP 产生量

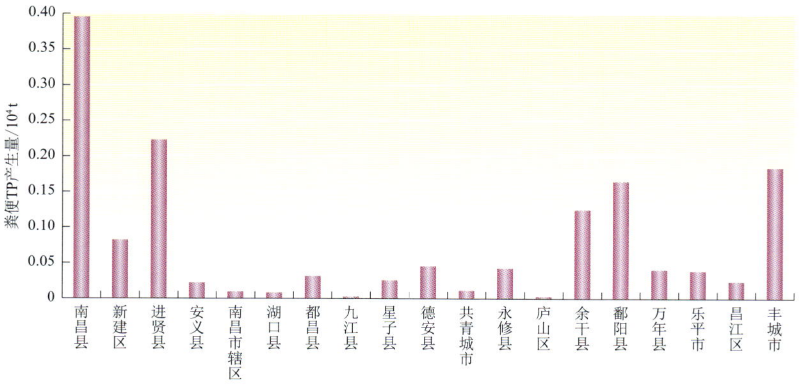

临湖区畜禽养殖污水 TP 产生量

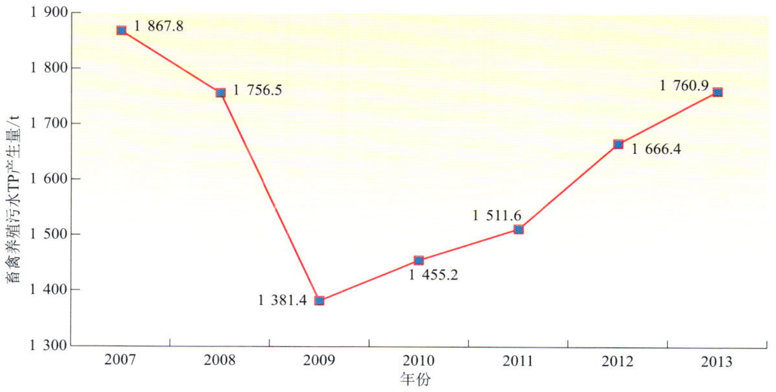

2013 年不同县（市、区）畜禽粪便 Cu 产生量

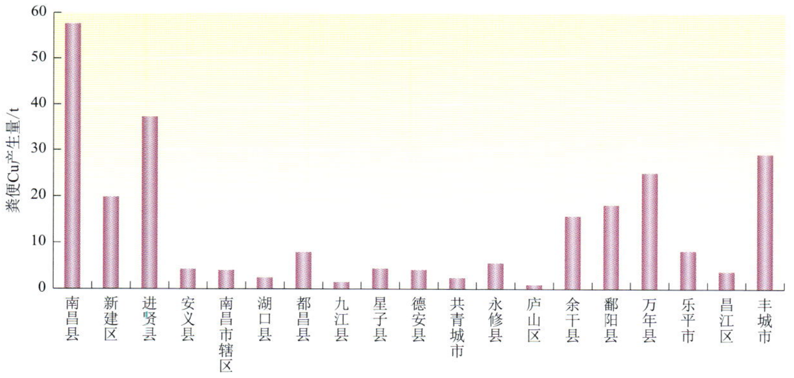

临湖区畜禽养殖污水 Cu 产生量

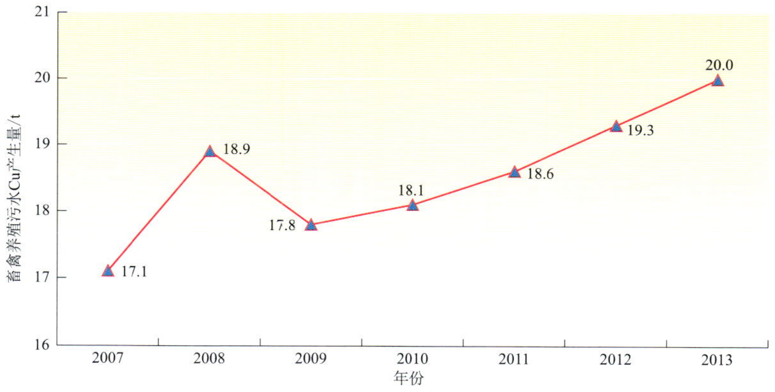

2013 年不同县（市、区）畜禽粪便 Zn 产生量

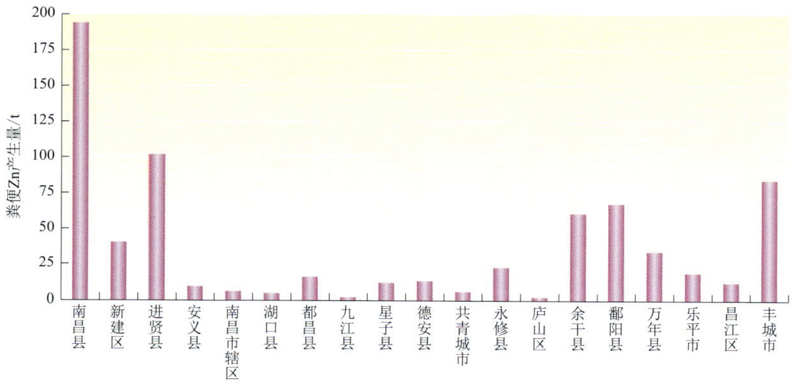

临湖区畜禽养殖污水 Zn 产生量

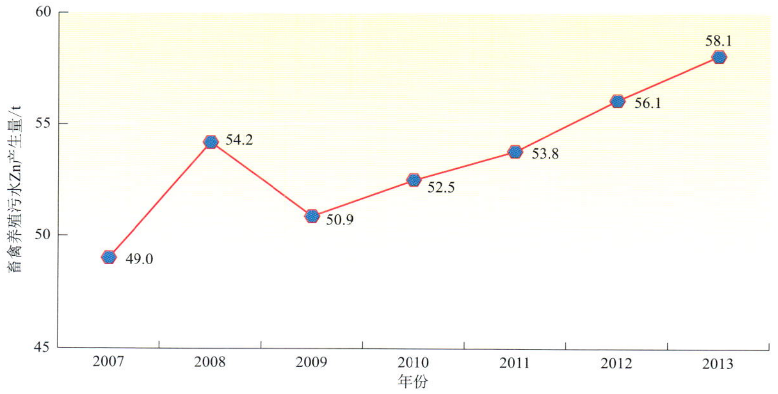

临湖区水产养殖污染

临湖区具有发展水产养殖的独特的天然资源优势，是江西省乃至我国重要的优质淡水水产品产地，是我国“四大家鱼”等大宗水产品以及青虾、鳜鱼、乌鱼、克氏原螯虾、淡水珍珠等特色水产品的主产区，也是江西省水产品商品率最高、出口水产品和外销水产品最多的地区，对全省渔业经济的快速发展起着决定性的作用。临湖区水产养殖方式多样，可以分为池塘、水库、湖泊、河沟及其他，涵盖江西省主要养殖方式。

水产养殖品种大类上分为鱼类、甲壳类（虾蟹）、贝类（螺蚬等）、龟鳖蛙类及珍珠。依据传统习惯、产品产量和养殖特性则分为大宗水产品和特种水产品。大宗水产品目前在临湖区水产养殖中仍占主导地位，主要品种包括草鱼、鲢鱼、鳙鱼、鲫鱼、鲤鱼、鳊（鲂）鱼、青鱼等。特种水产品种类也较多，有30多种，包括鳜鱼、乌鳢、黄颡鱼、黄鳝、泥鳅、虾蟹类、贝类（螺蚬类）、龟鳖类和珍珠等。

2007—2013年，临湖区水产养殖产量逐年增加，大宗、特种（鱼类、非鱼类）水产品的养殖产量也不断增加，但增加幅度有差别，大宗水产品增加较缓，特种水产品增幅稍大。大宗水产品占养殖总产量的比重逐步下降，由2007年的74.5%下降至2013年的68.0%；特种水产品的比重在上升，由2007年的25.5%升至32.0%。

临湖区水产养殖总产量及面积年度变化

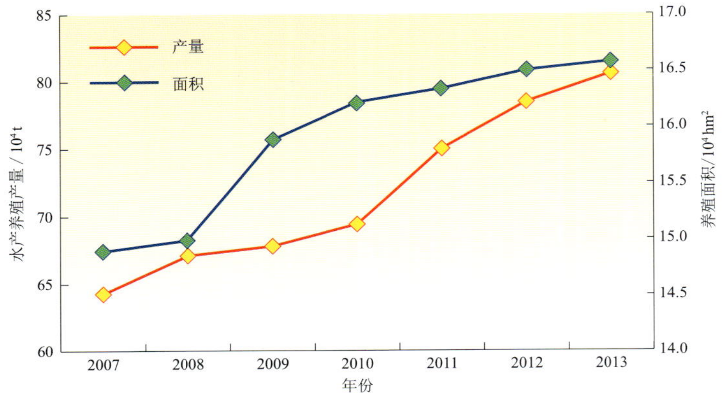

不同年度大宗水产、特种水产占养殖总产量比重

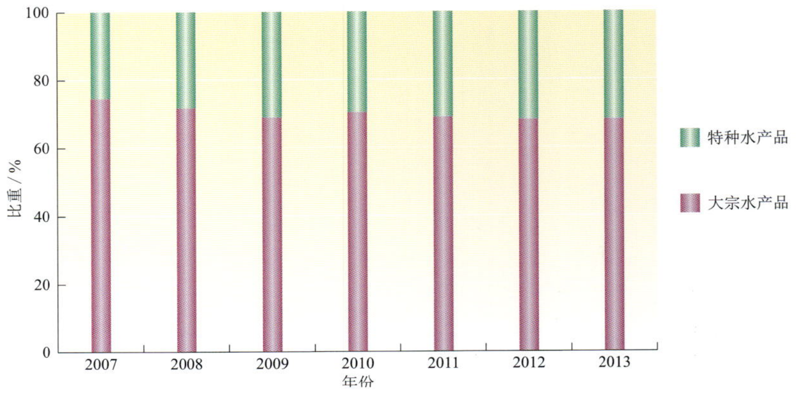

养殖水域类型及面积、产量变化

2013年，鄱阳湖区19个县（市、区）水产养殖总面积为16.58×10^4 hm^2，其中池塘养殖面积为4.58×10^4 hm^2，占27.6%；湖泊养殖面积为8.43×10^4 hm^2，占50.9%；水库养殖面积为2.83×10^4 hm^2，占17.1%；河沟养殖面积为0.67×10^4 hm^2，占4.1%；其他养殖面积为0.06×10^4 hm^2，占0.4%；稻田养殖面积为0.28×10^4 hm^2，占1.7%。

2013年，水产养殖总产量为80.6×10^4 t，较2007年增长25.3%，其中池塘养殖产量为41.18×10^4 t，占水产总量的51.3%；湖泊养殖产量为23.98×10^4 t，占总量的29.9%；水库养殖产量为10.69×10^4 t，占总量的13.3%；河沟养殖产量为3.41×10^4 t，占总量的4.2%；其他水域产量为0.41×10^4 t，占总量的0.5%；稻田养殖产量为0.62×10^4 t，占总量的0.8%。

不同养殖水域面积的年度变化

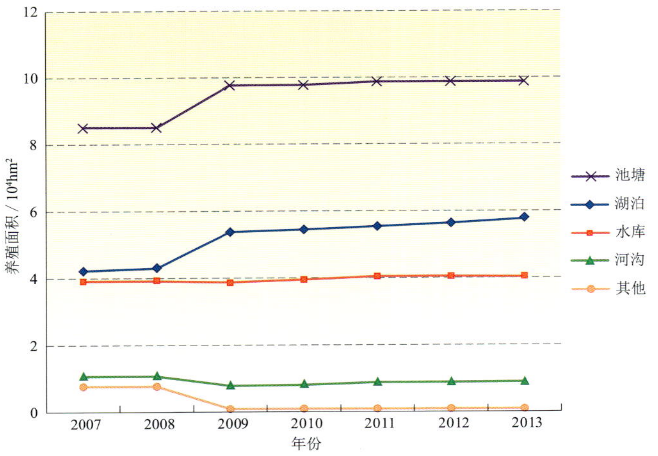

不同养殖水域单位面积产量的年度变化

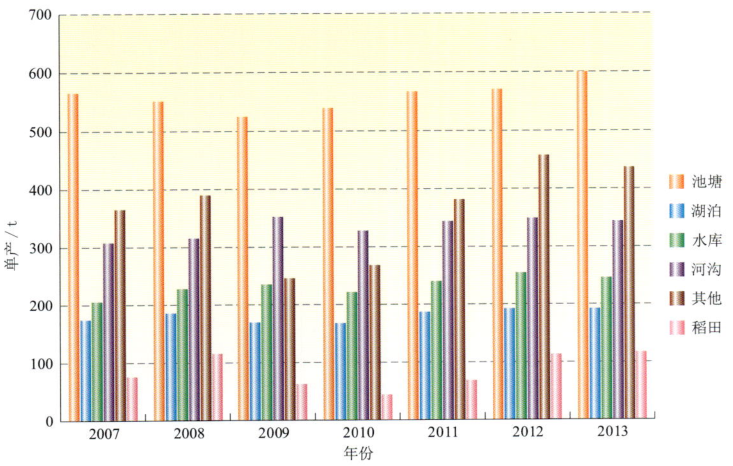

2013 年临湖区各县（市、区）水产养殖产量分布

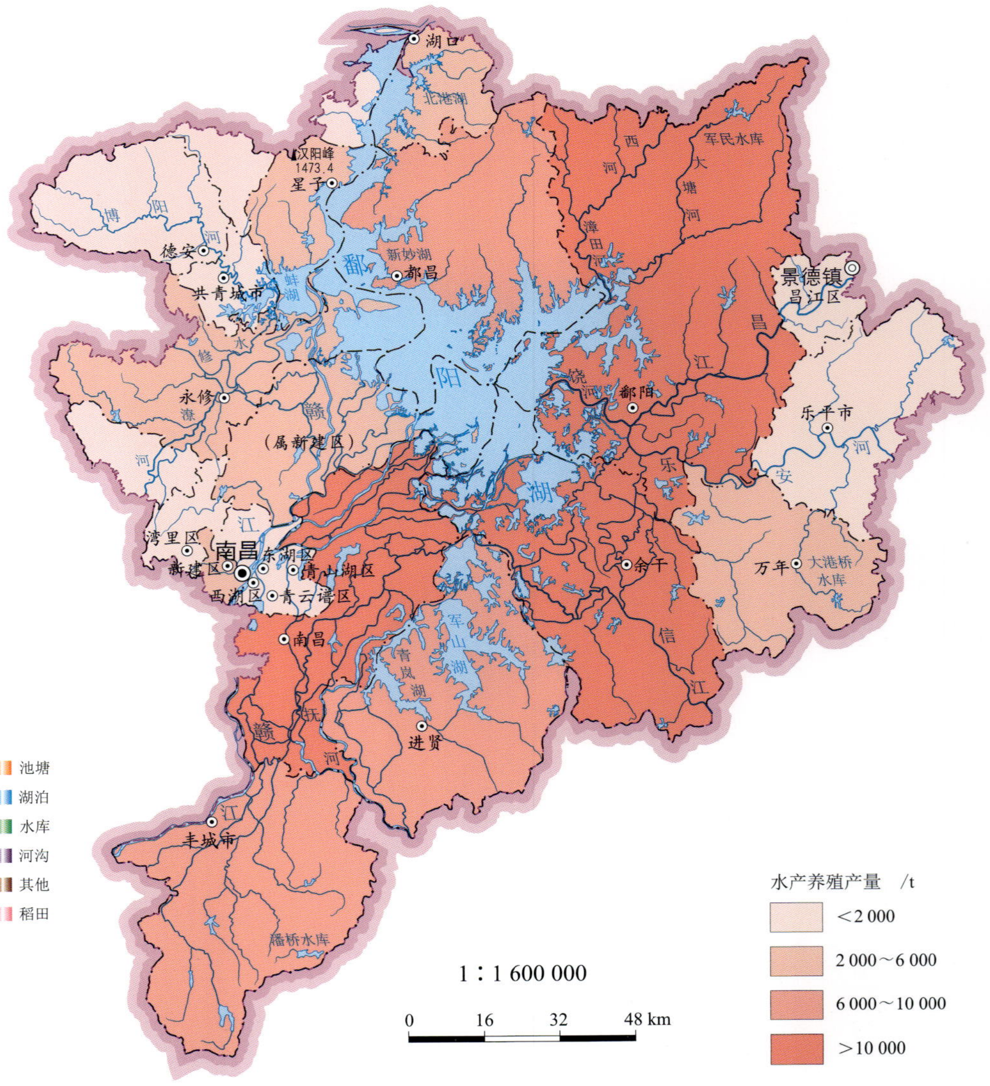

水产养殖污染物产生量与排放量

2007—2013年，随着养殖产量的增加，临湖区TN、TP、COD、Cu等污染物呈增加趋势。2013年，水产养殖TN产生量为4 787.9 t、TP产生量为891.5 t、COD产生量为4.73×10^4 t、Cu产生量为6.93 t，分别较2007年增加38.1%、39.0%、40.6%、25.4%。TN、TP、COD和Cu的排放量除2010年较上年略有减少外，其他年份均较上年有所增加。2013年TN排放量为3 382.5 t、TP排放量为591.2 t、COD排放量为3.20×10^4 t、Cu排放量为5.2 t，较2007年分别增加29.7 %、26.7%、29.0%和22.8%。

不同年度水产养殖污染物产生量变化

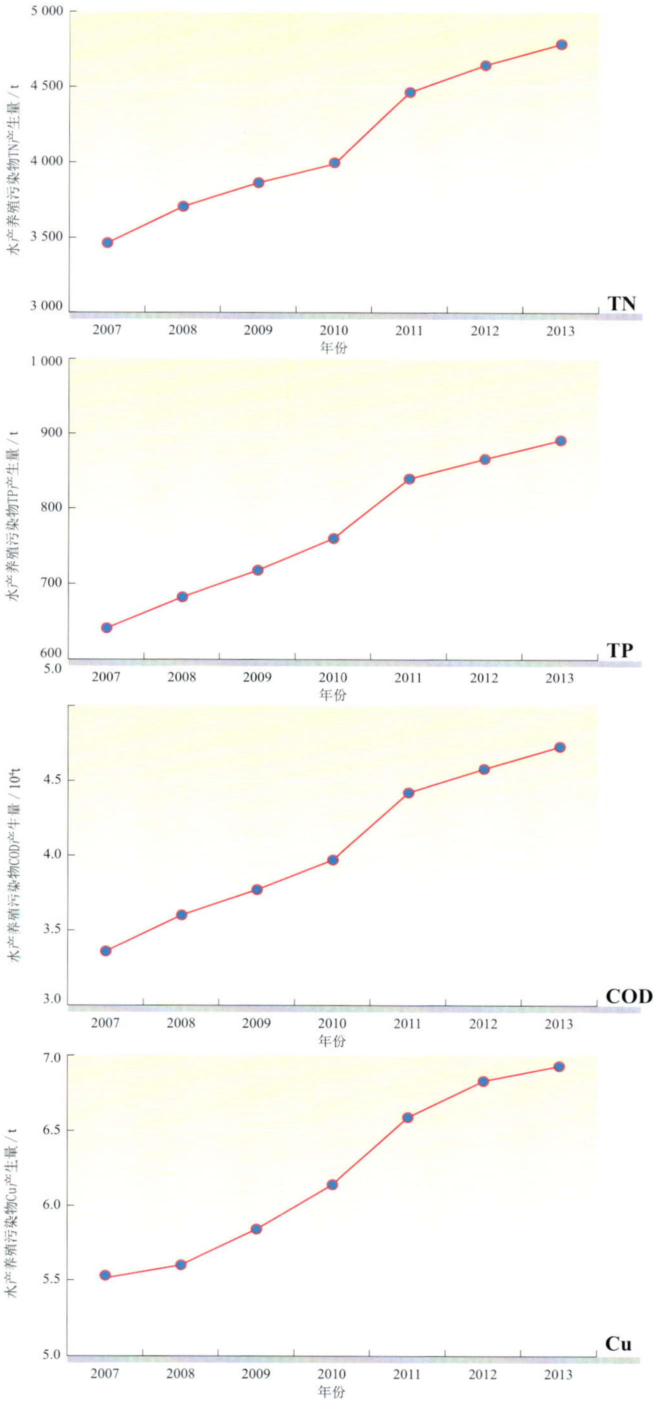

不同年度水产养殖污染物排放量变化

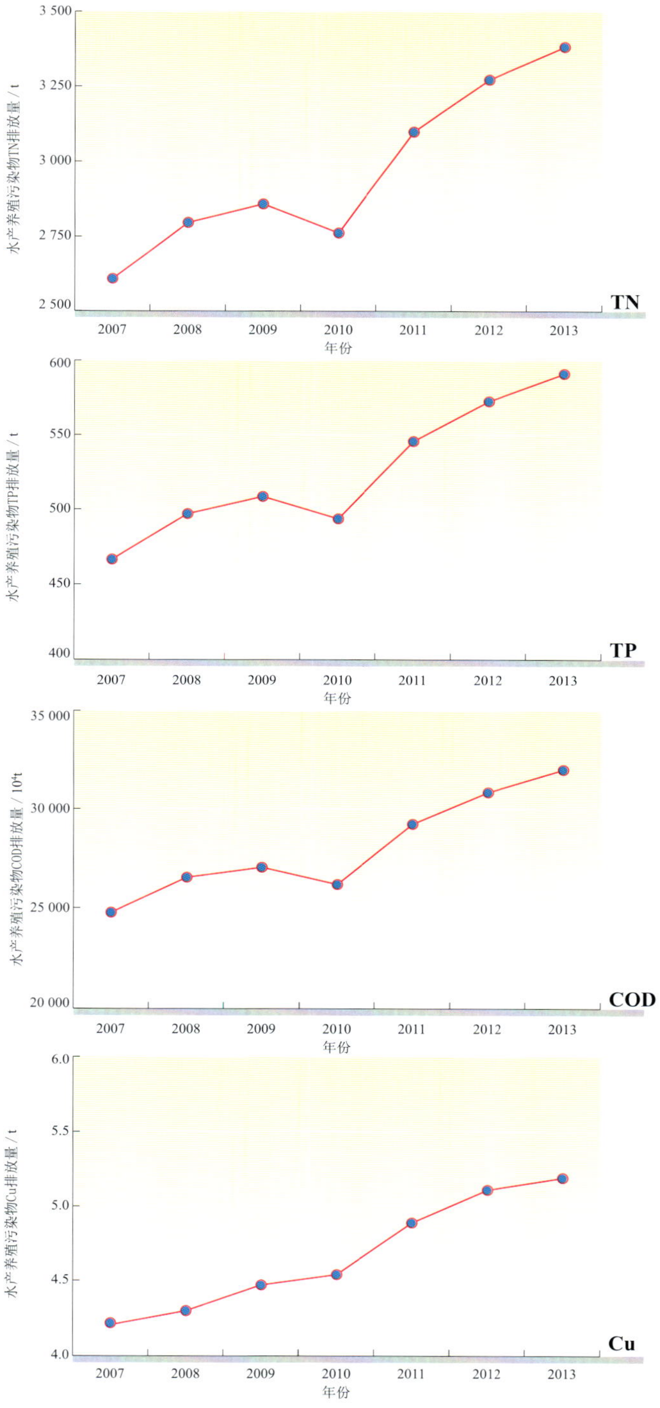

珍珠养殖对水产养殖污染的贡献

2013年，临湖区珍珠养殖TN产生量为8.21 t、TP产生量为0.71 t、COD 产生量为40.81 t、Cu 产生量为0，分别占临湖区水产养殖总产污量的0.2%、0.1%、0.1%、0，同期珍珠养殖产量占临湖区养殖总产量的比重为0.08%，污染程度略高于水产养殖污染的总体平均水平。

不同年度珍珠养殖污染物产生量与排放量

年份	产生量			排放量		
	TN/t	TP/t	COD/t	TN/t	TP/t	COD/t
2007	5.19	0.45	25.80	5.05	0.43	25.10
2008	6.33	0.54	31.46	6.16	0.53	30.60
2009	6.90	0.59	34.30	6.72	0.58	33.37
2010	7.15	0.61	35.52	6.95	0.60	34.56
2011	7.62	0.66	37.84	7.41	0.64	36.81
2012	8.23	0.71	40.88	8.00	0.69	39.77
2013	8.21	0.71	40.81	7.99	0.69	39.70

临湖区农村生活及农业面源污染

农村及农业面源污染物产生量

2012 年临湖区农村及农业面源 TN 产生量

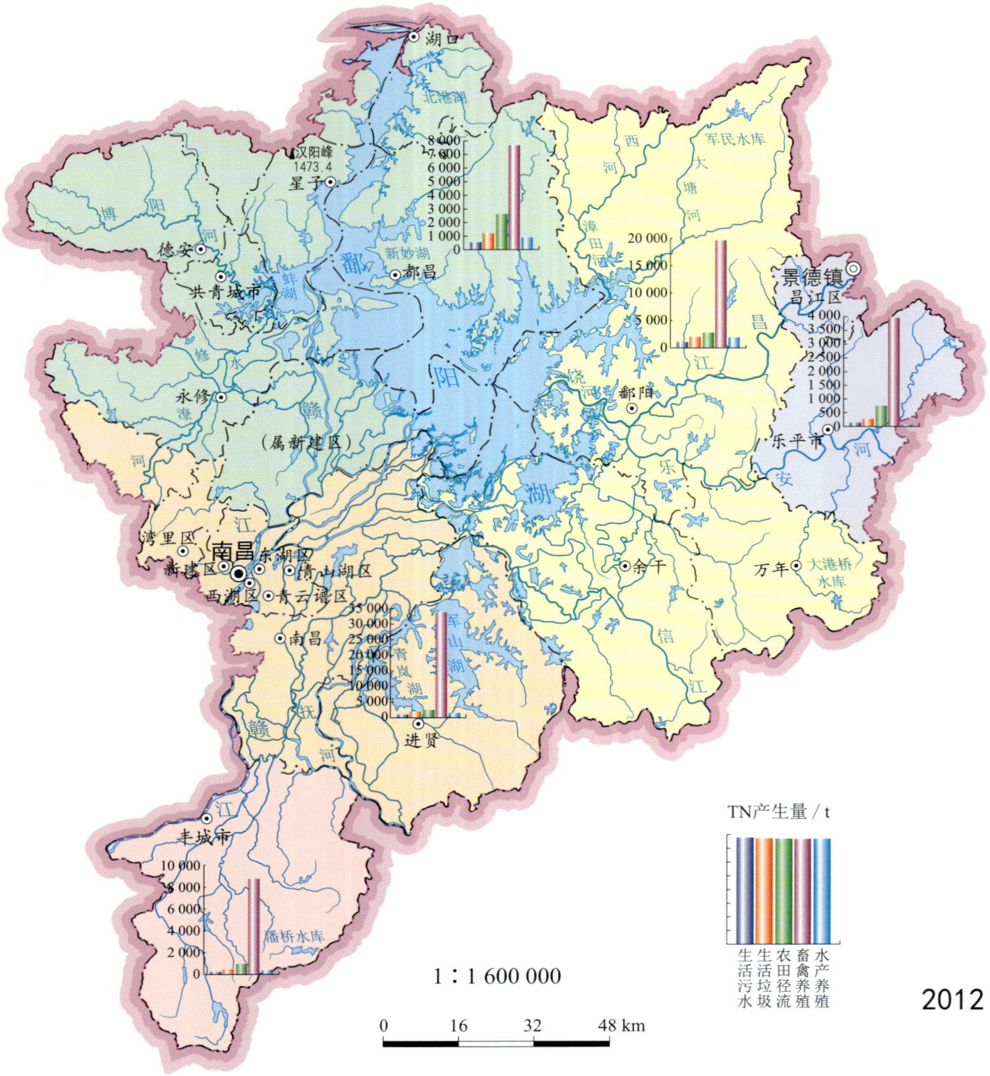

2012年，临湖区农村及农业面源TN产生量为9.71×10^{4}t。

不同种类污染源对农村及农业面源TN产生量的贡献比例

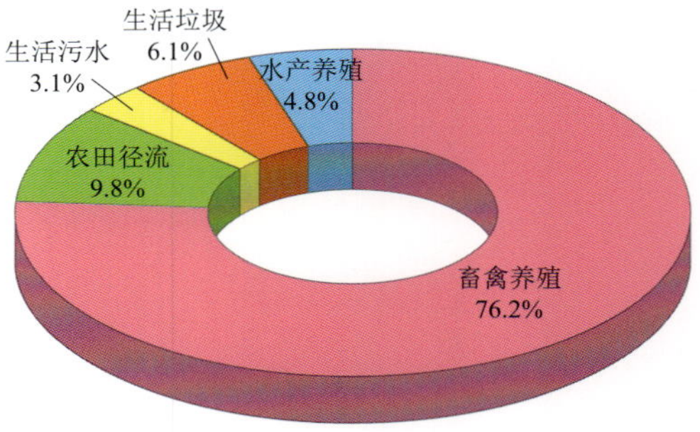

2012 年临湖区农村及农业面源 TP 产生量

2012 年，临湖区农村及农业面源 TP 产生量为 1.96×10^{4}t。

不同种类污染源对农村及农业面源TP产生量的贡献比例

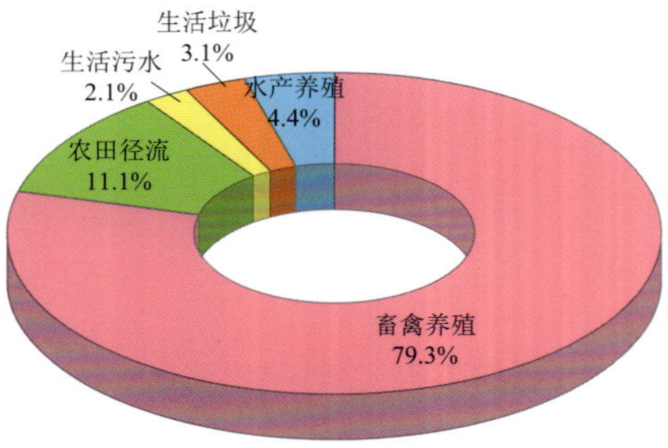

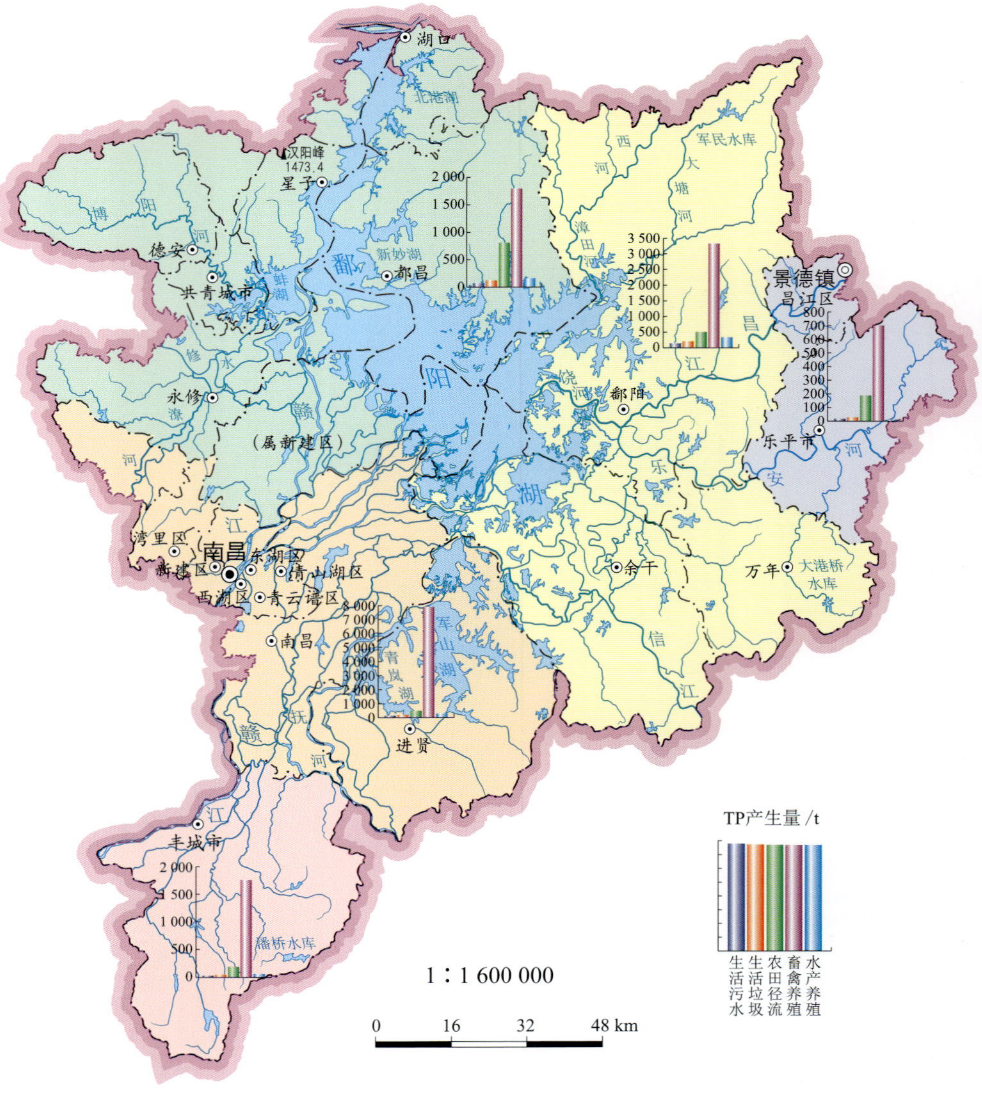

农村及农业面源污染物排放量

2012 年临湖区农村及农业面源 TN 排放量

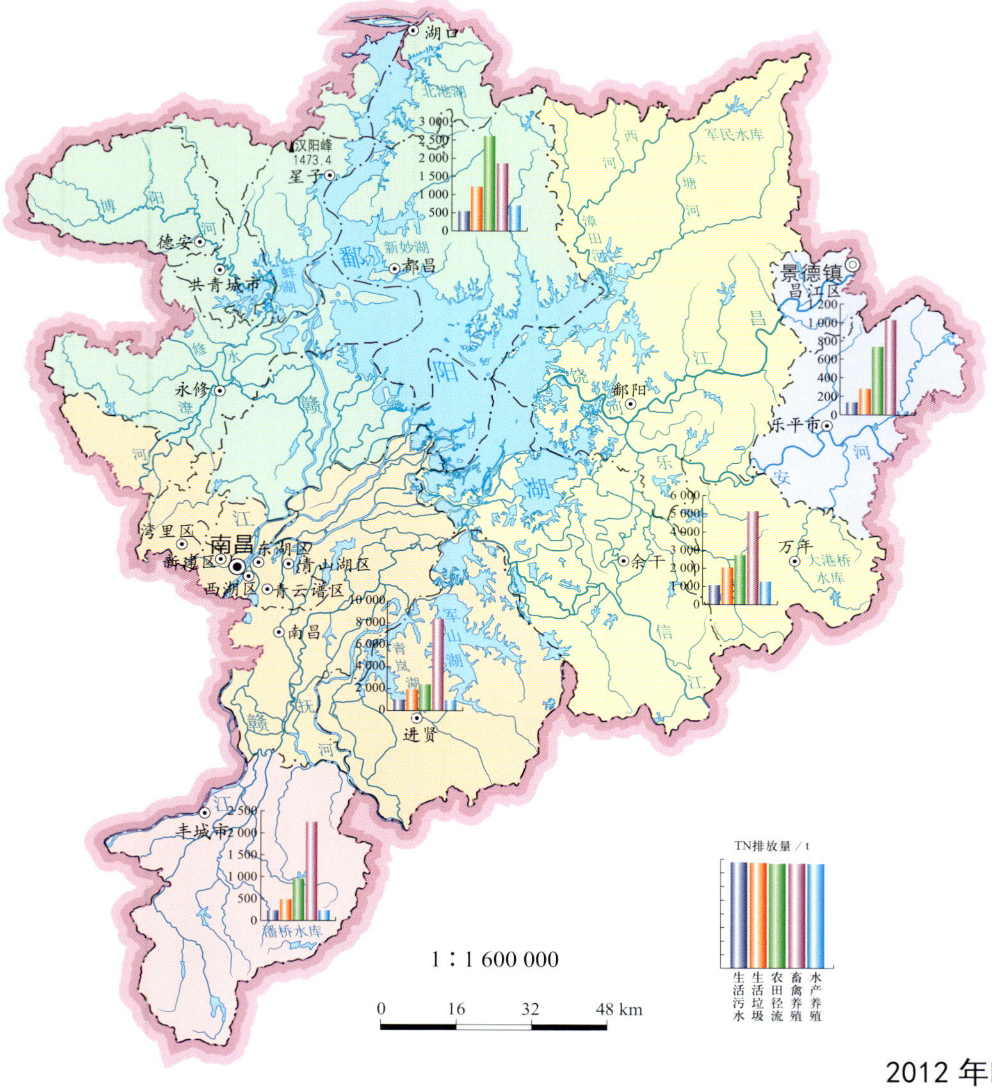

2012年，临湖区农村及农业面源TN排放量为4.04×10^4t。

不同种类污染源对农村及农业面源 TN 排放量的贡献比例

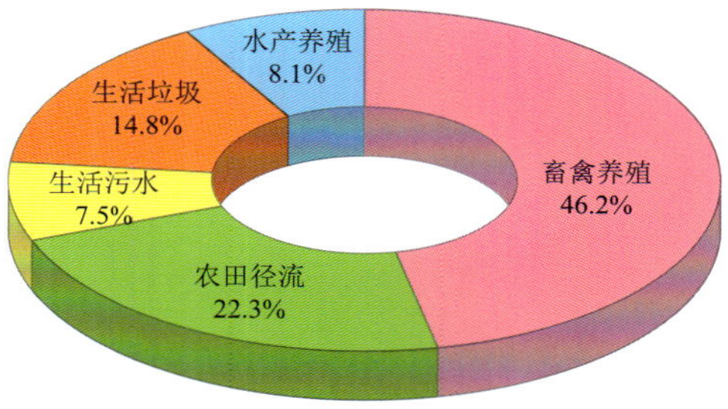

2012 年临湖区农村及农业面源 TP 排放量

2012年，临湖区农村及农业面源TP排放量为0.54×10^4t。

不同种类污染源对农村及农业面源 TP 排放量的贡献比例

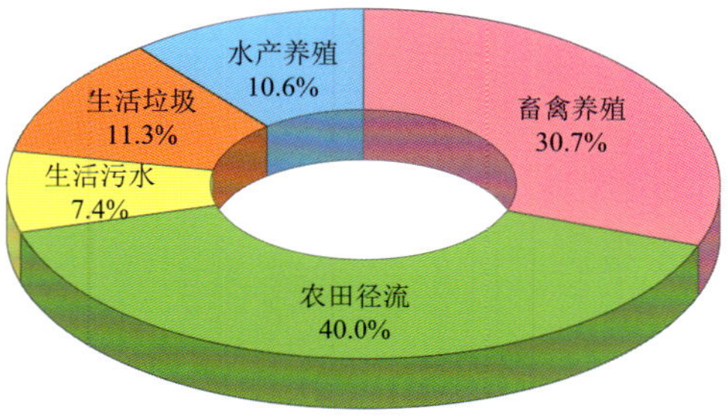

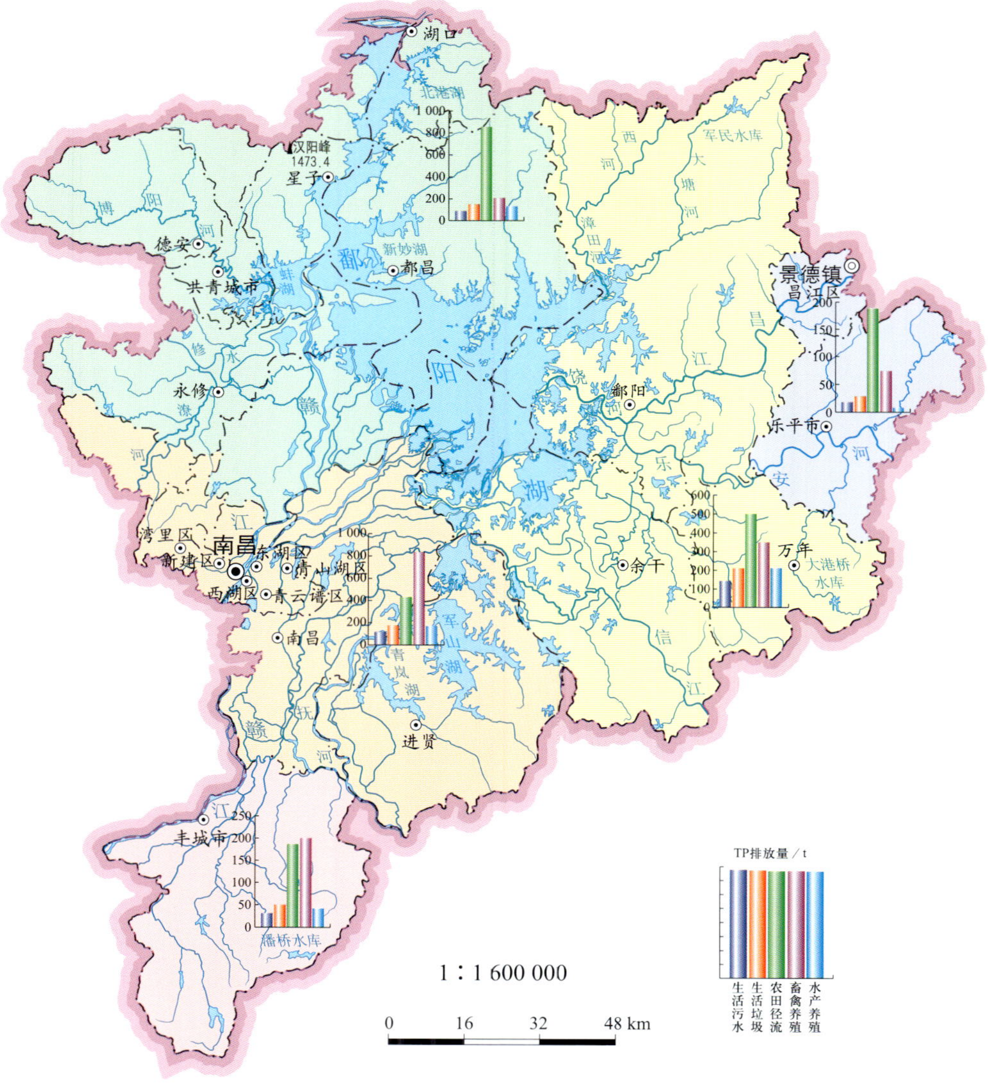

农村及农业面源污染物入湖量

2012 年临湖区农村及农业面源 TN 入湖量

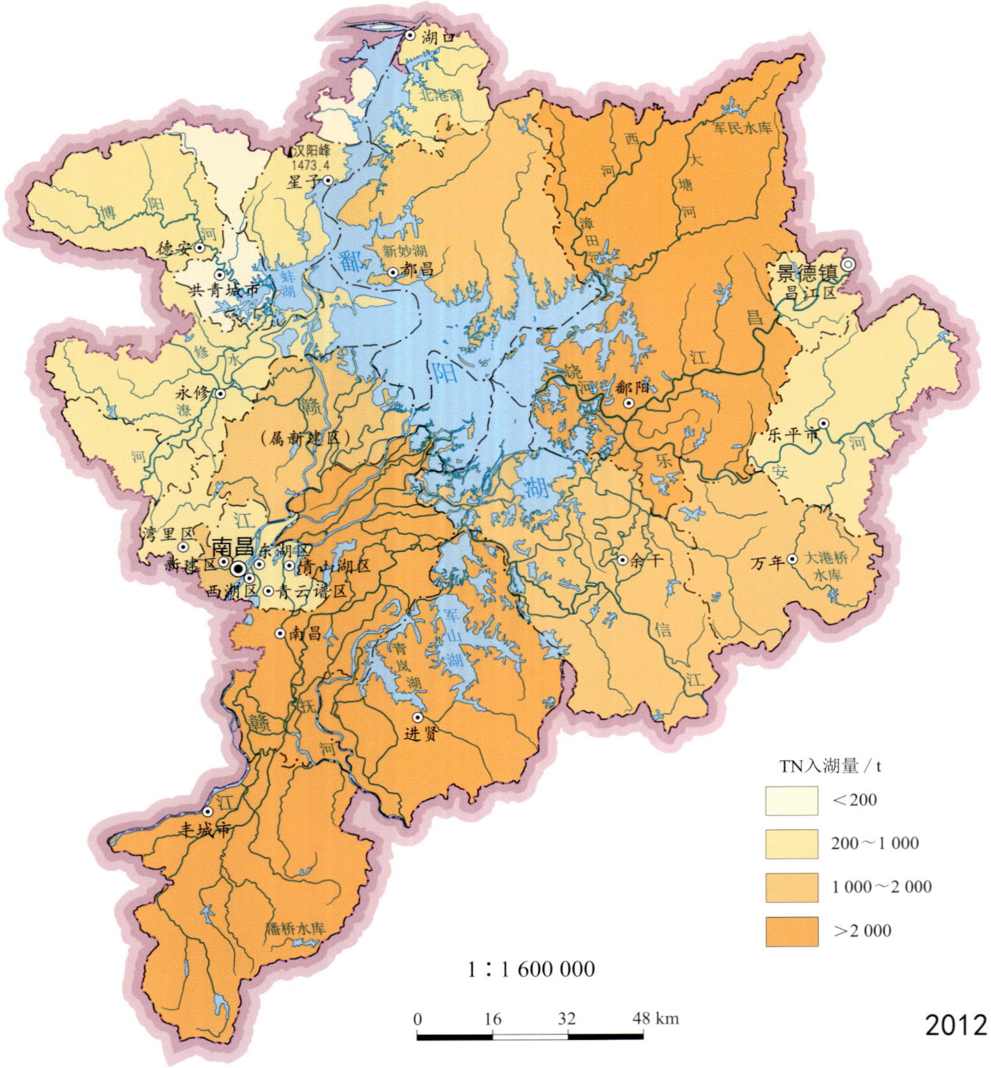

2012年临湖区农村及农业面源TN进入鄱阳湖水体的总量为2.10×10⁴ t。

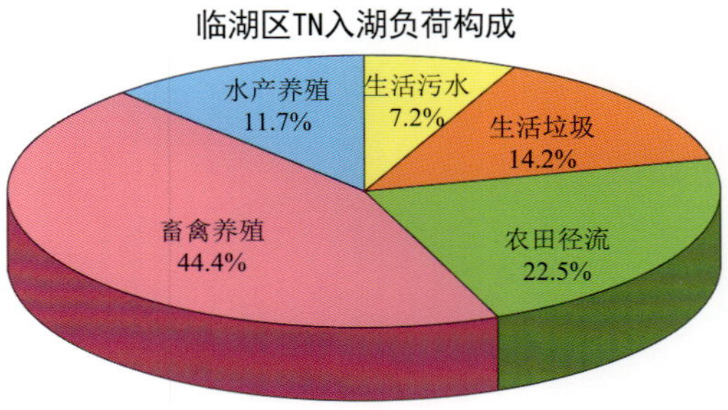

2012 年临湖区农村及农业面源 TP 入湖量

2012 年临湖区农村及农业面源 TP 进入鄱阳湖水体的总量为 0.29×10⁴ t。

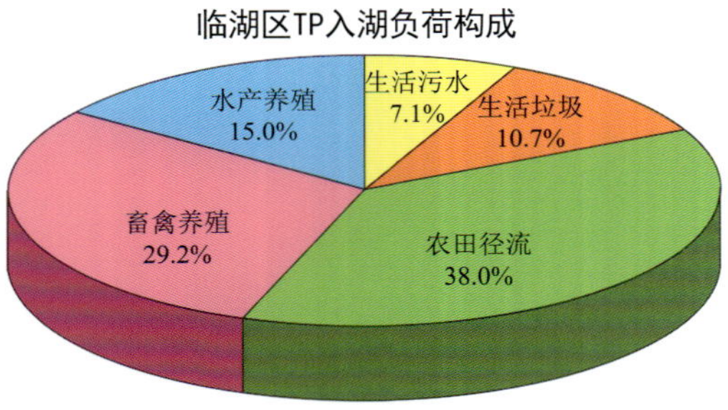

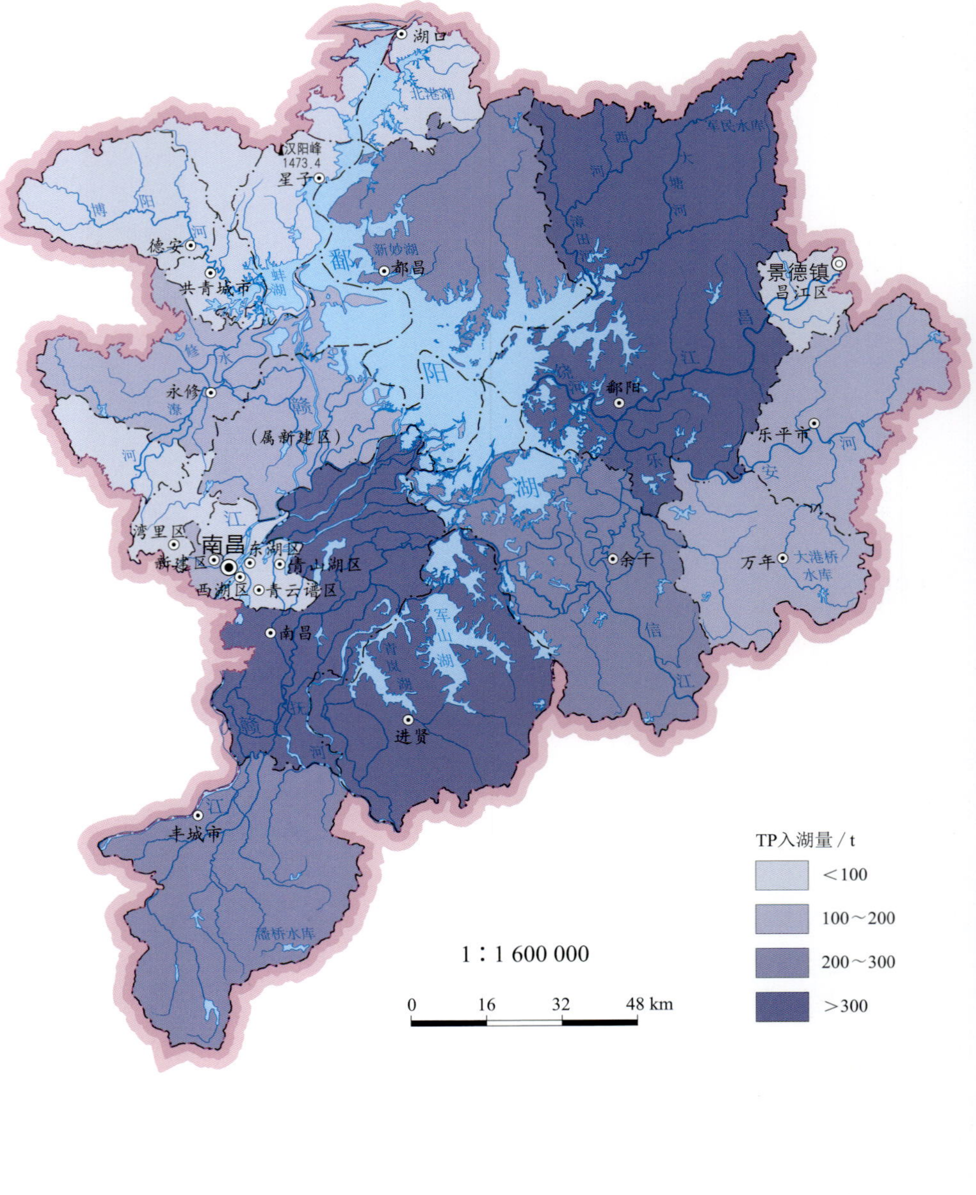

临湖区城镇生活污水污染

2012 年临湖区城镇居民生活污水主要污染物排放总量

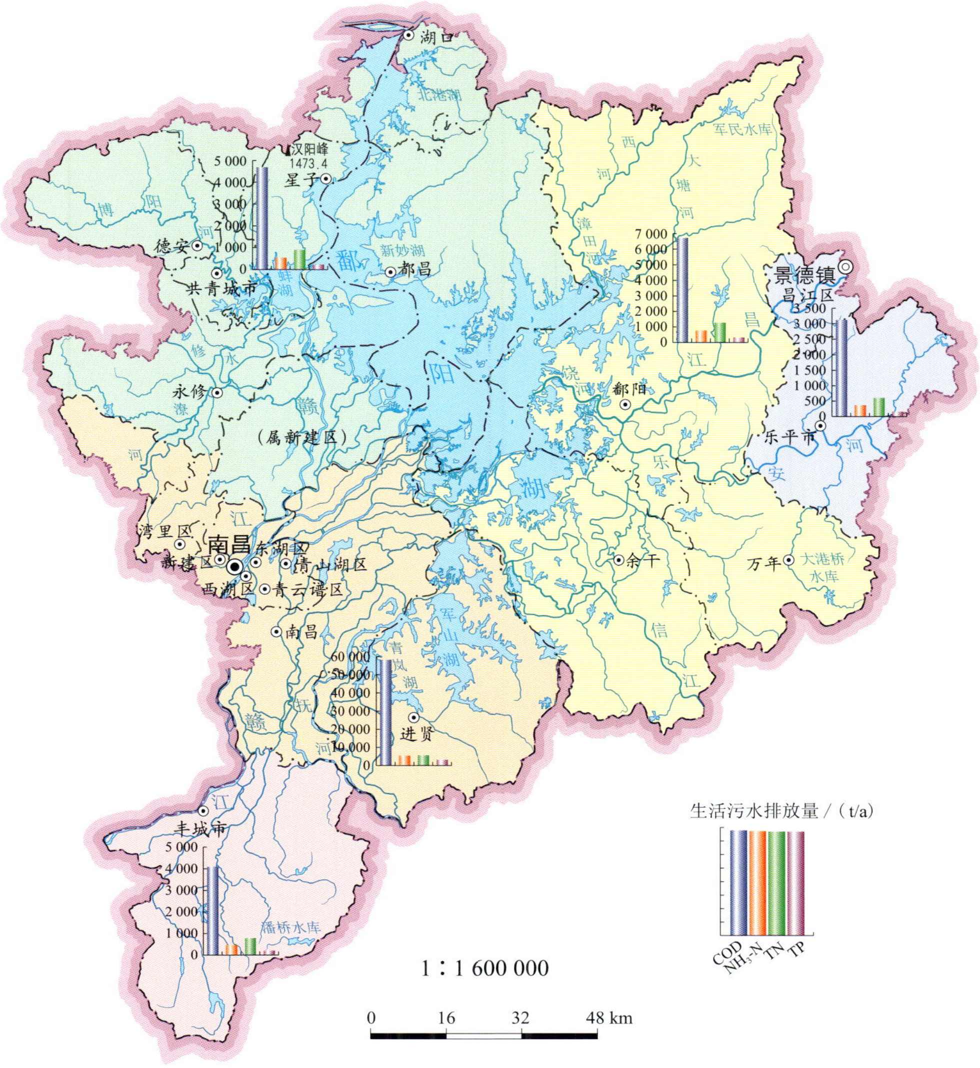

临湖区城镇生活污水中主要污染物COD、NH_3-N、TP、TN的产生量自1990年以来的变化规律是相似的，产生量虽逐年增加，但变化速率逐渐减缓，其中1990—2005年各主要污染物产生量的增加速率均最大。

排放量则随着城镇生活污水产生量和城镇生活污水处理厂排放削减量的变化而变化，2000年以前临湖区没有建立城镇污水处理厂，城镇生活污水是直接排入环境，城镇居民生活污水的产生量等于排放量，1990—2000年逐年增加，并且变化的斜率基本不变，2005年后排放量虽然增加，但是斜率却下降。

临湖区城镇生活污水主要污染物产生／排放量年度变化

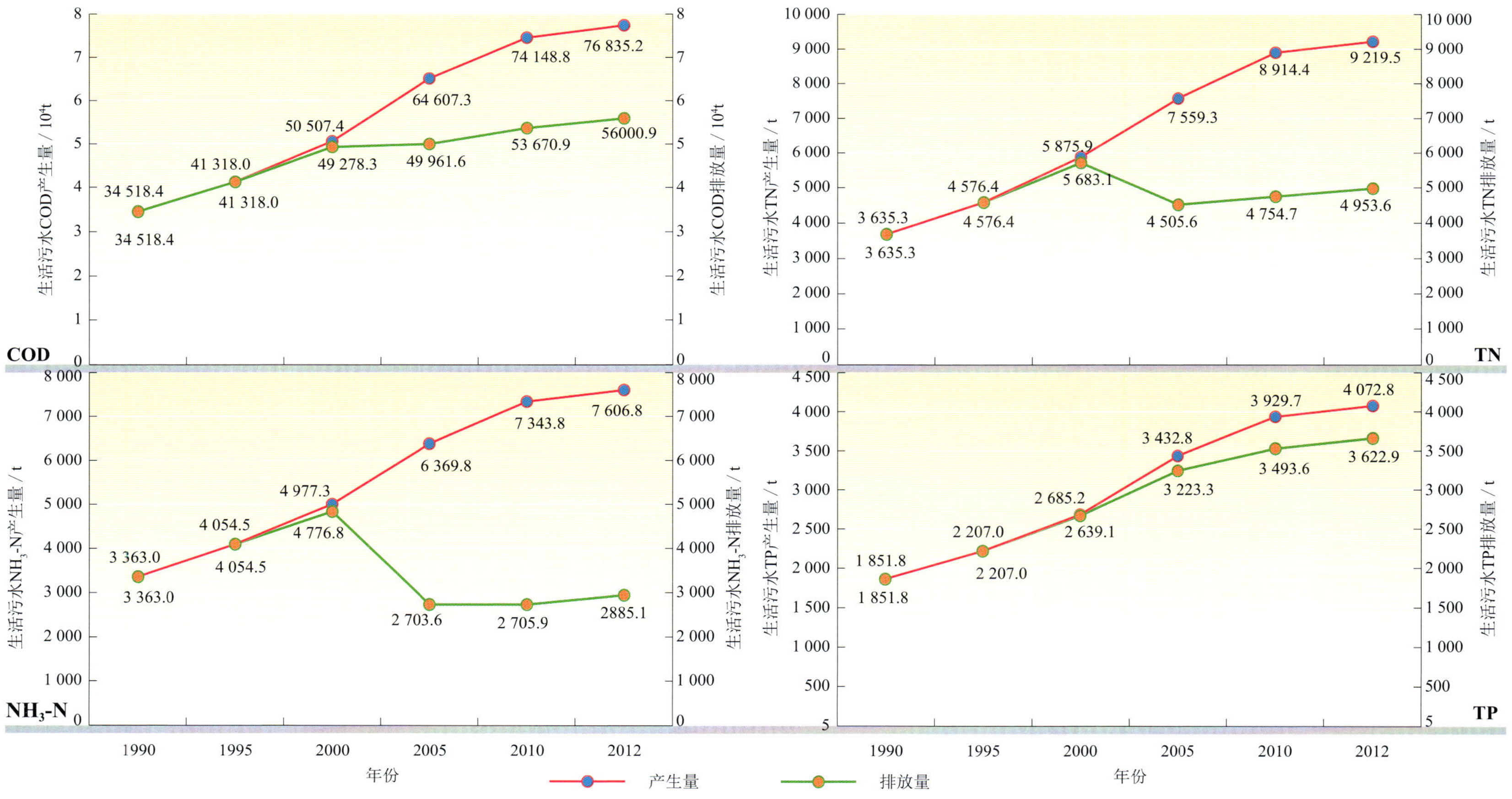

临湖区工业污染

2010—2013 年临湖区工业废水排放量

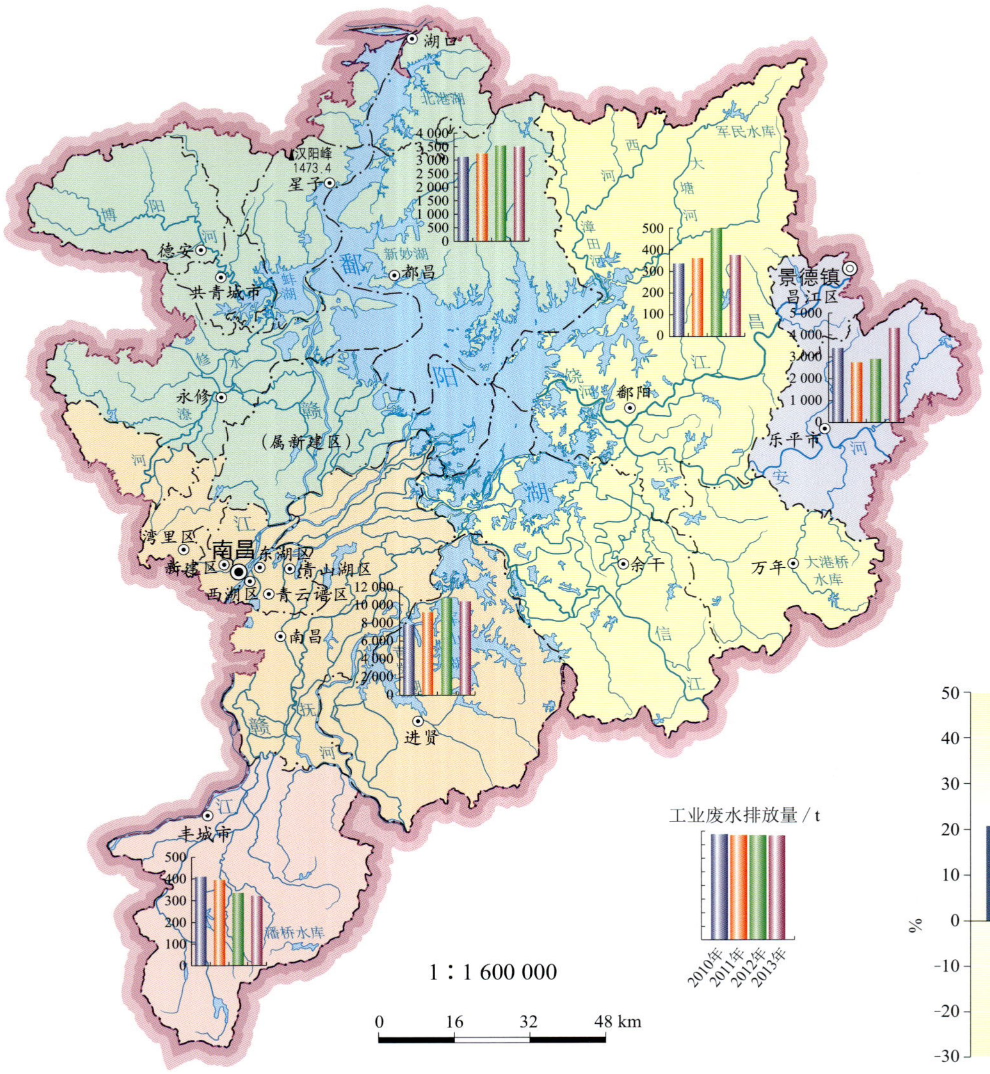

2010—2013年，临湖区工业废水排放量分别为151.31×10^6 t、159.761×10^6 t、180.09×10^6 t和189.43×10^6 t，排放量由大到小的地区依次为南昌市、九江市、景德镇市、宜春市、上饶市，排放量较大的市（区）依次为青山湖区、乐平市和庐山区。

2010—2013 年临湖区工业废水排放量变化

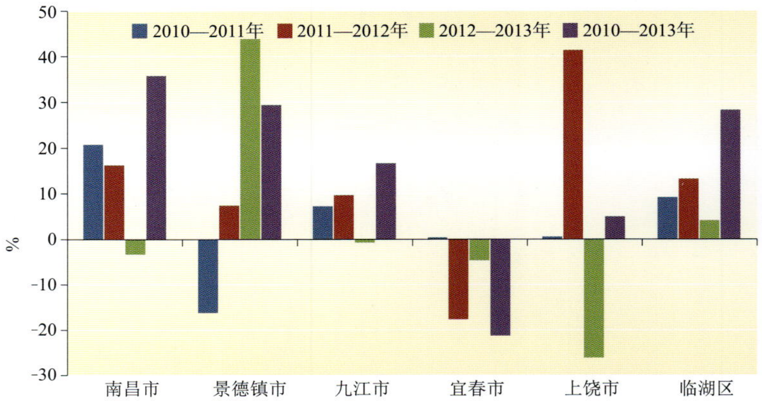

2010—2013 年临湖区工业 COD 排放量变化

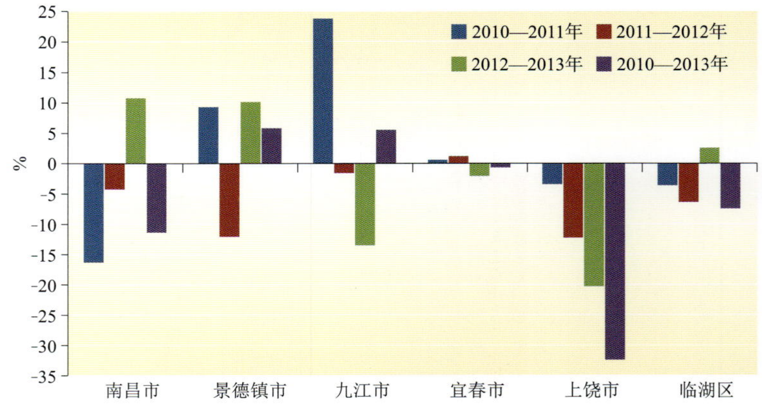

2014 年临湖区工业 TN、TP 排放量

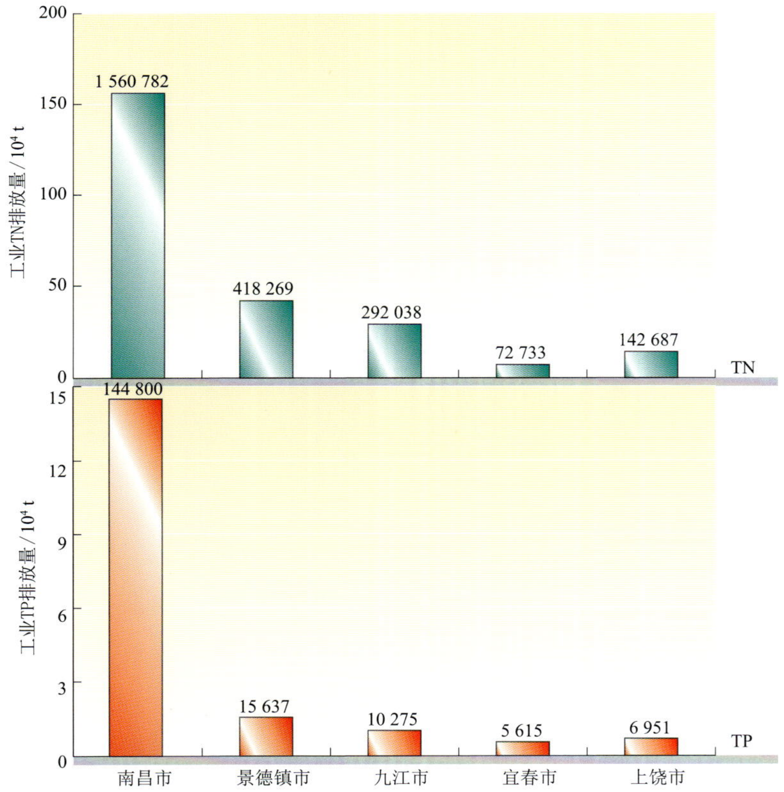

2010—2013 年临湖区工业 NH_3-N 排放量变化

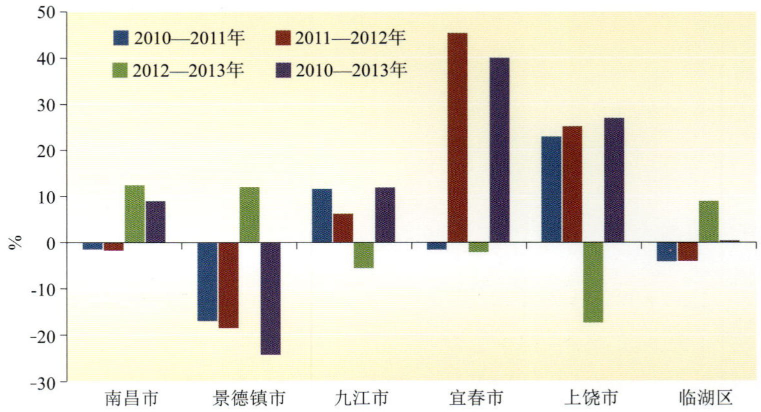

临湖区污水监测点分布

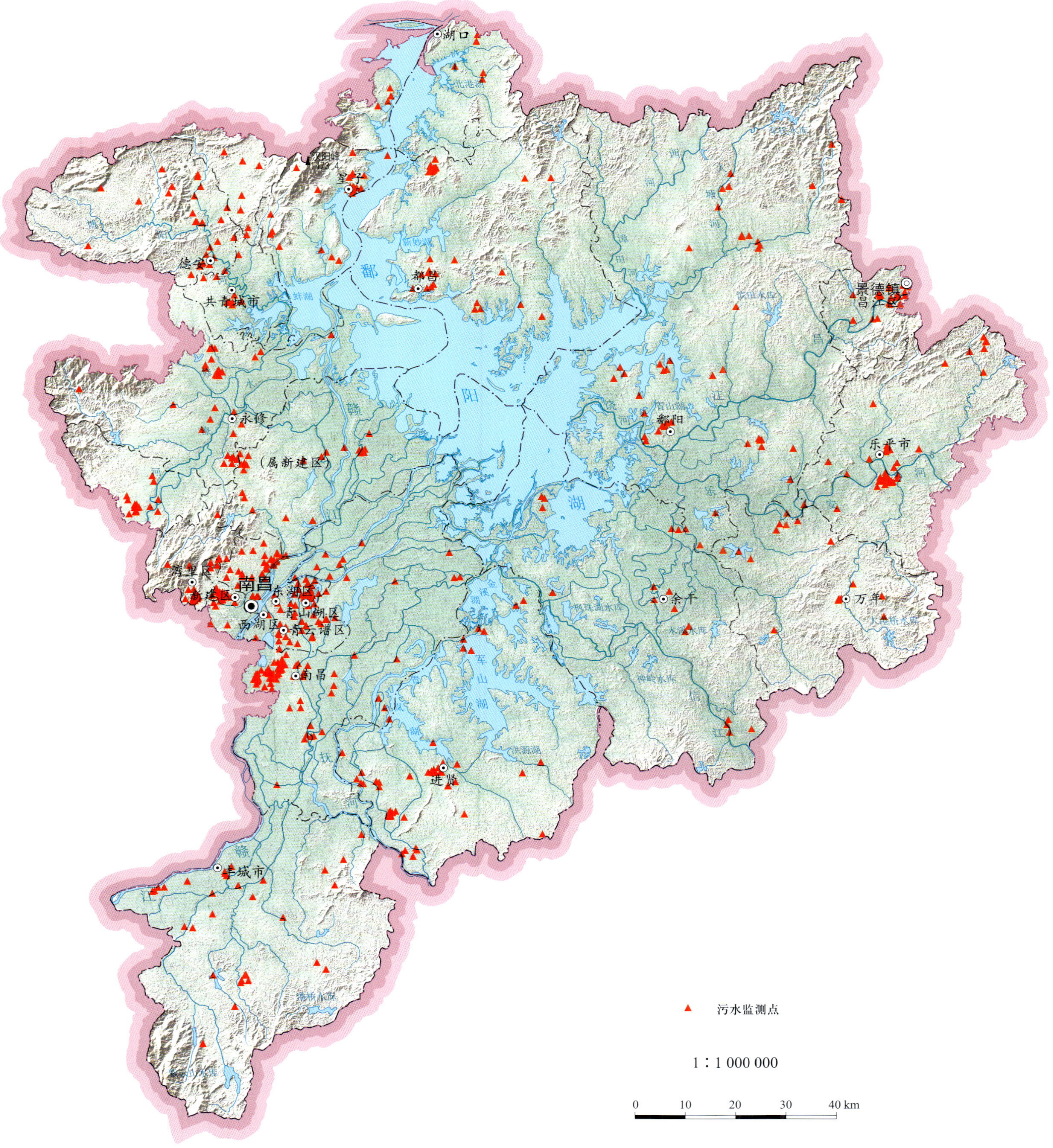

临湖区确定和布设了703个污水（含农村农业污水、城镇生活污水和工业污水）监测点，其中入湖断面监测点18个、农村农业污水监测点113个、城镇生活污水监测点40个（包括16座污水处理厂和24个城镇生活污水监测点）、工业污水监测点532个。

临湖区各县（市、区）农村农业、城镇、工业污染总负荷

临湖区各县（市、区）农村农业、城镇、工业污染总负荷贡献率

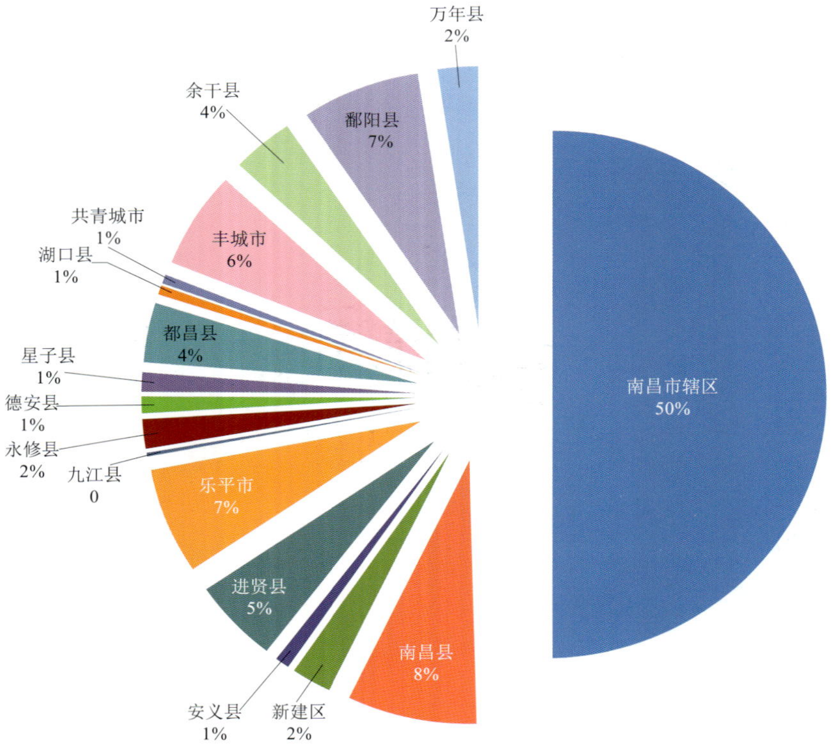

注：未考虑景德镇市辖区、九江市辖区。

临湖区各县（市、区）污染总负荷贡献率最大的是南昌市辖区，占污染总负荷的50%，贡献率较大的有南昌县（8%）、鄱阳县（7%）、乐平市（7%）、丰城市（6%）。

临湖区各县（市、区）农村农业、城镇、工业污染占污染总负荷的比重

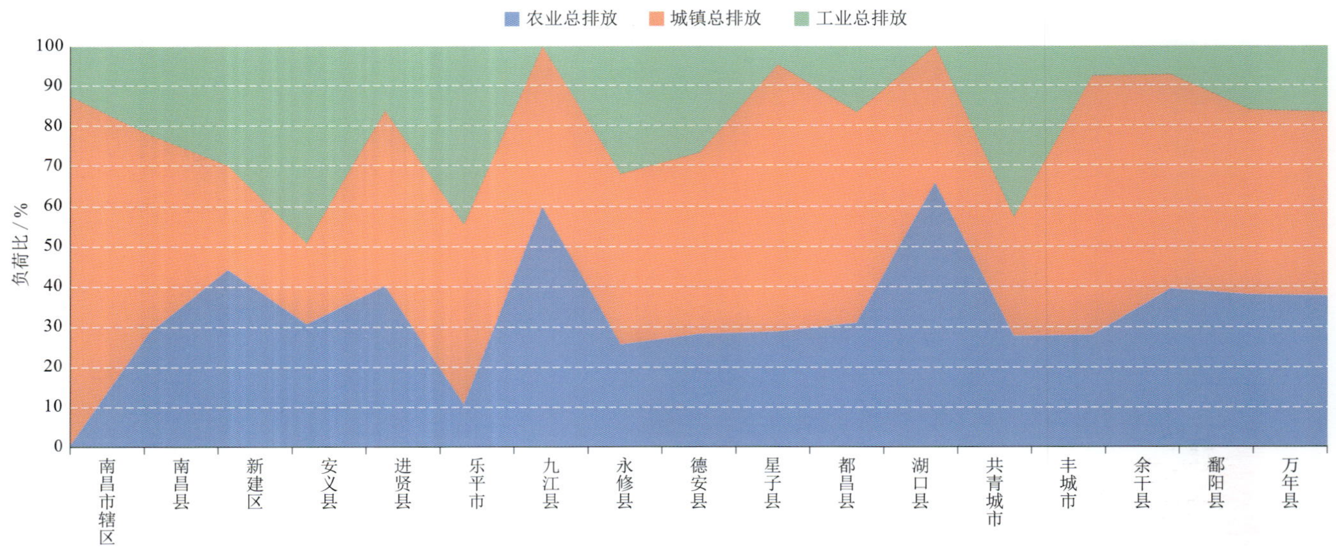

临湖区各县（市、区）TN、TP、COD、NH_3-N 污染负荷占污染总负荷的比重

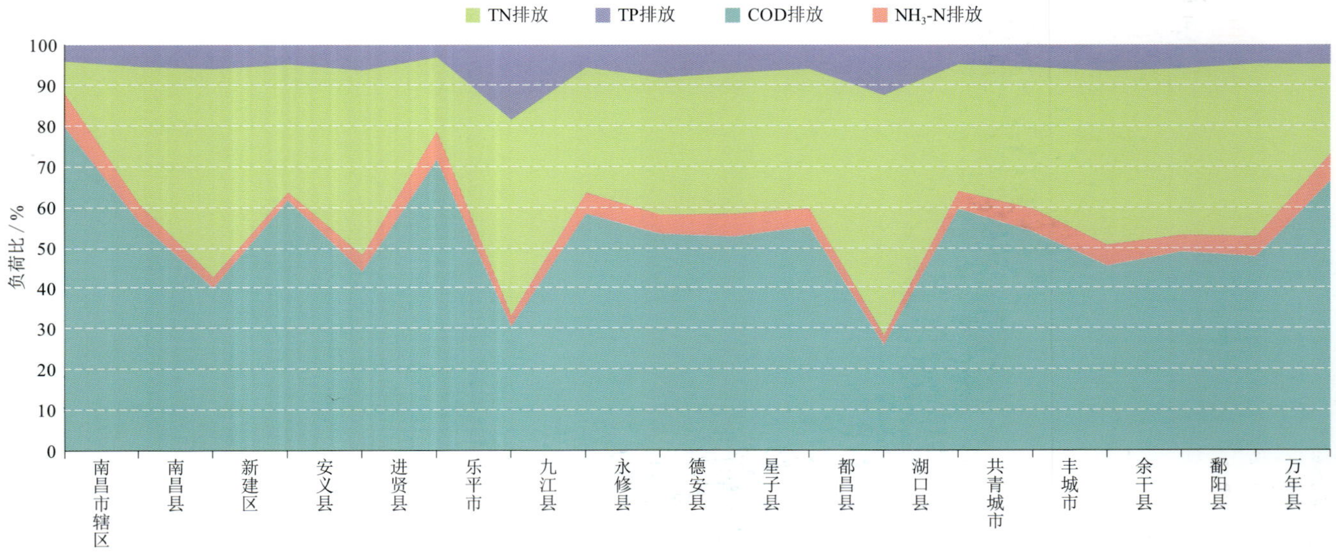

五、水环境质量

Lake Water Quality

鄱阳湖水环境监测网络

入湖、湖区、出湖监测断面点位分布

鄱阳湖水环境监测网络体系由18个河流入湖控制断面，包括10个五大河流（赣江、抚河、信江、饶河、修河）入湖控制断面，8个直接入湖小河流（环鄱阳湖区河流）入湖控制断面；18处湖区监测站点及1个出湖控制断面组成。

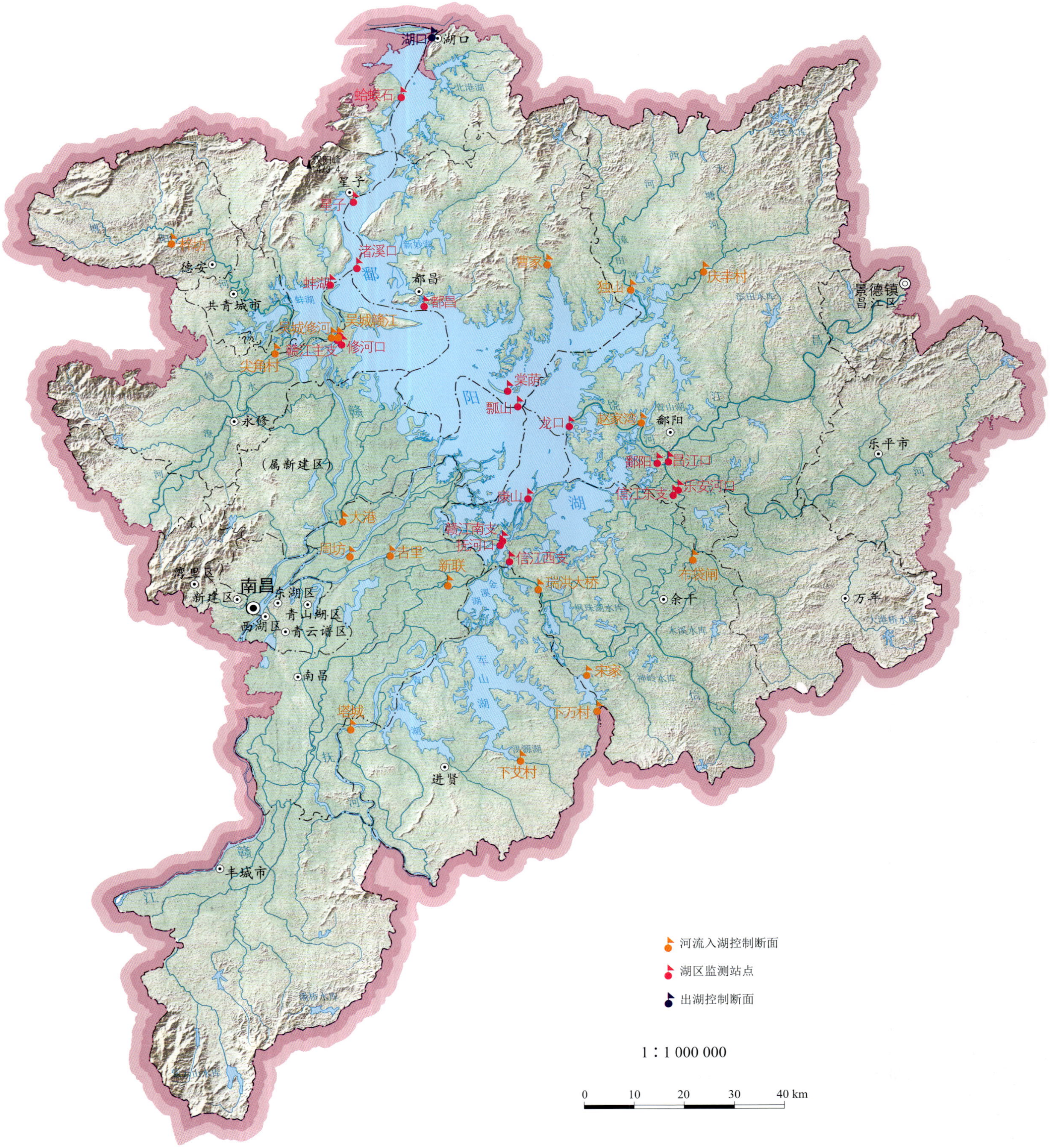

河流入湖控制监测网络布设18个监测断面，主要控制赣江、抚河、信江、饶河和修河五大河流以及环鄱阳湖区河流（直接入鄱阳湖的其他较小河流，下同）入湖口。其中赣江、抚河、信江、饶河和修河五大河流监测断面10个，环鄱阳湖区河流监测断面8个。监测项目为《地表水环境质量标准》（GB 3838—2002）表1中24项基本项目。评价指标为《地表水环境质量标准》（GB 3838—2002）表1中除水温、总氮、粪大肠菌群以外的21项指标。

河流入湖控制断面分布

序号	河流名称	断面名称	地理位置
1	赣江北支	大港	南昌市南昌县南新乡大港村渡口
2	赣江中支	周坊	南昌市南昌县南新乡周坊
3	赣江南支	吉里	南昌市南昌县吉里万家
4	赣江主支	吴城赣江	九江市永修县吴城镇观鸟台沿赣江上游100m
5	抚河东支	塔城	南昌市南昌县塔城乡
6	抚河西支	新联	南昌市南昌县塘南乡新联村
7	信江西支	瑞洪大桥	上饶市余干县瑞洪镇瑞洪大桥（余干县西大河）
8	信江东支	布袋闸	上饶市余干县良种场渡口（余干县东大河）
9	饶河	赵家湾	上饶县鄱阳县双港镇赵家湾村
10	修河	吴城修河	九江市永修县吴城镇森林村
11	博阳河	梓坊	九江市德安县聂桥镇梓坊村
12	池溪水	下艾村	南昌市进贤县池溪乡下艾村
13	甘溪水	下万村	南昌市进贤县钟陵乡下万村—东乡县杨桥殿镇上万家
14	九龙河	宋家	上饶市余干县大溎宋家—枫富联圩大门头宋家
15	潼津河	庆丰村	上饶市鄱阳县潼丰联圩朗埠—柘港乡庆丰村
16	漳田河	独山	上饶市鄱阳县西河东联圩独山—银宝湖乡鸣山
17	土塘河	曹家	九江市都昌县狮山乡老屋曹家—三汊港镇铁炉
18	杨柳津河	尖角村	九江市永修县樟山圩恒丰农场马颈村—九合圩罩鸡圩尖角村

湖区水环境质量监测网络布设18处湖区监测站点和1个出湖控制断面。监测项目为《地表水环境质量标准》（GB 3838—2002）表1中24项基本项目、叶绿素a和透明度。水质评价标准为《地表水环境质量标准》（GB 3838—2002）。评价指标为《地表水环境质量标准》（GB 3838—2002）表1中除水温、总氮、粪大肠菌群以外的21项指标（pH、溶解氧、高锰酸盐指数、五日生化需氧量、氨氮、挥发酚、石油类、铜、锌、化学需氧量、总磷、氟化物、硒、砷、汞、镉、铬、铅、氰化物、阴离子表面活性剂和硫化物，下同），总氮单独评价。营养状态评价指标为叶绿素a（Chla）、总磷（TP）、总氮（TN）、透明度（SD）和高锰酸盐指数（COD_{Mn}）5项。

湖区监测站点分布

序号	站点名称	站址
1	昌江口	鄱阳县鄱阳镇造船厂
2	乐安河口	鄱阳县三庙前乡蔡家湾村
3	信江东支	鄱阳县三庙前乡乐安村
4	鄱阳	鄱阳县鄱阳镇化肥厂下
5	龙口	鄱阳县莲湖乡龙口村
6	瓢山	鄱阳县莲湖乡瓢山
7	康山	余干县康山乡
8	赣江南支	余干县瑞洪镇三江口
9	抚河口	余干县瑞洪镇三江口
10	信江西支	余干县瑞洪镇三江口
11	棠荫	都昌县周溪镇棠荫村
12	都昌	都昌县都昌镇印山村
13	渚溪口	都昌县渚溪口
14	蚌湖	星子县蓼南乡蚌湖
15	赣江主支	永修县吴城镇
16	修河口	永修县吴城镇
17	星子	星子县南康镇
18	蛤蟆石	九江市庐山区高垅乡

出湖设立出湖控制断面湖口。

河流入湖水环境质量

河流入湖断面水质总体良好，其中，五大河流（赣江、抚河、信江、饶河、修河）总体水质稳定，水质类别以优于Ⅲ类为主，部分直接入湖的小河流水质较差。2010—2014年五大河流水质呈现变差趋势，主要污染物浓度上升，但暂未引起水质类别的变化。入湖河流主要污染物为化学需氧量、氨氮、总磷。

2010—2014 年入湖河流监测断面水质类别分布

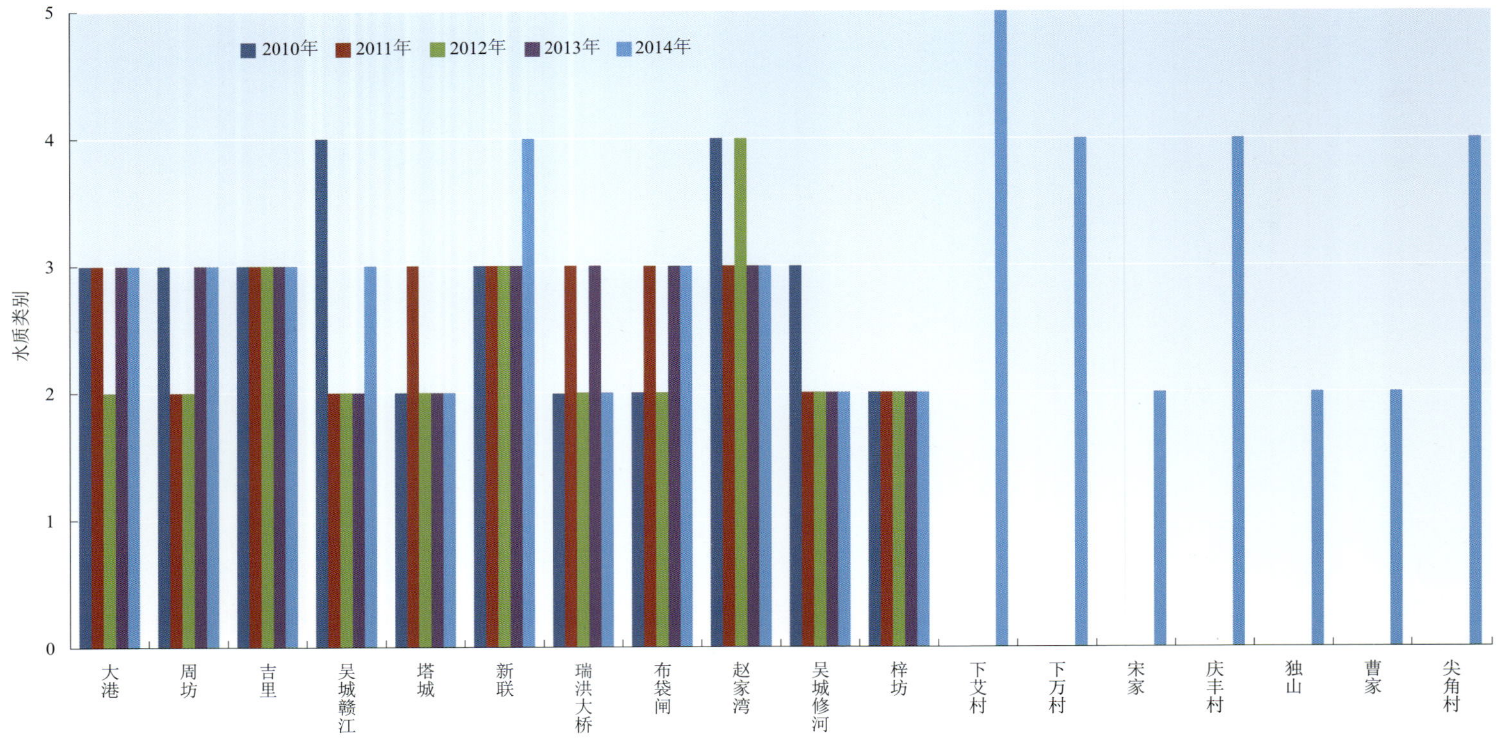

2014年池溪水下艾村断面、甘溪水下万村断面和杨柳津河尖角村断面的化学需氧量浓度均值较高；与2010年相比，赣江北支、赣江南支、赣江主支、信江西支、修河和博阳河2014年化学需氧量年均浓度有所下降，其余 5 条河流上升，其中，赣江南支下降幅度最大，下降19.9%，赣江中支上升幅度最大，上升26.4%。

2010—2014 年入湖河流化学需氧量浓度均值对比

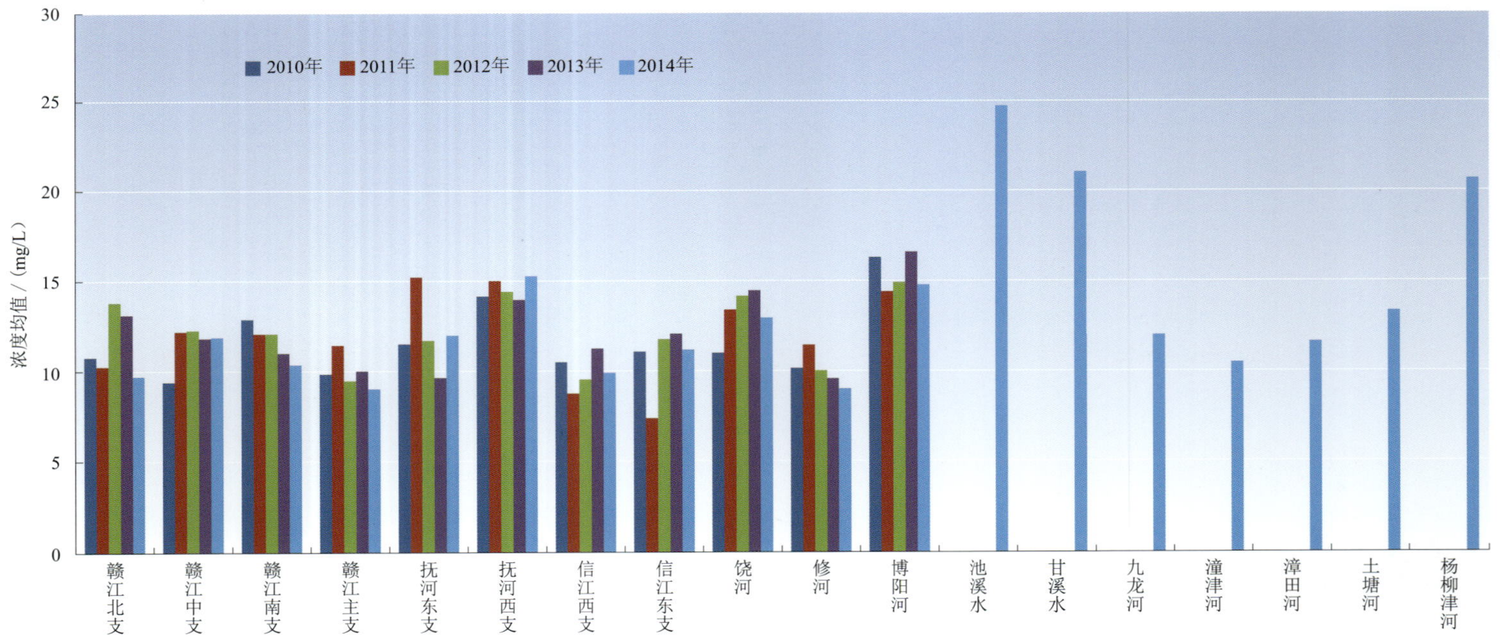

2010—2014 年入湖河流氨氮浓度均值对比

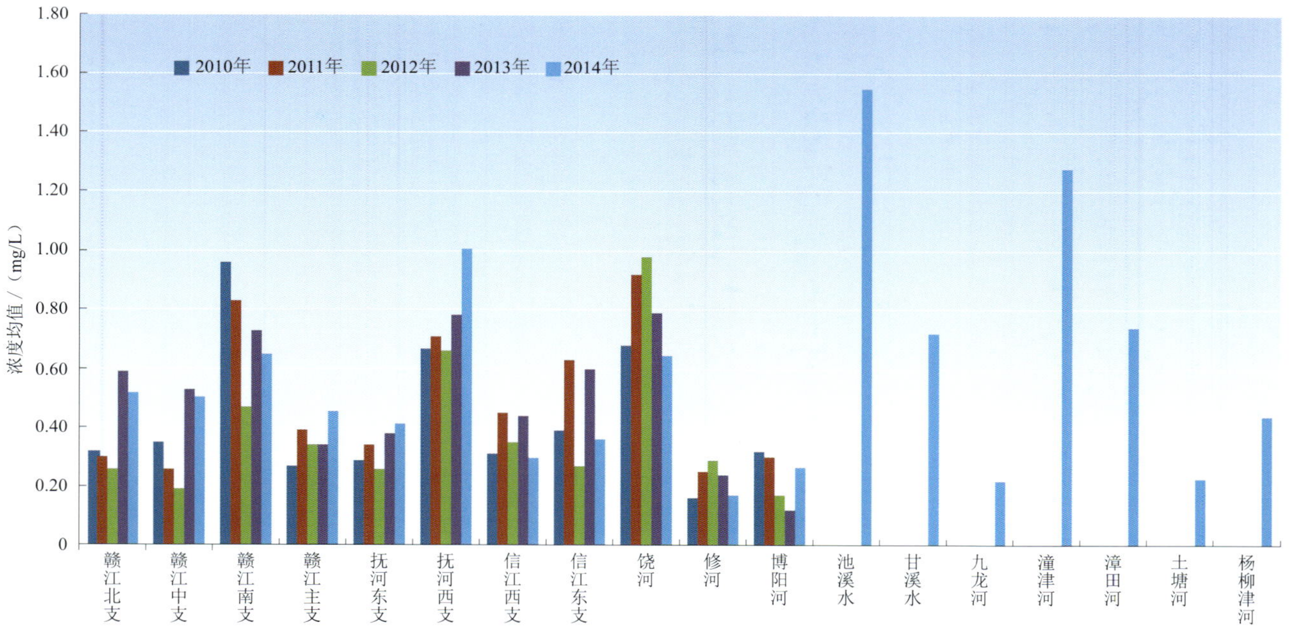

2014年池溪水和潼津河氨氮浓度均值较高，与2010年相比，赣江南支、信江西支、信江东支、饶河和博阳河2014年氨氮浓度年均值均有所下降，其余6条河流上升。其中，赣江南支下降幅度最大，下降32.3%，赣江主支上升幅度最大，上升68.3%。

2010—2014 年入湖河流总磷浓度均值对比

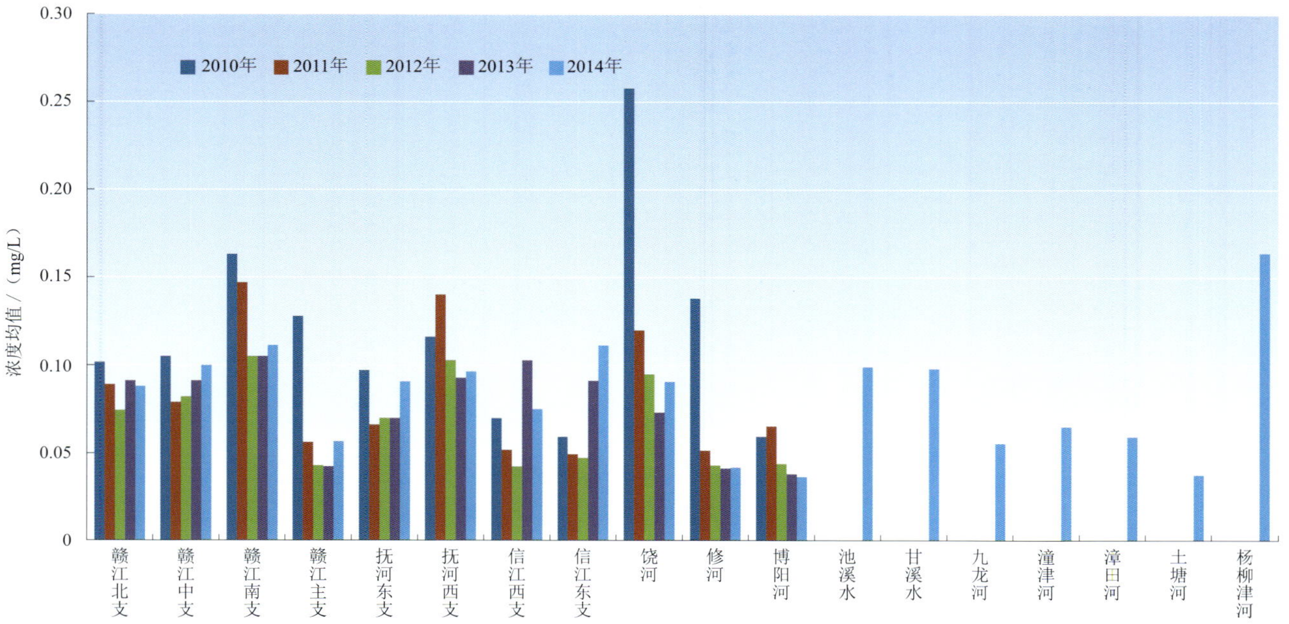

2010年饶河和2014年杨柳津河总磷浓度均值较高，与2010年相比，信江西支和东支2014年总磷浓度年均值分别上升7.1%和89.3%，其余16条河流均有所下降，其中修河下降幅度最大，下降69.7%。

2010—2014 年入湖河流总氮浓度均值对比

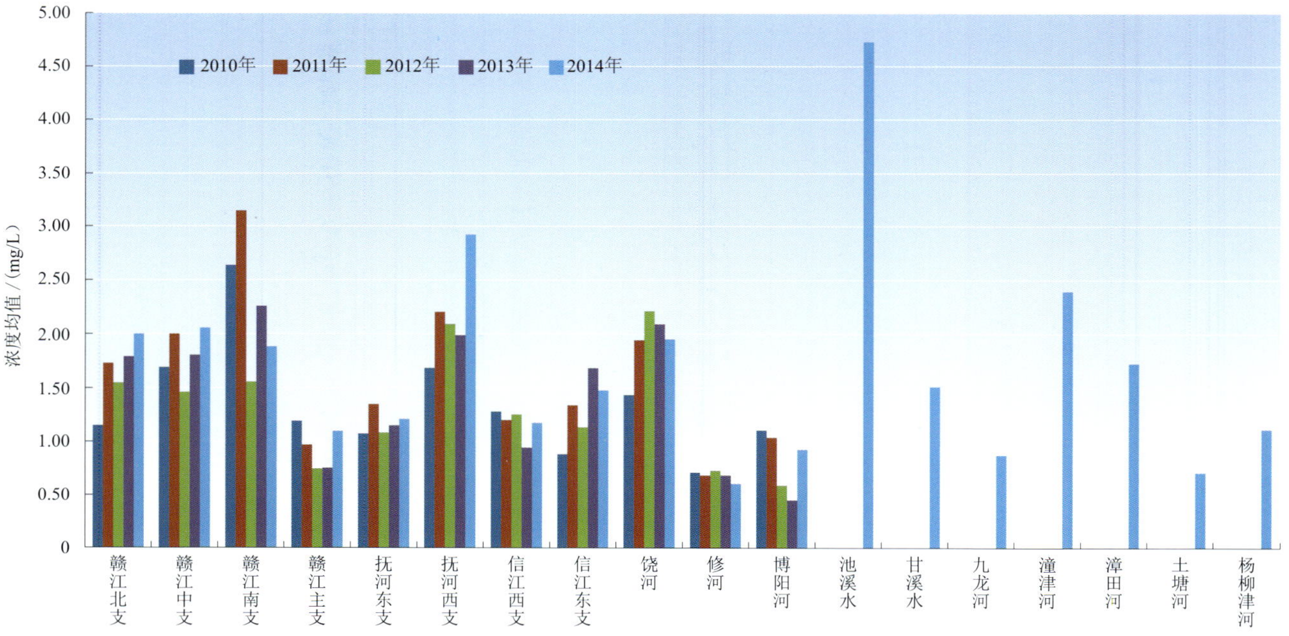

2014年抚河西支和潼津河总氮浓度均值较高。与2010年相比，赣江南支、赣江主支、信江西支、修河和博阳河2014年总氮浓度年均值均下降，其余 6 条河流有不同程度上升。其中，赣江南支下降幅度最大，下降 28.4%，赣江北支上升幅度最大，上升 73.8%。

湖区水环境质量

1985—2013 年鄱阳湖全年水质变化趋势

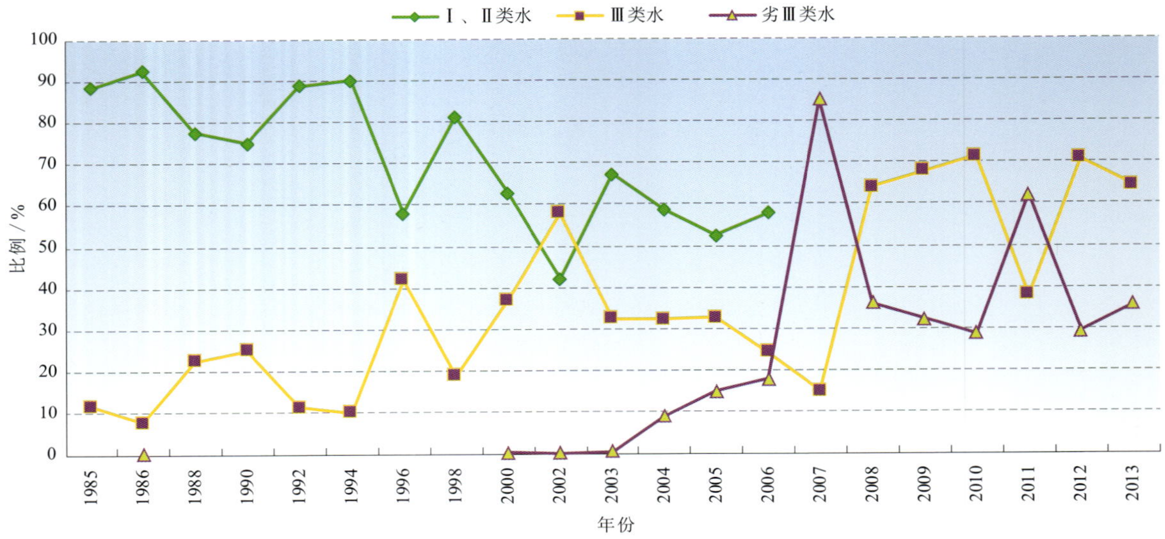

1985—2013 年鄱阳湖汛期水质变化趋势

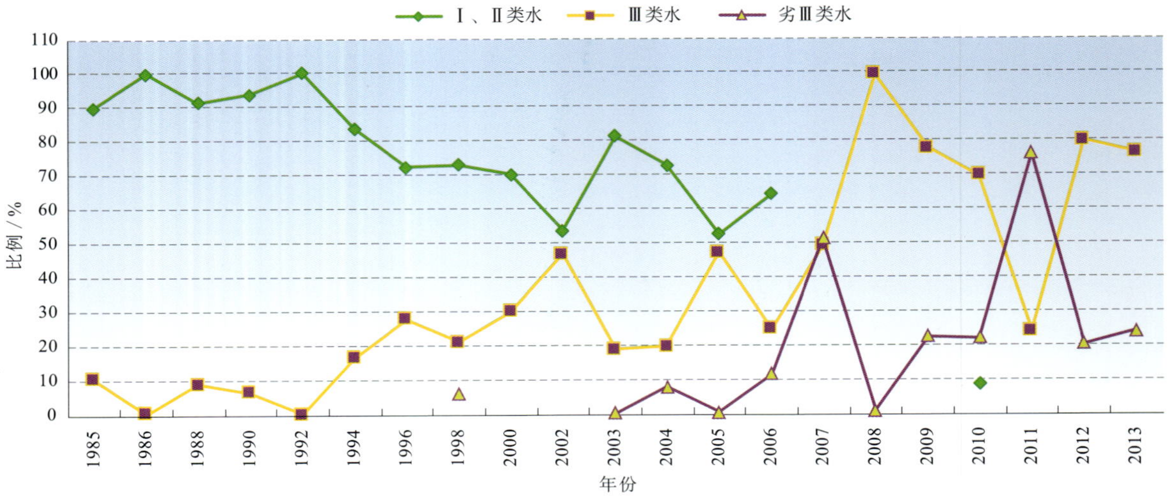

1985—2013 年鄱阳湖非汛期水质变化趋势

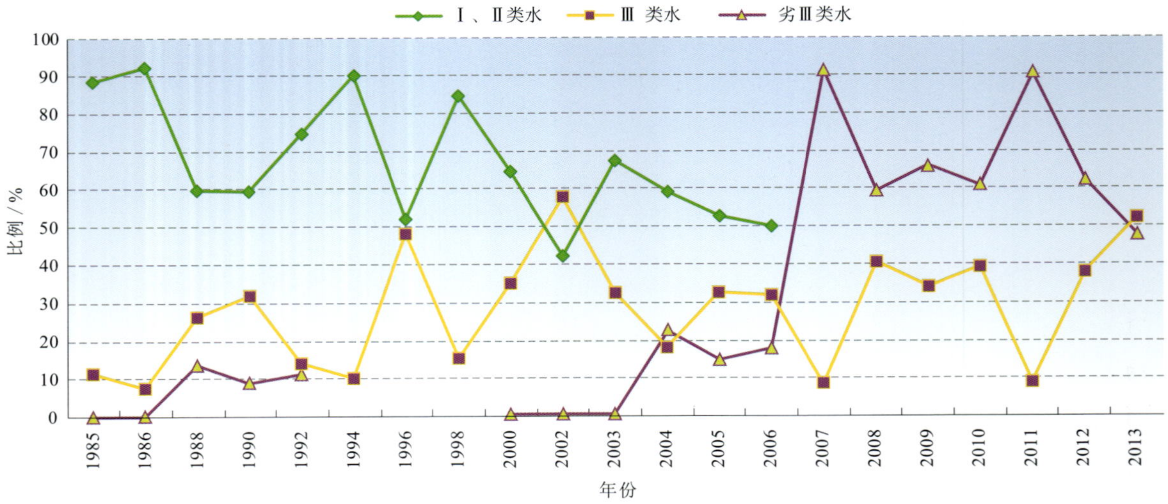

鄱阳湖水质总体呈下降趋势，1985—2013年全年水质优于或符合Ⅲ类水的占15.0%～100%，平均83.2%；劣于Ⅲ类水的占0～85.0%，平均16.8%。非汛期水质优于或符合Ⅲ类水的占8.7%～100%，平均72.9%；劣于Ⅲ类水的占0～91.3%，平均27.1%。汛期水质优于或符合Ⅲ类水的占24.0%～100%，平均88.5%；劣于Ⅲ类水的占0～76.0%，平均11.5%。

鄱阳湖主要污染物变化趋势

2002—2013年鄱阳湖主要污染物总磷、氨氮均呈高度显著上升趋势，高锰酸盐指数未出现劣于Ⅲ类水的情况，但整体也呈显著上升趋势。

鄱阳湖总磷浓度年平均值变化趋势

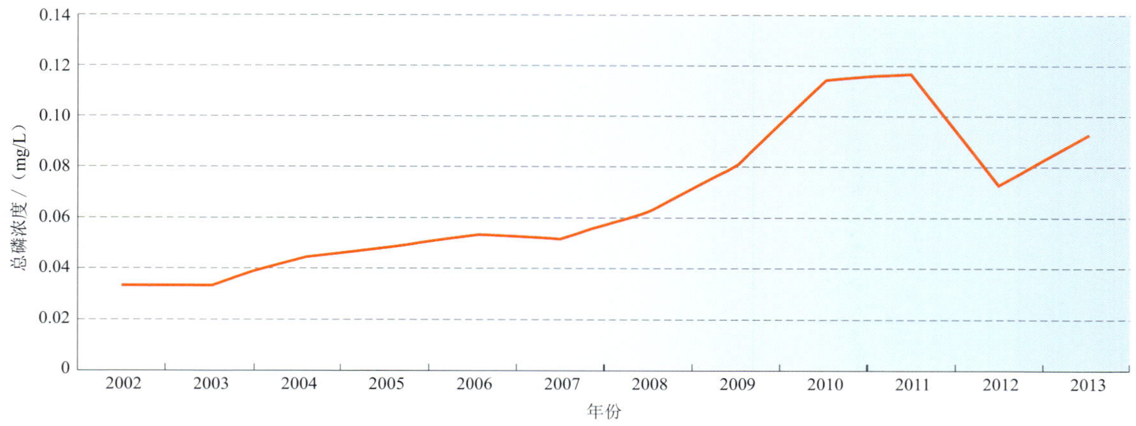

总磷浓度呈持续上升趋势，2006年以后全湖总磷平均值均维持在0.050 mg/L以上。2010—2013年出现波动性变化，2013年总磷平均值达到Ⅳ类水标准，其变化与年际间鄱阳湖水量变化存在一定关联。

鄱阳湖氨氮浓度年平均值变化趋势

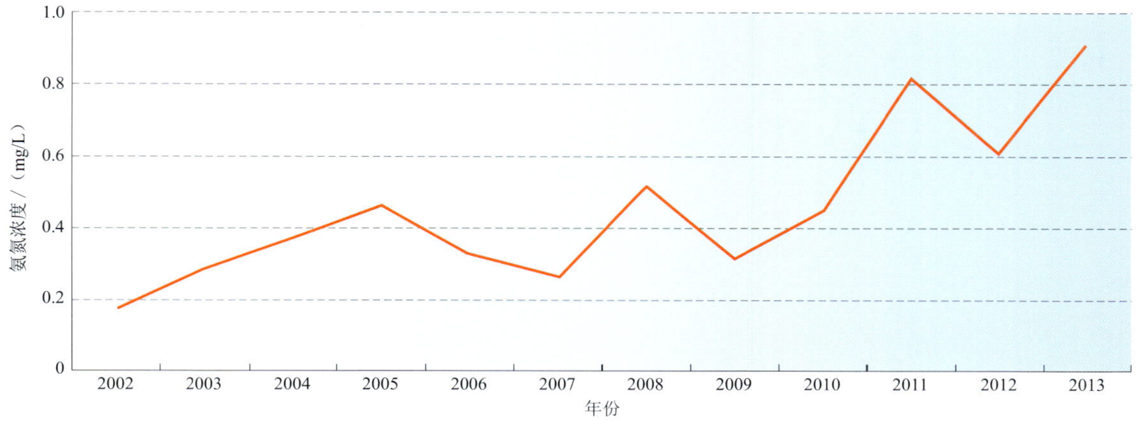

氨氮浓度整体呈上升趋势，2002—2010年全湖氨氮浓度平均值均保持在Ⅲ类水标准，2011—2013年全湖氨氮浓度平均值均保持在Ⅳ类水标准。

鄱阳湖高锰酸盐指数年平均值变化趋势

高锰酸盐指数整体呈波浪形上升，2002—2013年全湖高锰酸盐指数平均值均保持在Ⅱ类水标准，未出现不符合Ⅲ类水的情况，年平均值的最小值出现在2002年、2003年、2007年。

2011 年符合Ⅲ类水标准的比例下降幅度相对较小，总氮的污染影响区域主要位于北部湖域、南部湖域。

2012 年符合Ⅲ类水标准的比例下降幅度居中，东部湖域、主湖区和入江水道区水体主要还是受总磷、氨氮的污染影响。

2013 年符合Ⅲ类水标准的比例下降幅度最大，鄱阳湖全年、汛期、非汛期水质均劣于Ⅲ类水。总氮在湖区、出湖均有不同程度的污染影响，其中影响程度最大的区域位于北部湖域；在东部湖域和主湖区，水体主要还是受总磷、氨氮的污染影响。

2011—2013 年鄱阳湖水环境质量达标率

年份	水期	Ⅰ、Ⅱ类 / %	Ⅲ类 / %	劣Ⅲ类 / %
2011	全年	0.0	0.3	99.7
	非汛期	0.0	0.2	99.8
	汛期	0.0	0.3	99.7
2012	全年	0.0	16.1	83.9
	非汛期	0.0	10.0	90.0
	汛期	0.0	51.6	48.4
2013	全年	0.0	0.0	100
	非汛期	0.0	0.0	100
	汛期	0.0	0.0	100

注：TN参与评价。

2008—2013年与2002—2007年相比，鄱阳湖湖区总磷浓度有明显增大。乐安河口站点总磷浓度增加最为显著，主要受其上游入湖控制断面乐安河石镇街断面影响，石镇街断面在2008年后总磷浓度发生了跳跃性增长。

鄱阳湖湖区各监测站点总磷浓度变化趋势

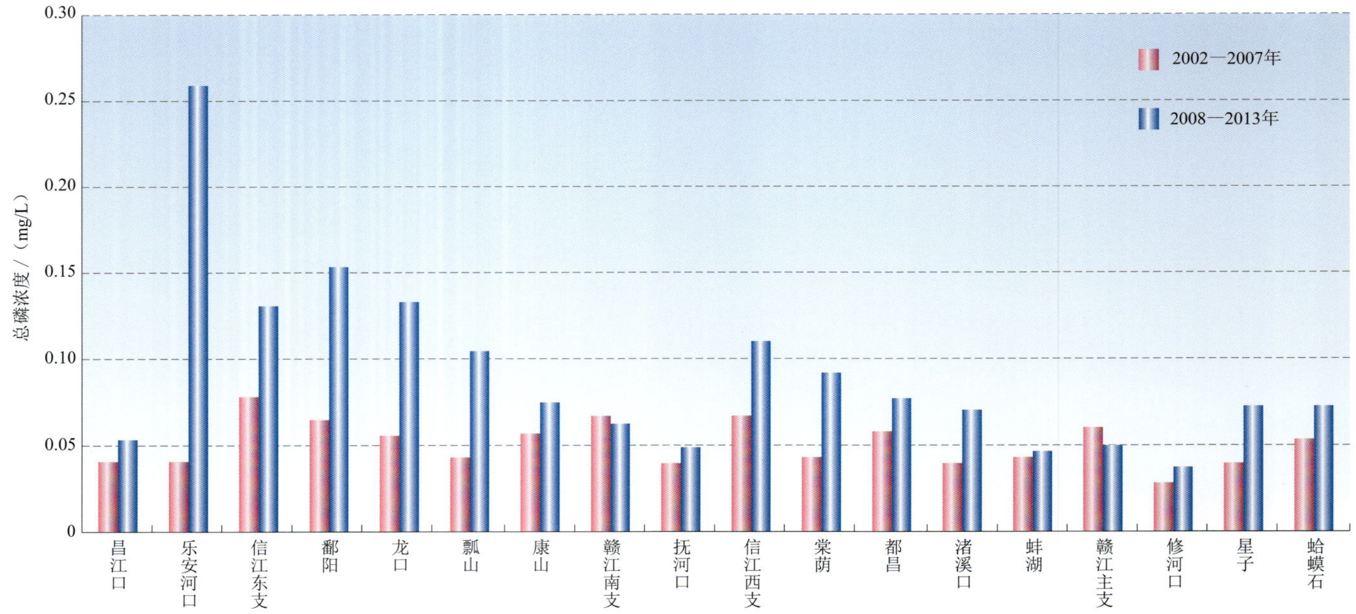

鄱阳湖总磷浓度分布

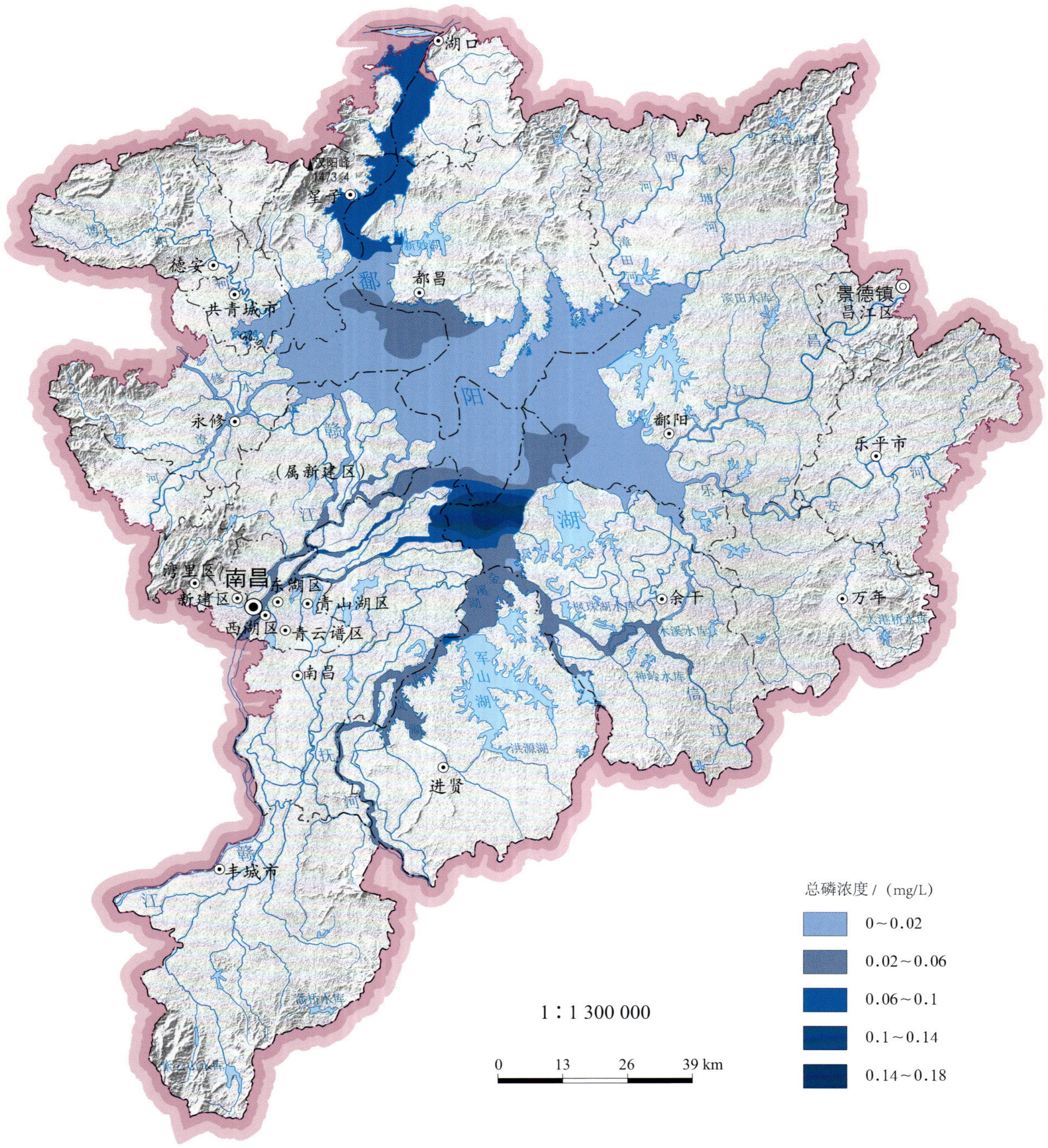

鄱阳湖总磷浓度上升趋势较为明显，18处湖区监测站点中，乐安河口、鄱阳、龙口、瓢山、抚河口、信江西支、棠荫、都昌、星子9处站点总磷浓度呈高度显著上升趋势。昌江口、信江东支、渚溪口、蚌湖、修河口、蛤蟆石6处站点总磷浓度呈显著上升趋势。康山、赣江南支、赣江主支3处站点总磷浓度无明显升降趋势。

鄱阳湖湖区氨氮变化情况与总磷类似。2008—2013 年与 2002—2007 年相比，氨氮浓度明显增大。乐安河口站点氨氮浓度增加最为显著，主要受上游入湖水文站乐安河石镇街 2008 年后氨氮浓度跳跃性增长的影响。

鄱阳湖湖区各监测站点氨氮浓度变化趋势

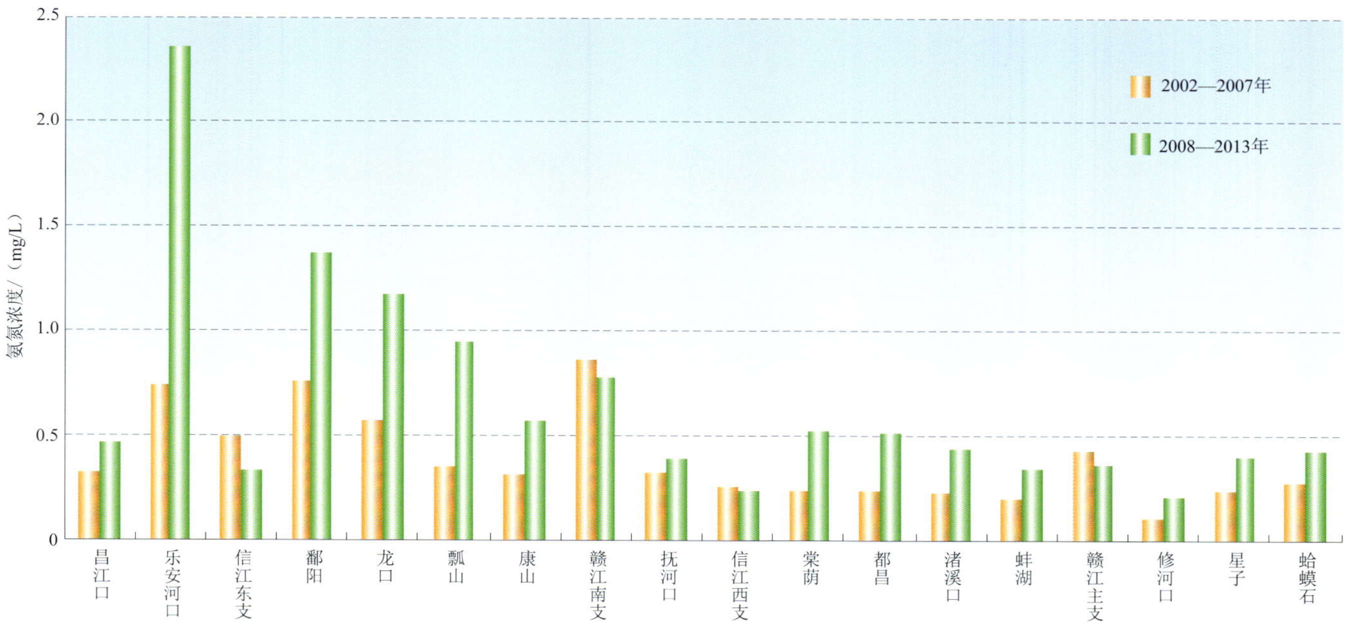

鄱阳湖氨氮浓度分布

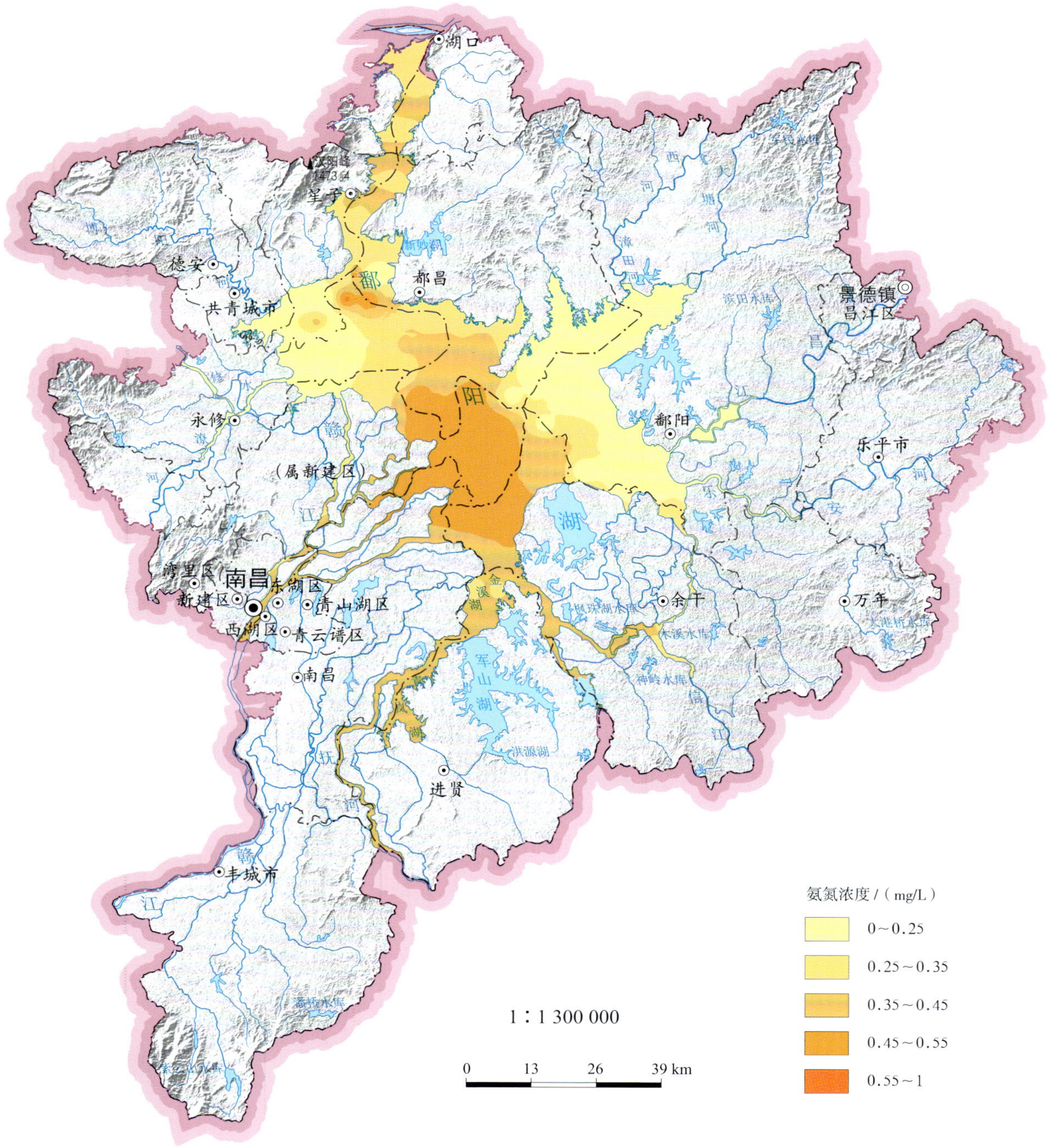

鄱阳湖氨氮浓度上升趋势也较为明显，鄱阳、瓢山、康山、抚河口、棠荫、都昌、渚溪口、蚌湖、修河口、星子、蛤蟆石11处站点氨氮浓度呈高度显著上升趋势。乐安河口、龙口、赣江主支3处站点氨氮浓度呈显著上升趋势。昌江口、信江东支、赣江南支、信江西支4处站点氨氮浓度无明显升降趋势。

鄱阳湖湖区高锰酸盐指数浓度基本保持在Ⅱ类水限值以内。2008—2013年与2002—2007年相比，昌江口、信江东支、鄱阳、赣江主支、星子、蛤蟆石6处站点的高锰酸盐指数浓度有所减小，龙口、信江西支、修河口3处站点浓度不变，其他9处站点高锰酸盐指数浓度均不同程度地增大，其中抚河口增大较为明显，主要受其上游抚河李家渡断面2009—2012年高锰酸盐指数浓度跳跃性增大的影响。

鄱阳湖湖区各监测站点高锰酸盐指数浓度变化趋势

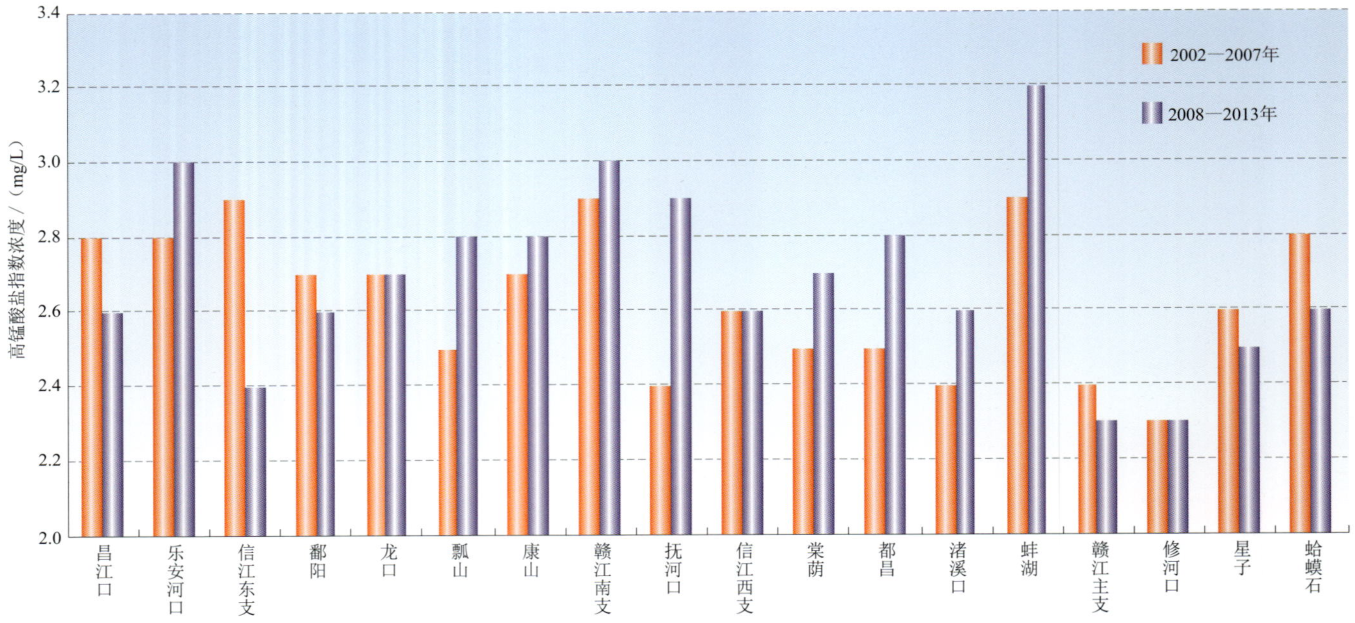

鄱阳湖高锰酸盐指数浓度分布

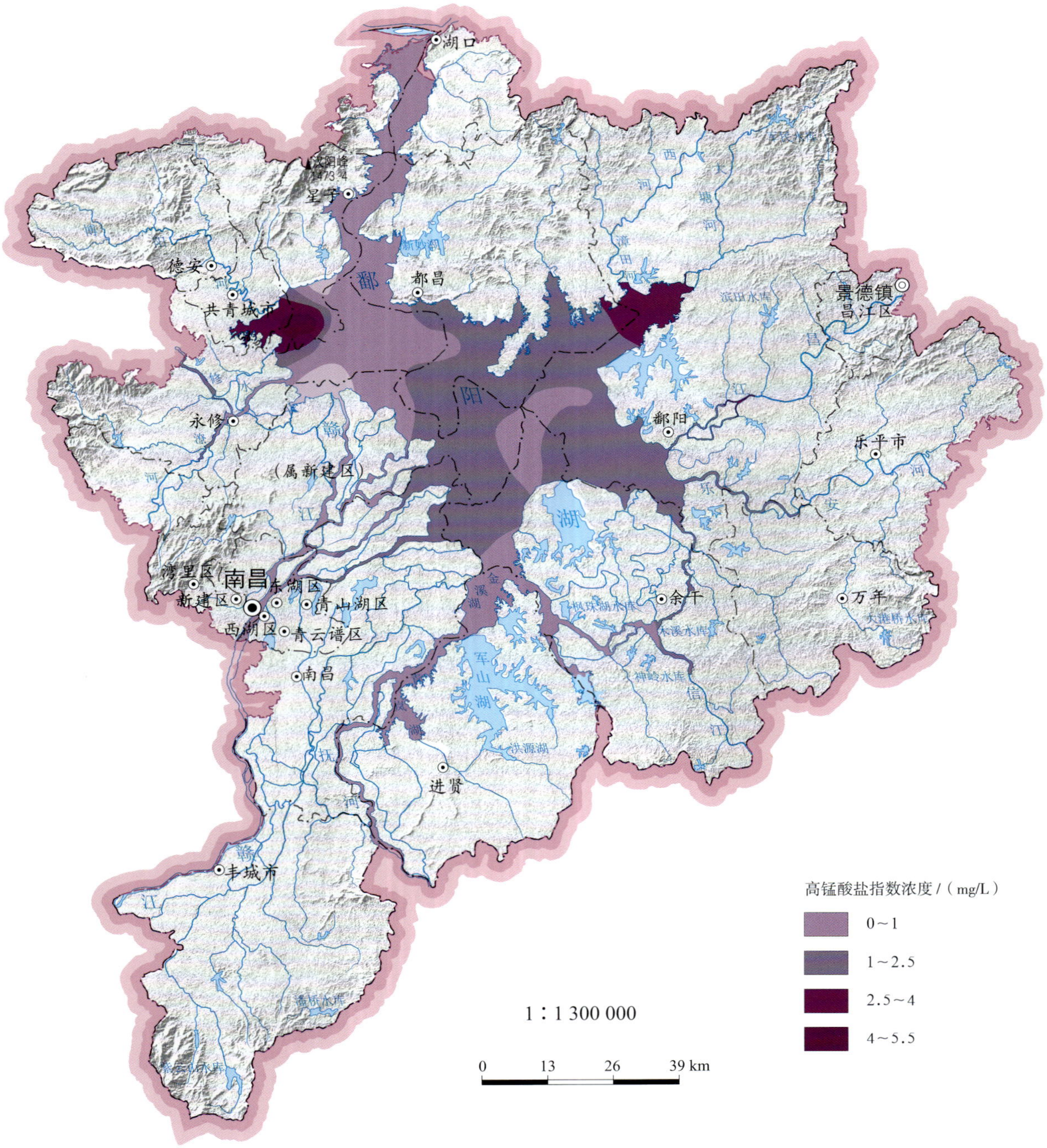

2002—2013年，瓢山、抚河口2处站点高锰酸盐指数浓度呈高度显著上升趋势。棠荫、都昌、蚌湖3处站点高锰酸盐指数浓度呈显著上升趋势。昌江口、乐安河口、信江东支、鄱阳、龙口、康山、赣江南支、信江西支、渚溪口、赣江主支、修河口、星子、蛤蟆石13处站点无明显升降趋势。

采砂对水质的影响

2010年12月10—30日，鄱阳湖湖区实施禁止采砂行动。禁止采砂行动前后共开展了3次湖区水质监测，时间分别为禁采前（2010年11月11—17日，星子站平均水位9.82 米，吴淞基面，以下同）、采砂停止后7天（2010年12月19—20日，星子站平均水位10.49 米）、采砂停止后16天（2010年12月28—29日，星子站平均水位10.27 米）。

鄱阳湖主要入湖河流水质状况

序号	河流	水文站名称	水质状况					
			第 1 次监测		第 2 次监测		第 3 次监测	
			水质类别	主要污染物	水质类别	主要污染物	水质类别	主要污染物
1	赣江	外洲	II		II		II	
2	抚河	李家渡	II		II		II	
3	信江	梅港	II		III		III	
4	昌江	渡峰坑	III		II		III	
5	乐安河	石镇街	劣V	氨氮、总磷	IV	氨氮、总磷	劣V	氨氮
6	修河	永修	III		II		II	
7	西河	石门街	II		III		II	
8	博阳河	梓坊	II		III		II	

在入湖河流水质基本相同的情况下，停止采砂16天后，相应湖域入江水道区（渚溪口—湖口水域）水质明显好转，水质类别上升1～2个等级，高锰酸盐指数浓度下降明显，下降幅度为0.5～3.1 mg/L，平均下降1.4 mg/L；氨氮浓度下降明显，下降幅度为0.18～0.52 mg/L，平均下降0.35 mg/L；总磷浓度下降明显，下降幅度为0.085～0.132 mg/L，平均下降0.097 mg/L；透明度值增大，增大幅度为9～53 cm，平均增大21 cm。

湖区各监测站点三次监测水质指标浓度（高锰酸盐指数）

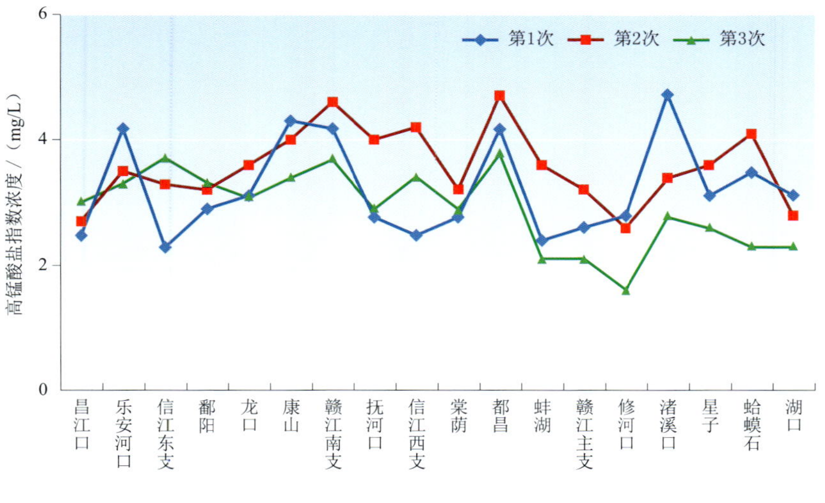

湖区各监测站点三次监测水质指标浓度（氨氮）

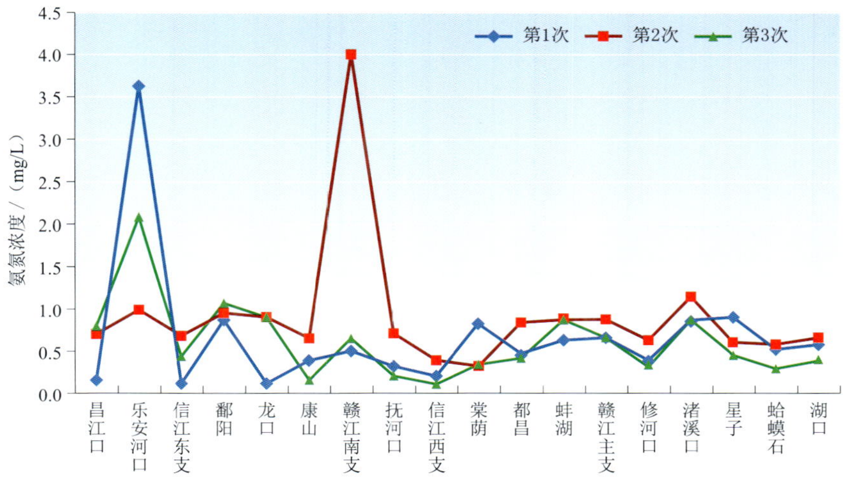

湖区各监测站点三次监测水质指标浓度（总磷）

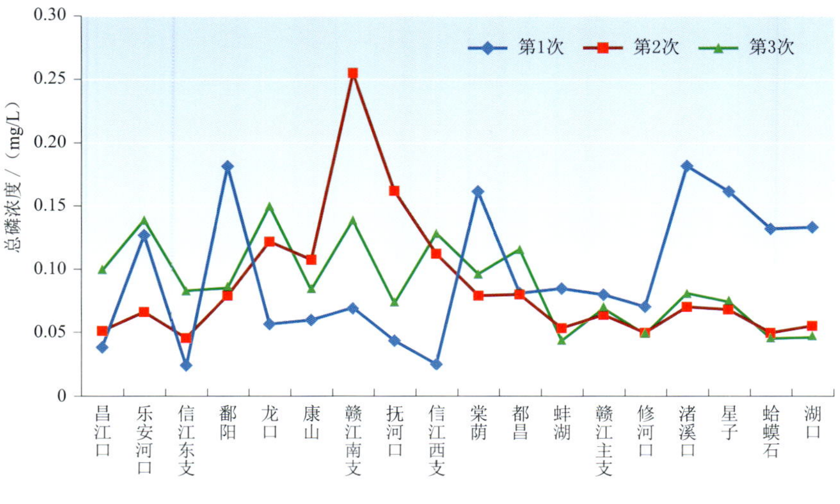

湖区各监测站点三次监测水质指标浓度（透明度）

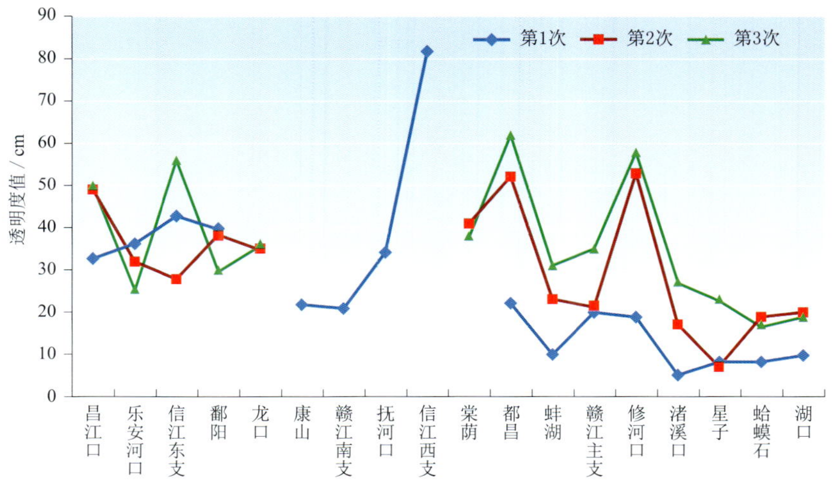

鄱阳湖湖流与水质同步监测水质类别（2010年、2012年、2013年）

鄱阳湖湖流与水质同步监测共开展5次，第一次监测时间为2010年10月9—12日（平水期），第二次监测时间为2010年12月19—20日（枯水期，采砂停止后7天），第三次监测时间为2010年12月28—29日（枯水期，采砂停止后16天）；2012年5月17—18日（丰水期）开展第四次监测；2013年3月11—12日（枯水期）开展第五次监测。全湖共布设34个断面，丰水期、平水期、枯水期的监测垂线各有68条、67条、30条。

不同水期下的湖区水质

	丰水期	平水期	枯水期
Ⅰ～Ⅲ类水比例 /%	53.7	12.1	17.2
总磷浓度范围（均值）/（mg/L）	＜0.010～0.158（0.029）	0.005～0.230（0.055）	0.032～0.189（0.079）
总磷超标率 /%	6.0	51.5	79.3
总氮浓度范围（均值）/（mg/L）	0.13～5.07（1.26）	0.34～2.21（1.26）	0.20～1.59（0.95）
总氮超标率 /%	44.8	63.6	48.3

2010年监测的水质（10月9—12日）

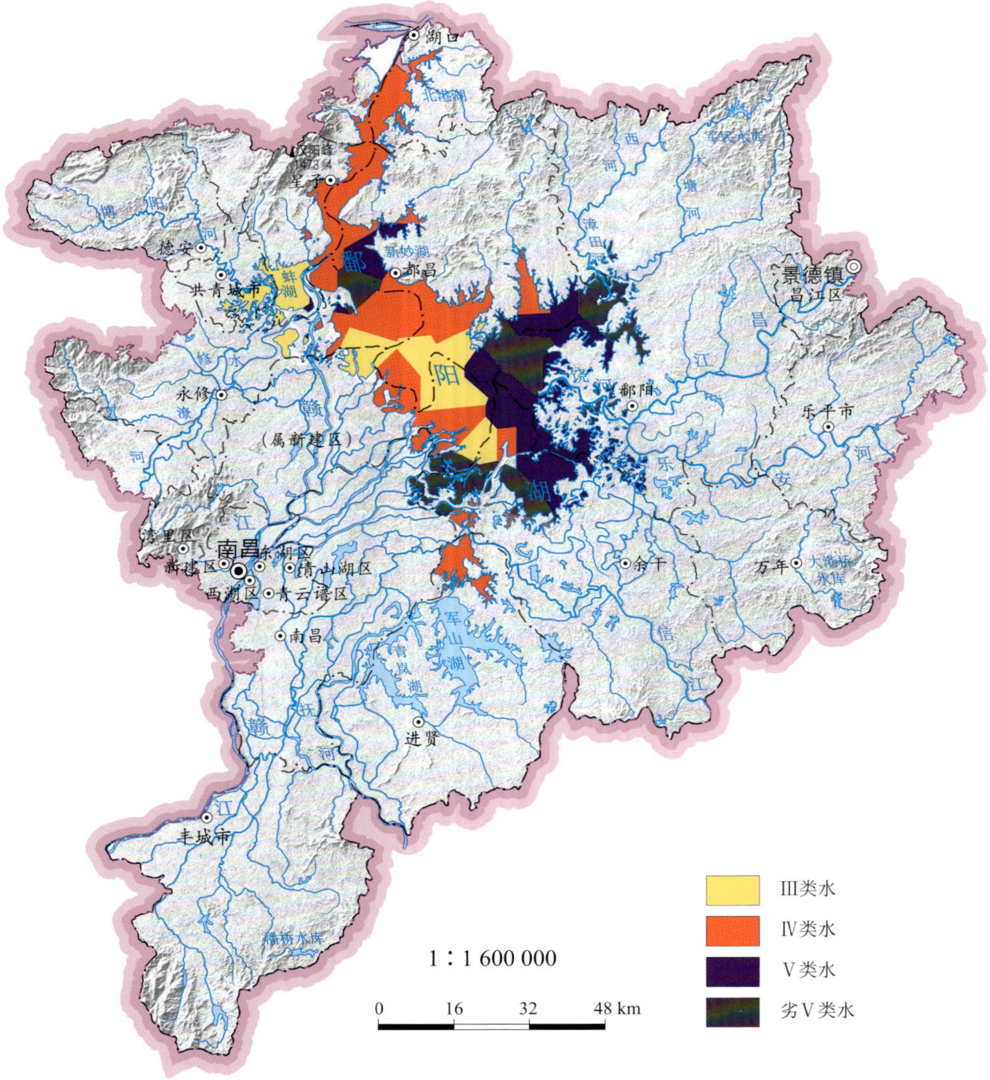

2010年进行三次监测：10月9—12日，监测期间星子站平均水位14.25 m，为平水期；12月19—20日，星子站平均水位10.49 m，为枯水期（采砂停止后7天）；12月28—29日，星子站平均水位10.27 m，为枯水期（采砂停止后16天）。

总磷、总氮参评时，水质优于或符合Ⅲ类水标准的占10.6%～21.4%；总磷、总氮不参评时，水质优于或符合Ⅲ类水标准的占92.9%～95.5%；水质最好的是第一次监测，最差的是第三次监测，主要污染物为总磷、氨氮和总氮。

鄱阳湖呈湖相时，南部主湖区总磷含量较小，松门山水域至湖口出湖水域总磷含量总体上呈现下降趋势，氨氮、高锰酸盐指数含量不高，氨氮趋于稳定状态，高锰酸盐指数呈现缓慢好转趋势；鄱阳湖呈河相时，南部主湖区总磷含量相对偏大，氨氮、高锰酸盐指数含量总体高于湖相，同时降雨携带的面源污染对鄱阳湖氨氮、高锰酸盐指数影响较大。

2012 年监测的水质

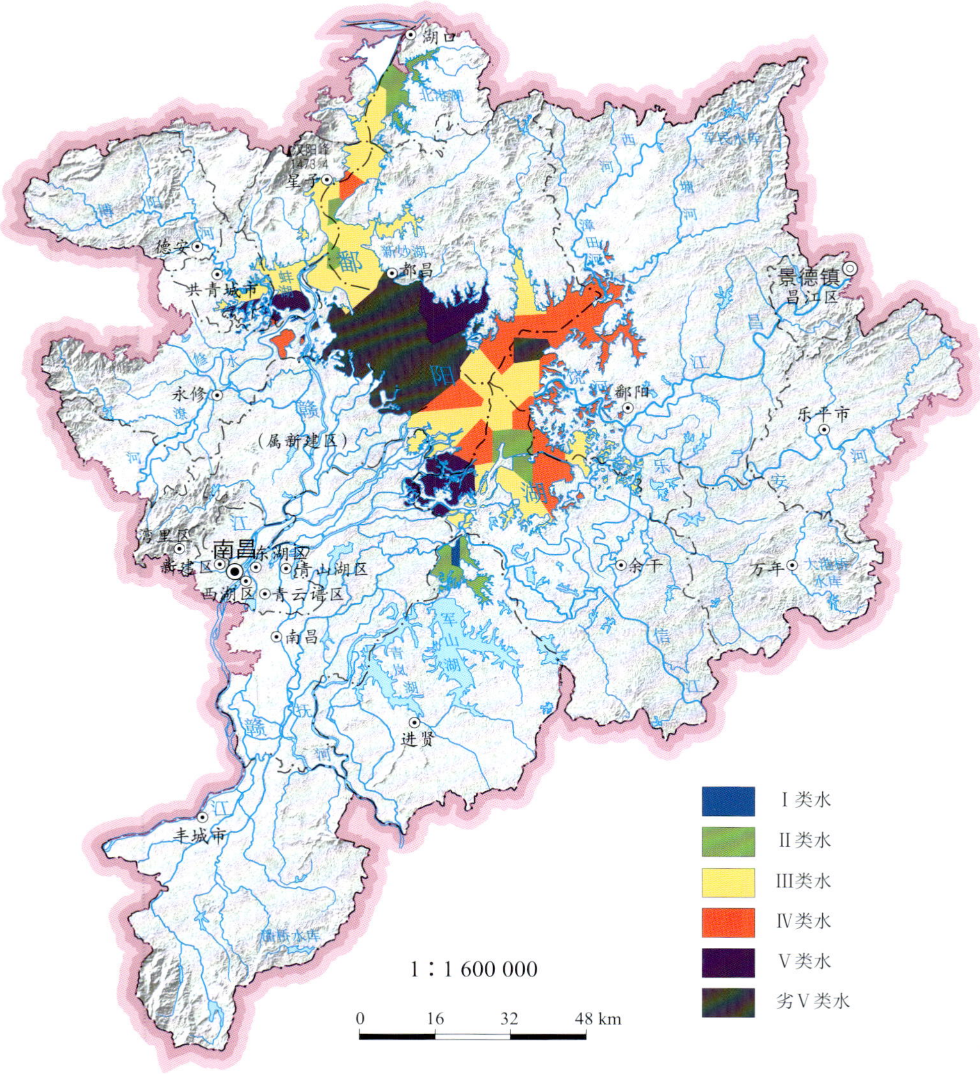

2012年5月17—18日，监测期间星子站平均水位17.01 m，高于漫滩水位（14 m）。水质优于或符合Ⅲ类水标准的占53.7%，主要污染物为总磷、总氮。

总磷浓度均值为0.029 mg/L，浓度超过Ⅲ类水标准的有4条垂线（入江水道区1号、12号垂线，东部湖域36号垂线，南部湖域59号垂线），最大值是12号垂线。

总氮浓度均值为1.26 mg/L，浓度超过Ⅲ类水标准的有30条垂线，主要分布于康山以北、松门山以南的湖域，最大值是主湖区43号垂线。

2013 年监测的水质

2013年3月11—12日，监测期间星子站平均水位为9.79 m，低于漫滩水位（14 m）。水质优于或符合Ⅲ类水标准的占17.2%，主要污染物为总磷、总氮。

总磷浓度均值为0.079 mg/L，浓度低于Ⅲ类水标准的有6条垂线（北部湖域24号、30号、31号垂线，主湖区49号、51号垂线，东部湖域55号垂线），其余均超过Ⅲ类水标准值。最大值是入江水道区7号垂线，最小值是主湖区49号垂线。

总氮浓度均值为0.98 mg/L，浓度超过Ⅲ类水标准的有14条垂线，主要分布于松门山以北的北部湖域和入江水道区。最大值是北部湖域20号垂线，最小值是南部湖域68号垂线。

监测期间湖水落槽，湖滩显露，湖面缩小，比降增大，流速加快，与河道无异。按照河流标准评价，所有监测垂线均符合Ⅲ类水标准。

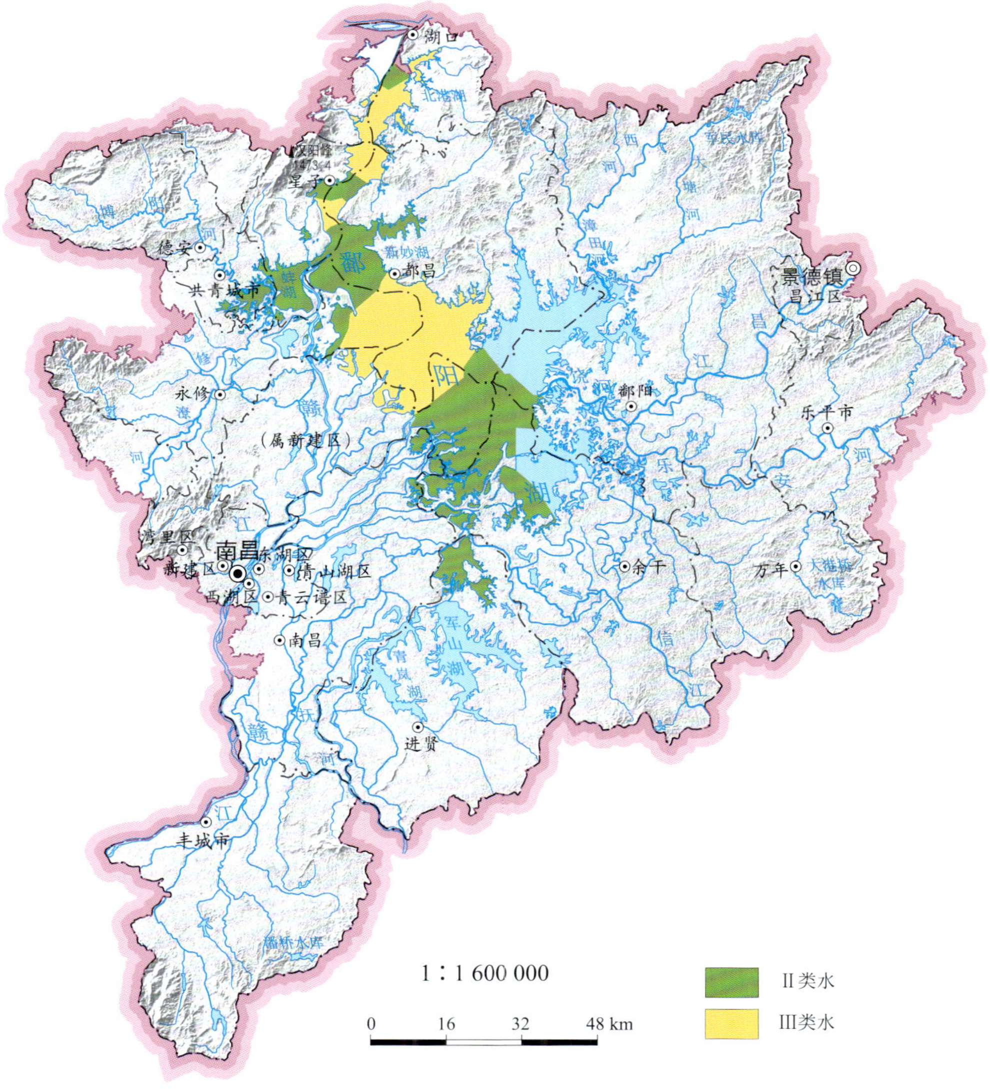

鄱阳湖湖流与水质同步监测水体营养状况（2010 年、2012 年、2013 年）

不同水期下的湖区及出湖水体营养状态指数

	丰水期	平水期	枯水期
湖区	35 ～ 55	41 ～ 58	34 ～ 52
湖区均值	46	48	45
出湖口	50	49	53
富营养化比例 /%	4.5	22.7	24.1

2010 年监测的水体营养状况

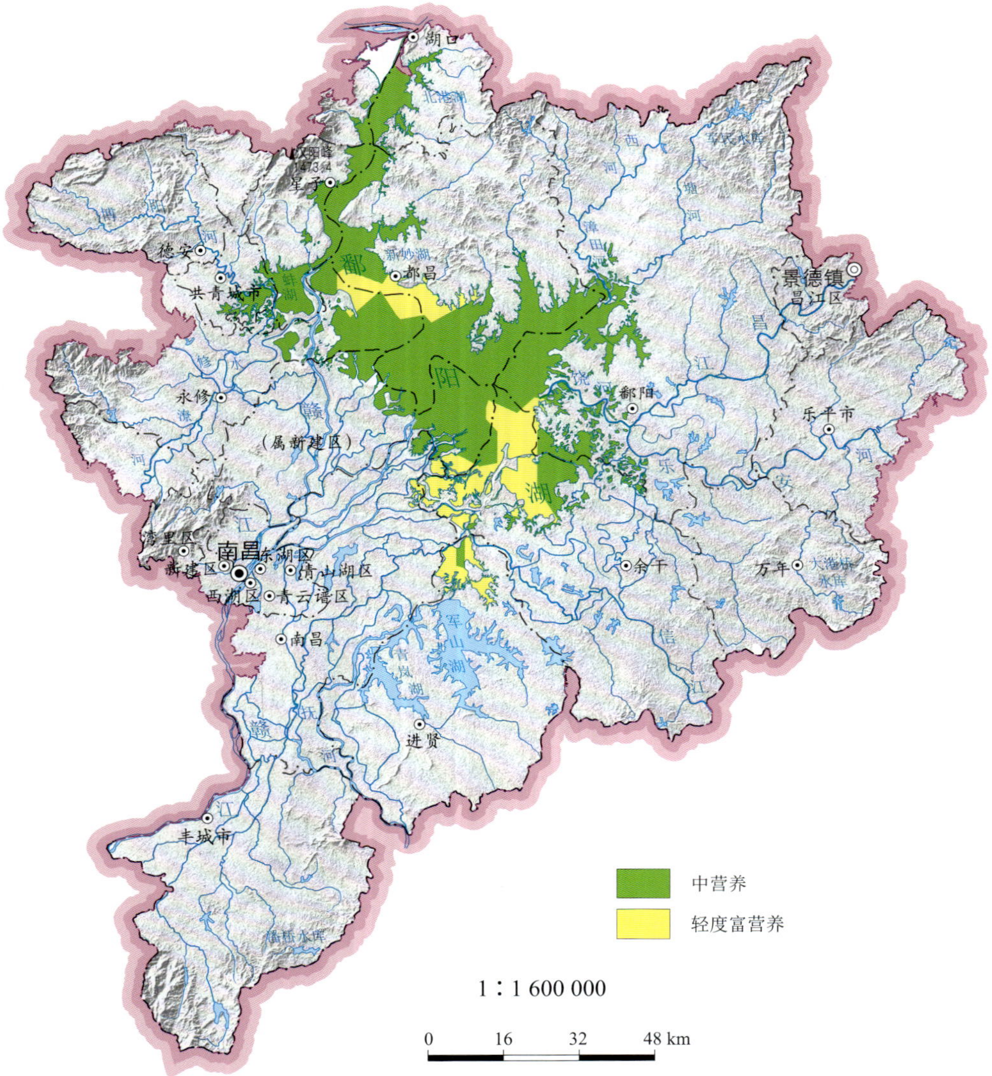

2010年鄱阳湖湖区营养状态评分分值为41～58分，最大值为龙口（垂线52）、康山（垂线60）水域，最小值为西水道中（垂线20）、修河口（垂线30）、牛山以西（垂线39）；均值为48分，属中营养。15条垂线为轻度富营养，主要集中在松门山—都昌附近（垂线22、25、26）、主湖区东南部的康山—龙口（垂线51、52、55、56、59、60、61）水域、南部湖汊的金溪湖—青岚湖（垂线63、65、66、67、68）水域。

出湖口营养状态评分值为49分，属中营养。

透明度值东北部湖湾滞流区最大，入江水道区最小。

2012 年监测的水体营养状况

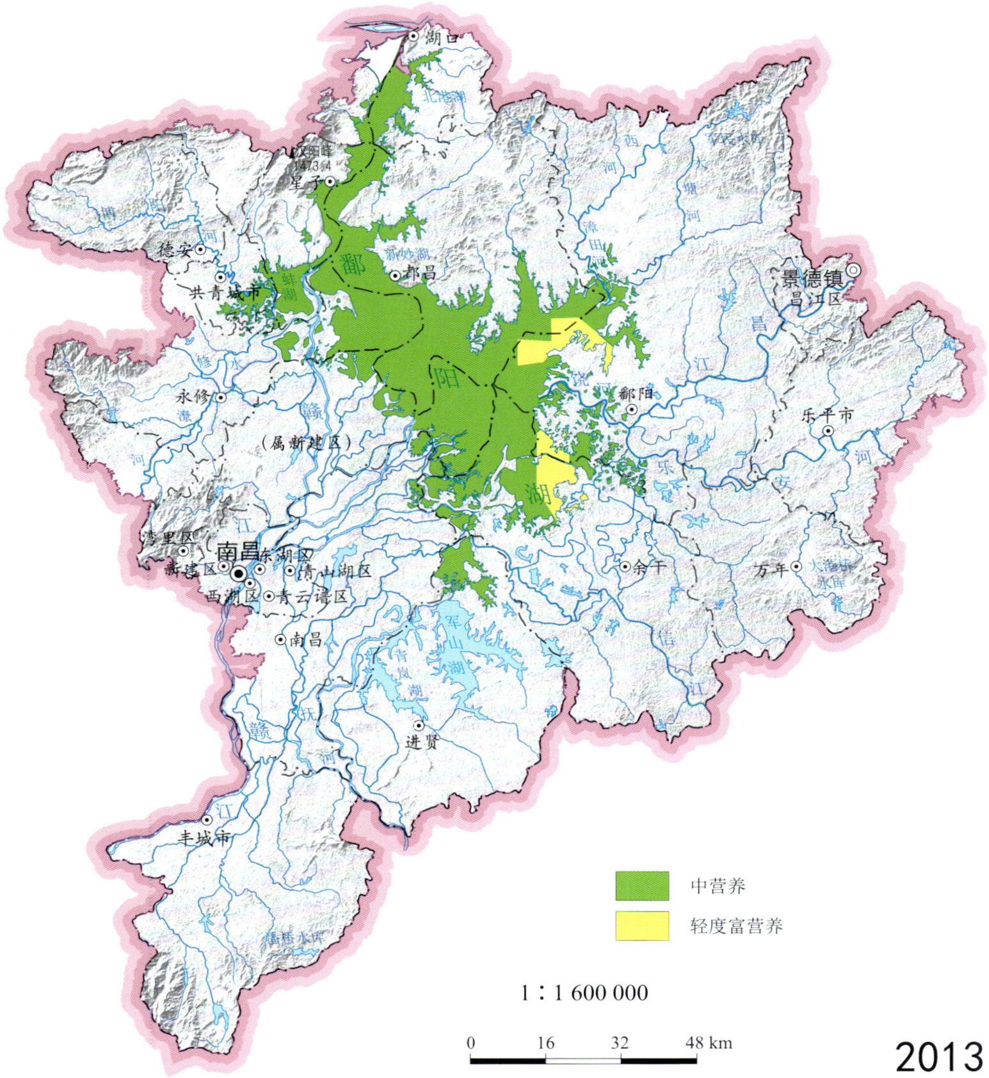

2012年鄱阳湖湖区营养状态评分分值为35～55分，均值为46分，属中营养。白沙洲（垂线36）、汉池湖北（垂线42）、南疆湖以东（垂线57）等水域达轻度富营养水平，其余水域均为中营养。金溪湖南（垂线66）水域的富营养化程度较轻。

出湖口营养状态评分值为50分，属中营养。

透明度值在东部湖域、南部湖域、主湖区偏东侧较高，从松门山至湖口出湖水域的入江水道区相对较低。

2013 年监测的水体营养状况

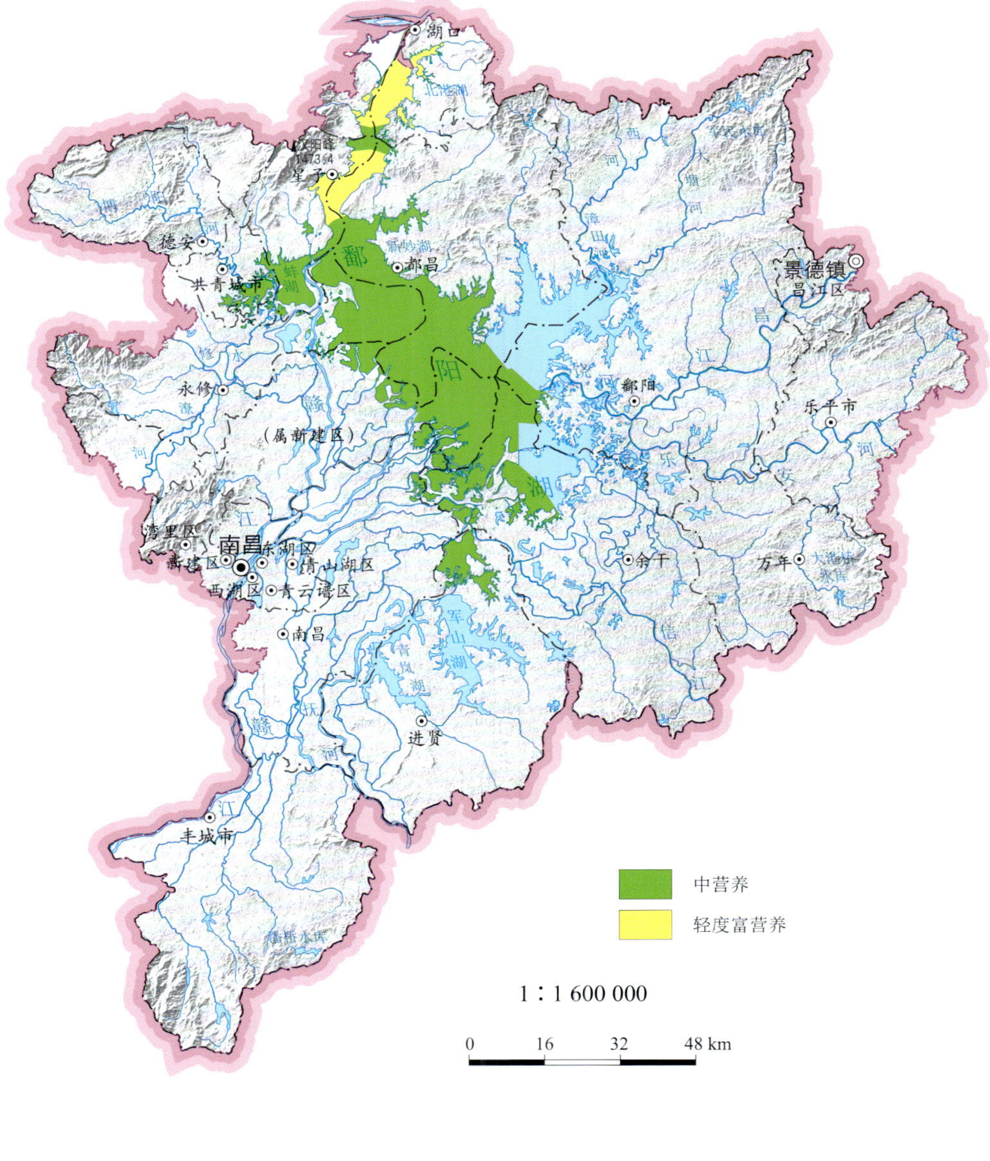

2013年鄱阳湖湖区营养状态评分分值为34～52分，均值为45分，属中营养。最大值位于入江水道的屏峰下（垂线7）、星子火焰山对面（垂线10）、星子左岸（垂线11）、老爷庙左岸（垂线13）等水域，属轻度富营养，湖口铁路桥—蛤蟆石（垂线3、4、5）水域也属轻度富营养。最小值为修河口（垂线30）、青岚湖（垂线68）、康山河（垂线51、55）水域，富营养化程度较低。

出湖口营养状态评分分值为53分，属轻度富营养。

透明度值在南部湖域、松门山东南附近水域、赣江主支口、修河口附近水域较高，松门山至湖口的北部湖区和入江水道区相对较低。

鄱阳湖沉积物中重金属污染分布

鄱阳湖沉积物中7种重金属元素含量空间分布存在明显的差异。沉积物中汞、铜、铅和锌的含量在湖区东南部偏高；镉的含量在湖区的西北部和东南部偏高；铬的含量在湖区西北部和东南部均偏高；砷的含量分布相对平均，含量偏高的区域较少。

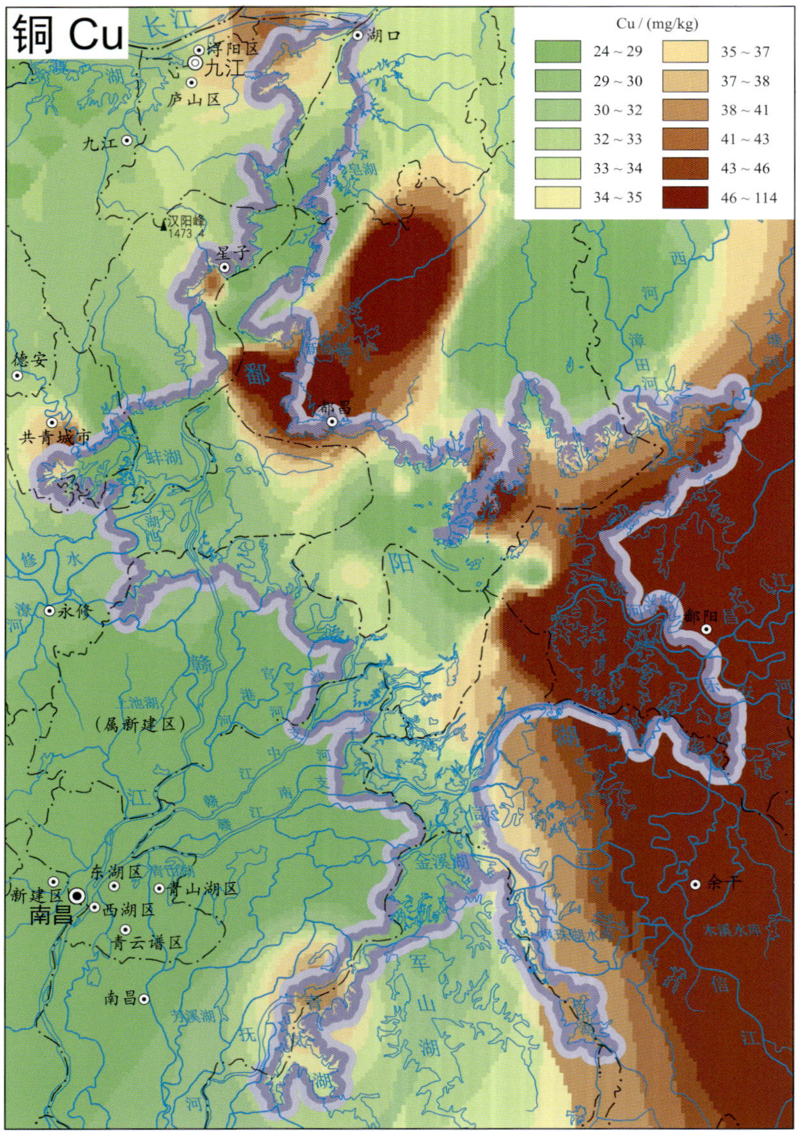

1∶1 000 000

0 10 20 30 40 km

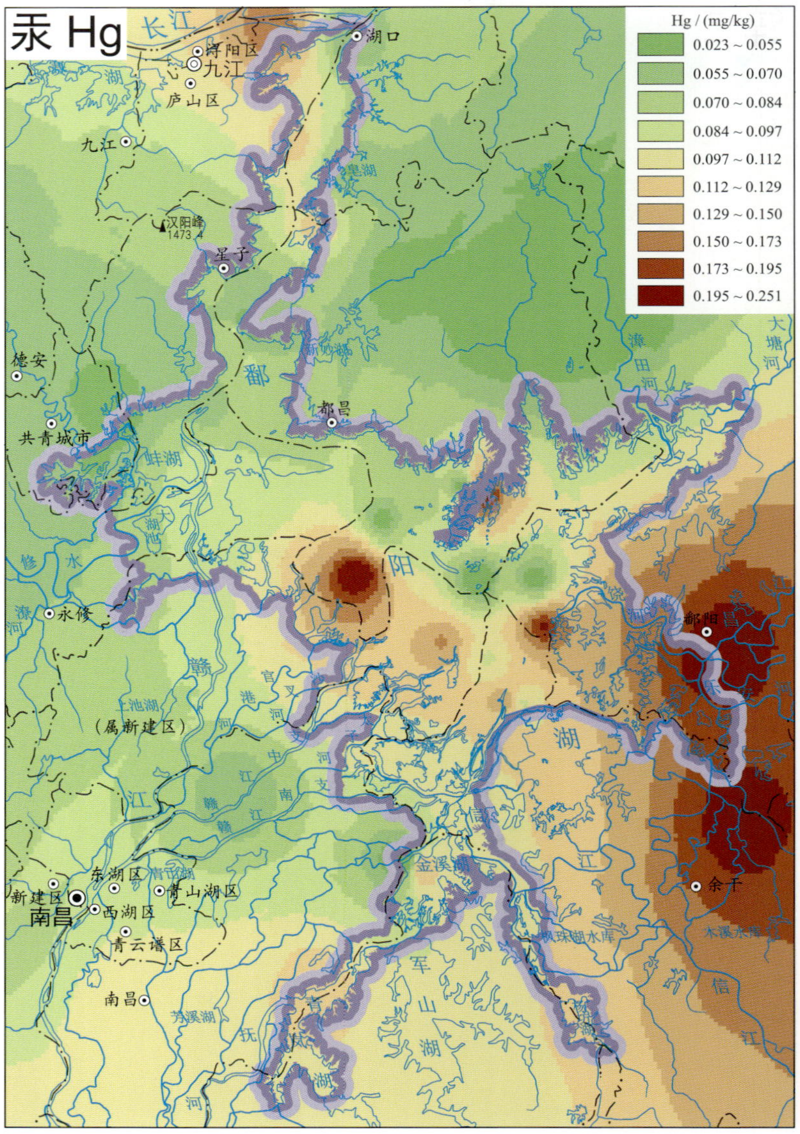

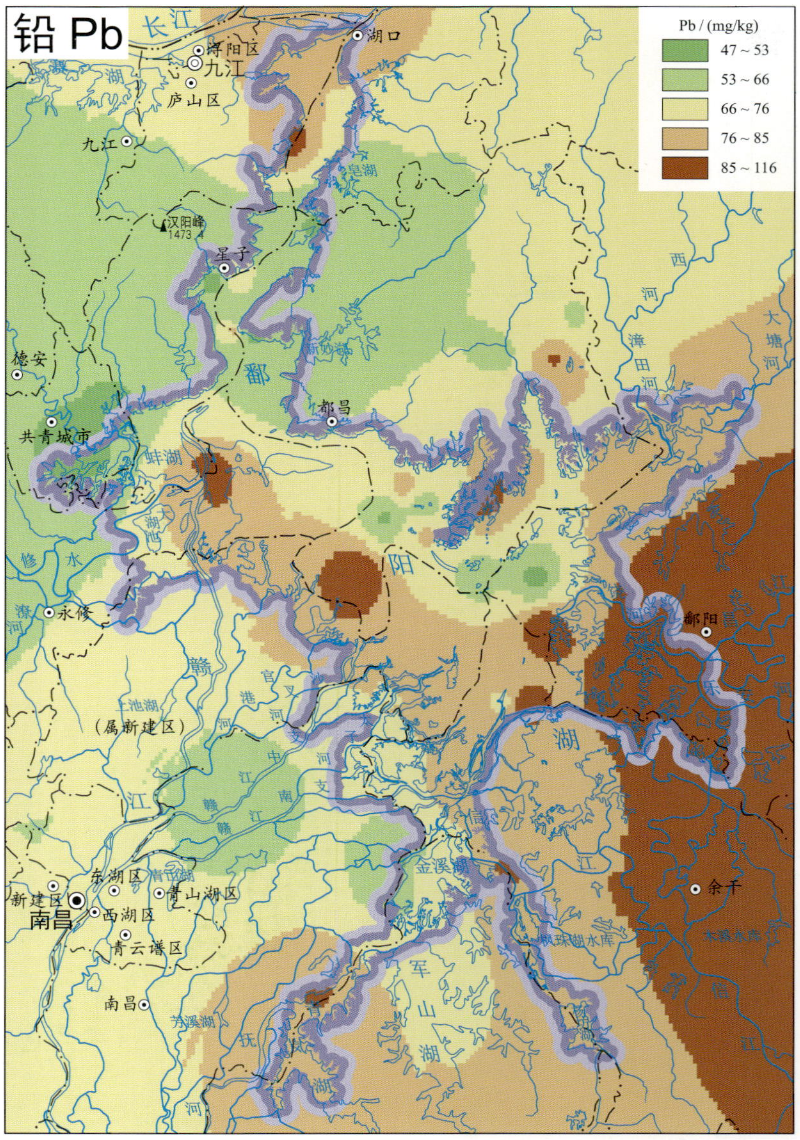

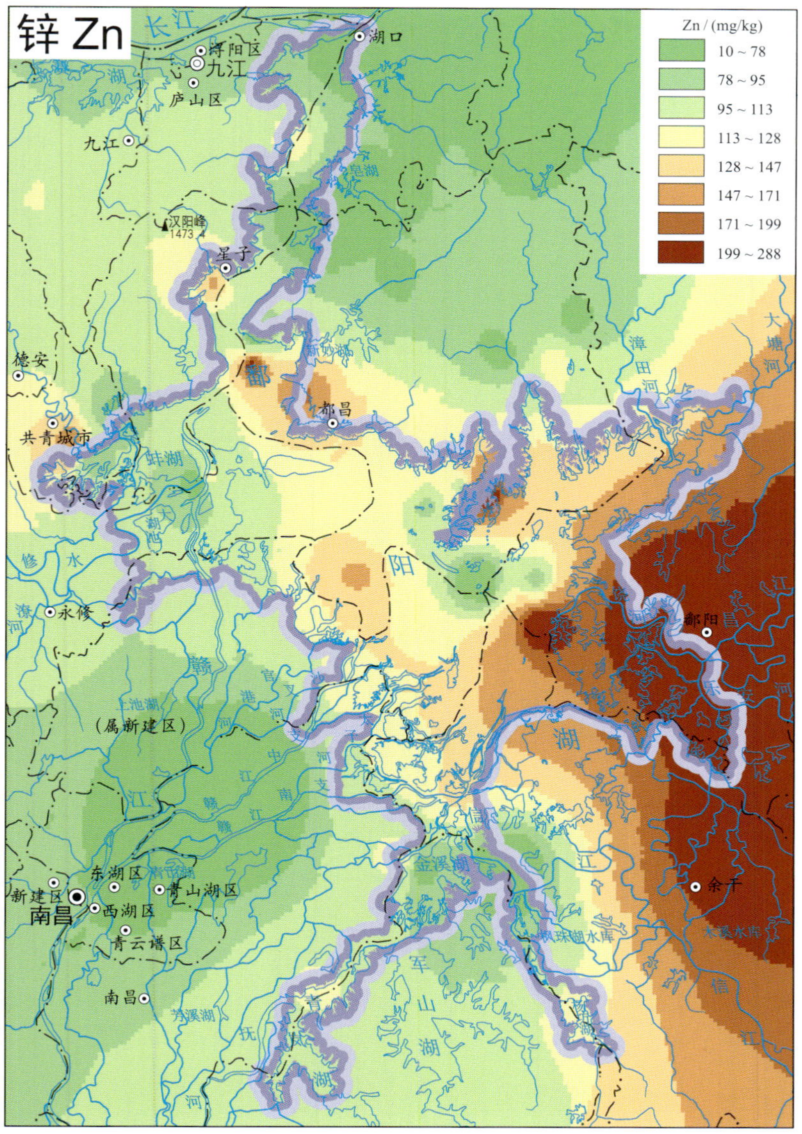

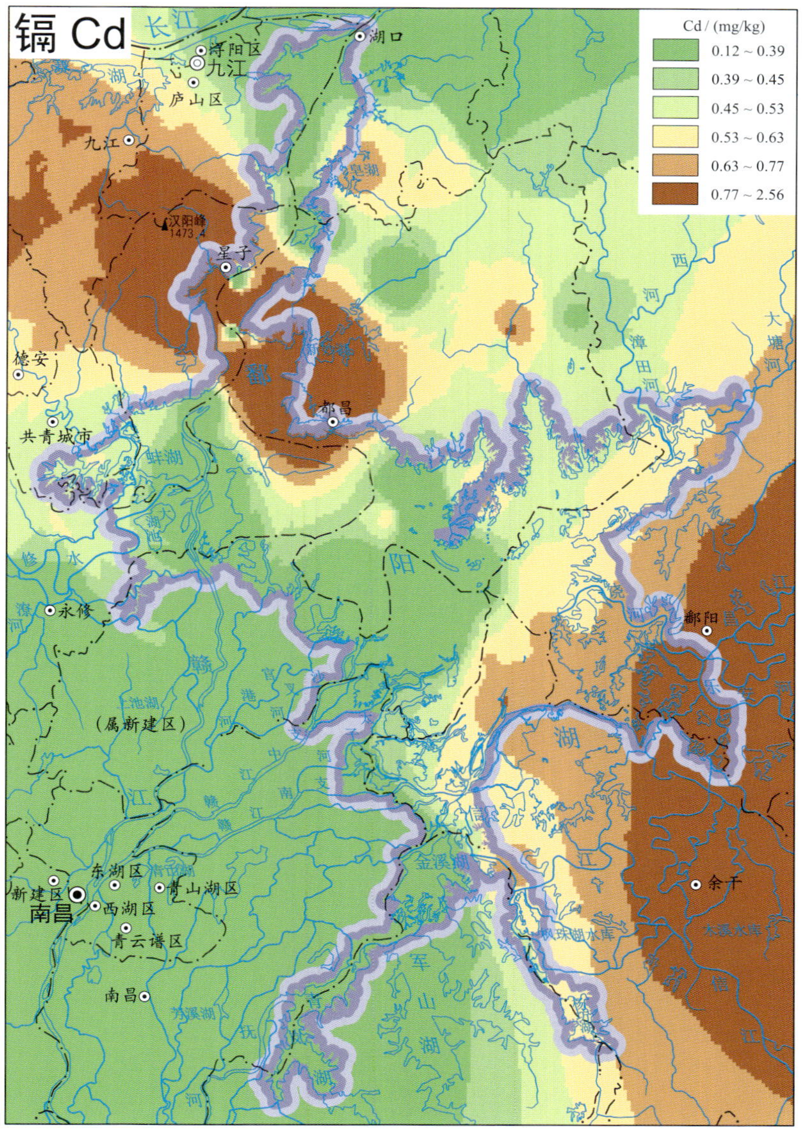

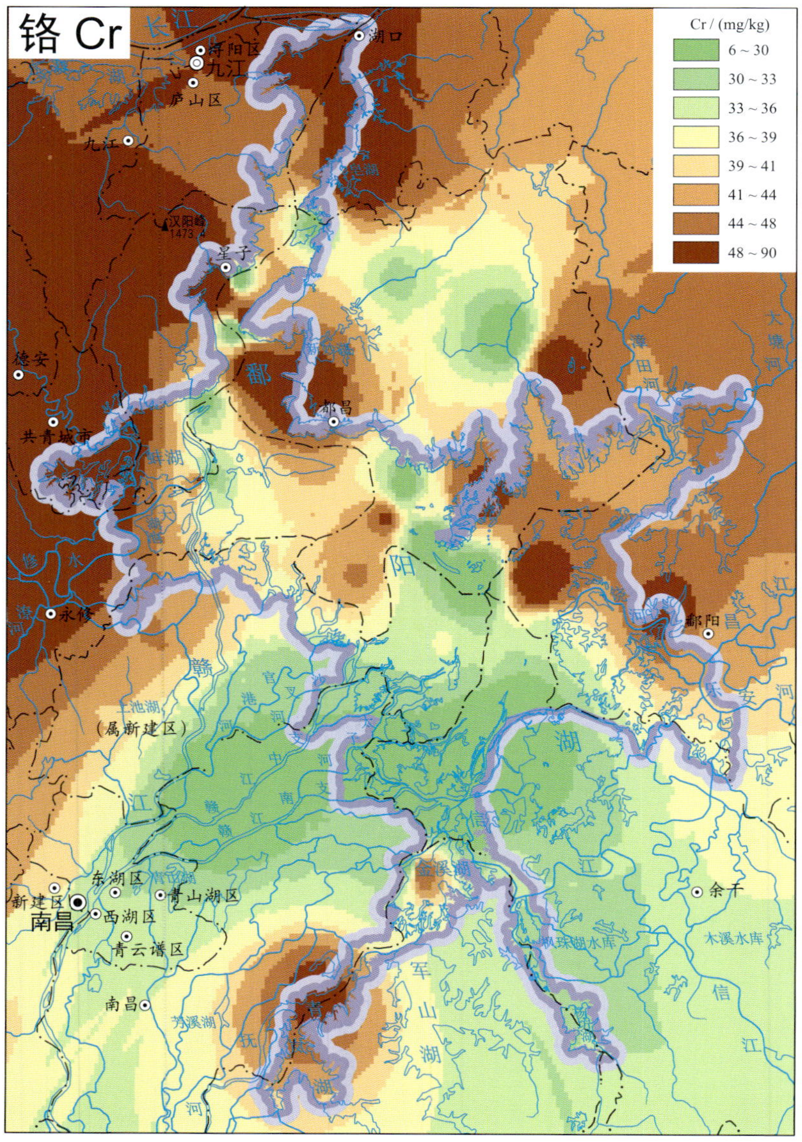

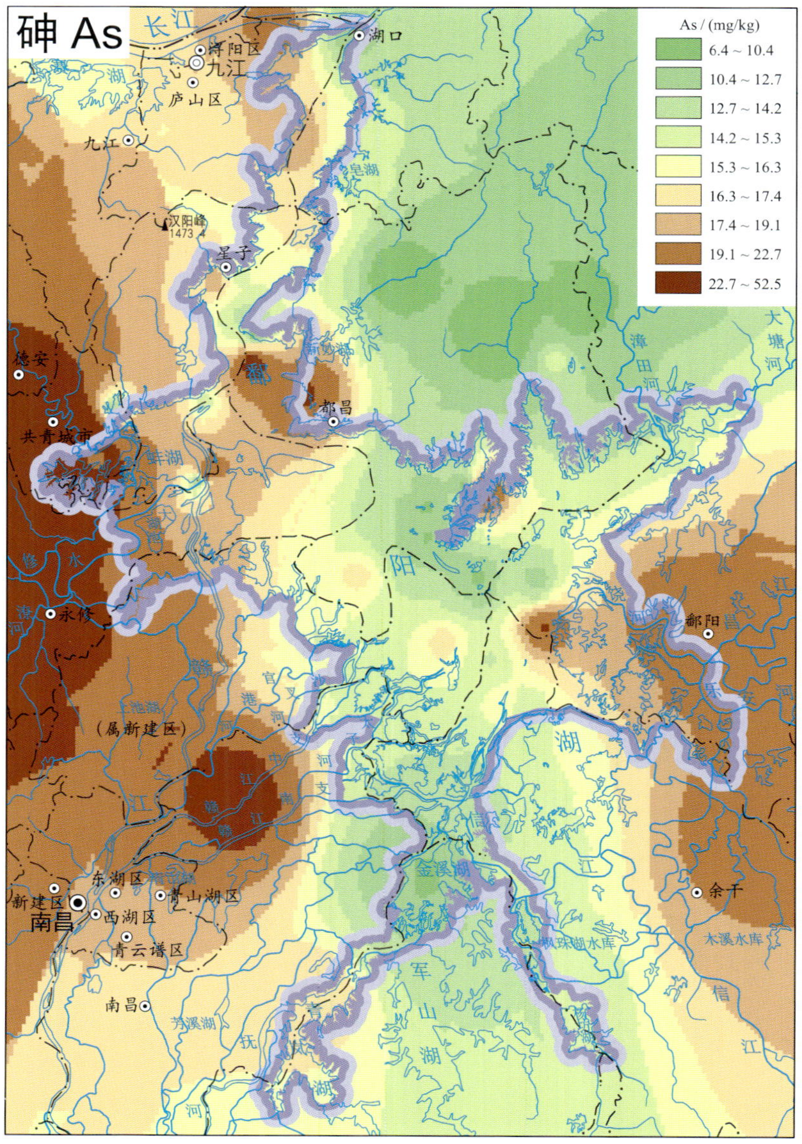

1∶1 000 000　0　10　20　30　40 km

鄱阳湖河流入湖污染负荷

化学需氧量入湖量

2010—2014年鄱阳湖各河流化学需氧量入湖量，最高的河流为赣江主支，其次为饶河，最低的为博阳河；均表现为2010年和2012年高，2011年、2013年和2014年低。各河流化学需氧量入湖量负荷比范围为0.1%～34.4%，河流负荷比最高的是赣江主支，负荷比范围为23.1%～34.4%；最低的为博阳河，负荷比范围为0.1%～34.4%。

2010—2014 年各河流化学需氧量入湖量

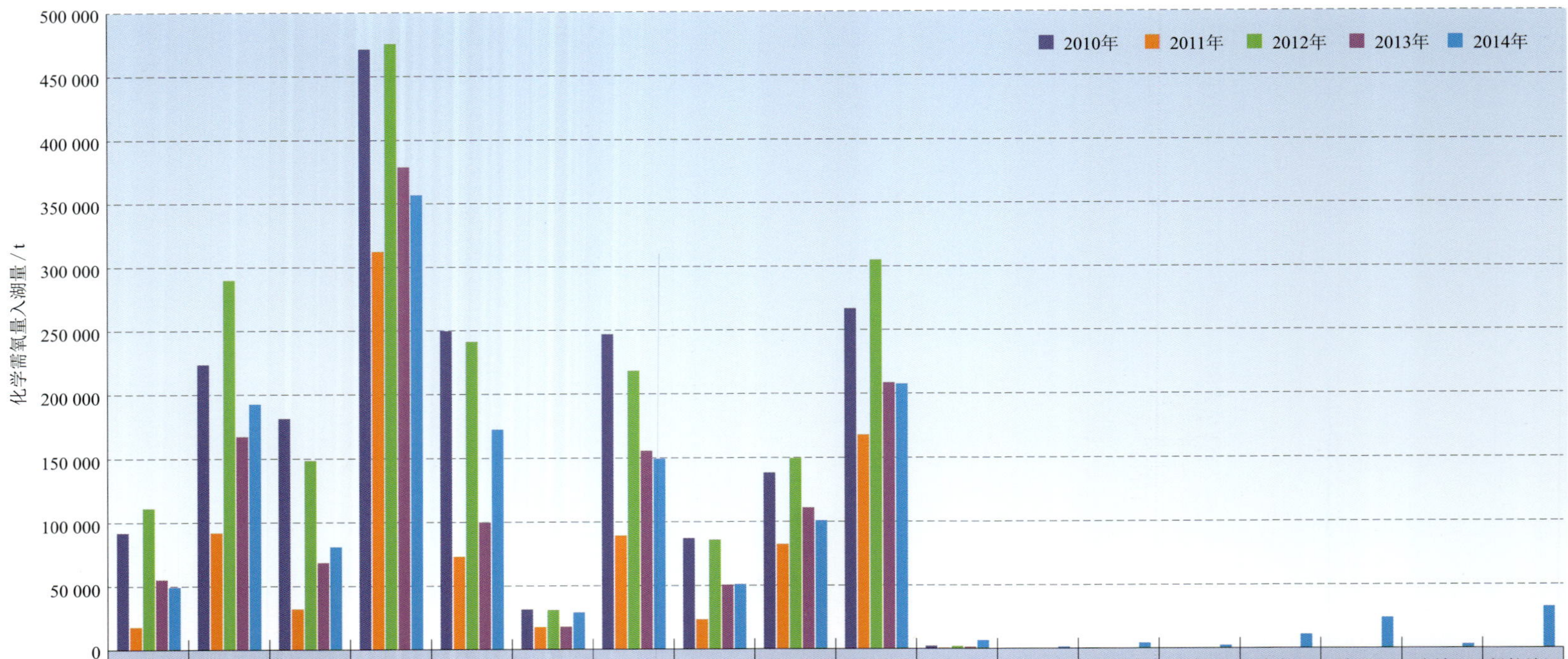

	赣江北支	赣江中支	赣江南支	赣江主支	抚河东支	抚河西支	信江西支	信江东支	修河干流	饶河干流	博阳河	池溪水	甘溪水	九龙河	潼津河	漳田河	土塘河	杨柳津河
2010年	91 068	221 085	179 381	465 968	246 951	31 320	244 245	86 326	136 916	263 697	2 303	—	—	—	—	—	—	—
2011年	17 770	90 937	31 828	308 987	72 266	17 362	88 431	23 245	81 524	165 929	793	—	—	—	—	—	—	—
2012年	110 012	286 470	146 970	470 046	238 526	30 699	215 666	85 048	147 912	301 735	1 964	—	—	—	—	—	—	—
2013年	54 825	165 547	67 811	374 768	98 924	17 775	153 991	50 230	109 947	206 273	1 542	—	—	—	—	—	—	—
2014年	49 045	190 588	80 068	352 793	170 673	28 950	147 823	50 649	99 906	205 288	6 619	1 452	4 338	2 456	10 953	24 006	3 165	32 462

2010—2014 年各河流化学需氧量入湖量负荷比

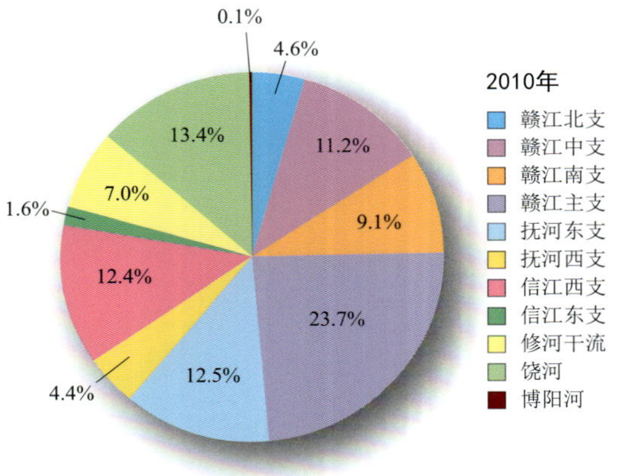

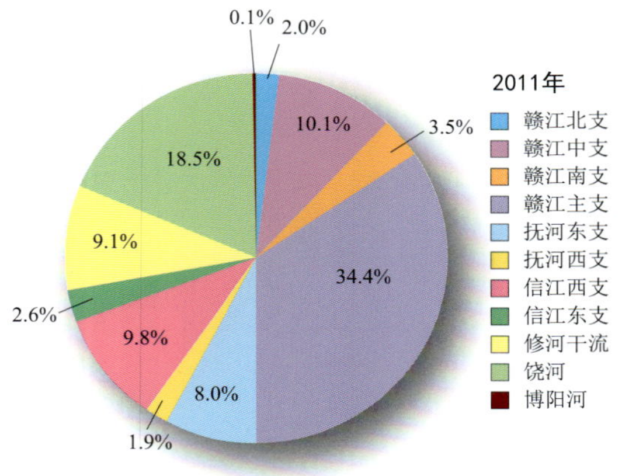

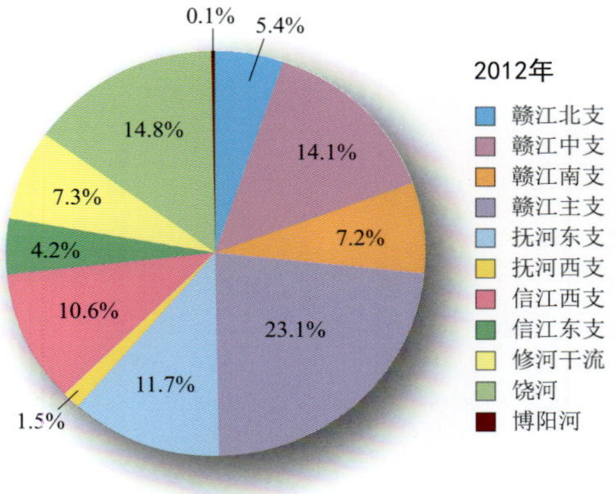

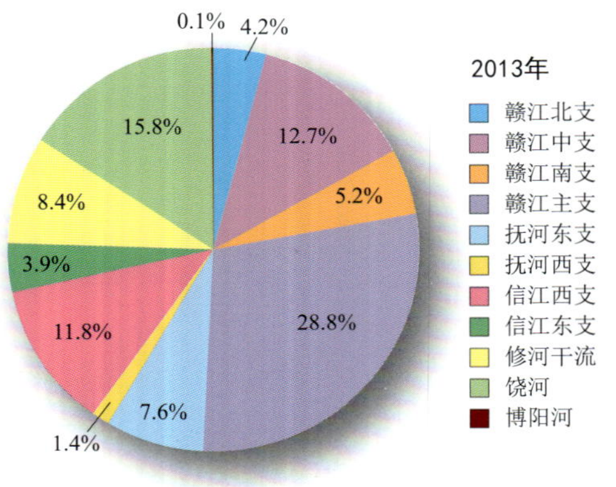

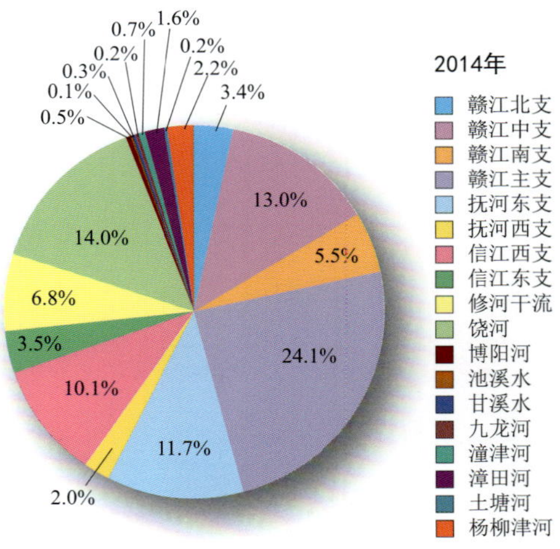

氨氮入湖量

2010—2014年鄱阳湖各河流氨氮入湖量总体较高的河流为饶河和赣江主支，最低的为博阳河。各河流氨氮入湖量负荷比范围为0.1%～30.6%。河流负荷比最高的是饶河，负荷比范围为16.1%～30.6%；最低的为博阳河，负荷比范围为0.1%～0.3%。

2010—2014 年各河流氨氮入湖量

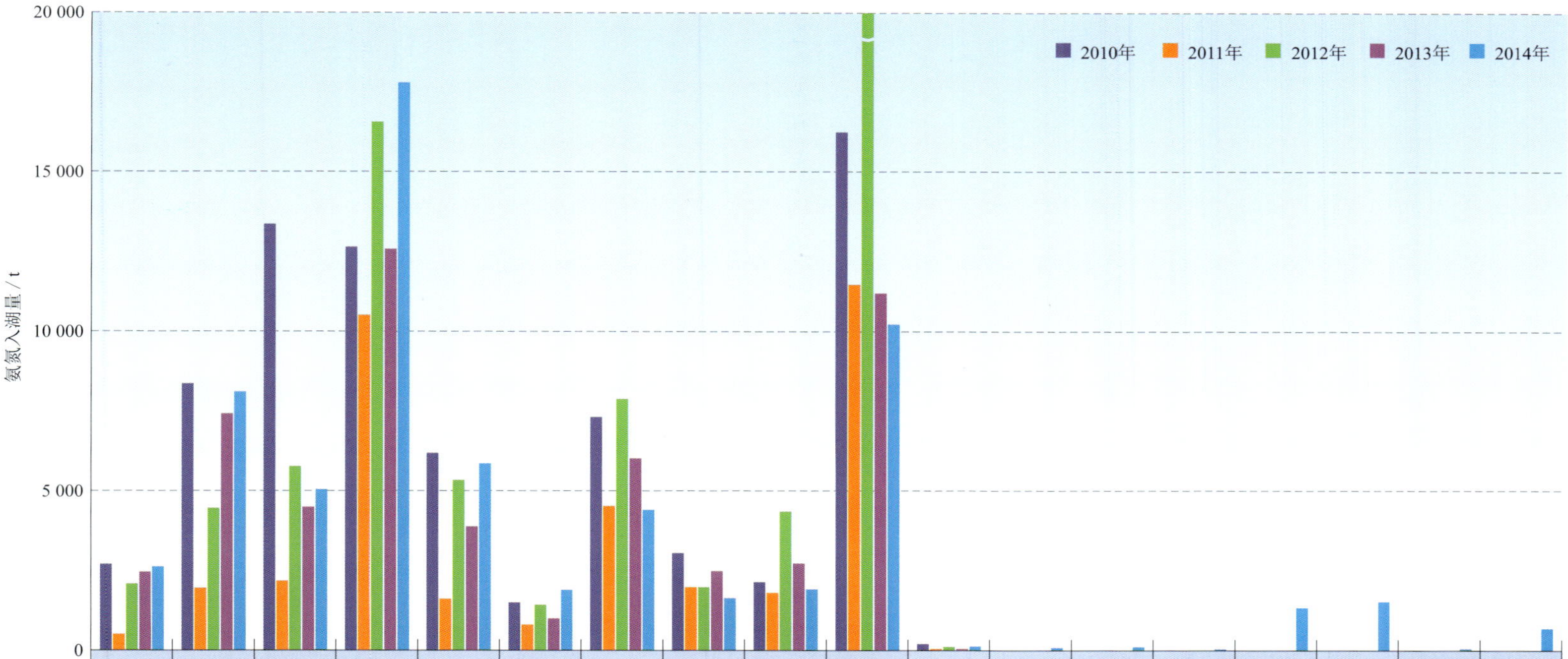

	赣江北支	赣江中支	赣江南支	赣江主支	抚河东支	抚河西支	信江西支	信江东支	修河干流	饶河干流	博阳河	池溪水	甘溪水	九龙河	潼津河	漳田河	土塘河	杨柳津河
2010年	2 700	8 360	13 345	12 636	6 185	1 492	7 319	3 048	2 137	16 249	201	—	—	—	—	—	—	—
2011年	520	1 959	2 185	10 481	1 617	818	4 521	1 984	1 816	11 437	73	—	—	—	—	—	—	—
2012年	2 074	4 448	5 778	16 596	5 335	1 411	7 888	1 962	4 341	20 997	99	—	—	—	—	—	—	—
2013年	2 451	7 419	4 486	12 570	3 874	991	6 018	2 484	2 724	11 198	50	—	—	—	—	—	—	—
2014年	2 624	8 106	5 045	17 796	5 860	1 892	4 400	1 633	1 909	10 225	130	91	115	45	1337	1529	55	691

2010—2014 年各河流氨氮入湖量负荷比

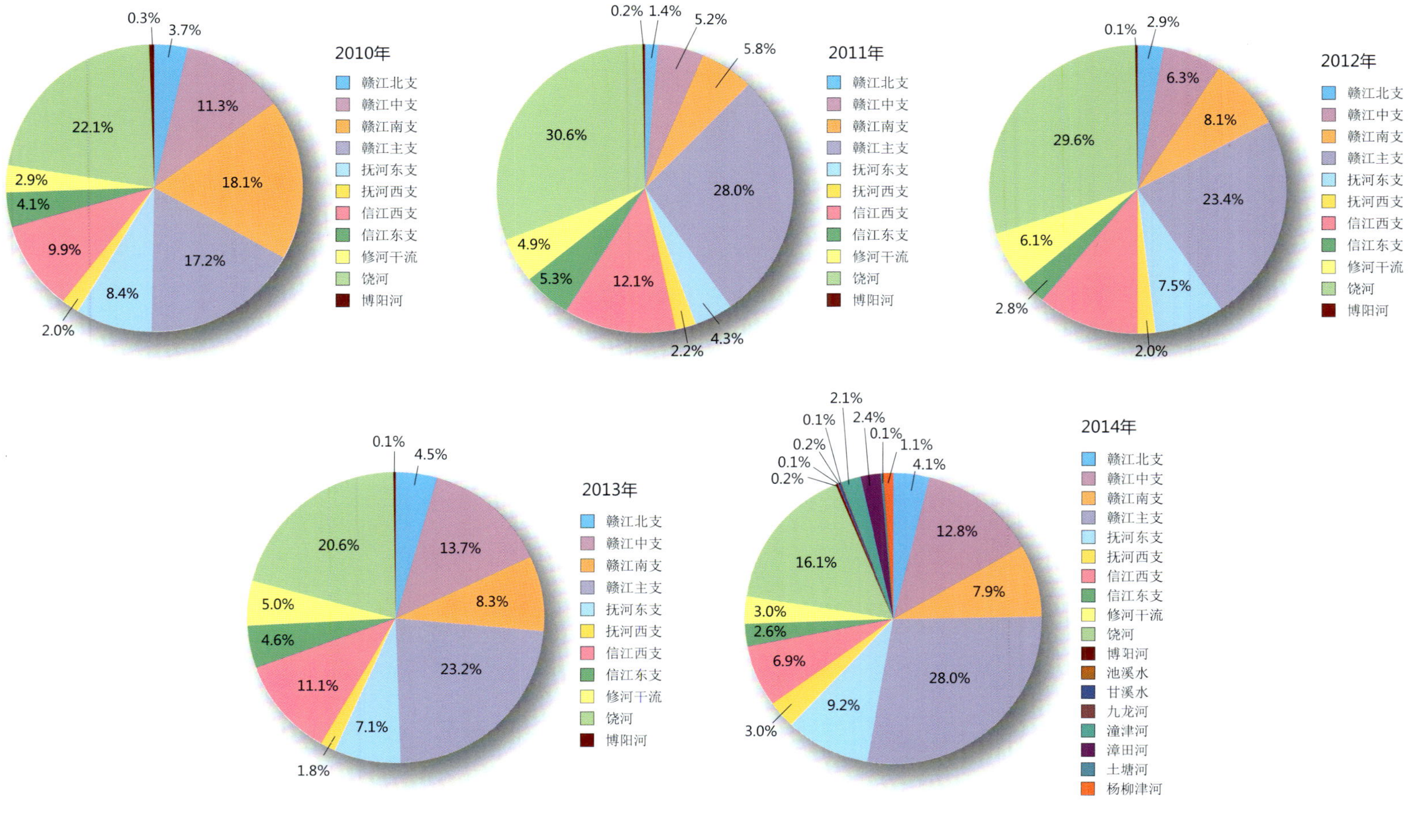

总磷入湖量

2010—2014年鄱阳湖各河流总磷入湖量总体较高的河流为饶河和赣江主支，较低的为博阳河。各河流总磷入湖量负荷比范围为0.1%~26.7%。

2010—2014 年各河流总磷入湖量

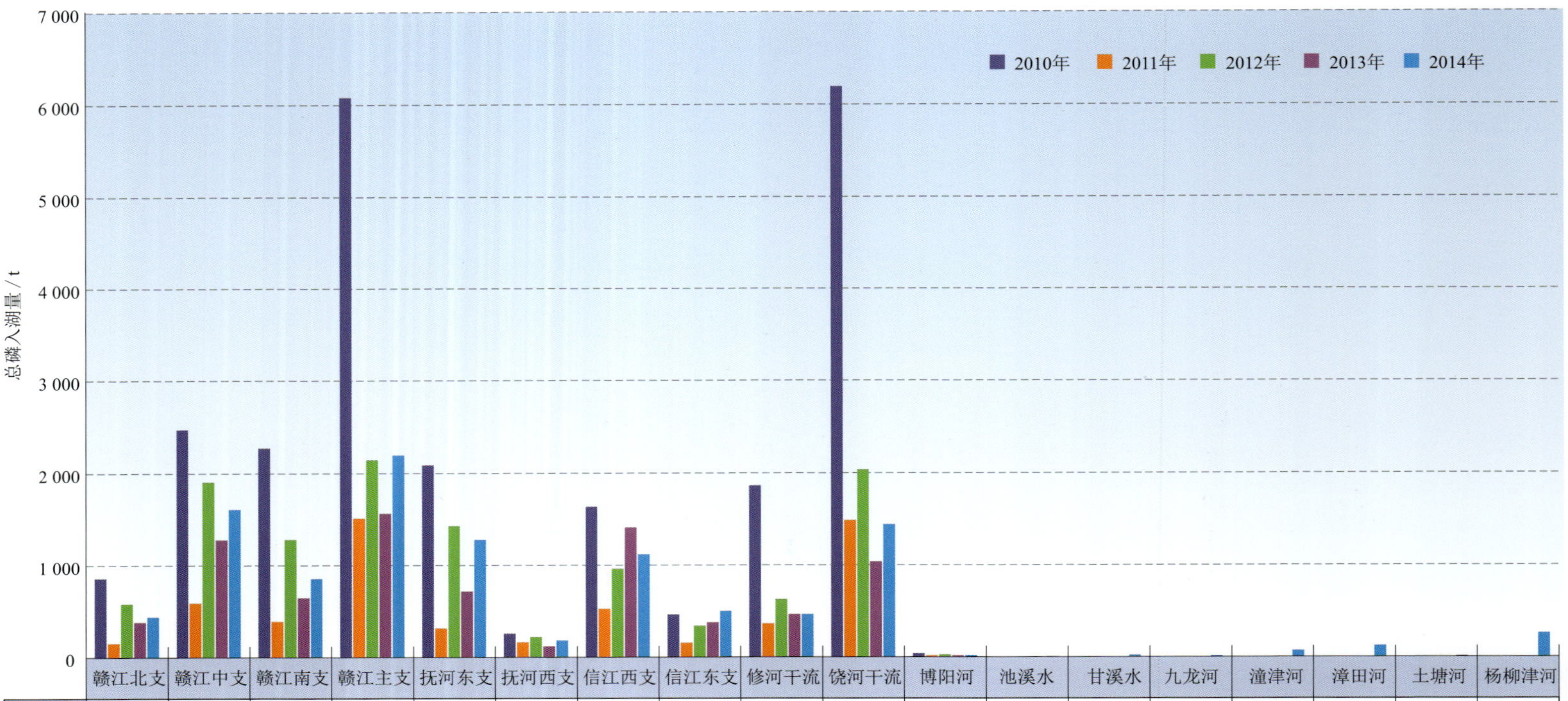

	赣江北支	赣江中支	赣江南支	赣江主支	抚河东支	抚河西支	信江西支	信江东支	修河干流	饶河干流	博阳河	池溪水	甘溪水	九龙河	潼津河	漳田河	土塘河	杨柳津河
2010年	859	2 472	2 272	6 081	2 087	256	1 634	463	1863	6 193	38	—	—	—	—	—	—	—
2011年	153	591	389	1 511	314	162	526	154	363	1 485	16	—	—	—	—	—	—	—
2012年	583	1 906	1 282	2 144	1 428	219	960	340	629	2 036	26	—	—	—	—	—	—	—
2013年	382	1 280	647	1 562	717	118	1 410	378	465	1 038	16	—	—	—	—	—	—	—
2014年	439	1 608	855	2 195	1 280	182	1 119	502	466	1 440	18	6	20	11	68	122	9	258

2010—2014 年各河流总磷入湖量负荷比

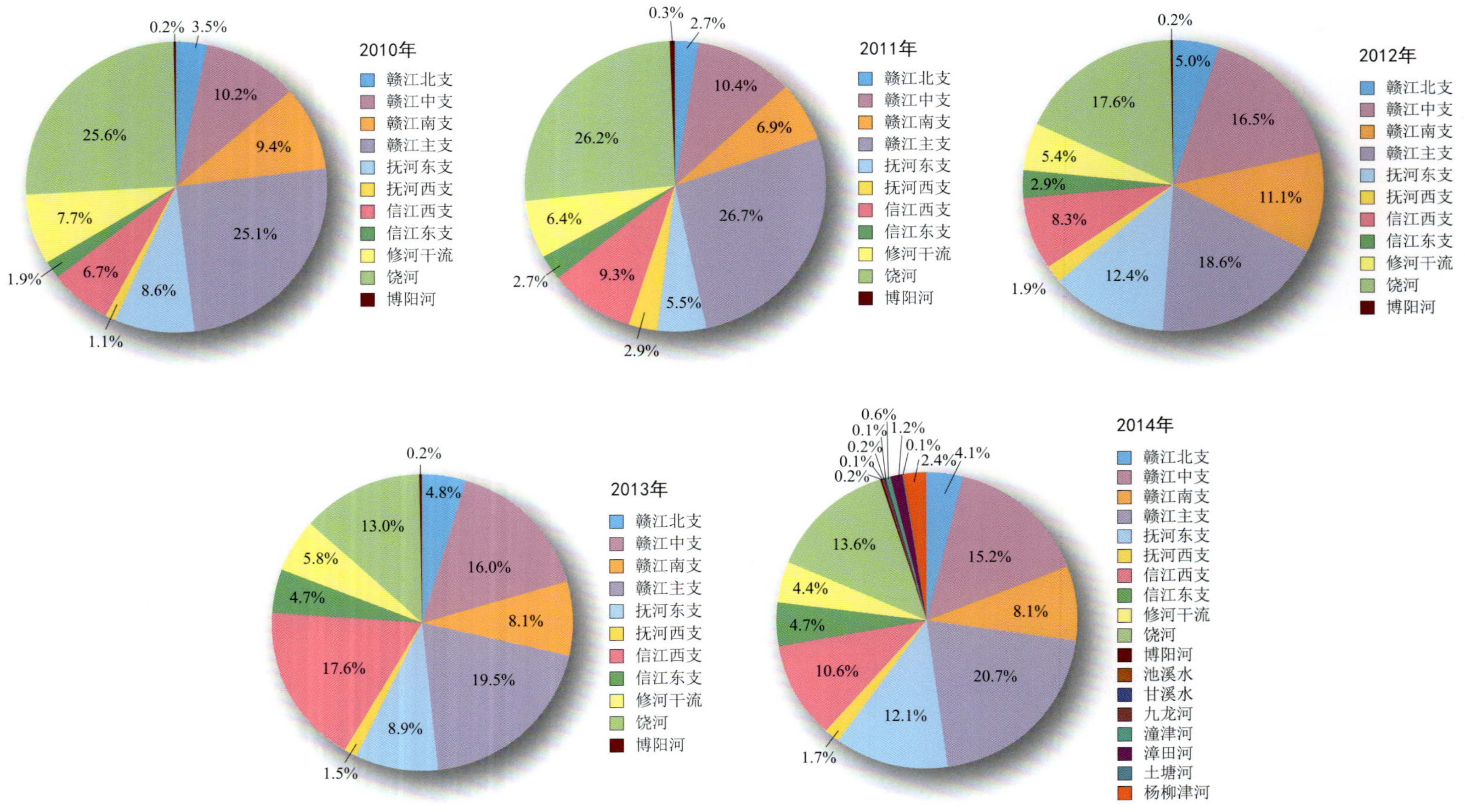

总氮入湖量

2010—2014年鄱阳湖各河流总氮入湖量总体较高的河流为赣江主支，其次为饶河，博阳河最低。各河流总氮入湖量负荷比范围为0.1%～24.5%。

2010—2014 年各河流总氮入湖量

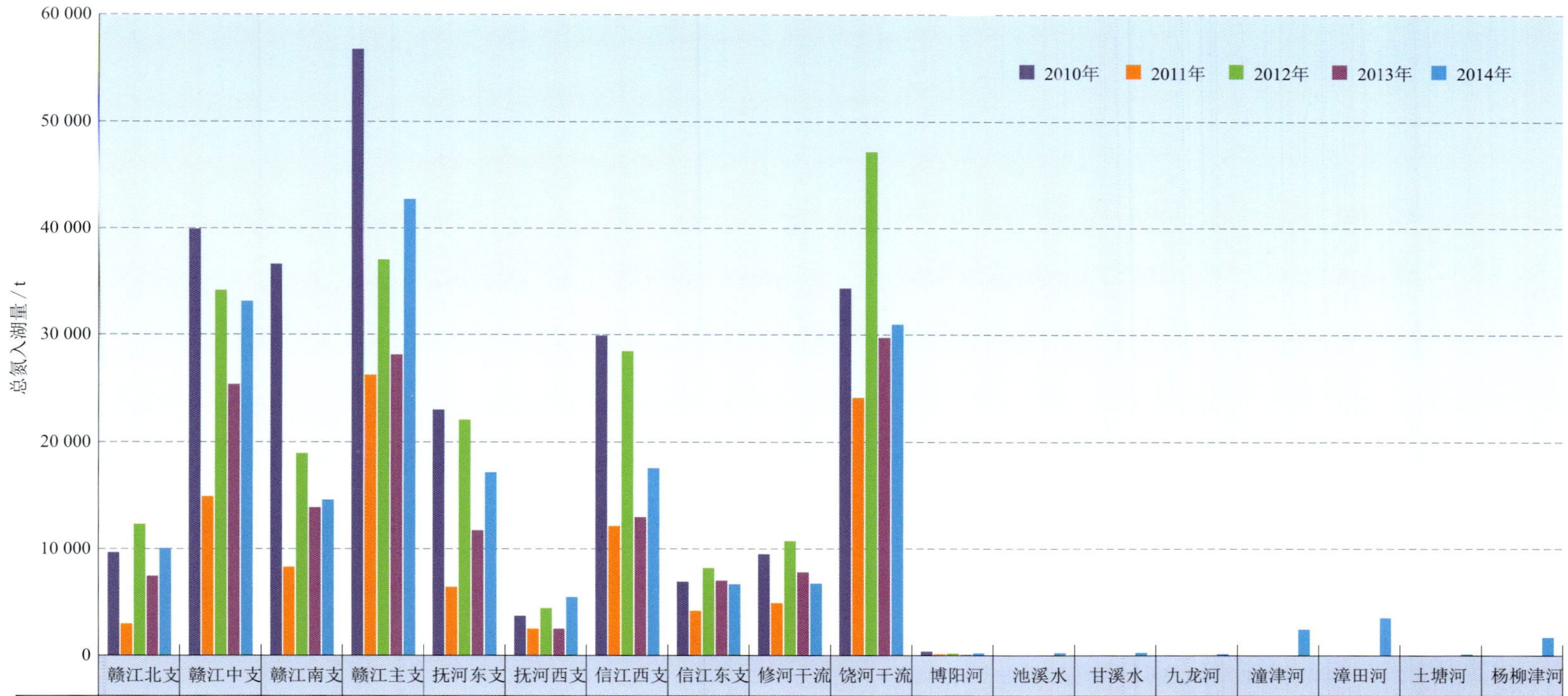

	赣江北支	赣江中支	赣江南支	赣江主支	抚河东支	抚河西支	信江西支	信江东支	修河干流	饶河干流	博阳河	池溪水	甘溪水	九龙河	潼津河	漳田河	土塘河	杨柳津河
2010年	9 687	39 933	36 632	56 785	23 014	37 39	29 938	6 933	9 539	34 361	402	—	—	—	—	—	—	—
2011年	2 986	14 923	8 317	26 253	6 424	2 541	12 145	4 203	4 927	24 120	146	—	—	—	—	—		
2012年	12 304	34 144	18 970	37 026	22 060	4 449	28 487	8 218	10 748	47 163	198	—	—	—	—	—	—	—
2013年	7 483	25 388	13 901	28 170	11 754	2 536	12 993	7 045	7 830	29 760	100	—	—	—	—	—	—	—
2014年	10 092	33 132	14 614	42 727	17 210	5 506	17 602	6 693	6 771	30 991	260	277	312	179	2 504	3 578	170	1 751

2010—2014 年各河流总氮入湖量负荷比

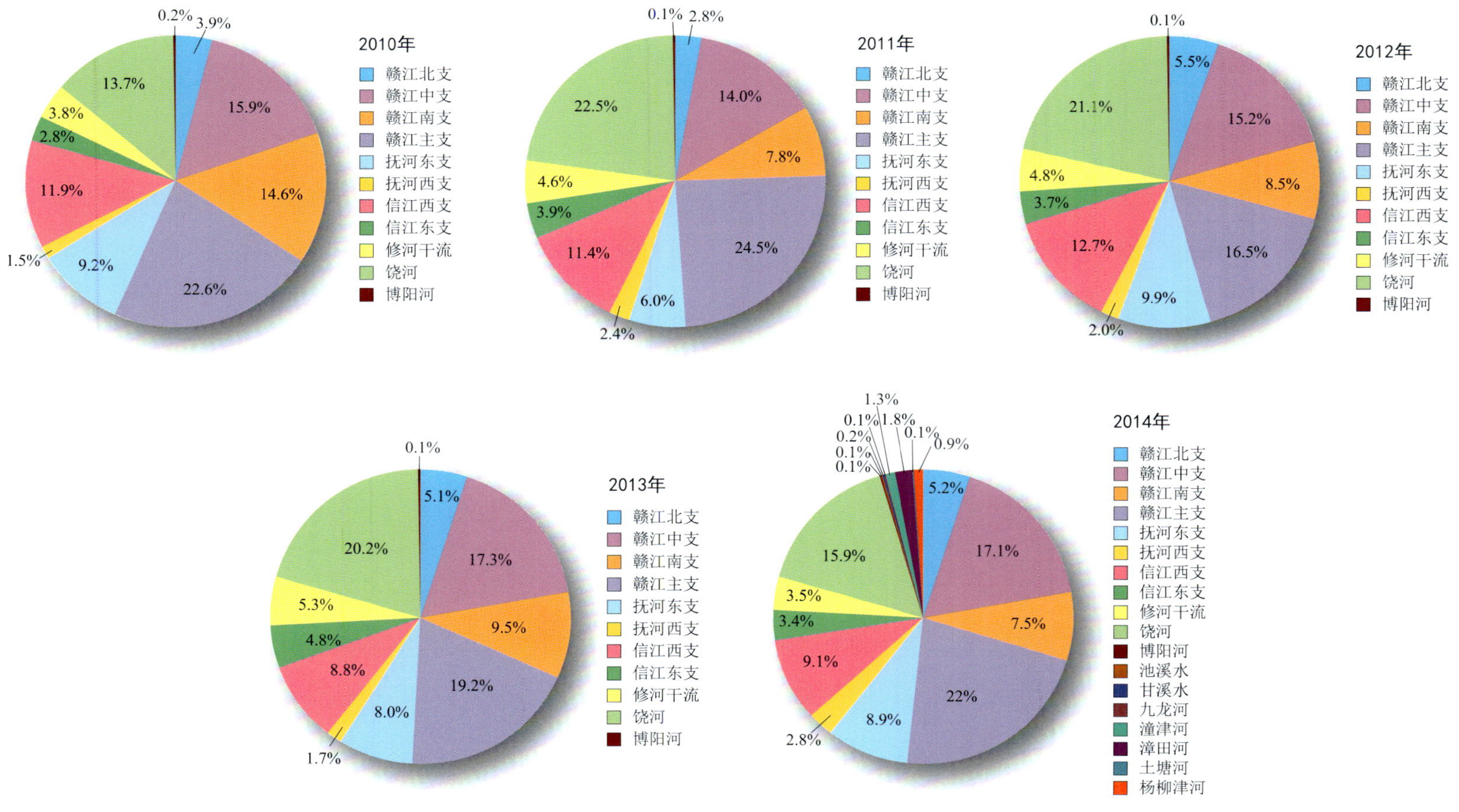

污染物负荷比

2010 年各河流四项污染物入湖量负荷比

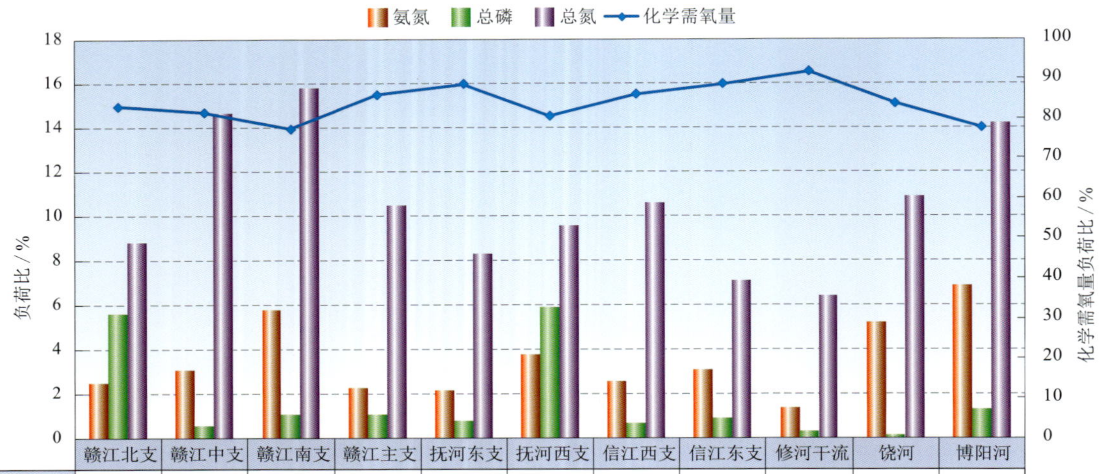

项目	赣江北支	赣江中支	赣江南支	赣江主支	抚河东支	抚河西支	信江西支	信江东支	修河干流	饶河	博阳河
氨氮	2.5%	3.1%	5.8%	2.3%	2.2%	3.8%	2.6%	3.1%	1.4%	5.2%	6.9%
总磷	5.6%	0.6%	1.1%	1.1%	0.8%	5.9%	0.7%	0.9%	0.3%	0.1%	1.3%
总氮	8.8%	14.7%	15.8%	10.5%	8.3%	9.6%	10.6%	7.1%	6.4%	10.9%	14.2%
化学需氧量	83.1%	81.6%	77.4%	86.0%	88.8%	80.7%	86.2%	88.8%	91.9%	83.8%	77.8%

2010年11条河流的四项污染物负荷比最高的均为化学需氧量，占四项污染物的负荷比为77.4%～91.9%；其次为总氮，其负荷比为6.4%～15.8%；氨氮的负荷比为1.4%～6.9%；负荷比最低的为总磷，其负荷比为0.1%～5.9%。化学需氧量是各河流的主要入湖污染物。

2011 年各河流四项污染物入湖量负荷比

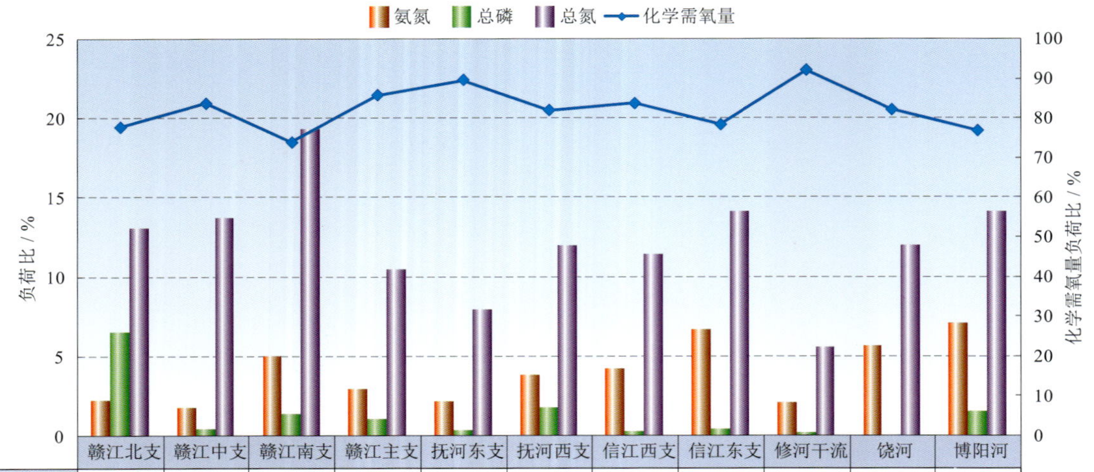

项目	赣江北支	赣江中支	赣江南支	赣江主支	抚河东支	抚河西支	信江西支	信江东支	修河干流	饶河	博阳河
氨氮	2.3%	1.8%	5.1%	3.0%	2.2%	3.9%	4.3%	6.7%	2.1%	5.7%	7.1%
总磷	6.6%	0.5%	1.4%	1.1%	0.4%	1.8%	0.3%	0.5%	0.2%	0.1%	1.6%
总氮	13.1%	13.8%	19.4%	10.5%	8.0%	12.0%	11.5%	14.2%	5.6%	12.0%	14.2%
化学需氧量	78.0%	83.9%	74.2%	86.0%	89.8%	82.2%	83.9%	78.6%	92.2%	82.3%	77.1%

2011年11条河流的四项污染物负荷比最高的均为化学需氧量，占四项污染物的负荷比为74.2%～92.2%；其次为总氮，其负荷比为5.6%～19.4%；氨氮的负荷比为1.8%～7.1%；负荷比最低的为总磷，其负荷比为0.1%～6.6%。化学需氧量是各河流的主要入湖污染物。

2012 年各河流四项污染物入湖量负荷比

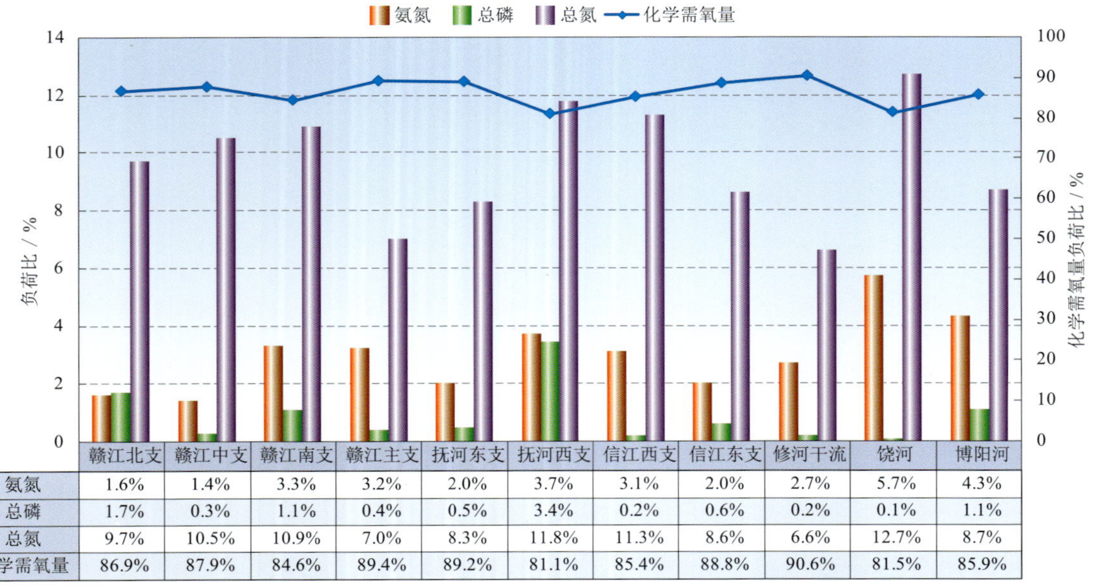

项目	赣江北支	赣江中支	赣江南支	赣江主支	抚河东支	抚河西支	信江西支	信江东支	修河干流	饶河	博阳河
氨氮	1.6%	1.4%	3.3%	3.2%	2.0%	3.7%	3.1%	2.0%	2.7%	5.7%	4.3%
总磷	1.7%	0.3%	1.1%	0.4%	0.5%	3.4%	0.2%	0.6%	0.2%	0.1%	1.1%
总氮	9.7%	10.5%	10.9%	7.0%	8.3%	11.8%	11.3%	8.6%	6.6%	12.7%	8.7%
化学需氧量	86.9%	87.9%	84.6%	89.4%	89.2%	81.1%	85.4%	88.8%	90.6%	81.5%	85.9%

2012年11条河流的四项污染物负荷比最高的均为化学需氧量，占四项污染物的负荷比为81.1%～90.6%；其次为总氮，其负荷比为6.6%～12.7%；氨氮的负荷比为1.4%～5.7%；负荷比最低的为总磷，其负荷比为0.1%～3.4%。化学需氧量是各河流的主要入湖污染物。

2013 年各河流四项污染物入湖量负荷比

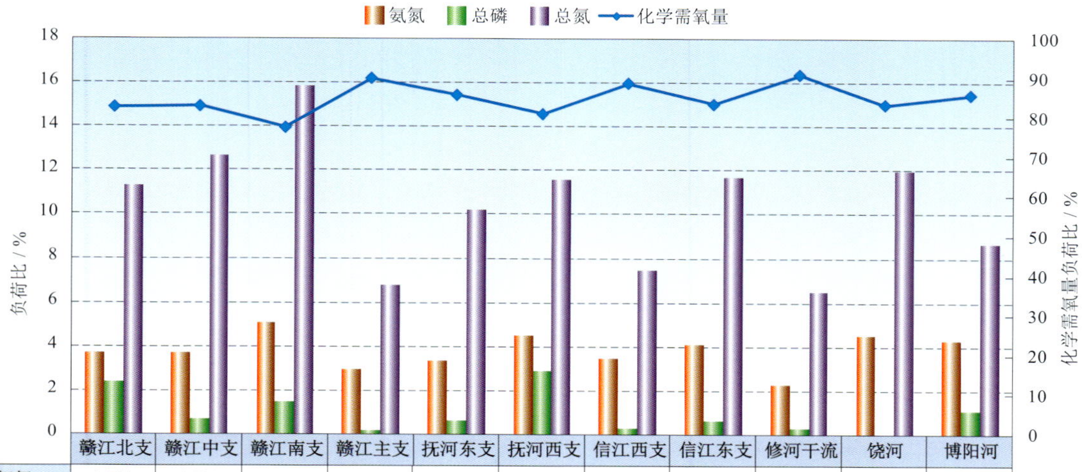

	赣江北支	赣江中支	赣江南支	赣江主支	抚河东支	抚河西支	信江西支	信江东支	修河干流	饶河	博阳河
氨氮	3.7%	3.7%	5.1%	3.0%	3.4%	4.5%	3.5%	4.1%	2.3%	4.5%	4.3%
总磷	2.4%	0.7%	1.5%	0.2%	0.6%	2.9%	0.3%	0.6%	0.3%	0.0%	1.1%
总氮	11.3%	12.7%	15.9%	6.8%	10.2%	11.6%	7.5%	11.7%	6.5%	12.0%	8.7%
化学需氧量	82.7%	82.9%	77.5%	90.0%	85.8%	81.0%	88.8%	83.5%	91.0%	83.4%	85.9%

2013年11条河流的四项污染物负荷比最高的均为化学需氧量，占四项污染物的负荷比为77.5%～91.0%；其次为总氮，其负荷比为6.5%～15.9%；氨氮的负荷比为2.3%～5.1%；负荷比最低的为总磷，其负荷比为0～2.9%。化学需氧量是各河流的主要入湖污染物。

2014 年各河流四项污染物入湖量负荷比

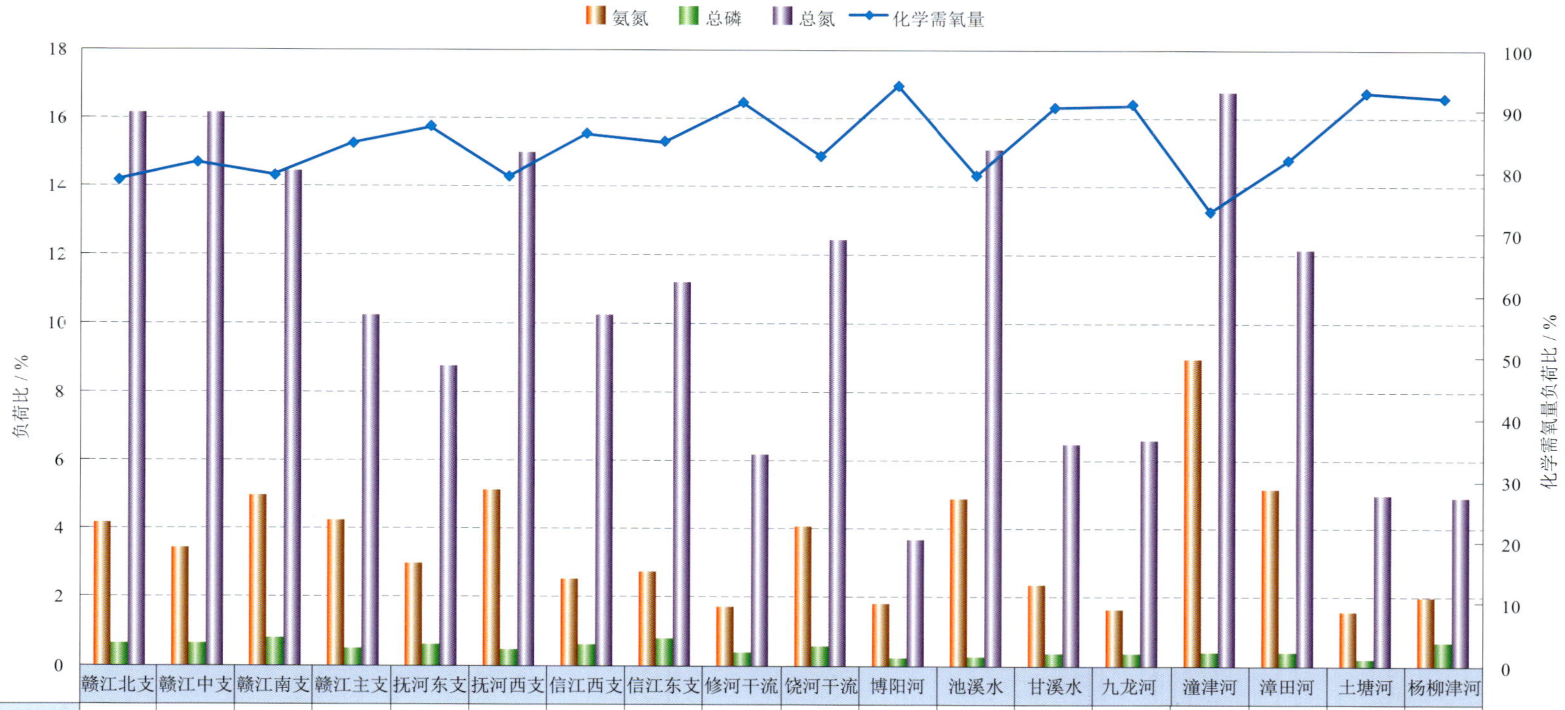

	赣江北支	赣江中支	赣江南支	赣江主支	抚河东支	抚河西支	信江西支	信江东支	修河干流	饶河干流	博阳河	池溪水	甘溪水	九龙河	潼津河	漳田河	土塘河	杨柳津河
氨氮	4.2%	3.5%	5.0%	4.3%	3.0%	5.2%	2.6%	2.7%	1.8%	4.1%	1.9%	5.0%	2.4%	1.7%	9.0%	5.2%	1.6%	2.0%
总磷	0.7%	0.7%	0.9%	0.5%	0.7%	0.5%	0.7%	0.8%	0.4%	0.6%	0.3%	0.3%	0.4%	0.4%	0.5%	0.4%	0.3%	0.7%
总氮	16.2%	14.2%	14.5%	10.3%	8.8%	15.1%	10.3%	11.3%	6.2%	12.5%	3.7%	15.2%	6.5%	6.7%	16.8%	12.2%	5.0%	5.0%
化学需氧量	78.9%	81.6%	79.6%	84.9%	87.5%	79.2%	86.5%	85.2%	91.6%	82.8%	94.2%	79.5%	90.7%	91.3%	73.7%	82.1%	93.1%	92.3%

2014年18条河流的四项污染物负荷比最高的均为化学需氧量，占四项污染物的负荷比为73.7%～94.2%；其次为总氮，其负荷比为3.7%～16.8%；氨氮的负荷比为1.6%～9.0%；负荷比最低的为总磷，其负荷比为0.3%～0.9%。化学需氧量是各河流的主要入湖污染物。

鄱阳湖直排工业源入湖污染负荷

2010—2014年鄱阳湖直排工业污染源分别为69家、99家、66家、65家和116家，分布于50个不同行业。其中建筑用石加工行业的污染源数量最多，分别有29家、31家、26家、27家和27家，占所有直排污染源的58%、62%、52%、54%和23%；主要分布于进贤县、新建区、南昌县、庐山区、都昌县、星子县、湖口县和余干县8个县（市、区），其中进贤县、都昌县、星子县和庐山区数量最多，其他县（区）数量较少。

鄱阳湖直排工业源化学需氧量入湖量县（市、区）年度分布

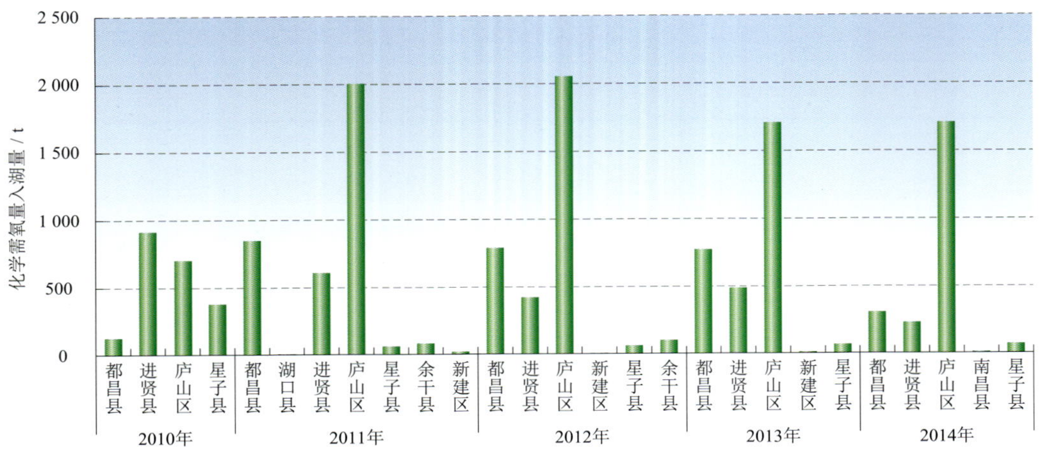

2010—2014年每年直排入鄱阳湖的工业污染源化学需氧量分别为2 111 t、3 603.4 t、3 412.22 t、3 028.38 t和2 307.7 t。

2014年鄱阳湖直排工业源总磷入湖量县（市、区）分布

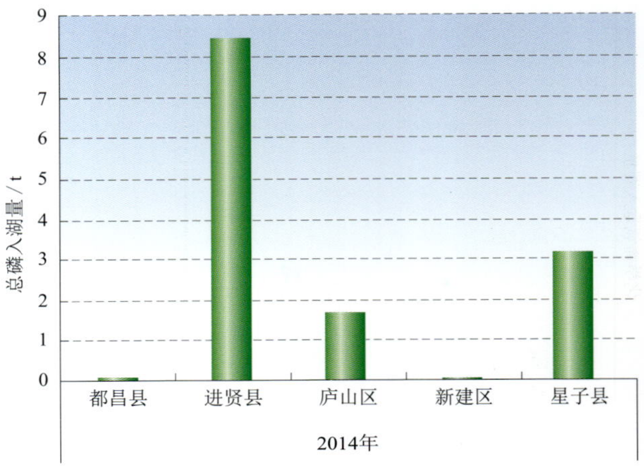

2014年直排入鄱阳湖的工业污染源总磷为13.41 t。

鄱阳湖直排工业源氨氮入湖量县（市、区）年度分布

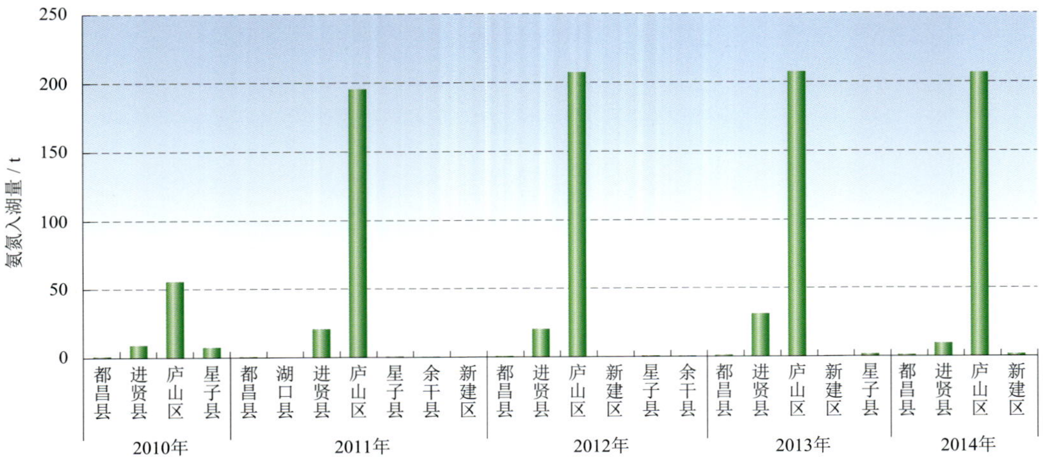

2010—2014年每年直排入鄱阳湖的工业污染源氨氮分别为74.2 t、220.3 t、232.2 t、244.2 t和221.3 t。

2014年鄱阳湖直排工业源总氮入湖量县（市、区）分布

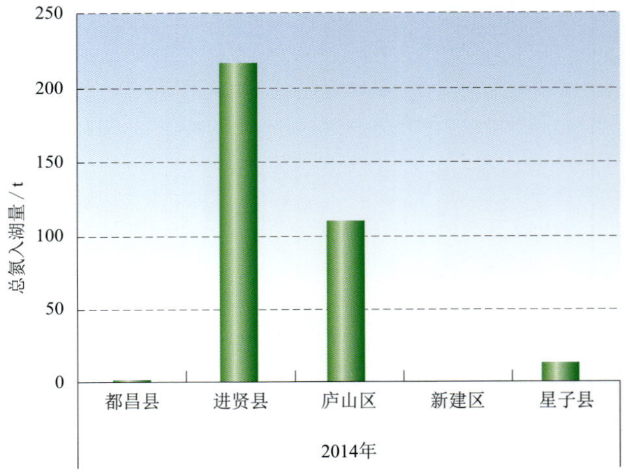

2014年直排入鄱阳湖的工业污染源总氮为340.34 t。

鄱阳湖直排生活源入湖污染负荷

鄱阳湖直排生活污染源2010年主要分布于都昌县和星子县，2011年主要分布于星子县、都昌县、湖口县和共青城市，2012年主要分布于星子县、都昌县和湖口县，2013年、2014年主要分布于进贤县、星子县、都昌县和湖口县。

鄱阳湖直排生活源化学需氧量入湖量县（市、区）年度分布

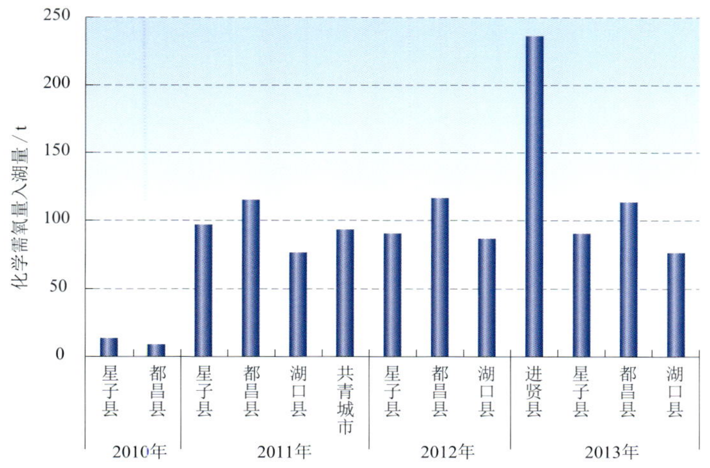

2010—2014年鄱阳湖直排生活源化学需氧量入湖总量分别为22.7 t、381.7 t、295 t、517 t和567.8 t。

鄱阳湖直排生活源氨氮入湖量县（市、区）年度分布

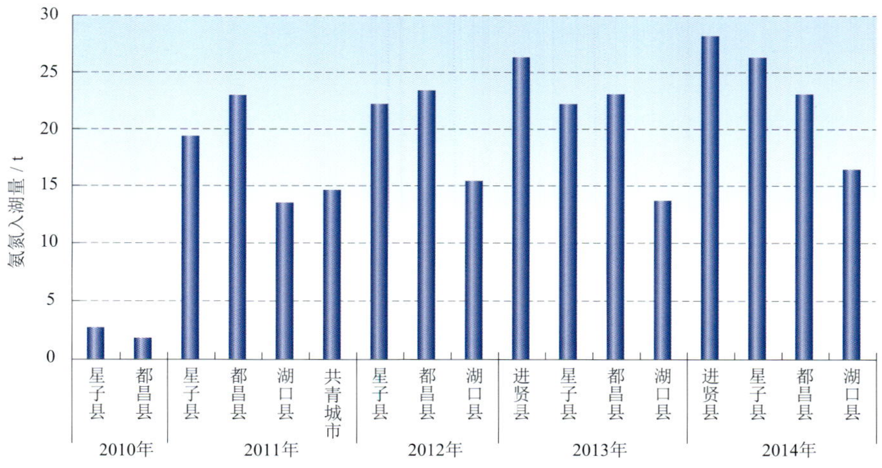

2010—2014年鄱阳湖直排生活源氨氮入湖总量分别为4.5 t、70.8 t、61.2 t、85.4 t和94.1 t。

2014年鄱阳湖直排生活源总磷入湖量县（市、区）分布

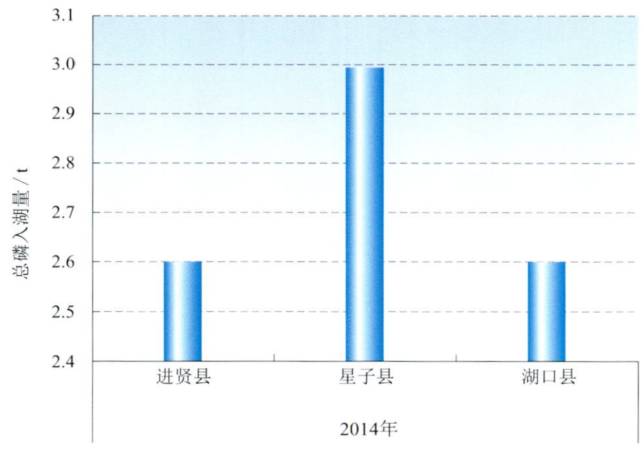

2014年鄱阳湖直排生活源总磷入湖总量为8.2 t。

2014年鄱阳湖直排生活源总氮入湖量县（市、区）分布

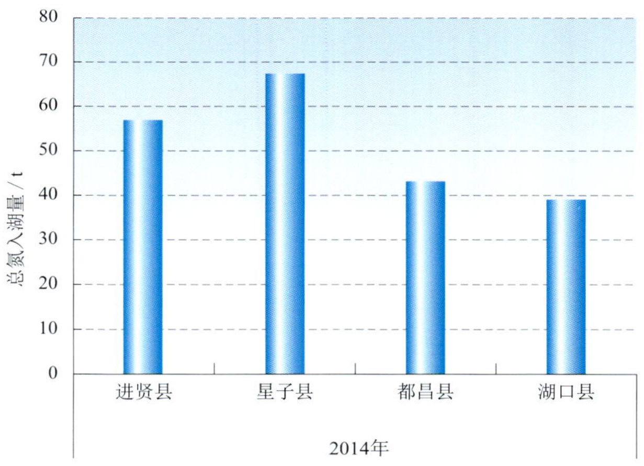

2014年鄱阳湖直排生活源总氮入湖总量为207.8 t。

鄱阳湖湖滨面源入湖污染负荷

鄱阳湖湖滨面源化学需氧量入湖量县（市、区）年度分布

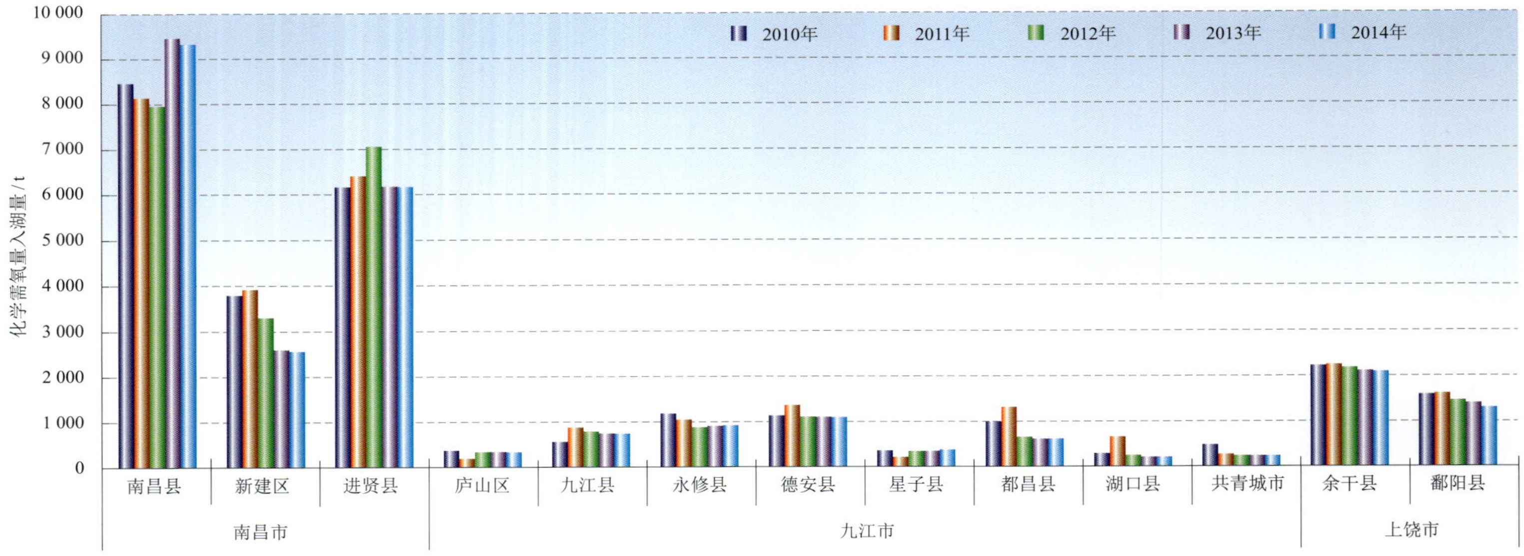

2010年鄱阳湖13个湖滨县（市、区）化学需氧量入湖总量为27 612 t，2011年为28 297 t，2012年为26 530 t，2013年为26 263 t，2014年为25 979 t。

鄱阳湖湖滨面源氨氮入湖量县（市、区）年度分布

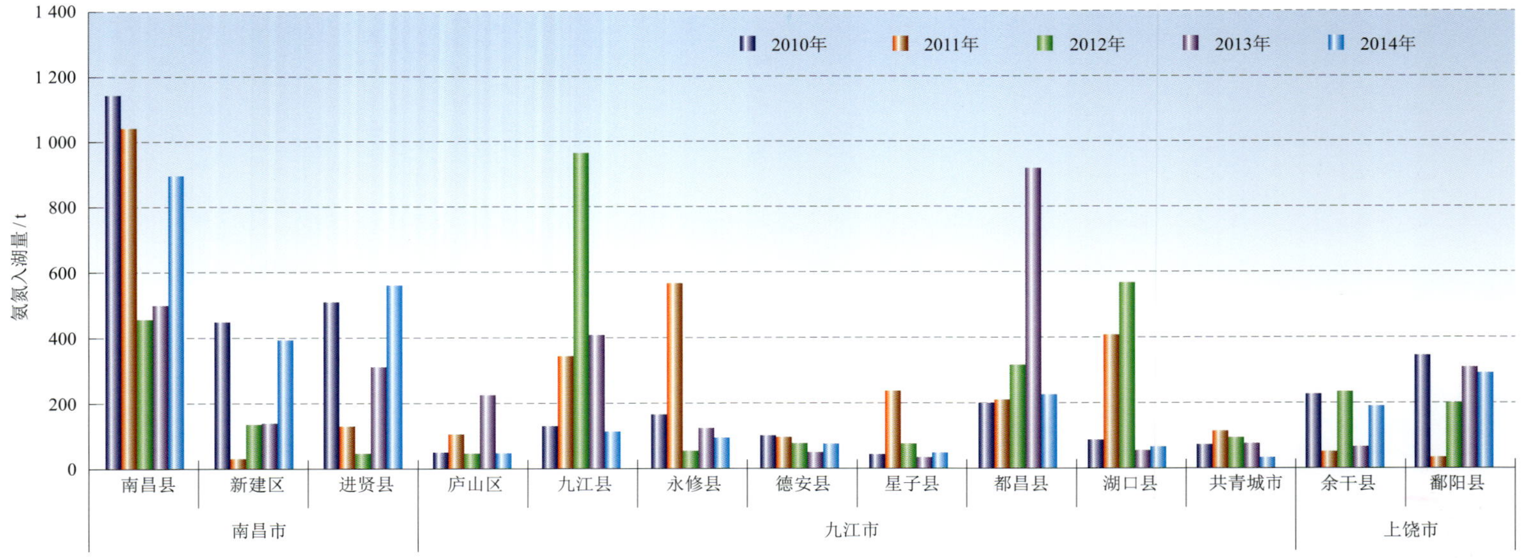

2010年鄱阳湖13个湖滨县（市、区）氨氮入湖总量为3 526 t，2011年为3 519 t，2012年为3 218 t，2013年为3 122 t，2014年为3 037 t。

鄱阳湖湖滨面源总磷入湖量县（市、区）年度分布

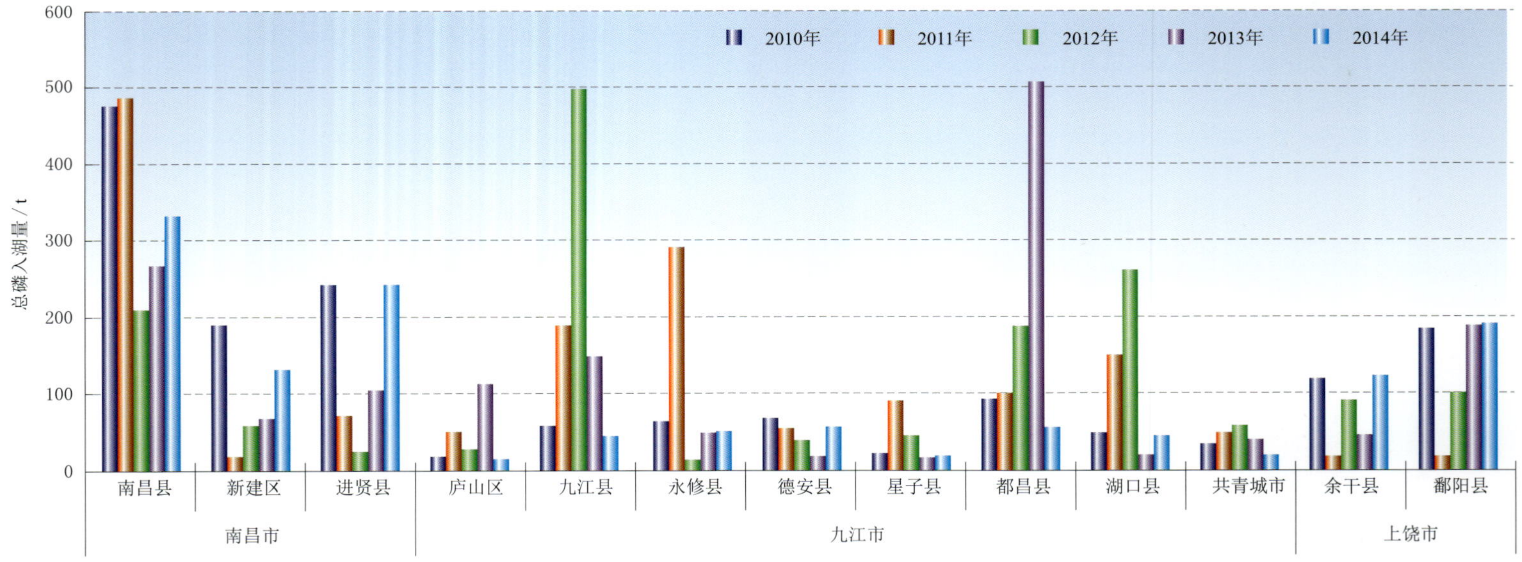

2010年鄱阳湖13个湖滨县（市、区）总磷入湖总量为1 626 t，2011年为1 702 t，2012年为1 565 t，2013年为1 542 t，2014年为1 335 t。

鄱阳湖湖滨面源总氮入湖量县（市、区）年度分布

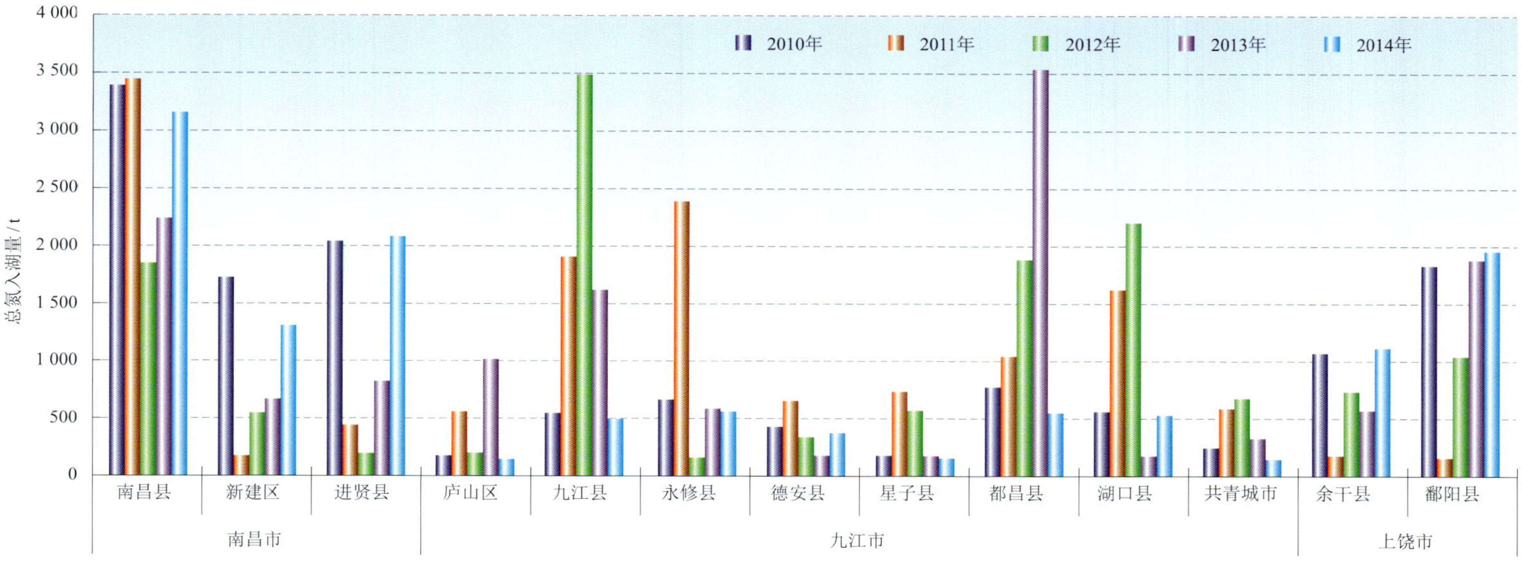

2010年鄱阳湖13个湖滨县（市、区）总氮入湖总量为13 562 t，2011年为14 003 t，2012年为13 737 t，2013年为13 645 t，2014年为12 512 t。

污染物负荷比

2010—2014年鄱阳湖湖滨面源四项污染物中，化学需氧量污染负荷最大，负荷比范围为58.9%～60.6%；其次为总氮，负荷比范围为29.2%～30.6%；氨氮负荷比范围为7.0%～7.6%；总磷负荷比最小，负荷比范围为3.1%～3.6%。

2010—2014 年鄱阳湖湖滨面源四项污染物负荷比

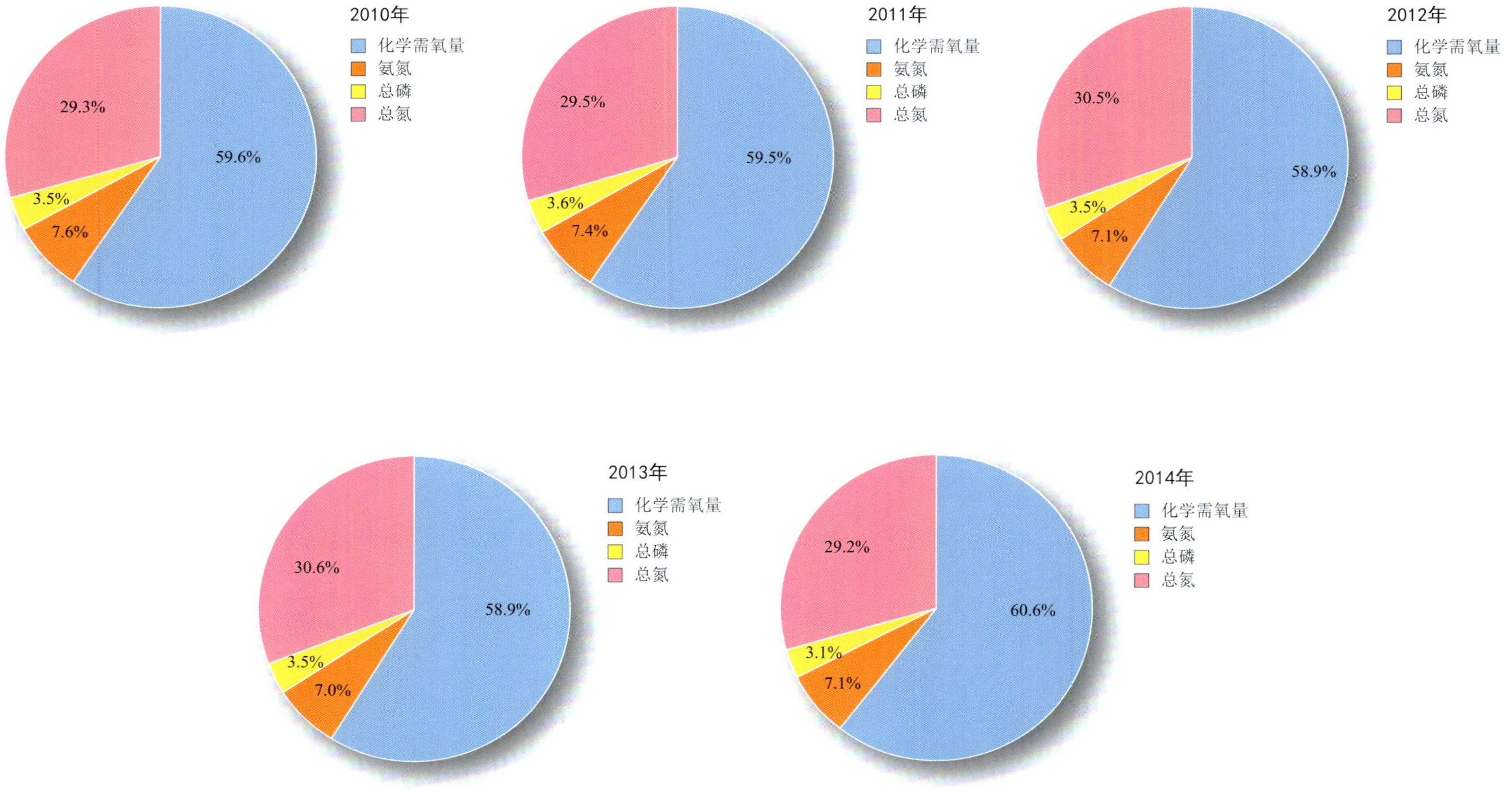

鄱阳湖水产养殖入湖污染负荷

鄱阳湖水产养殖化学需氧量入湖量县（市、区）年度分布

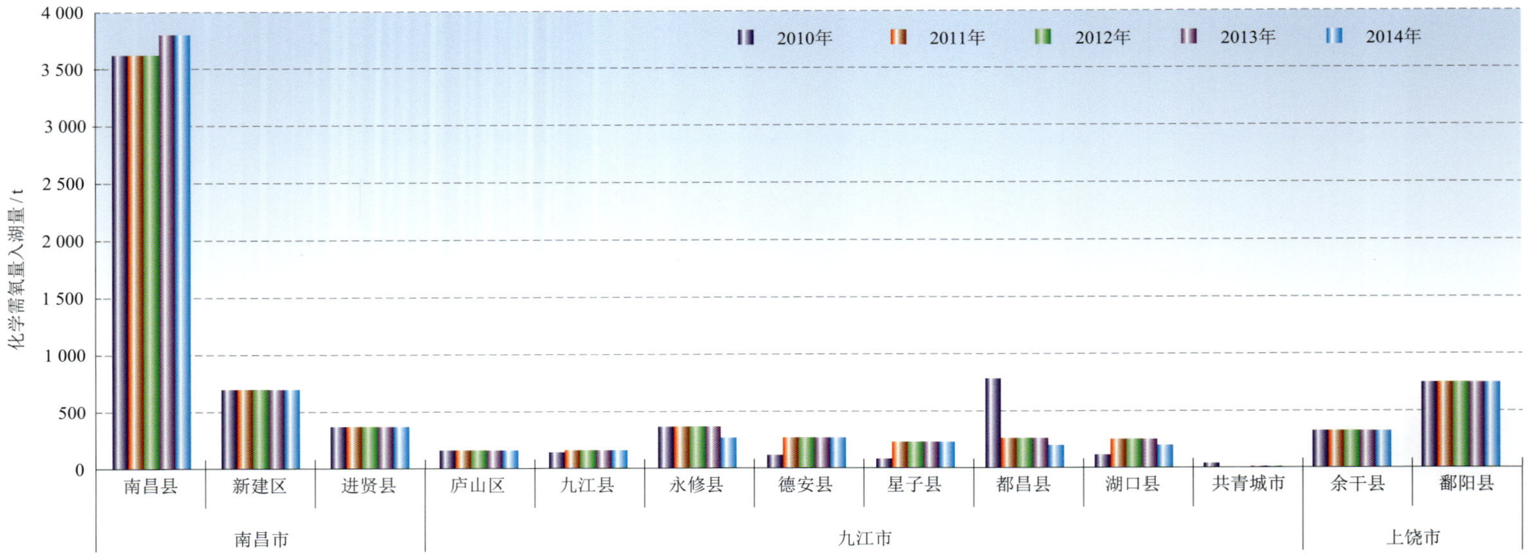

2010—2014年鄱阳湖水产养殖化学需氧量入湖总量分别为7 233 t、7 472 t、7 472 t、7 653 t和7 287.3 t。

鄱阳湖水产养殖氨氮入湖量县（市、区）年度分布

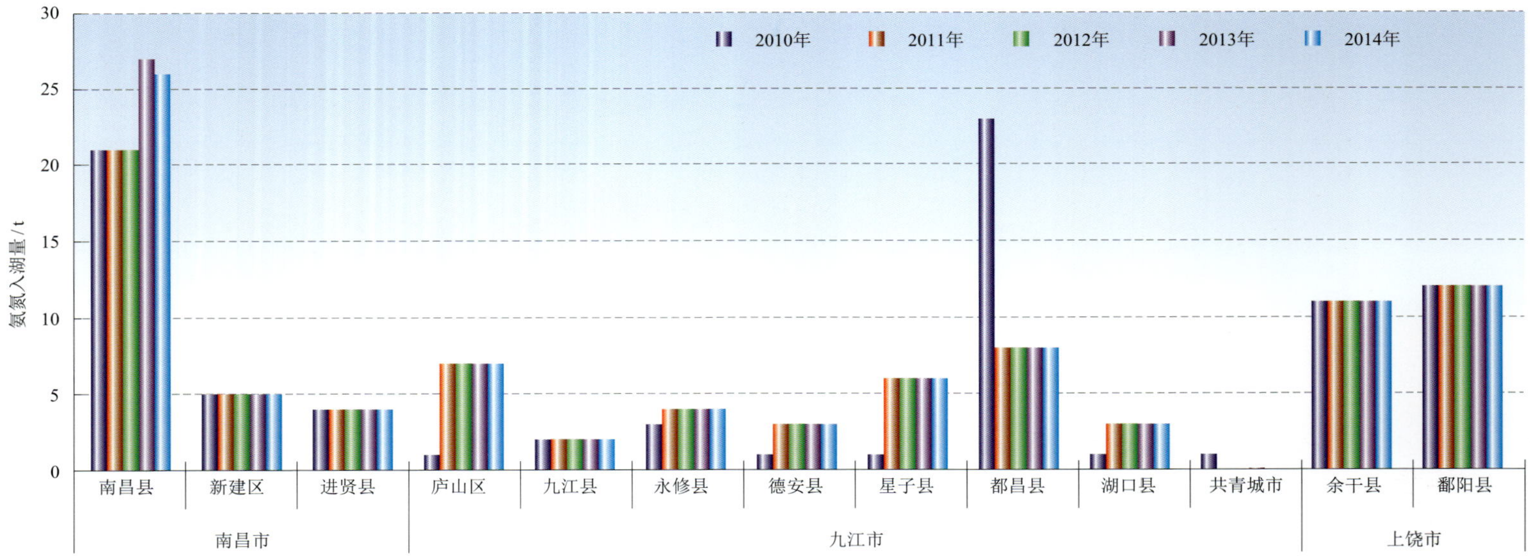

2010—2014年鄱阳湖水产养殖氨氮入湖总量分别为86 t、85 t、85 t、91 t和91 t。

鄱阳湖水产养殖总磷入湖量县（市、区）年度分布

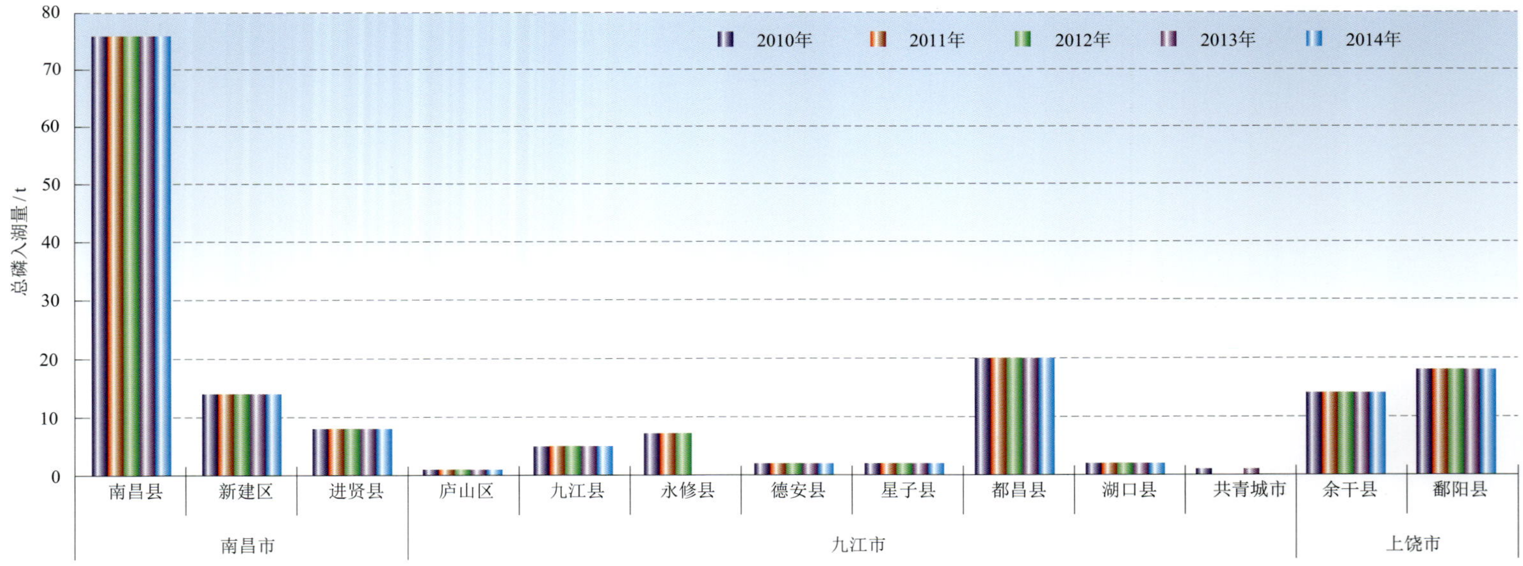

2010—2014年鄱阳湖水产养殖总磷入湖总量分别为170 t、170 t、170 t、163 t和163 t。

鄱阳湖水产养殖总氮入湖量县（市、区）年度分布

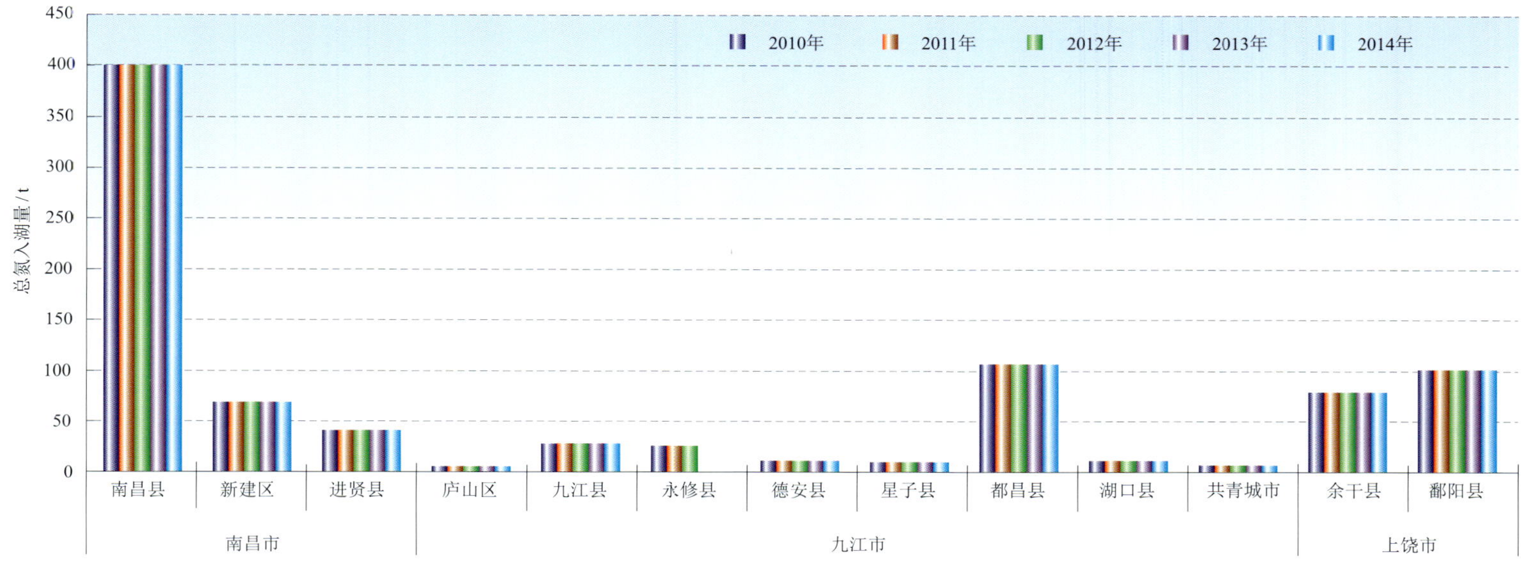

2010—2014年鄱阳湖水产养殖总氮入湖总量分别为896 t、896 t、896 t、870 t和870 t。

污染物负荷比

2010—2014 年鄱阳湖水产养殖四项污染物中，化学需氧量污染负荷最大，负荷比范围为 86.3% ~ 87.2%；其次为总氮，负荷比范围为 9.9% ~ 10.7%；总磷负荷比范围为 1.9% ~ 2.0%；氨氮负荷比最小，负荷比范围为 1.0% ~ 1.1%。

2010—2014 年鄱阳湖水产养殖四项污染物负荷比

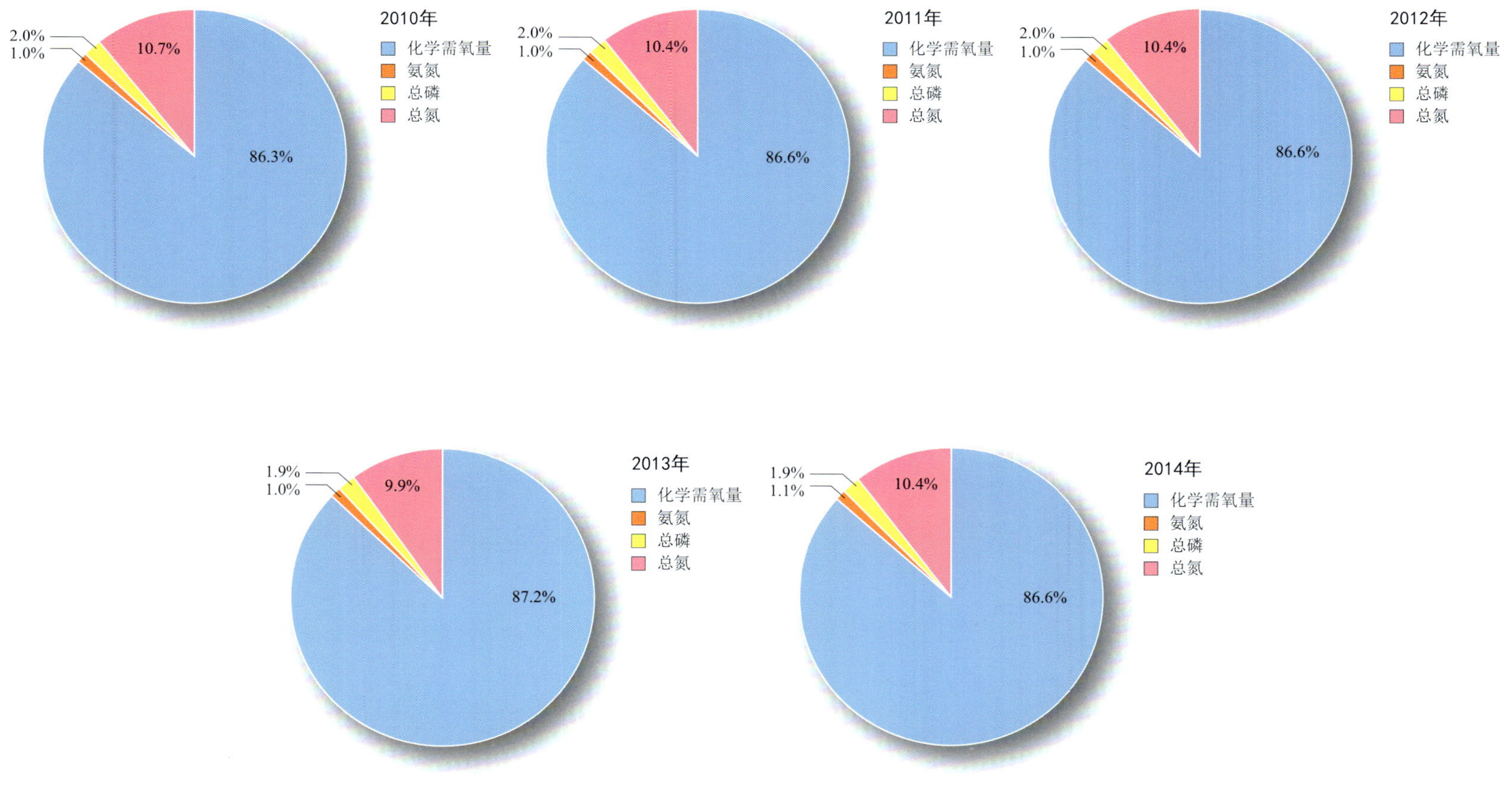

鄱阳湖降水降尘入湖污染负荷

鄱阳湖降水污染物入湖量

鄱阳湖降水数据监测依托于鄱阳湖水质自动监测站，分别在九江市和上饶市布设蛤蟆石、吴城和康山3个点位；监测项目为化学需氧量、氨氮、总磷和总氮；监测时间和频次为2014年每月监测1次，全年共监测12次。

鄱阳湖降尘监测分别在九江市和上饶市布设鞋山、吴城和康山3个点位；监测项目为化学需氧量、氨氮、总磷和总氮；监测时间和频次为2014年每季度监测1次，全年共监测4次。

2014 年各月份鄱阳湖降水四项污染物入湖量

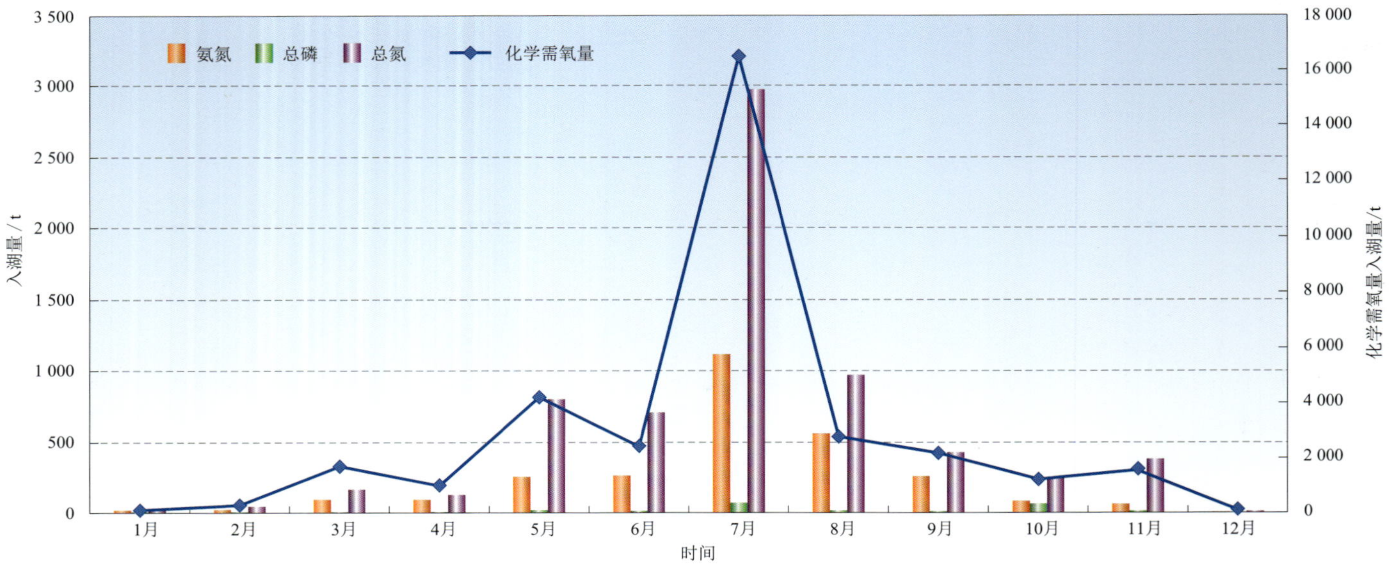

2014 年鄱阳湖降水四项污染物入湖量中，化学需氧量入湖总量为33 390.3 t；氨氮入湖总量为2 849.1 t；总磷入湖总量为215.2 t；总氮入湖总量为6 875.2 t。

2014 年各月份鄱阳湖降水四项污染物入湖量负荷比

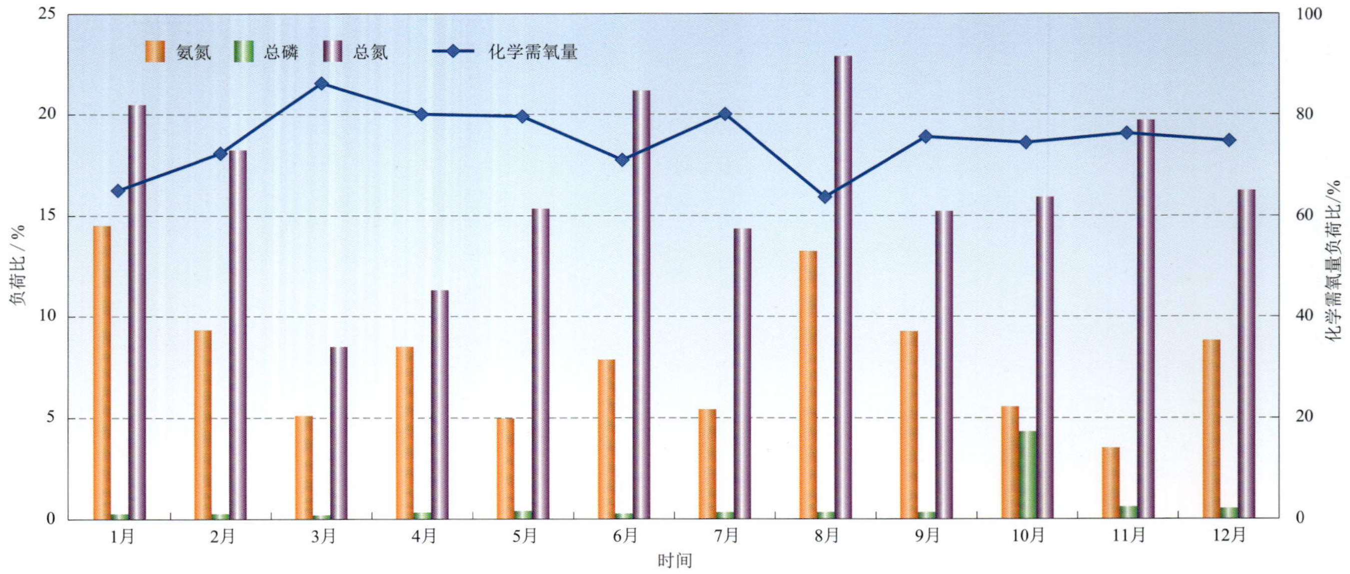

2014年鄱阳湖降水四项污染物负荷比最高的为化学需氧量，占四项污染物的负荷比为63.6%~80.0%；其次为总氮，其负荷比为8.5%~22.9%；氨氮的负荷比为3.5%~14.5%；负荷比最低的为总磷，其负荷比为0.2%~4.3%。化学需氧量是各月份的主要入湖污染物。

降尘污染物入湖量

2014 年各季度鄱阳湖降尘四项污染物入湖量

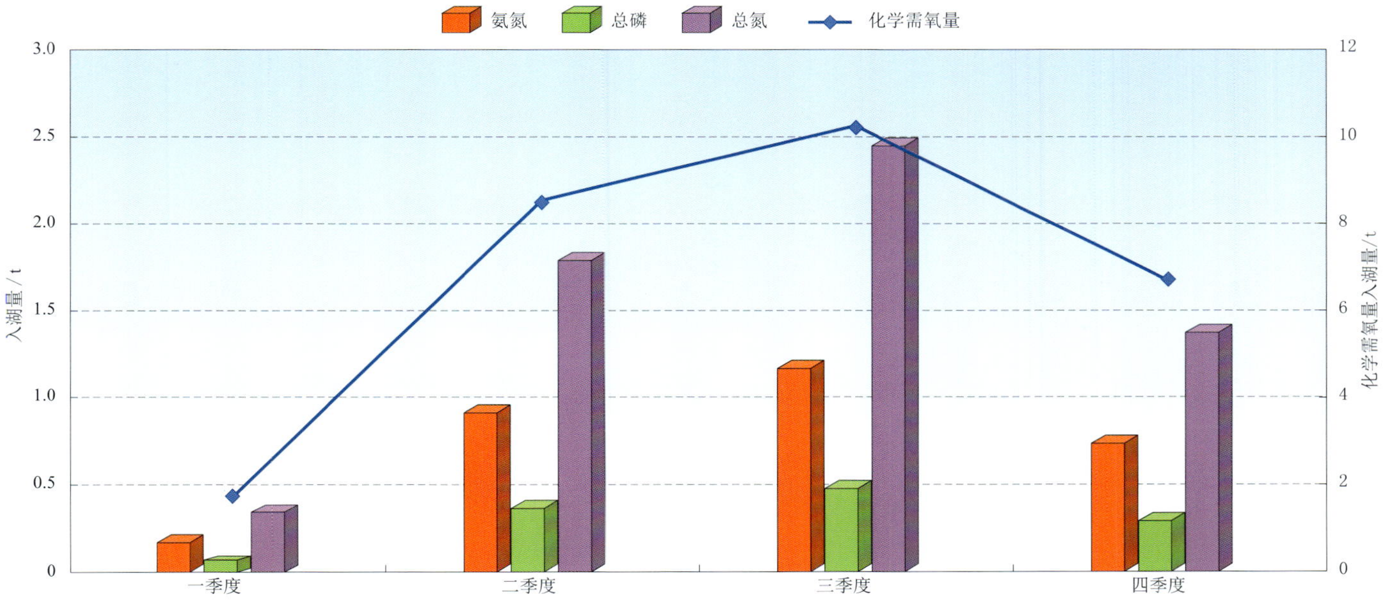

2014年鄱阳湖降尘四项污染物入湖量中，化学需氧量入湖总量为27.1 t；氨氮入湖总量为3.0 t；总磷入湖总量为1.2 t；总氮入湖总量为6.0 t。

2014 年各季度鄱阳湖降尘四项污染物入湖量负荷比

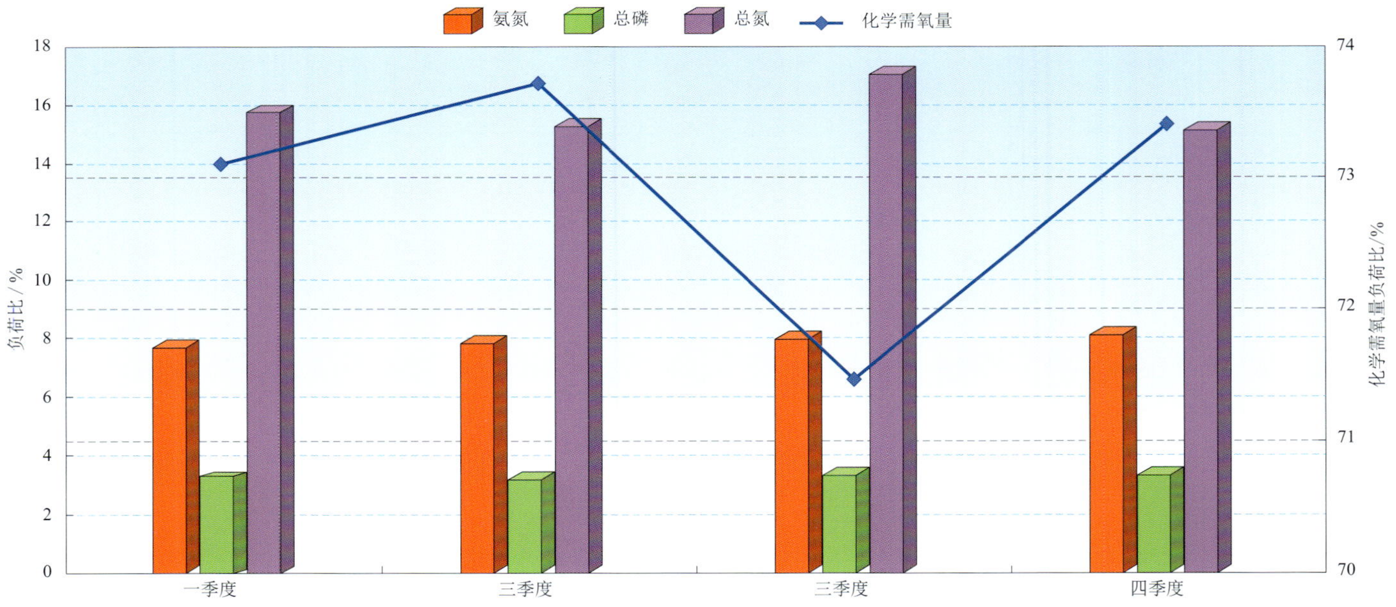

2014年鄱阳湖降尘四项污染物负荷比最高的为化学需氧量，占四项污染物的负荷比为71.5%～73.7%；其次为总氮，其负荷比为15.2%～17.1%；氨氮的负荷比为7.8%～8.1%；负荷比最低的为总磷，其负荷比为3.1%～3.3%。化学需氧量是各季度的主要入湖污染物。

鄱阳湖各途径污染物入湖总负荷

鄱阳湖主要污染物入湖途径为河流入湖、直排工业源、直排生活源、湖滨面源、水产养殖、降水降尘6种。

化学需氧量入湖总量

2010—2014 年鄱阳湖各途径化学需氧量入湖总量分别为 2 006 238 t、938 088 t、2 070 843 t、1 339 094 t 和 1 497 055 t。6 种入湖途径中，河流入湖分担率最高，占 95.8% ~ 98.3%；其次为湖滨面源，分担率为 1.3% ~ 3.0%；直排工业污染源、直排生活污染源、水产养殖 3 种入湖途径分担率均不足 1%。

2010—2014 年鄱阳湖各途径化学需氧量入湖量与分担率

入湖途径	2010年		2011年		2012年		2013年		2014年	
	入湖量 / t	分担率 / %	入湖量 / t	分担率 / %	入湖量 / t	分担率 / %	入湖量 / t	分担率 / %	入湖量 / t	分担率 / %
河流入湖	1 969 261	98.10	899 070	95.80	2 035 049	98.30	1 301 632	97.20	1 461 234	97.60
直排工业污染	2 111	0.10	2 867	0.30	1 497	0.10	3 028	0.20	2 307	0.20
直排生活污染	23	0.001	382	0.041	295	0.01	517	0.03	221	0.00
湖滨面源	27 612	1.40	28 297	3.00	26 530	1.30	26 263	2.00	25 979	1.70
水产养殖	7 231	0.40	7 472	0.80	7 472	0.40	7 654	0.60	7 287	0.50
降水降尘	—	—	—	—	—	—	—	—	27.10	0.00
合计	2 006 238		938 088		2 070 843		1 339 094		1 497 055	

2010—2014 年鄱阳湖各途径化学需氧量入湖分担率

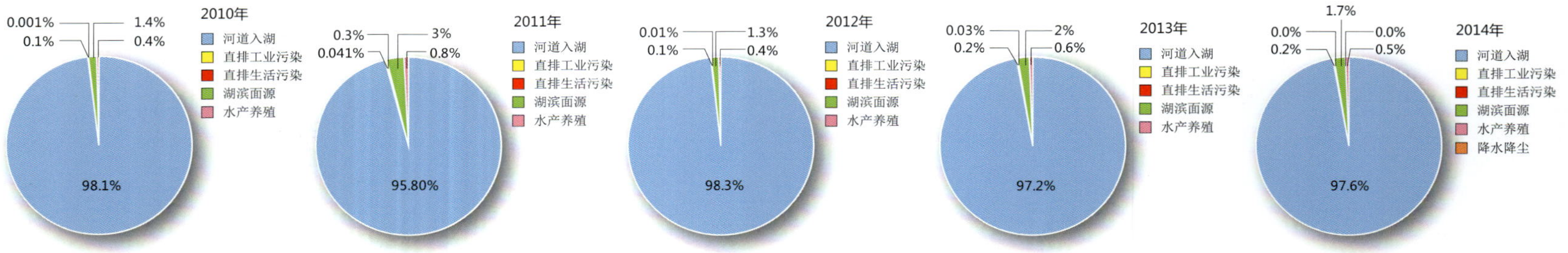

氨氮入湖总量

2010—2014年鄱阳湖各途径氨氮入湖总量分别为77 362 t、41 243 t、74 471 t、57 728 t和69 775 t。6种入湖途径中，河流入湖分担率最高，占90.7%~95.2%；其次为湖滨面源，分担率为4.3%~8.5%。

2010—2014 年鄱阳湖各途径氨氮入湖量与分担率

入湖途径	2010年		2011年		2012年		2013年		2014年	
	入湖量 / t	分担率 / %	入湖量 / t	分担率 / %	入湖量 / t	分担率 / %	入湖量 / t	分担率 / %	入湖量 / t	分担率 / %
河流入湖	73 672	95.20	37 412	90.70	70 931	95.20	54 265	94.00	63 483	91.10
直排工业污染	74.20	0.10	220.30	0.50	232.20	0.30	244.20	0.40	221.30	0.30
直排生活污染	4.50	0.0 052	7.00	0.009	5.30	0.01	6.50	0.01	94	0.10
湖滨面源	3 526	4.60	3 519	8.50	3 218	4.30	3 122	5.40	3 037	4.40
水产养殖	86	0.10	85	0.20	85	0.10	91	0.20	91	0.10
降水降尘	—	—	—	—	—	—	—	—	2 849.10	4.10
合计	77 362.70		41 243		74 471		57 728		69 775.40	

2010—2014 年鄱阳湖各途径氨氮入湖分担率

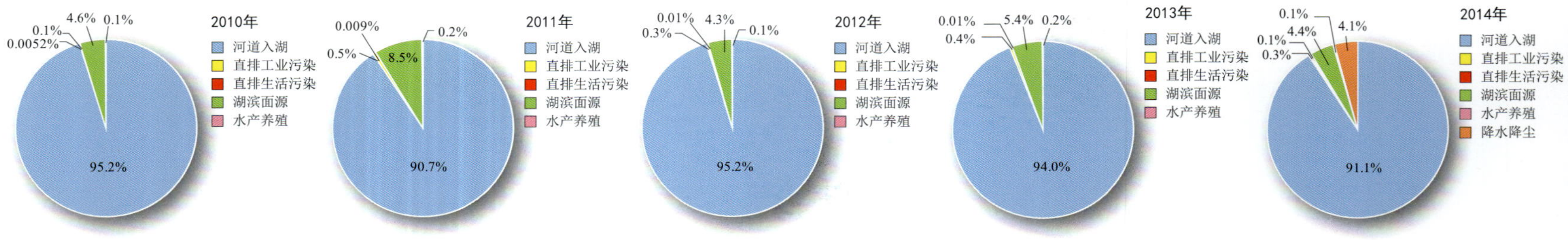

总磷入湖总量

2010—2014年鄱阳湖各途径总磷入湖总量分别为26 015 t、7 536 t、13 288 t、9 717 t和12 117.6 t。6种入湖途径中，河流入湖分担率最高，为75.2%～93.1%；其次为湖滨面源，分担率为6.3%～22.6%；湖体水产养殖分担率为0.7%～2.3%。

2010—2014年鄱阳湖各途径总磷入湖量与分担率

入湖途径	2010年		2011年		2012年		2013年		2014年	
	入湖量/t	分担率/%	入湖量/t	分担率/%	入湖量/t	分担率/%	入湖量/t	分担率/%	入湖量/t	分担率/%
河流入湖	24 219	93.10	5 664	75.20	11 553	86.90	8 012	82.50	10 598	87.50
直排工业污染	—	—	—	—	—	—	—	—	13.40	0.10
直排生活污染	—	—	—	—	—	—	—	—	8.20	0.10
湖滨面源	1 626	6.30	1 702	22.60	1 565	11.80	1 542	15.90	1 335	11.00
水产养殖	170	0.70	170	2.30	170	1.30	163	1.70	163	1.30
降水降尘									215.20	1.80
合计	26 015		7 536		13 288		9 717		12 117.60	

注：直排工业、生活污染无总磷数据。

2010—2014年鄱阳湖各途径总磷入湖分担率

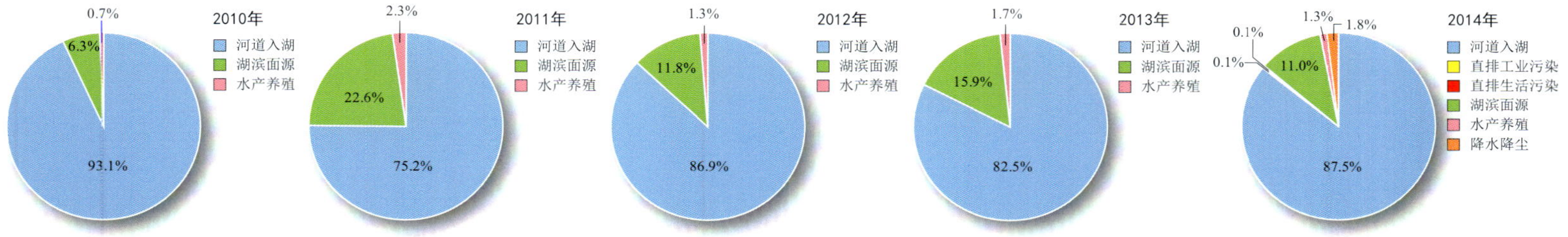

总氮入湖总量

2010—2014年鄱阳湖各途径总氮入湖总量分别为271 039 t、127 758 t、244 224 t、167 395 t和208 305 t。6种入湖途径中，河流入湖分担率最高，为87.8%～94.5%；其余依次为湖滨面源，分担率为5.1%～11.5%；湖体水产养殖分担率为0.3%～0.7%；降水降尘分担率为0.03%。

2010—2014年鄱阳湖各途径总氮入湖量与分担率

入湖途径	2010年		2011年		2012年		2013年		2014年	
	入湖量/t	分担率/%	入湖量/t	分担率/%	入湖量/t	分担率/%	入湖量/t	分担率/%	入湖量/t	分担率/%
河流入湖	250 963	94.50	106 985	87.80	223 767	93.90	146 960	91.00	194 369	93.00
直排工业污染	—	—	—	—	—	—	—	—	340	0.17
直排生活污染	—	—	—	—	—	—	—	—	207	0.10
湖滨面源	13 562	5.10	14 003	11.50	13 737	5.80	13 645	8.50	12 512	6.30
水产养殖	896	0.30	896	0.70	896	0.40	870	0.50	870	0.40
降水降尘	—	—	—	—	—	—	—	—	6	0.03
合计	271 039		127 758		244 224		167 395		208 305	

注：2010—2013年直排工业、直排生活污染无总氮数据。

2010—2014年鄱阳湖各途径总氮入湖分担率

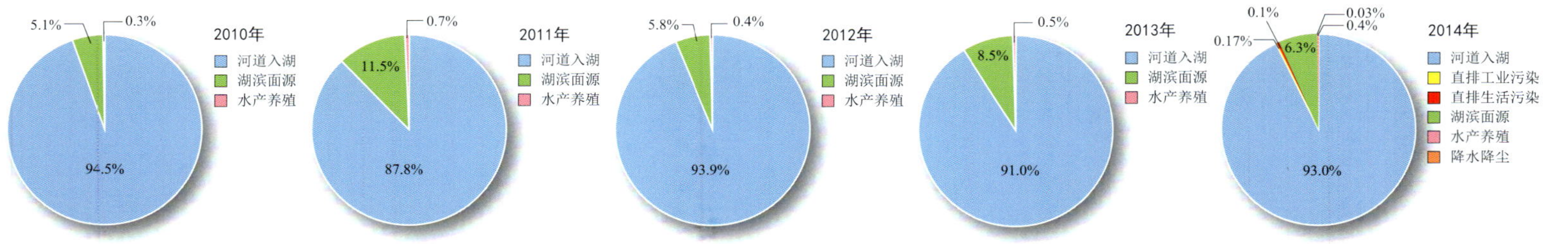

鄱阳湖各途径污染物入湖污染负荷比

2010—2014年鄱阳湖各途径污染物入湖总量中，化学需氧量污染负荷比最大，负荷比范围为83.8%～86.4%，其中2012年负荷比最大，2014年负荷比最小；其次为总氮，污染负荷比范围为9.9%～11.7%，其中2014年最大，2012年最小；氨氮污染负荷比范围为3.1%～3.9%，其中2014年最大，2012年最小；总磷污染负荷比最小，负荷比范围为0.6%～1.1%，其中2010年最大，2012年、2013年和2014年负荷比最小。

2010—2014 年鄱阳湖各途径污染物入湖总量负荷比

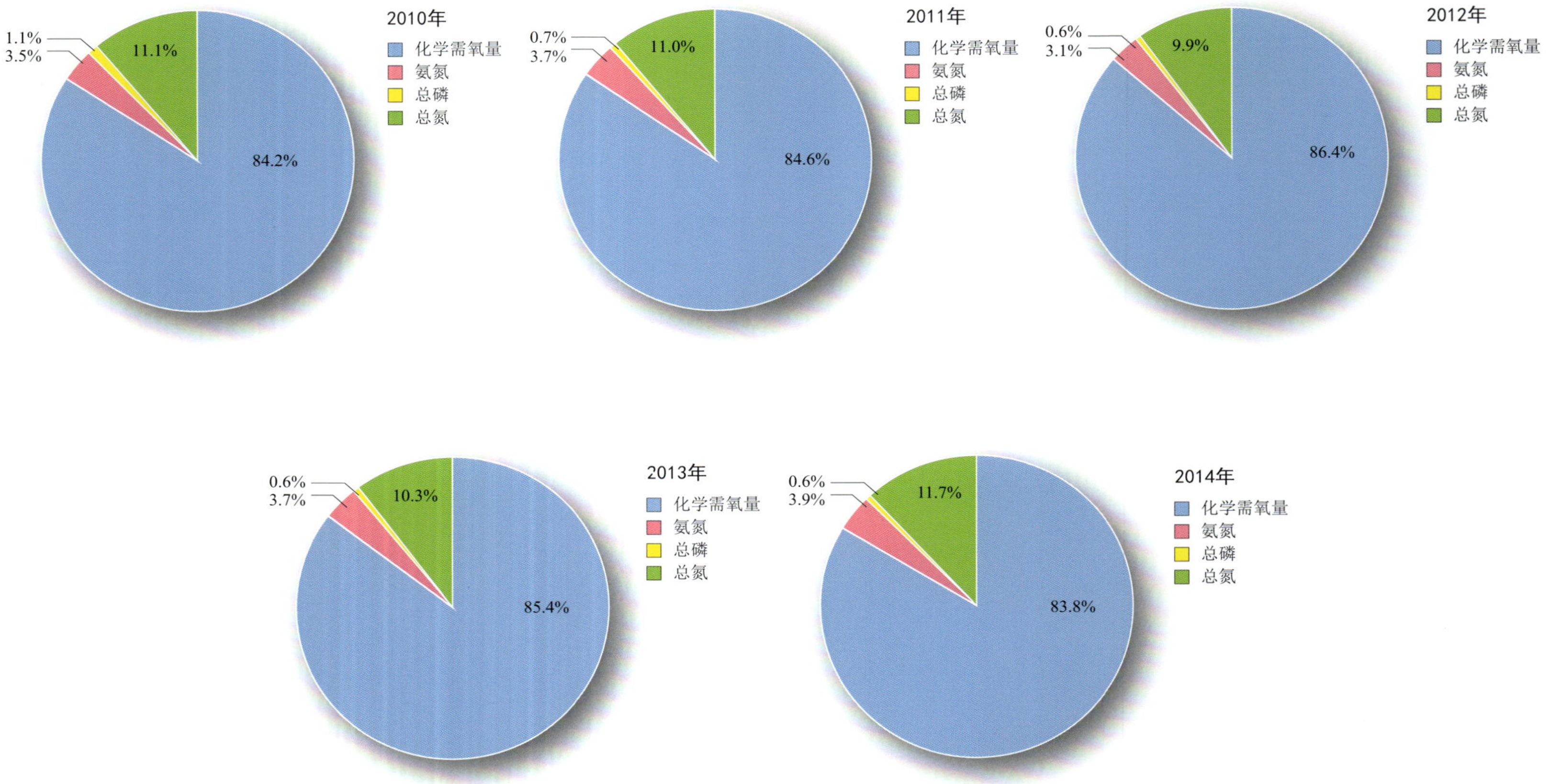

鄱阳湖各途径污染物入湖量变化趋势

2010—2014年鄱阳湖各途径污染物入湖总量呈波动变化，2010年和2012年处于高值，2011年处于最低值。2014年与2010年相比，污染物入湖总量均有不同程度下降，但直排工业污染和生活污染入湖量均较大。

2010—2014 年鄱阳湖各途径污染物入湖总量年度变化趋势

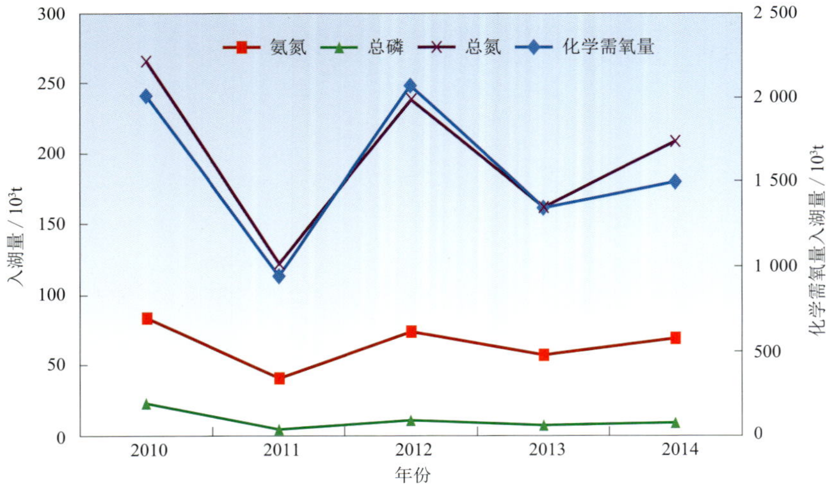

2014 年与 2010 年鄱阳湖各途径污染物入湖量变化幅度

入湖途径	化学需氧量/%	氨氮/%	总磷/%	总氮/%
河流入湖	－25.8	－13.8	－56.2	－22.6
直排工业污染	9.3	198	—	—
直排生活污染	860.8	2 252	—	—
湖滨面源	－5.9	－13.8	－17.9	－7.7
水产养殖	0.7	5.8	－4.1	－2.9
入湖总量	－25.4	－17.0	－53.4	－23.1

六、生物资源

Biological Resources

湿地植被

鄱阳湖湿地共有高等植物109科308属551种，其中，苔藓植物有16科24属31种，蕨类植物有14科15属18种，未见裸子植物分布，被子植物种类最多，是鄱阳湖湿地的优势类群，有79科269属502种。

鄱阳湖湿地高等植物区系组成

高等植物	分类群	科数/个	比例/%	属数/个	比例/%	种数/个	比例/%
苔藓植物	苔类植物	2	1.83	3	0.97	6	1.09
	藓类植物	14	12.84	21	6.82	25	4.54
	总计	16	14.68	24	7.79	31	5.63
蕨类植物		14	12.84	15	4.87	18	3.27
被子植物	双子叶植物	60	55.05	187	60.71	348	63.16
	单子叶植物	19	17.43	82	26.62	154	27.95
	总计	79	72.48	269	87.34	502	91.11
总计		109	100	308	100	551	100

鄱阳湖湿地植被空间分布

鄱阳湖区面积最大的高程区间在10～15 m，面积2760.24 km^2，占全湖总面积的79.83%，其中11～12 m的高程区间又比较集中，占全湖总面积的23.52%。各种植被类型对水分需求不一，使鄱阳湖湿地植被的空间分布表现出明显的水分梯度，各种植被类型占据特定的水分生态位空间，形成了特定的水位-高程-植被分布模式。

主要植物群落沿高程分布规律

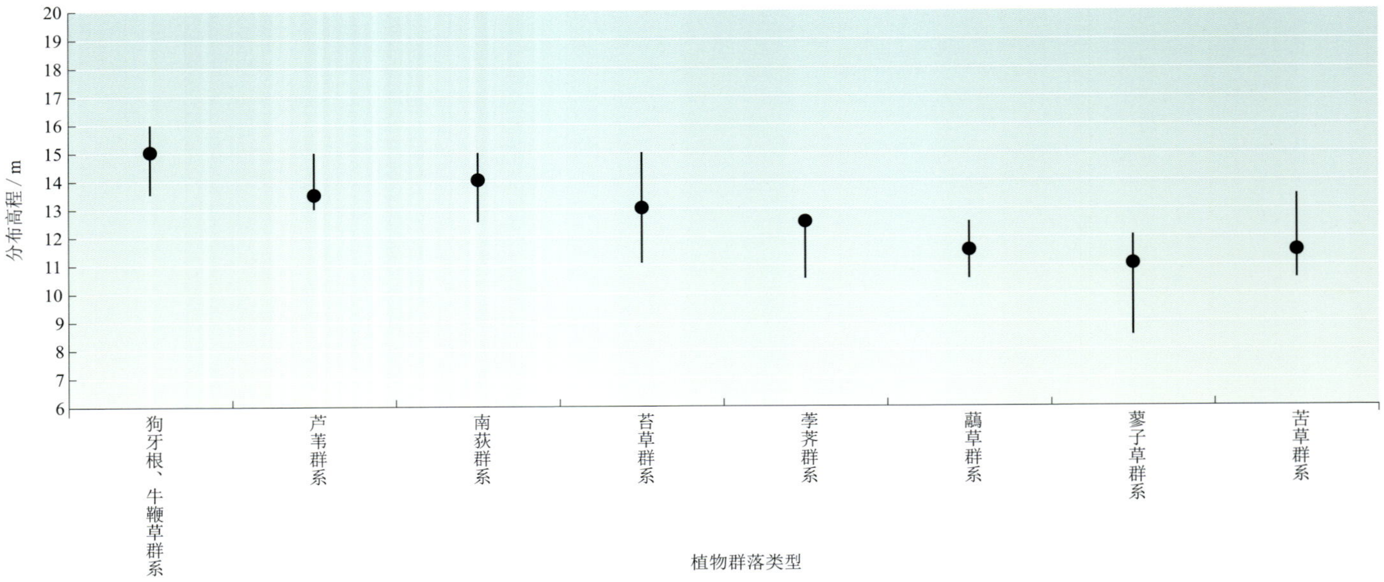

鄱阳湖湿地植物群落沿高程梯度可划分出5个植被带

①湿中生植被带（18～16 m）：分布于枯水期陆滩。该处无积水，但土壤潮湿，汛期短，水深0.5 m以内，如河岸、湖滨、堤脚、江心洲等小面积地段。由于生境变化，植物种类组成复杂，既适于水环境又可耐陆生，或生活周期中某阶段适于水环境而另一阶段又适于陆生环境。

②湿沼生植被带（16～14.2 m）：可分为3个小的条带：a.沼泽；b.稀疏草洲；c.茂密草洲。分布于枯水期仍有斑块状积水的滩地。该地段在汛期水深0.5～1m。带内出现的植物种子可在浅水环境中生长发育，其花、果枝挺出水面，植株花序或花序梗发达或具较长的小花梗。

③挺水植被带（14.2～13.8 m）：分布于汛期水深1～1.5 m的湖缘、河边等地段。在视觉断面上，该植被带多分布于湖盆向湖岸延伸的倾斜坡面或河流的吃水坡岸。该地段淤泥深厚、肥沃。植株多为高禾类，根状茎发达，不定根易发生。主要群落类型有菰群丛、芦苇群丛、南荻群丛。

④浮叶植被带（14～13.5 m）：分布于汛期水深1.5～2 m的浅水水域，主要处于湖泊的边缘。常见的组成植物有荇菜、芡、菱属、水鳖等。其叶浮于水面，根系和茎沉于水体，花露出水面开放，果于水下生长发育。群落上层有挺水植物，如莲；下层有沉水植物，如苦草、聚草、黑藻等。

⑤沉水植被带（13.8 m以下）：分布于汛期水深1～6 m的水域。该水域水体清澄，群落总盖度达80%以上。主要植物组成有苦草、黑藻、聚草、大茨藻、小茨藻、数种眼子菜、金鱼藻等。

鄱阳湖典型湿地植被分布

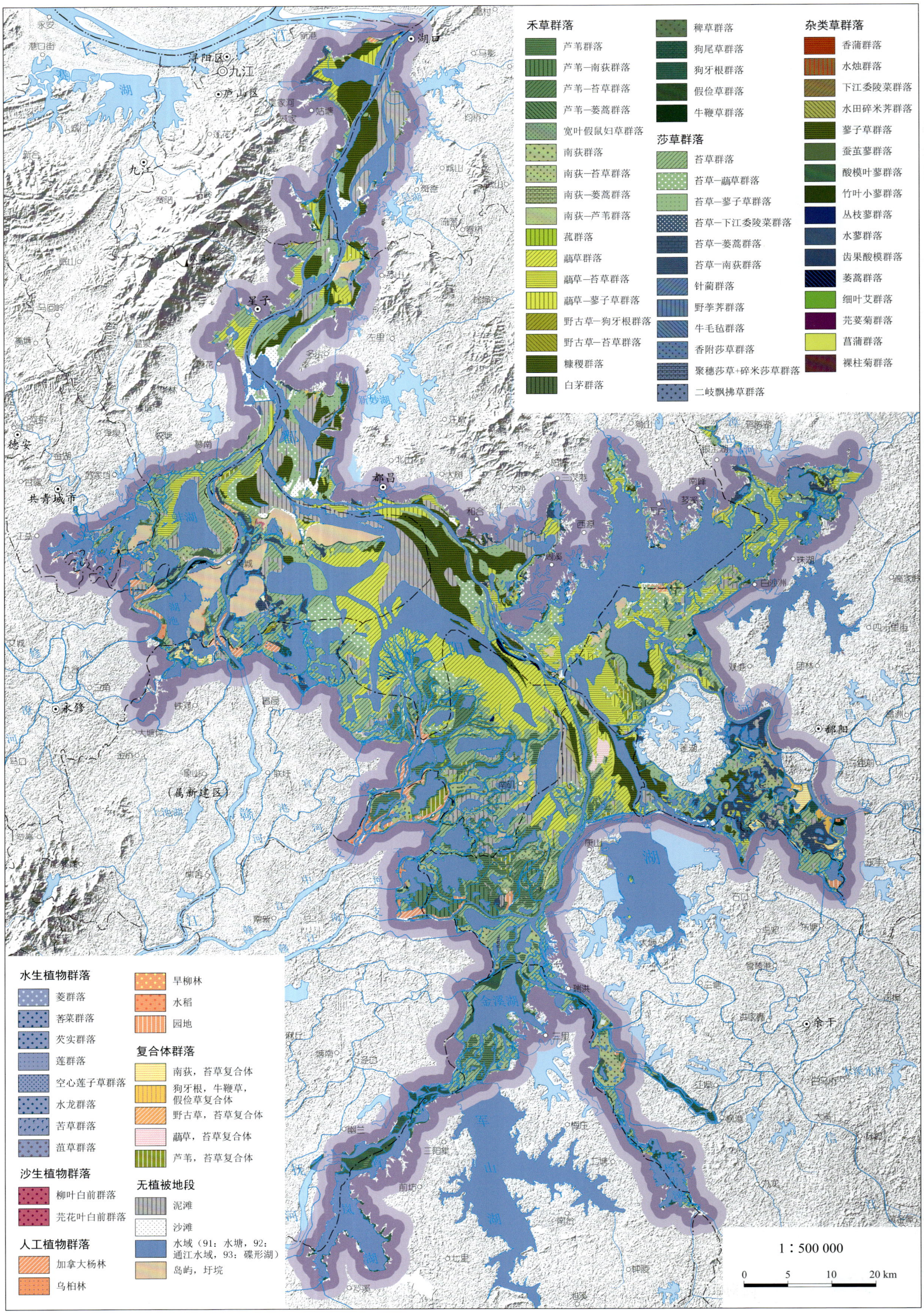

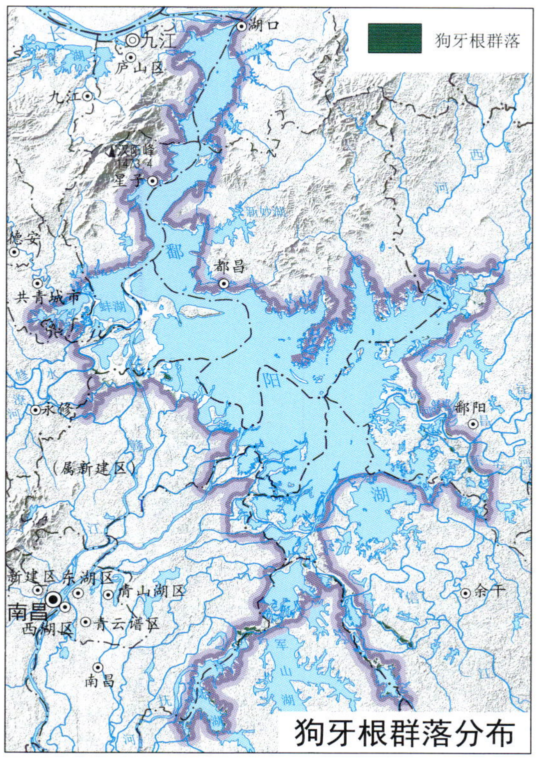

狗牙根群落分布

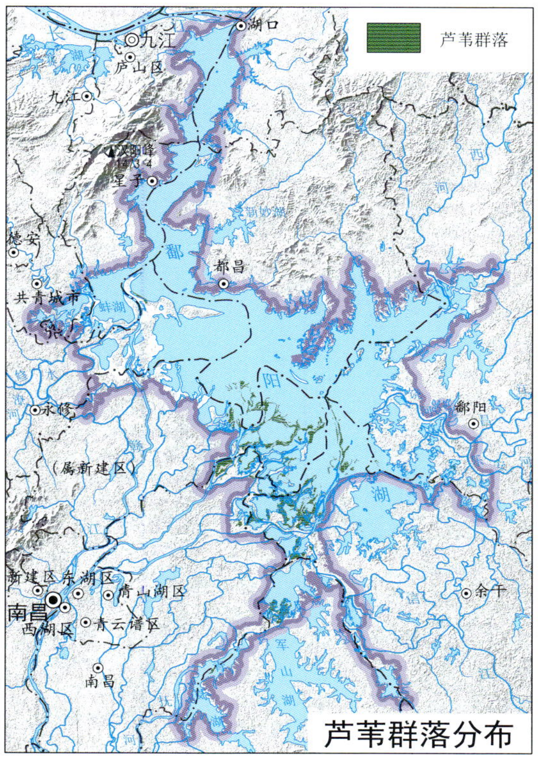

芦苇群落分布

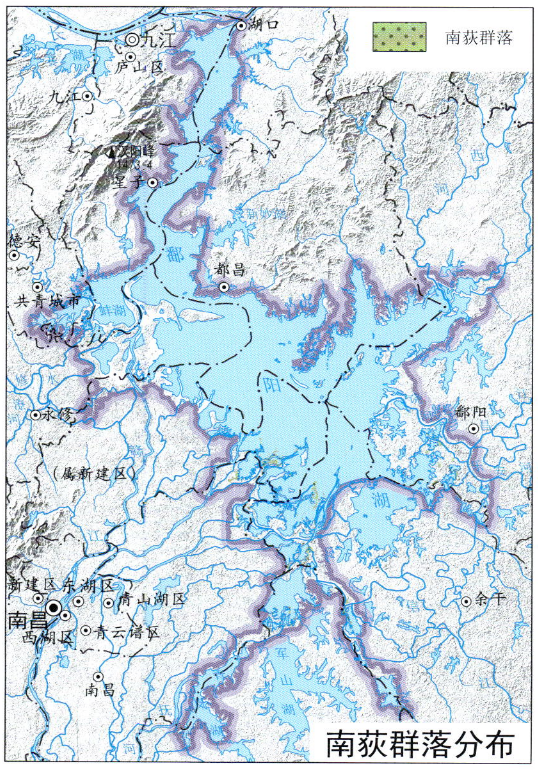

南荻群落分布

狗牙根群落：单层结构，群落高20～30 cm，分布于圩堤附近、河道两侧的高滩地上，主要分布高程范围为13.5～16 m。

芦苇群落：鄱阳湖以芦苇为主的纯群丛已不多见，以芦苇为建群种的群落主要分布在圩堤的堤坝上，沿圩堤呈现条带状分布，集中成片的分布在湖区西南角的磨盘洲、大沙荒等处，其分布高程较高，一般在13 m以上。

南荻群落：以南荻为建群植物的群落分布面积较大，高程略高于苔草，主要在13.5～14.5 m，常与苔草群落相互交织在一起成镶嵌结构。

苔草群落：是鄱阳湖区面积最大、分布最广的群落类型，组成群落的苔草种类较多，常常是多种苔草混生在一起，成为群落优势种的主要有灰化苔草、红穗苔草、芒尖苔草、单性苔草、糙叶苔草、弯喙苔草、日本苔草等。各类苔草群落的分布空间存在一定规律，与水分因子相关。一般规律是：三角洲前沿和碟形湖近水处，主要出现的是红穗苔草和弯喙苔草；洲滩低洼处常出现的是芒尖苔草；面积最广的是灰化苔草和糙叶苔草；而较高处以单性苔草为主。苔草群落高40～80 cm，盖度大，常可达100%。

藨草群落：主要分布于北部低洲滩上和南部三角洲前沿地段，分布高程多在12～12.5 m，土壤含沙量较高，群落高60～80 cm，盖度60%～80%，群落内常见伴生种有蓼子草、红穗苔草、皱叶酸模、水田碎米荠等。

蓼子草群落：主要分布在河道两侧的滩地上，盖度40 %左右，高5～10 cm，单层结构，常见伴生种有稻槎菜、细籽焊菜、看麦娘等。

1∶1 500 000

0　15　30　45　60 km

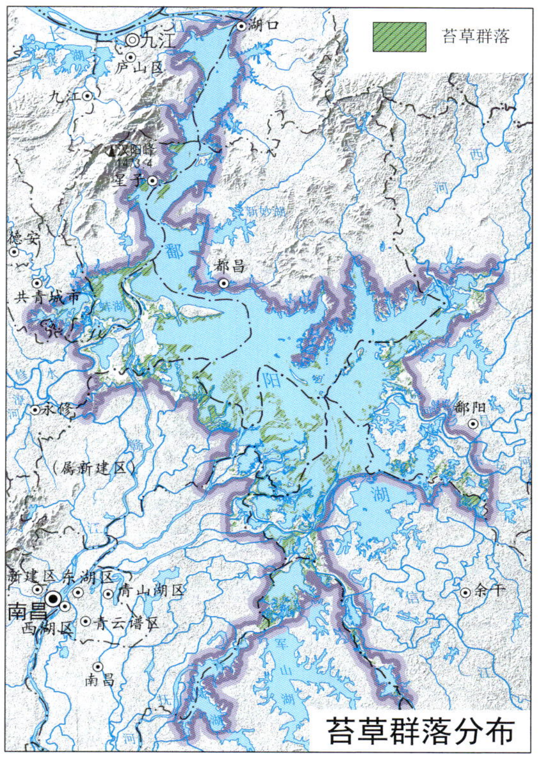

苔草群落分布

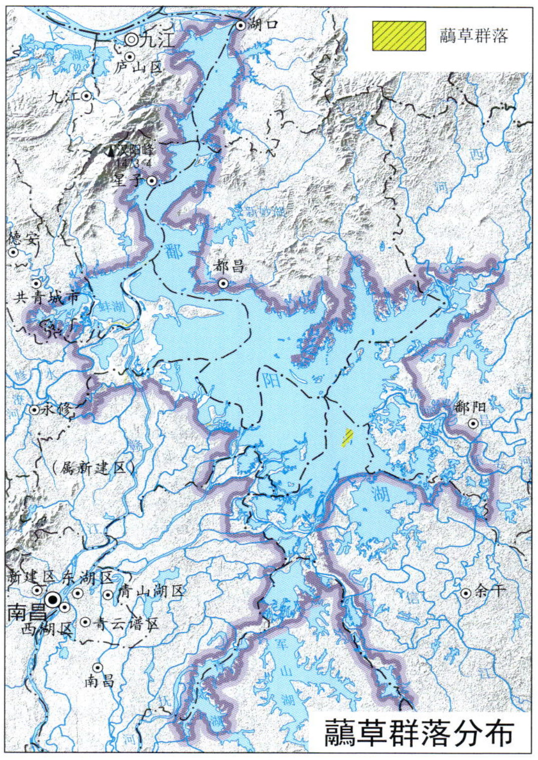

藨草群落分布

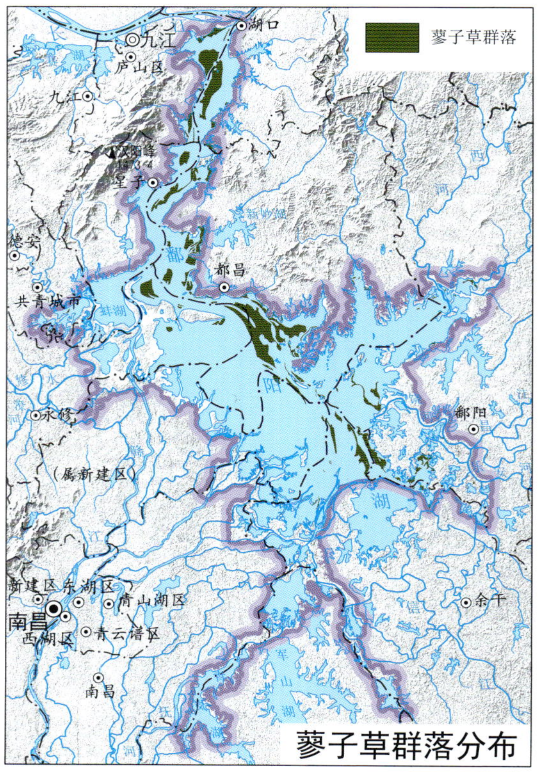

蓼子草群落分布

国家级自然保护区湿地植被分布

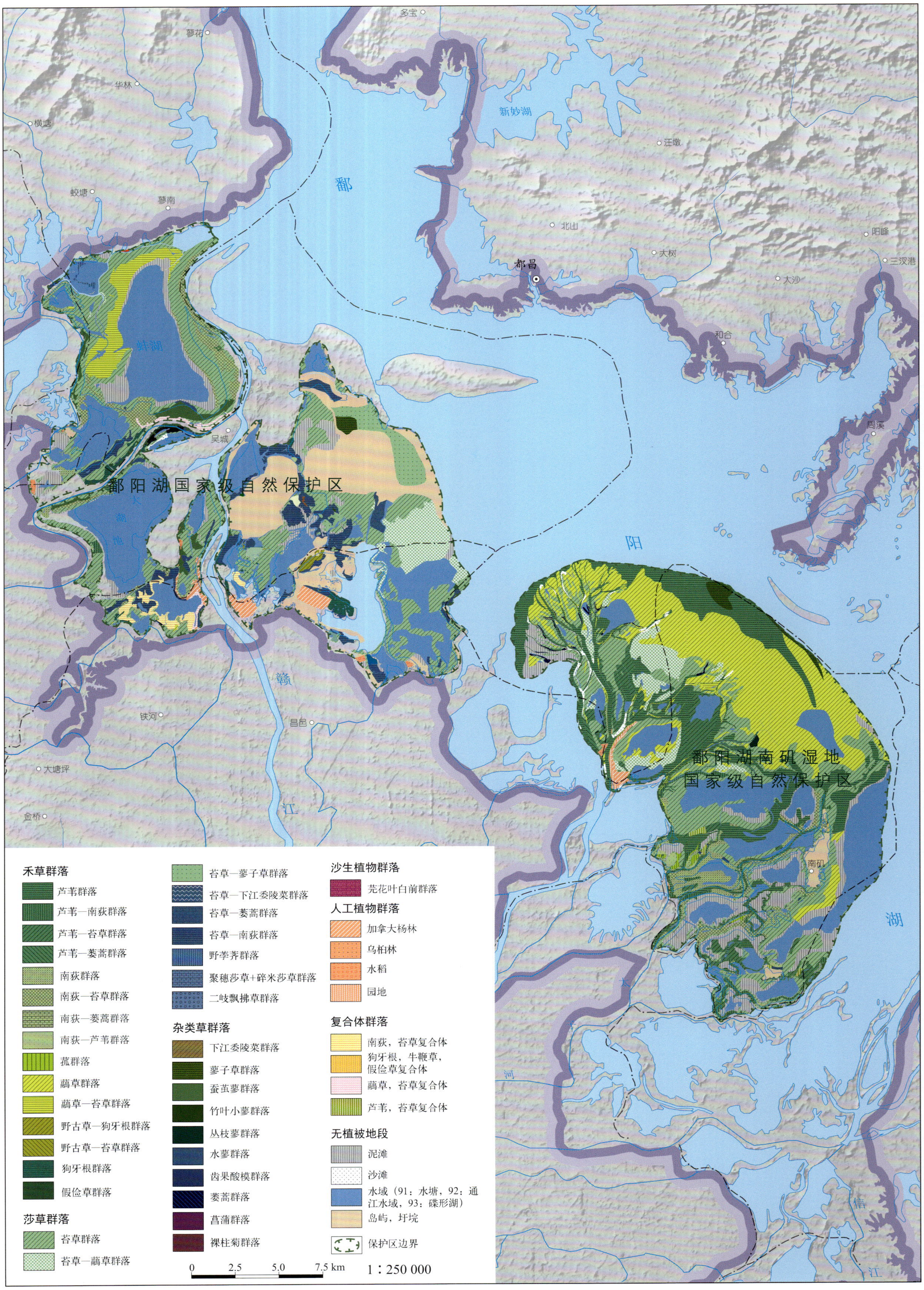

鄱阳湖国家级自然保护区湿地植被面积统计

群落类型	斑块数量／个	面积／hm²	面积比／%
芦苇群落	5	18.61	0.053
芦苇—南荻群落	2	30.64	0.088
芦苇—苔草群落	4	11.98	0.034
南荻群落	17	108.28	0.310
南荻—苔草群落	20	960.74	2.747
虉草群落	6	8.20	0.023
虉草—苔草群落	6	932.83	2.667
野古草—狗牙根群落	8	79.50	0.227
野古草—苔草群落	16	172.06	0.492
狗牙根群落	53	553.01	1.581
假俭草群落	7	17.28	0.049
苔草群落	139	8 941.15	25.562
苔草—虉草群落	6	1 150.63	3.290
苔草—蓼子草群落	9	825.57	2.360
苔草—下江委陵菜群落	11	216.48	0.619
苔草—蒌蒿群落	6	10.82	0.031
苔草—南荻群落	49	1 737.07	4.966
野荸荠群落	1	34.24	0.098
聚穗莎草＋碎米莎草群落	1	2.78	0.008
二岐飘拂草群落	1	1.55	0.004
下江委陵菜群落	1	61.68	0.176
蓼子草群落	2	102.88	0.294
蚕茧蓼群落	8	438.49	1.254
竹叶小蓼群落	1	0.71	0.002
齿果酸模群落	1	0.30	0.001
蒌蒿群落	3	4.20	0.012
菖蒲群落	2	1.13	0.003
芫花叶白前群落	2	3.09	0.009
加拿大杨林	11	839.99	2.401
乌桕林	1	0.06	0.000
水稻	9	196.62	0.562
园地	1	138.28	0.395
南荻，苔草复合体	4	323.73	0.926
狗牙根，牛鞭草，假俭草复合体	1	0.38	0.001
虉草，苔草复合体	2	152.32	0.435
芦苇，苔草复合体	1	1.58	0.005
泥滩	66	1 704.06	4.872
沙滩	8	18.67	0.053
水塘	328	747.62	2.137
河道	5	540.44	1.545
碟形湖（洼地）水体	26	12 637.19	36.129
岛屿	12	1 248.98	3.571
公路	1	2.15	0.006
总计	863	34 977.93	

鄱阳湖国家级自然保护区湿地植被以苔草群落为主，以红穗苔草、灰化苔草、糙叶苔草、单性苔草为建群种的苔草群系占到保护区总面积的25.56%，加上以苔草为优势种的其他群丛，面积比可达到36.83%；此外南荻群系面积则占到保护区总面积的3.06%，枯水季节还有大面积的泥滩地，面积可达1 700 hm²以上，为越冬候鸟栖息提供了广阔的空间。

南矶湿地国家级自然保护区湿地植被优势群落是苔草群系，总面积可达70 km²，占保护区总面积的21.3%；其次是虉草群系，占保护区总面积的9.16%，主要分布在三角洲的前缘地段；蓼子草群落面积也较大，占到保护区总面积的6.03%，主要分布于东湖、神塘湖周边的低滩地上；芦苇群落则以4.97%的比例分布于保护区南部的高滩地上；南荻群落也占有2.28%的比例。

南矶湿地国家级自然保护区湿地植被面积统计

群落类型	斑块数量／个	面积／hm²	面积占比／%
芦苇群落	119	10 418.73	3.140
芦苇—南荻群落	33	2 880.23	0.868
芦苇—苔草群落	56	3 129.18	0.943
芦苇—蒌蒿群落	4	57.62	0.017
南荻群落	33	2 868.04	0.864
南荻—苔草群落	34	4 435.11	1.337
南荻—蒌蒿群落	2	5.47	0.002
南荻—芦苇群落	10	237.70	0.072
菰（茭白）群落	10	205.56	0.062
虉草群落	109	22 254.50	6.708
虉草—苔草群落	5	8 129.88	2.450
狗牙根群落	7	4 987.08	1.503
苔草群落	216	42 759.39	12.888
苔草—虉草群落	13	11 040.73	3.328
苔草—蓼子草群落	2	9 836.26	2.965
苔草—蒌蒿群落	6	701.34	0.211
苔草—南荻群落	5	6 324.21	1.906
蓼子草群落	6	20 181.83	6.083
丛枝蓼群落	2	30.32	0.009
水蓼群落	1	174.44	0.053
蒌蒿群落	25	415.32	0.125
加拿大杨林	4	3 078.39	0.928
乌柏林	1	28.62	0.009
园地	2	845.19	0.255
狗牙根，牛鞭草，假俭草复合体	2	593.65	0.179
芦苇，苔草复合体	8	1 299.58	0.392
泥滩	51	23 169.58	6.984
沙滩	32	3 428.50	1.033
水塘	64	9 289.75	2.800
河道	24	66 022.43	19.900
碟形湖（洼地）水体	108	65 576.12	19.766
岛屿	4	7 357.69	2.218
公路	7	2.58	0.001
总计	1 005	331 765.00	

浮游植物生物量与空间分布

鄱阳湖浮游植物隶属7门67属132种，其中绿藻门34属64种，占总藻类数的48.5%；硅藻门17属30种，占总藻类数的22.7%；蓝藻门6属22种，占总藻类数的16.7%；裸藻门4属7种，占总藻类数的5.3%；甲藻门和隐藻门分别为3属4种和2属4种，均占鄱阳湖浮游植物总藻类数的3.0%；金藻门种类数最少，仅见1属1种。

鄱阳湖浮游植物种类分布状况*

门	总种类数/个	优势种	生物量/(mg/L)	细胞数/(cell/L)
蓝藻门	22	*Anabaena azotica*, Phormidium *aerugineo-coeruleum*	0.546	9.1×10^6
硅藻门	30	*Aulacoseira granulate*, Surirella *robusta*	2.298	3.8×10^7
绿藻门	64	*Scenedesmus qauuadricda*, Eud	0.490	8.2×10^6
隐藻门	4	*Cryptomonas ovata*	0.428	7.1×10^6
裸藻门	7	*Englena acus*	0.075	1.2×10^6
甲藻门	4	*Ceratium hirundinella*	0.027	4.5×10^5
金藻门	1	*Dinobryonaceae* sp.	0.026	4.3×10^5

注：*所用数据为2013年常规监测浮游植物平均值。

2009—2013年鄱阳湖浮游植物呈现逐年增加的趋势，2009—2013年浮游植物平均生物量分别为0.66 mg/L、5.00 mg/L、5.13 mg/L、51.56 mg/L、57.92 mg/L。2012年之后的浮游植物生物量显著增加，2012年10月的浮游植物平均生物量达到94.91 mg/L。

2012—2013年，硅藻门生物量百分比最高，可达45%；其次为蓝藻（24%）和隐藻（11%），绿藻生物量百分比为8%。鄱阳湖浮游植物的优势种为硅藻，其次为隐藻门和绿藻门，蓝藻占浮游植物总生物量的比例有逐年增加的趋势。

2009—2013 年鄱阳湖浮游植物各门藻类生物量

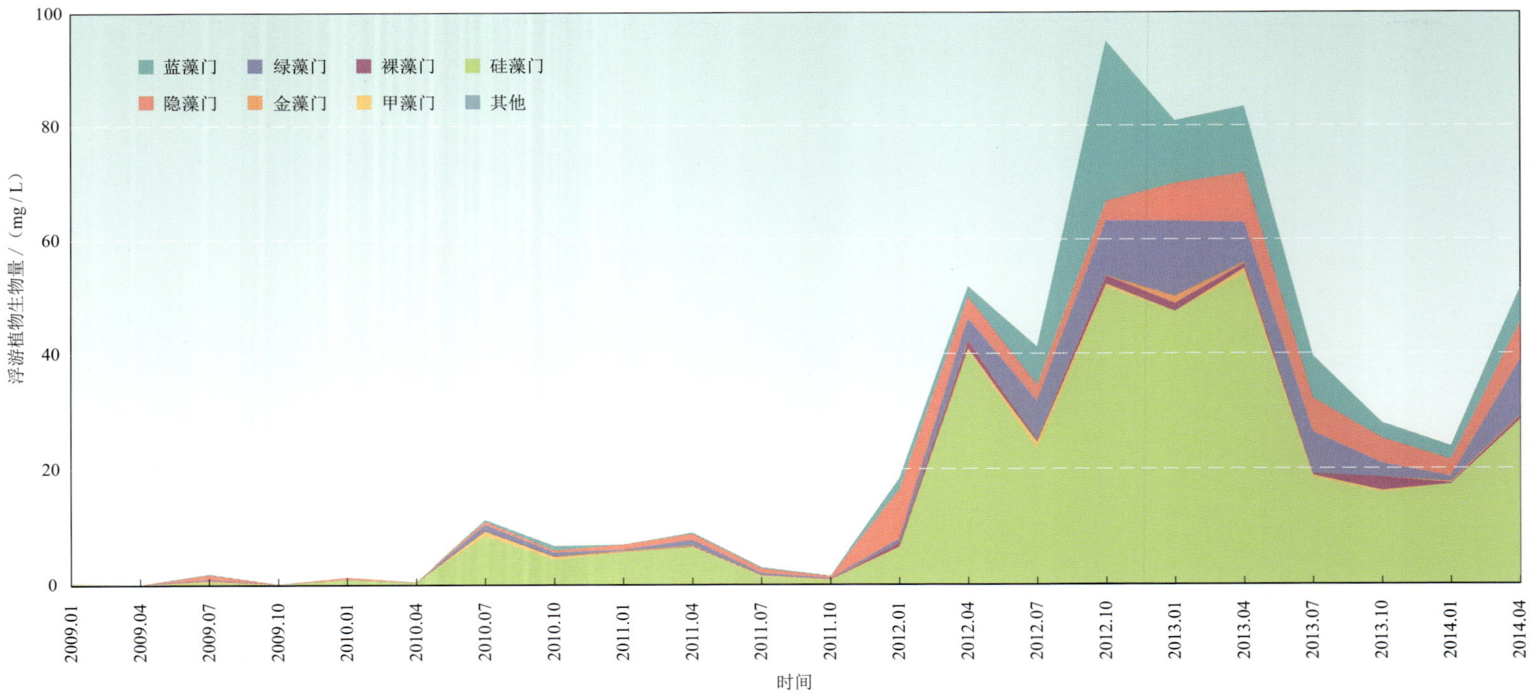

2012 年 7 月鄱阳湖（A）硅藻、（B）蓝藻、（C）隐藻和（D）绿藻含量空间分布

鄱阳湖各门类浮游植物空间分布特征差异显著。硅藻主要分布在都昌、周溪及波阳等东部湖湾；蓝藻主要分布在相对静水水域，如周溪内湾及南部康山尾闾区；隐藻主要出现在鄱阳湖最南部湖汊（军山湖）；与以上3种藻明显不同，绿藻主要分布在鄱阳湖主湖区。

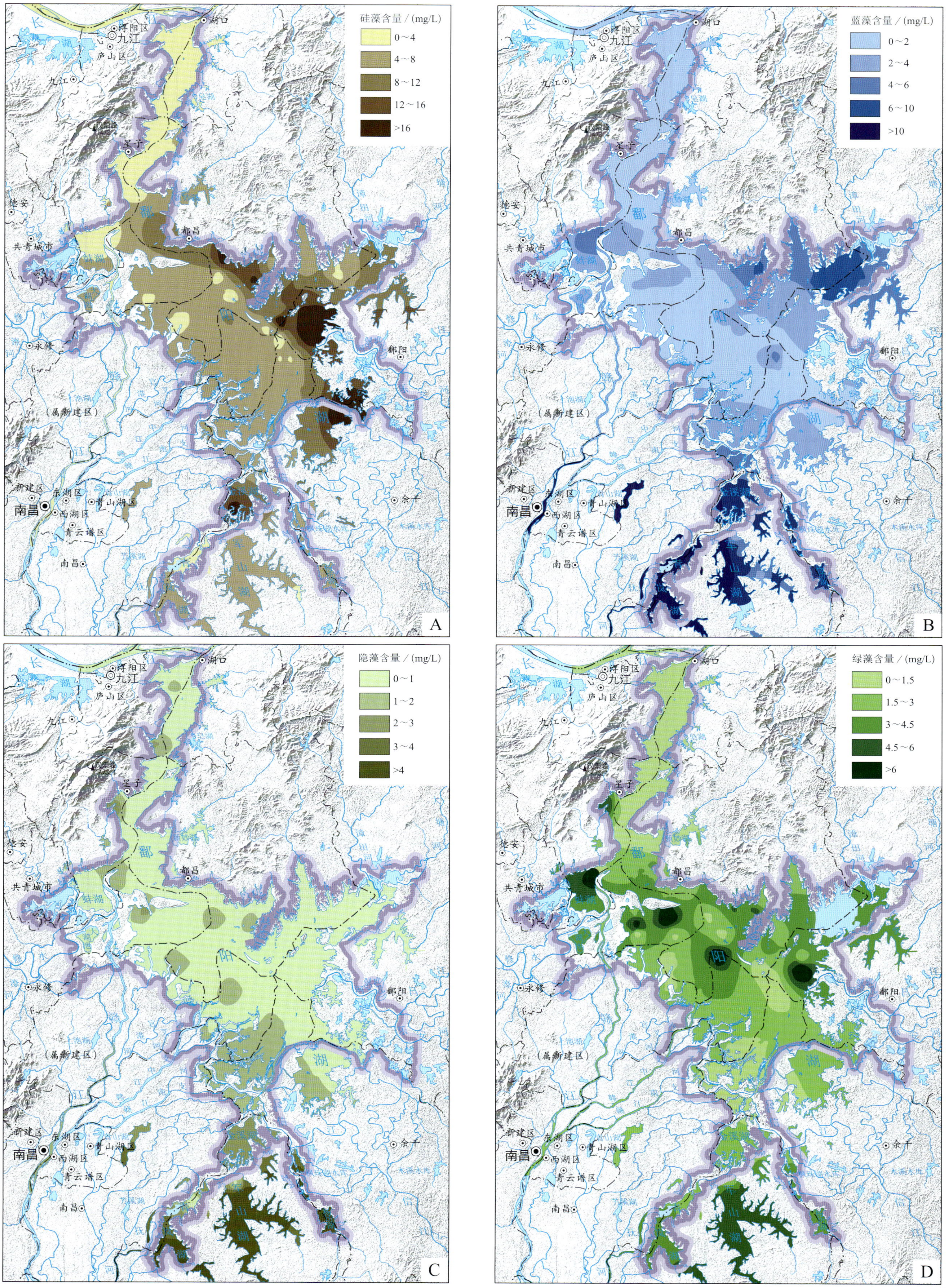

1∶1 000 000　0　10　20　30　40 km

水文过程变化对鄱阳湖藻类动态变化的影响

鄱阳湖浮游植物Chla浓度与水位关系显著正相关，鄱阳湖水位上升，浮游植物Chla浓度增加；水位回落，Chla浓度减少。高水位期，藻类生长导致氮、磷营养盐浓度减少。

鄱阳湖浮游植物 Chla 浓度、水位、水温及营养盐浓度变化趋势

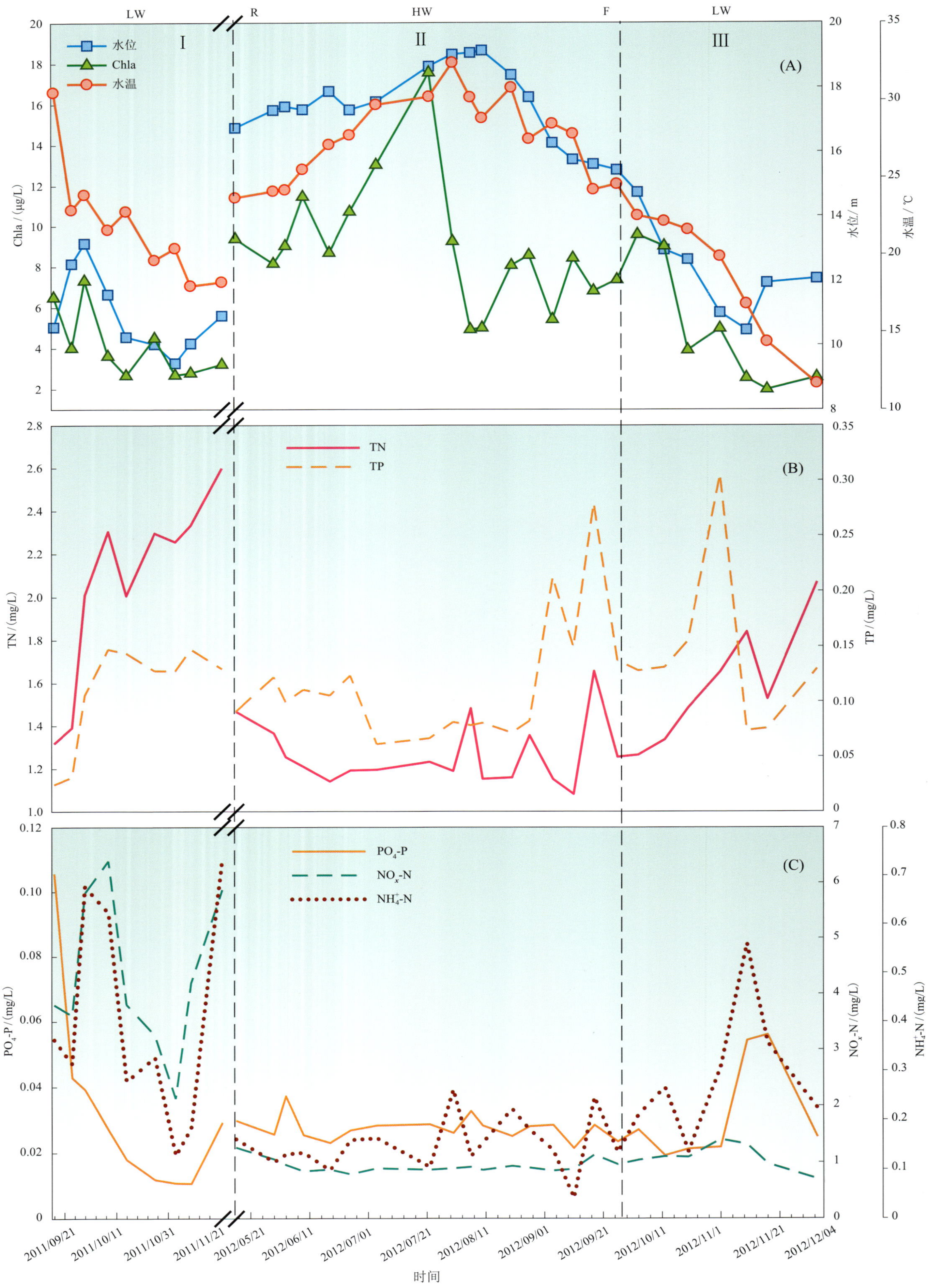

鄱阳湖水华蓝藻时空分布

鄱阳湖水华蓝藻的优势种主要是微囊藻和鱼腥藻，主要分布区域是营养盐浓度相对较高且水流较缓的周溪内湾及南部康山尾闾区，蚌湖湖口及都昌水域也有零星分布。2000年以前，未发现鄱阳湖蓝藻水华事件记载，2000年以后，鄱阳湖局部水域蓝藻水华事件增加，且蓝藻生物量呈明显增加趋势。2012年蓝藻生物量百分比峰值50%-60%出现在7-8月，30%出现在9-10月。

2011—2012 年鄱阳湖蓝藻生物量变化趋势

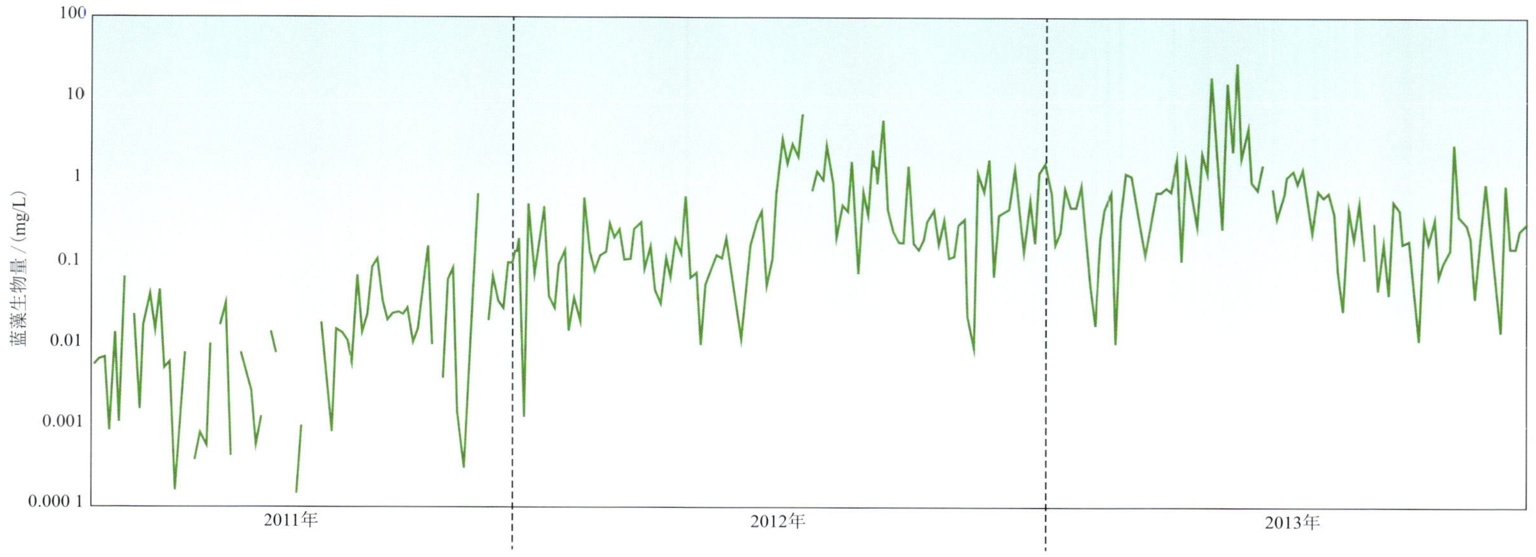

2011—2012 年鄱阳湖浮游植物生物量百分比变化趋势

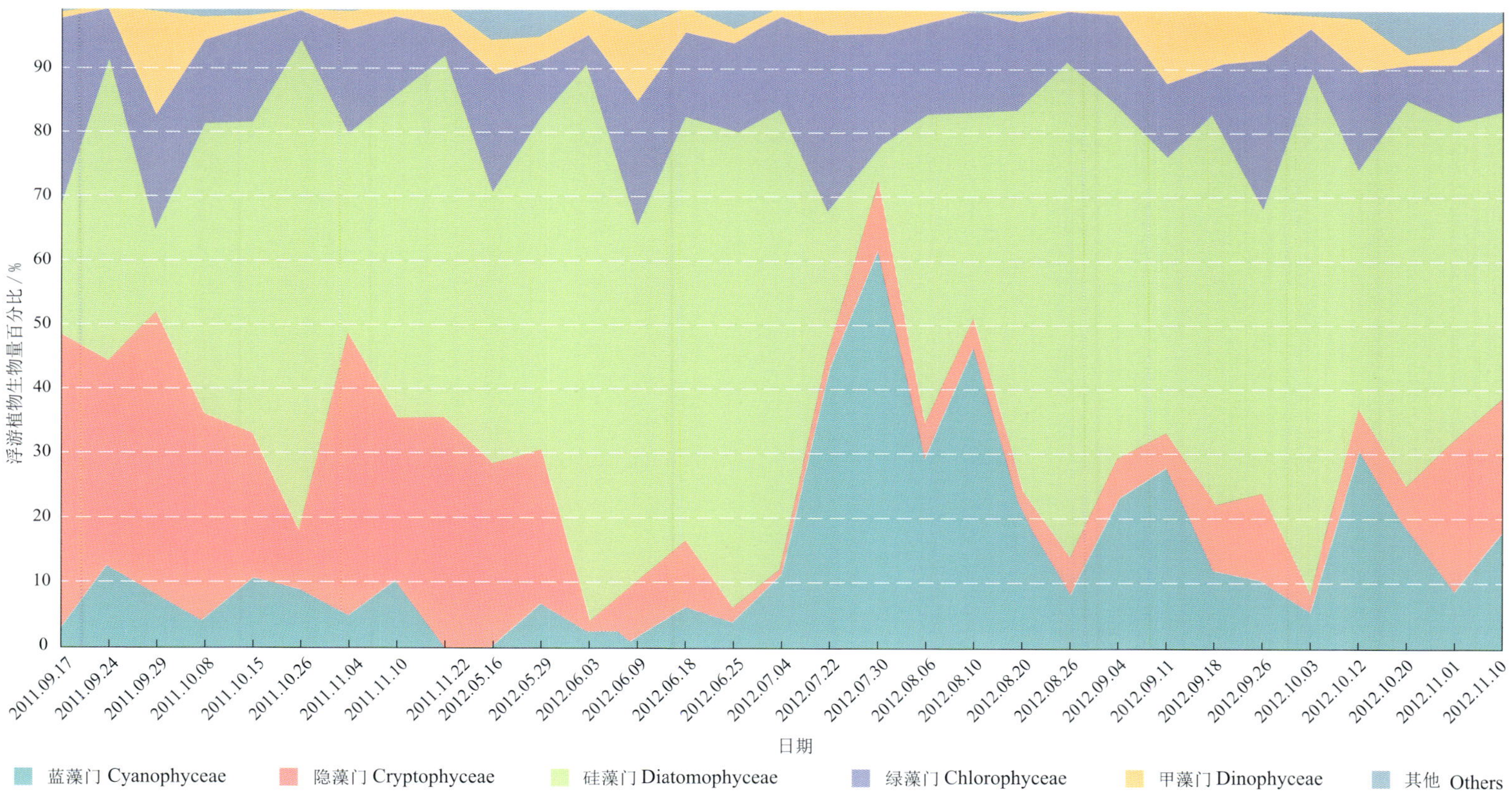

底栖动物

鄱阳湖不同水域底栖动物物种数差异较大，鄱阳湖自然保护区水域（含修河和赣江段）物种数最高，共发现68种，该水域生境多样性高，是底栖动物的重要栖息场所。鄱阳水域物种数为26种，都昌水域和余干水域物种数分别为21种和19种；湖口水域物种数最低，发现16种。从生境特点看，保护区为典型碟形浅水湖泊，无论是物种、生物量还是密度，均高于河道和主湖区。定量调查显示，现阶段鄱阳湖底栖动物的优势种主要为河蚬、苏氏尾鳃蚓，常见种有铜锈环棱螺、环棱螺、长角涵螺、方格短沟蜷、寡鳃齿吻沙蚕等。

注：底栖动物数据系根据2012年12月在鄱阳湖共设定采样断面28个，采样点86个；2013年5月共设定采样断面20个，采样点61个进行的定量调查结果。

鄱阳湖不同水域底栖动物物种数

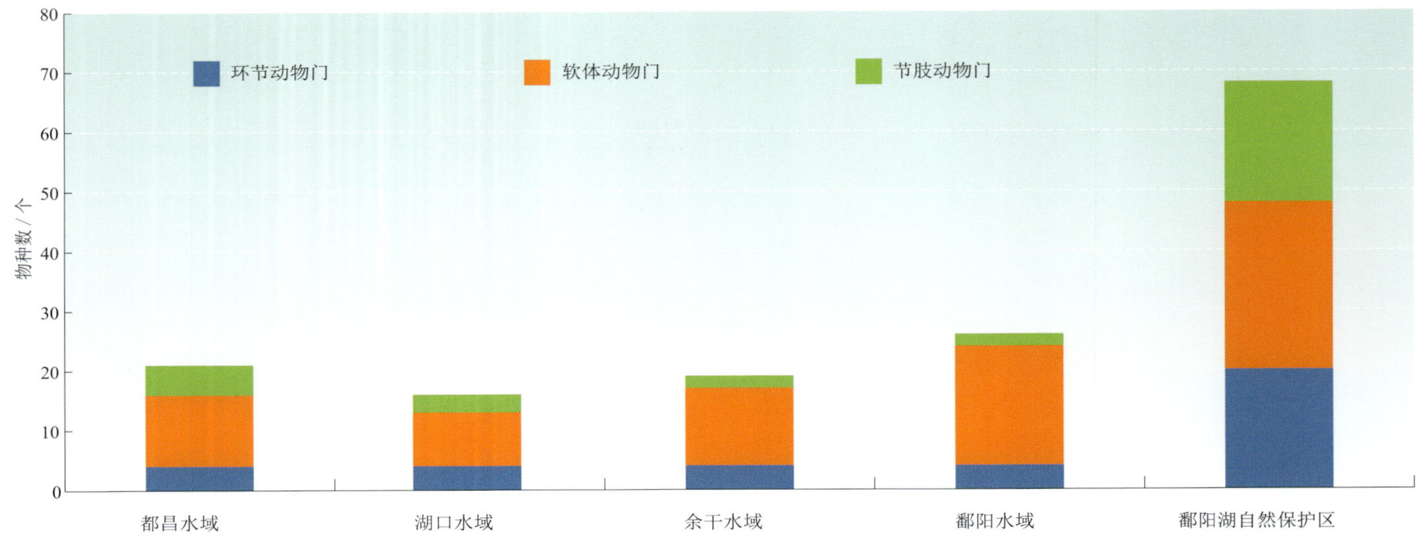

鄱阳湖底栖动物常见物种

苏氏尾鳃蚓

寡鳃齿吻沙蚕

河蚬

长角涵螺

环棱螺

方格短沟蜷

空间分布格局

2013年1—10月在鄱阳湖主湖区及主要入湖口共布设15个采样点，开展季度调查。鄱阳湖底栖动物密度和生物量在空间分布上具有一定的差异。

密度方面，各采样点年均密度介于22.5～1 327 ind./m^2，平均值为220 ind./m^2。低值出现在赣江入湖口、修河入湖口，棠荫水域监测点密度也较低；密度高值出现在星子水域。

生物量方面，年平均值介于7.44～194.31 g/m^2，平均密度为86.73 g/m^2。总体而言，生物量空间变化相对较小，高值监测点分布规律不明显，在星子水域、都昌水域及北湖入江水道生物量均较高，年均生物量一般高于100 g/m^2；低值出现在修河、赣江等入湖口点位，年均生物量低于30 g/m^2。

类群组成方面，大部分点位密度为双壳类（主要是河蚬）所主导，介于0～90.54%。大部分点位生物量也是以双壳类占据绝对优势，所占比值介于0～99.90%，平均值为62.11%；螺类在部分点位占据一定比重，所占百分比平均值为36.10%。总体而言，底栖动物优势类群主要为软体动物。

鄱阳湖底栖动物采样点分布

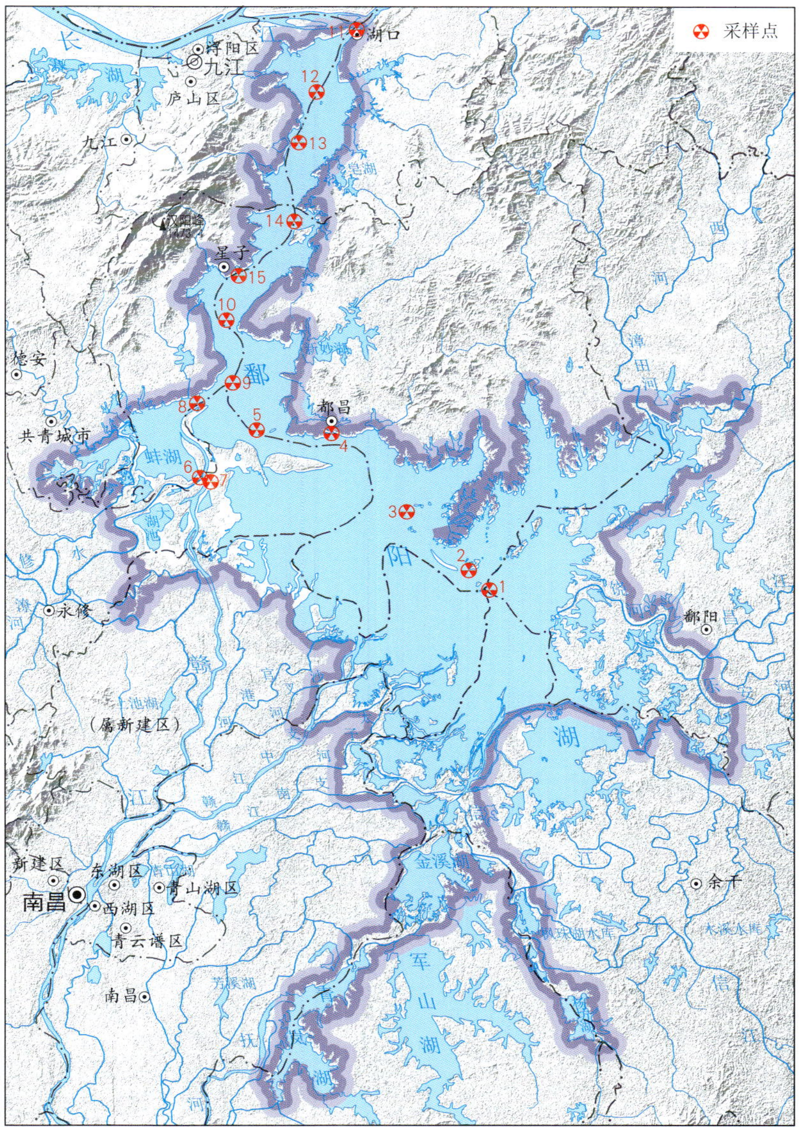

鄱阳湖底栖动物年均密度和生物量空间分布格局

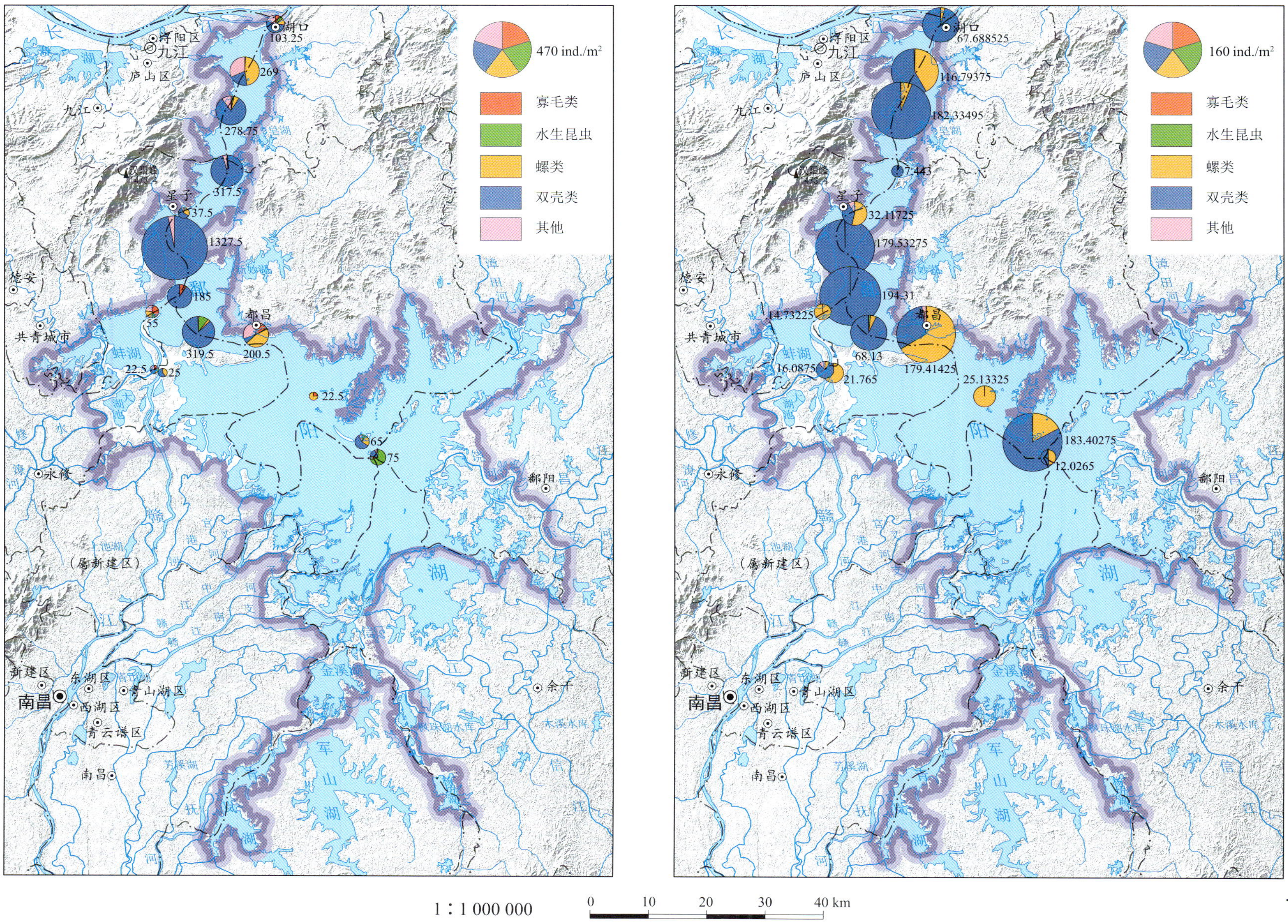

1∶1 000 000

2013 年鄱阳湖各采样点底栖动物多样性

多样性方面，各监测点物种数介于4～22种，平均值为11.9种；Shannon-Wiener多样性指数介于0.63～2.54，平均值为1.55；Margalef多样性指数介于0.79～3.61，平均值为1.98；Simpson优势度指数介于0.30～0.89，平均值为0.63。空间差异方面，4种多样性指数呈现基本一致的变化趋势。

鄱阳湖各样点底栖动物多样性指数

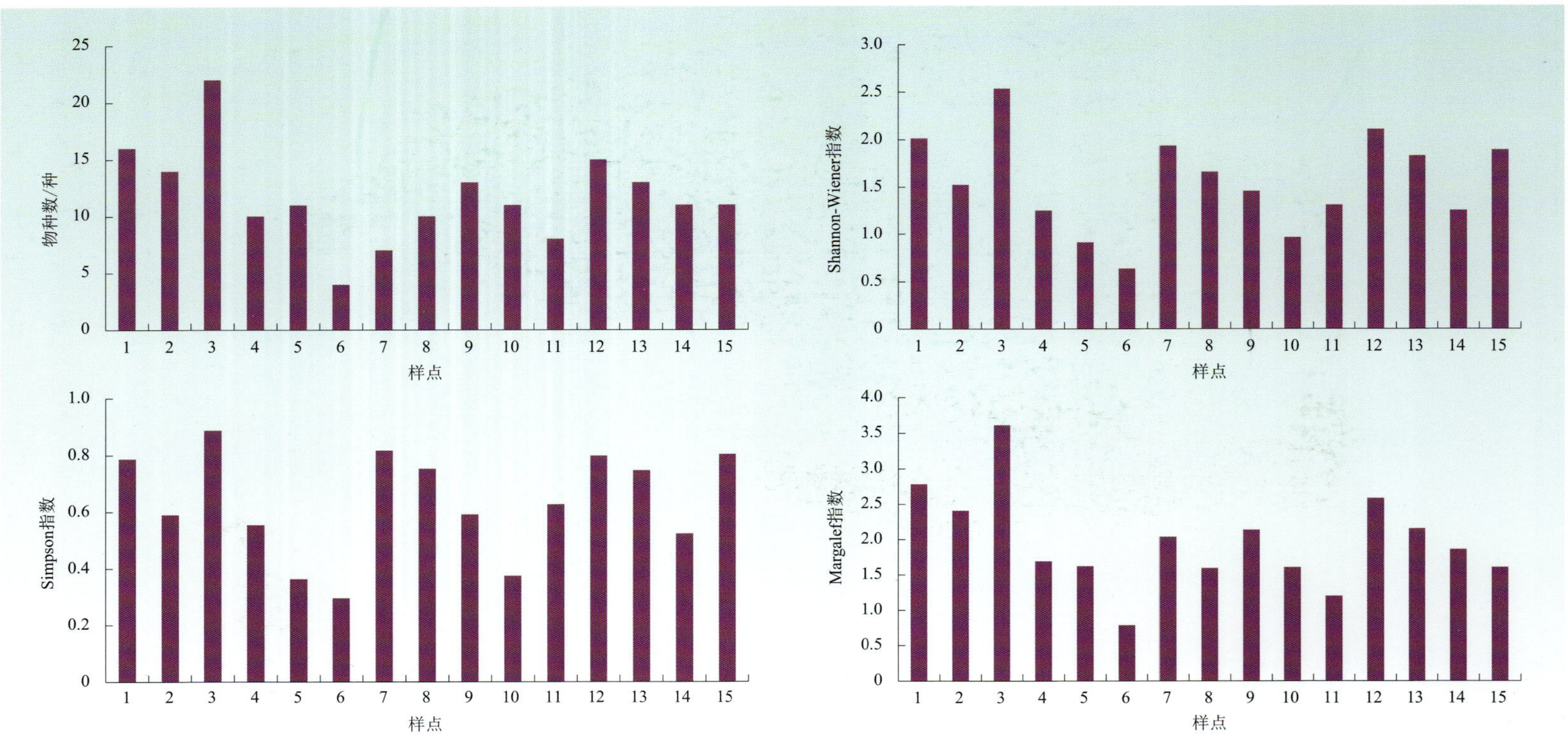

底栖动物群落演变

基于历史资料调查和2013年监测结果，对比分析发现鄱阳湖底栖动物的总密度呈现降低的趋势，但这种趋势在不同生物类群间差异显著。其中软体动物降低趋势最为明显，从1992年的578 ind./m^{2}降至2013年的187 ind./m^2，水生昆虫的密度也有降低的趋势，相比之下，环节动物的密度基本无显著变化，介于29～94 ind./m^2。分析不同年份底栖动物的类群组成，发现软体动物一直是底栖动物的优势类群，占据总密度的61.6%～79.3%，表明底栖动物类群组成方面未发生显著变化。

鄱阳湖底栖动物密度变化特征

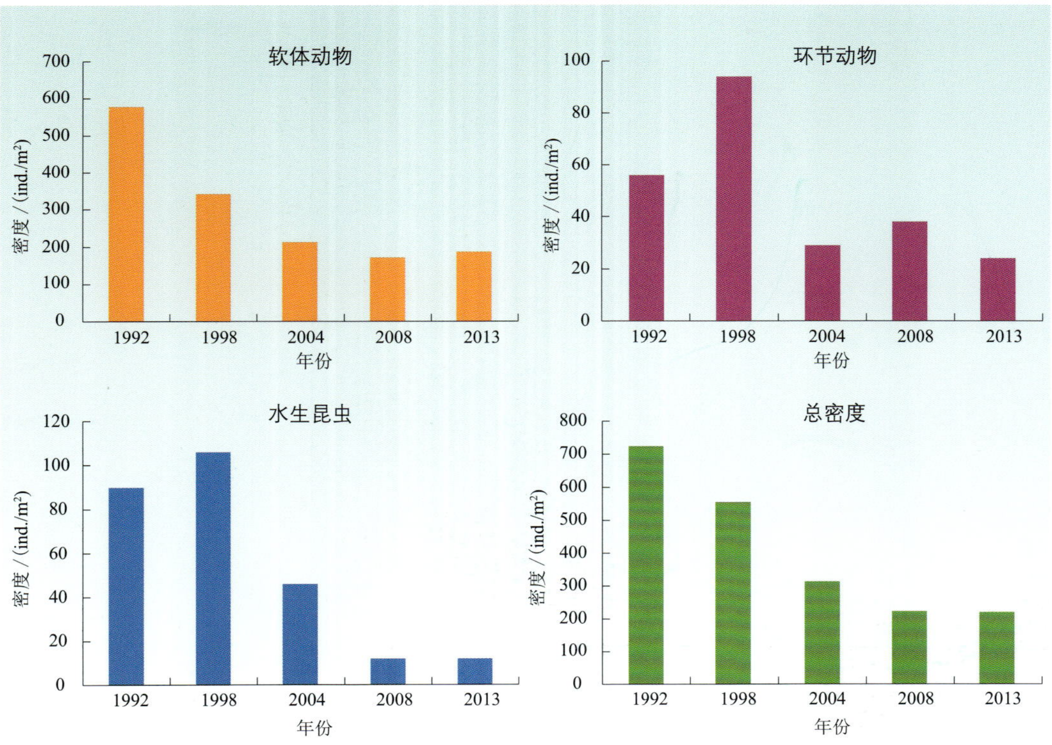

鄱阳湖底栖动物类群组成变化

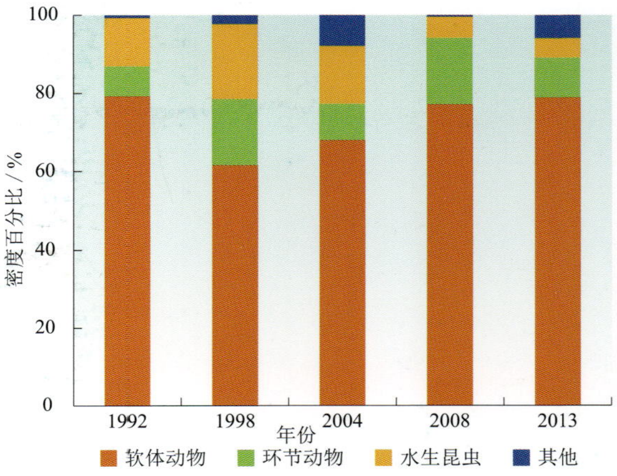

蚌类资源

淡水蚌类是重要的大型底栖动物，且是最易受到威胁的水生生物类群之一。蚌类强大的滤食功能，可去除水体中大量的藻类、污染物和悬浮颗粒，对水体自然净化过程极为重要。同时，部分蚌类经济价值亦非常可观。蚌类运动缓慢，生活区域相对固定，对环境变化敏感，是环境监测的指示生物。

鄱阳湖不同时期蚌类物种数

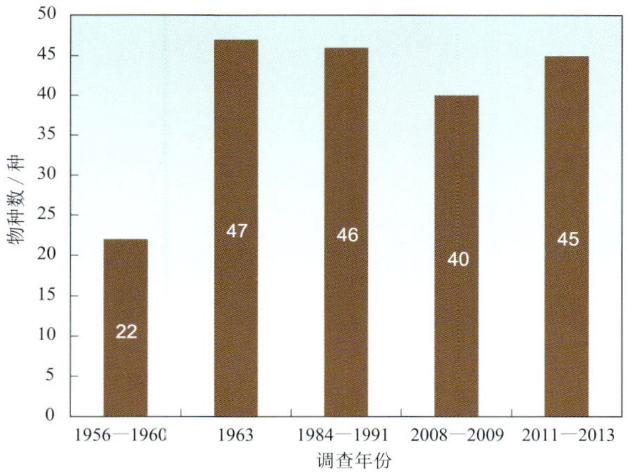

鄱阳湖常见蚌类

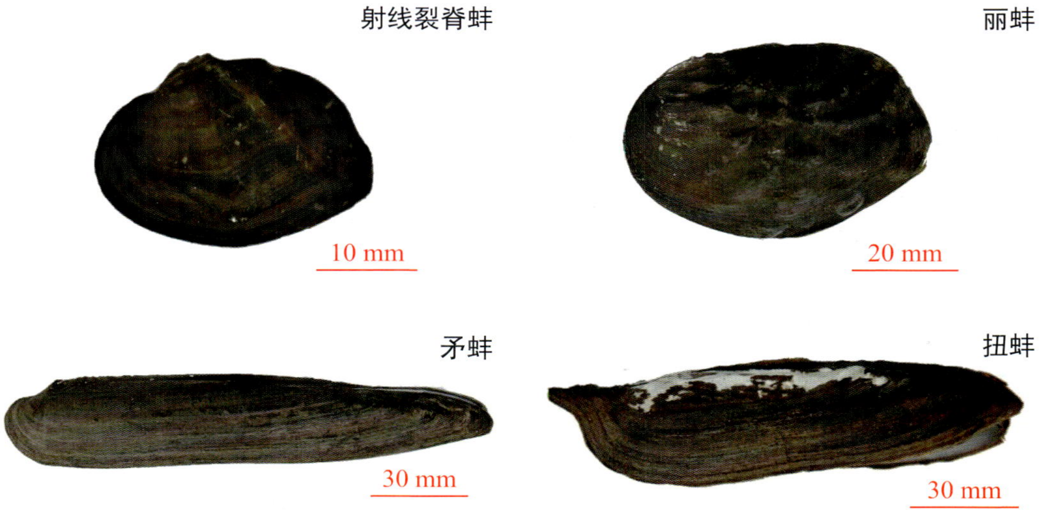

鄱阳湖共记录蚌类53种，隶属12属。从历次调查结果看，林振涛于1956—1960年两次调查发现标本有12属22种，张玺等在1963年调查发现15属43种，吴小平等在1984—1991年的多次调查中发现13属43种，熊六凤等在2008—2009年调查发现14属40种，而2011—2013年调查发现12属45种，后三次调查得到的种类数很接近。与历史相比蚌类优势种发生了变化，1956—1960年有背瘤丽蚌、洞穴丽蚌、天津丽蚌、圆顶珠蚌、真柱矛蚌、鱼尾楔蚌、扭蚌和背角无齿蚌8个优势种，2011—2013年优势种为洞穴丽蚌、圆顶珠蚌。

鄱阳湖不同湖区蚌类物种数差异较大，青岚湖区、余干湖区、南矶山湖区、鄱阳湖区的蚌类物种数较多，均超过9属23种，其中青岚湖区最多，达到11属35种，分别占全湖淡水蚌类属数和种数的91.67% 和87.5%；都昌-瓢山湖区最少，只有6属10种，分别占全湖淡水蚌类属数和种数的50%和25%。

鄱阳湖不同湖区蚌类物种数

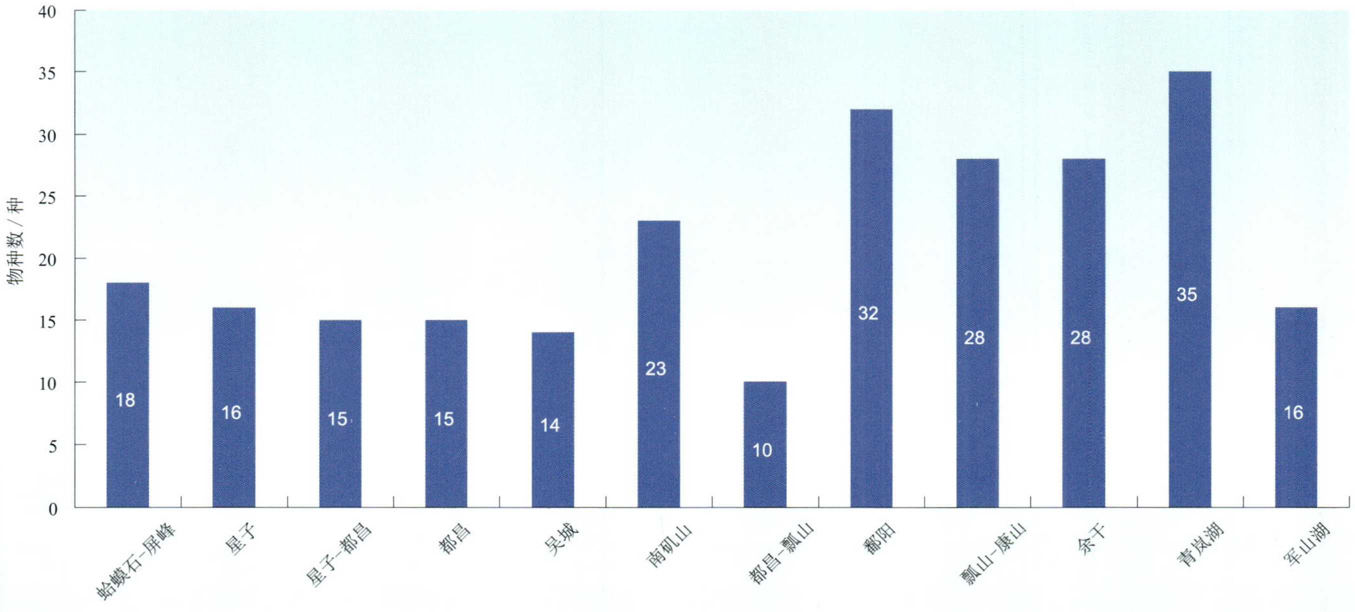

钉螺分布与侏儒螺

鄱阳湖区的有螺面积没有太大的变化，只略微有些增加，由63 095 hm^{2}增至79 150 hm^2。现有的灭螺措施，可以降低钉螺密度，却很难减少有螺面积。“封洲禁牧综合措施”能很快地降低钉螺的感染率，达到有螺无病的目的。

2012年5月3—8日在星子县的梅溪湖、十里湖、永修县吴城3个试验区进行调查，各地随机抽取100～200只活螺进行测量，结果如下表所示。

鄱阳湖区三个草洲同期钉螺壳高比较

草洲名称	梅溪湖			吴城			十里湖		
测量螺数／只	200			100			100		
壳高/mm	数量/只	构成比/%	平均只重 mg	数量/只	构成比/%	平均只重 mg	数量/只	构成比/%	平均只重 mg
4.0以下	38	19.00	6.25	0	0	0	0	0	0
4.0~4.9	45	22.50	10.22	0	0	0	0	0	0
5.0~5.9	68	3.40	12.35	2	2.00	18.11	0	0	0
6.0~6.9	39	19.50	22.05	16	16.00	30.11	0	0	0
7.0~7.9	10	4.00	33.66	25	25.00	45.23	0	0	0
8.0~8.9	0	0	0	37	37.00	51.05	30	30.00	52.15
9.0~9.9	0	0	0	17	17.00	62.52	48	48.00	63.13
10.0以上	0	0	0	3	3.00	72.63	22	22.00	77.52
平均壳高/mm	5.11			7.77			9.19		
平均只重/mg	14.80			41.50			67.20		

梅溪湖的钉螺壳高在5 mm以下者占总数的41.5%，壳高在6 mm以下者占总数的75.5%，而且同一壳高的钉螺体重也不及同类的2/3，这种成片发现的肋壳小螺，在国内从未见诸报道，我们称之为侏儒螺。

鄱阳湖三个草洲钉螺外形大小比较

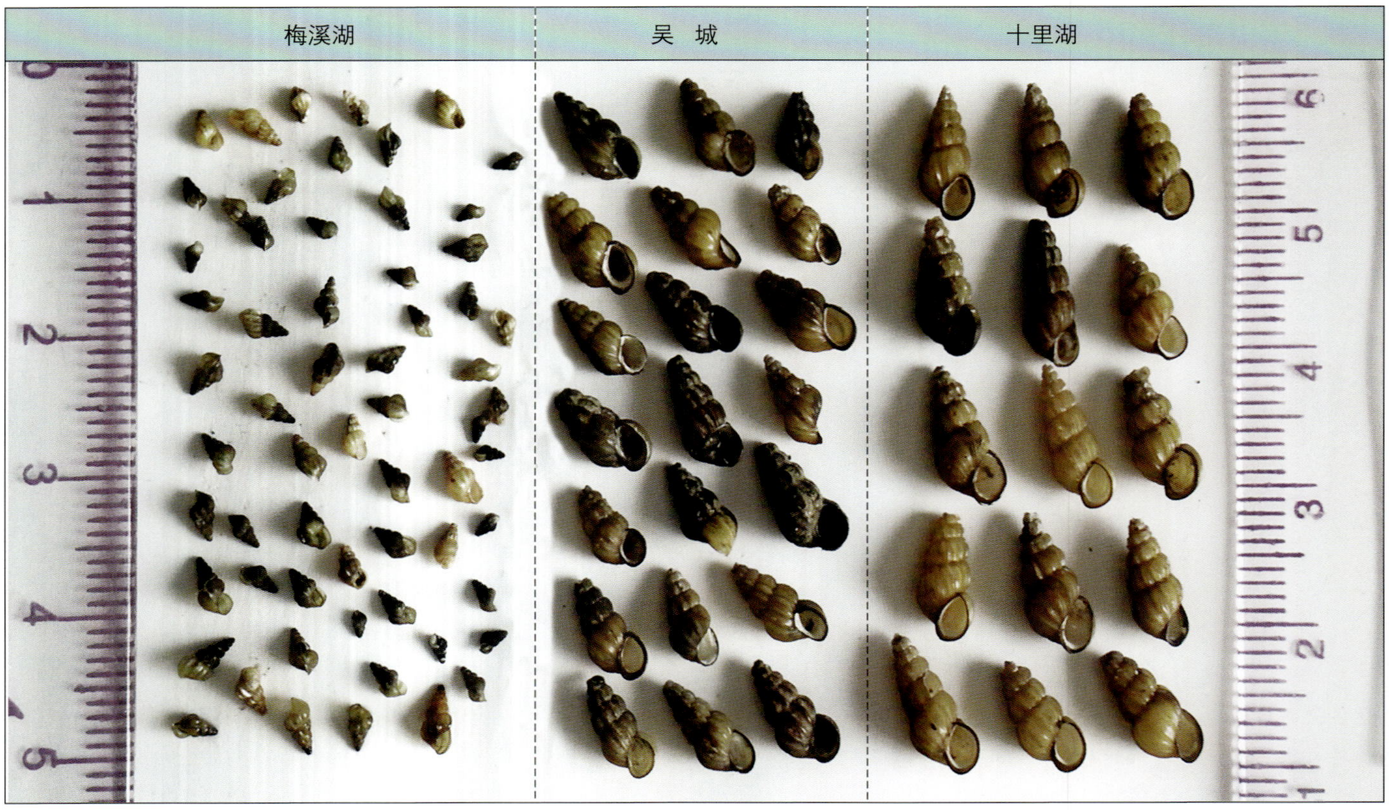

鄱阳湖江豚分布及其集中分布区

不同年份鄱阳湖江豚分布及其集中分布区

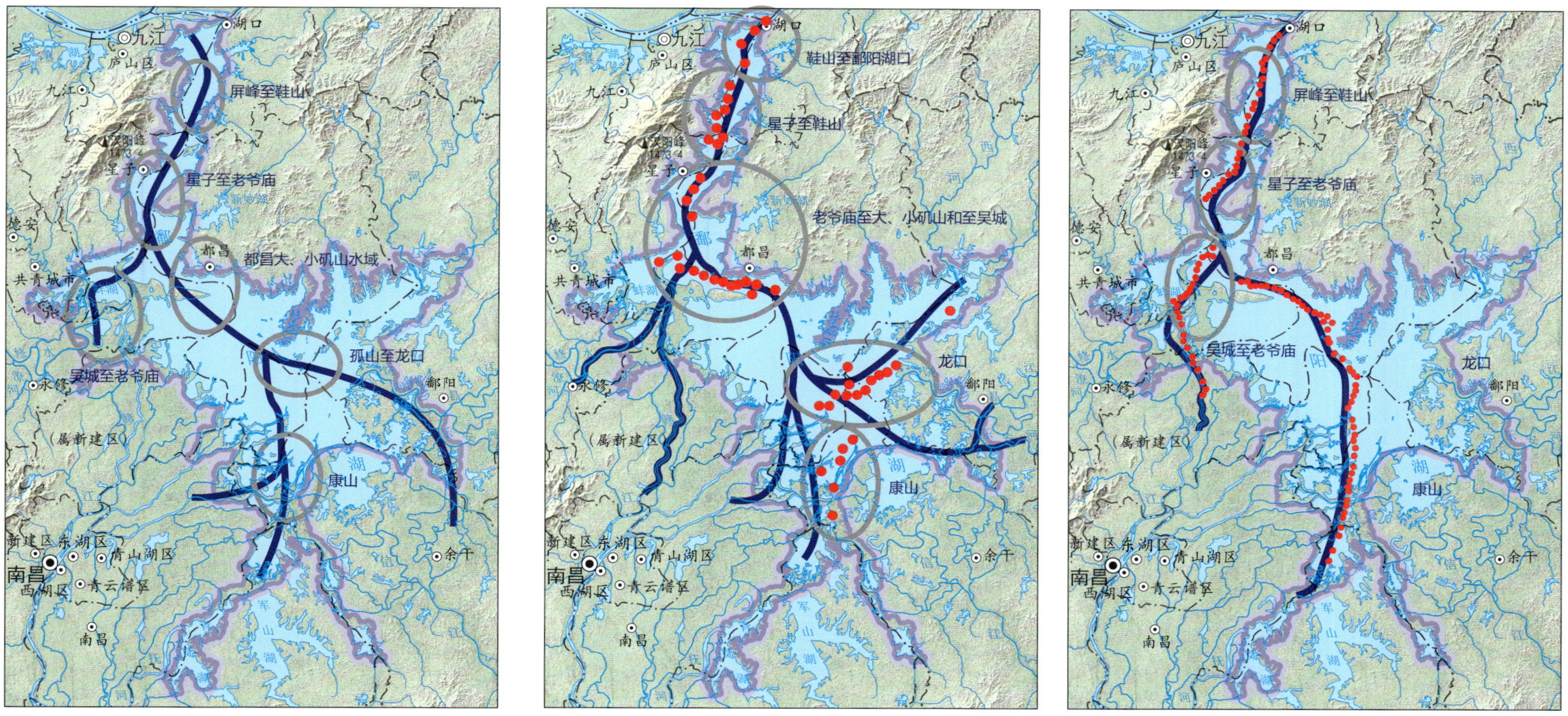

(a)　(b)　(c)

1∶1 500 000　0　15　30　45　60 km

（a）1997—1999年鄱阳湖江豚分布（资料来源：杨健等，洞庭湖、鄱阳湖白暨豚和长江江豚的生态学研究，2000；肖文等，鄱阳湖及其支流长江江豚种群数量及分布，2002）；

（b）2009年冬季鄱阳湖江豚分布；

（c）2006—2014年目击事件统计的江豚分布。

其中，红色点和蓝色线分别表示发现江豚的地点和江豚的分布区域，灰色圈表示江豚集中分布水域。

星子水域和龙口水域枯水期江豚种群数量

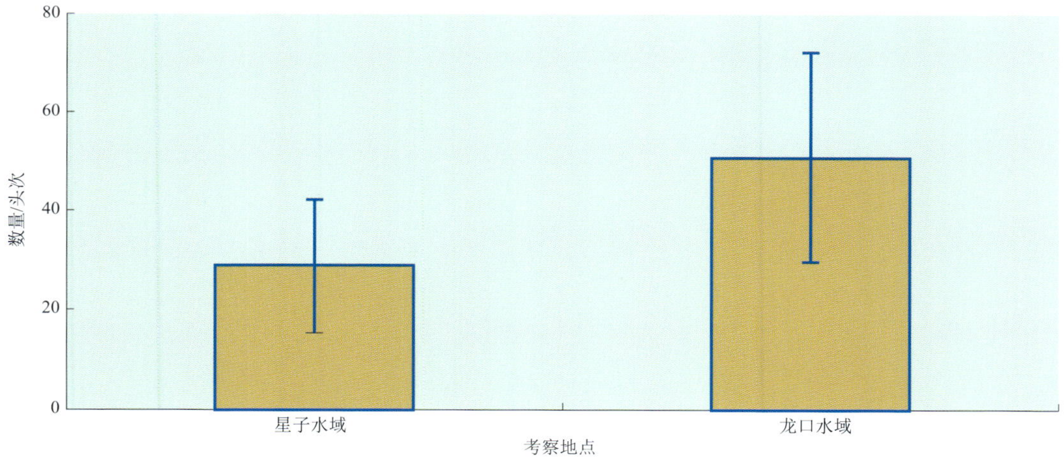

星子水域江豚种群数量为28.9±13.412头次，d*f*=9；龙口水域江豚数量为50.88±20.945头次，d*f*=6（置于95%置信区间）。

江豚每日发生的动物行为统计

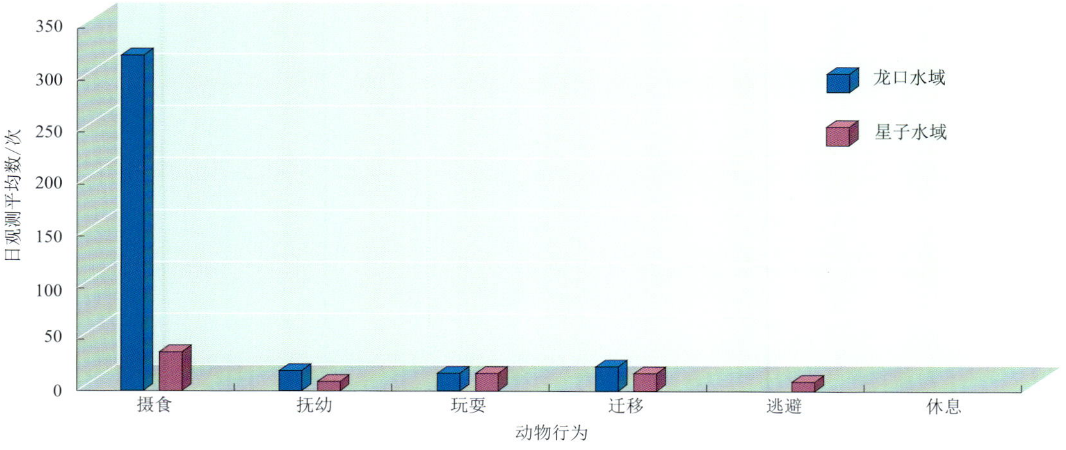

重点水域观测到江豚发生行为，一共4 203次。其中星子水域1 061次，日均发生动物行为106次；龙口水域3 142次，日均发生动物行为393次。

鸟类资源

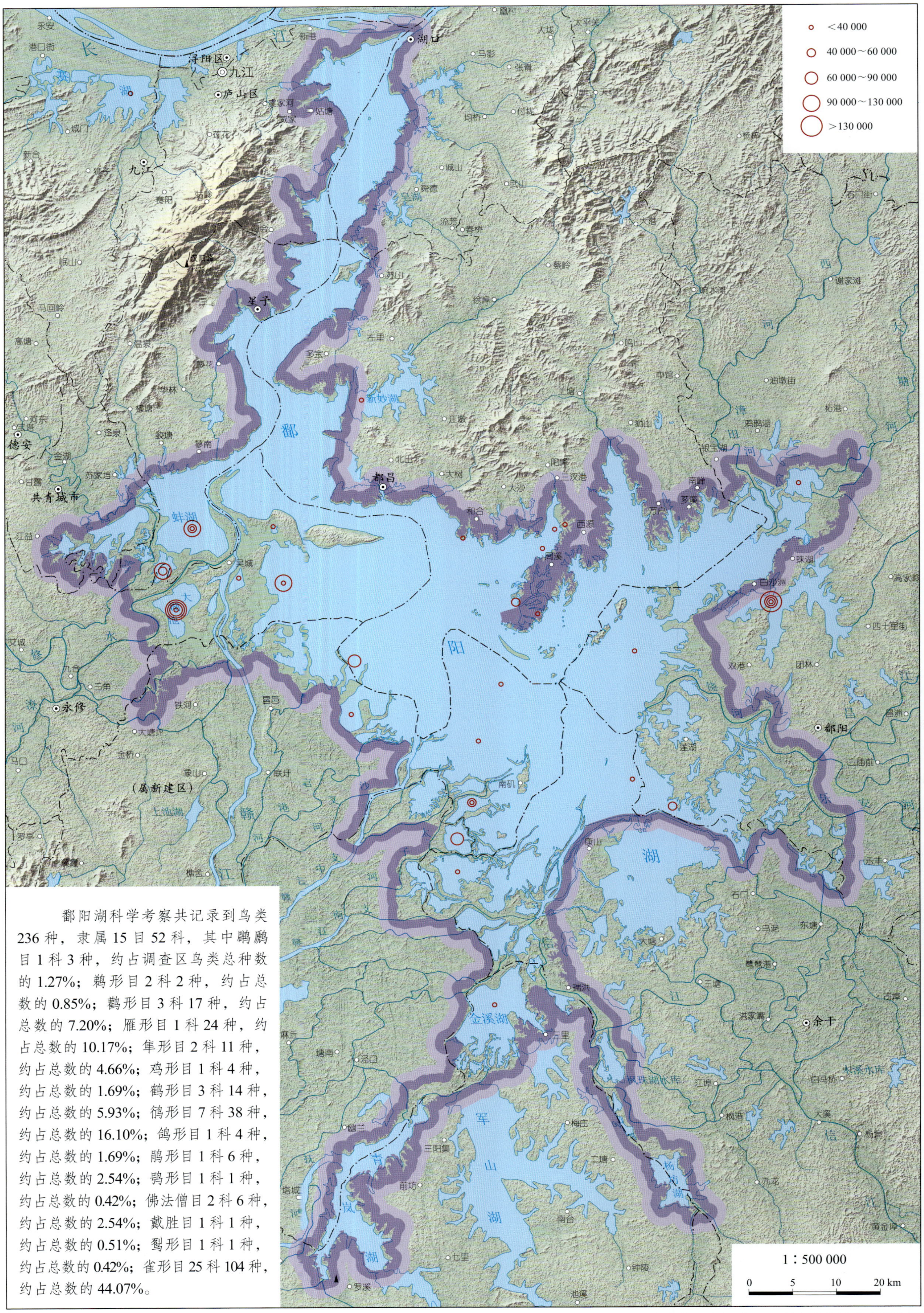

鄱阳湖科学考察共记录到鸟类236种，隶属15目52科，其中鹈鹕目1科3种，约占调查区鸟类总种数的1.27%；鹈形目2科2种，约占总数的0.85%；鹳形目3科17种，约占总数的7.20%；雁形目1科24种，约占总数的10.17%；隼形目2科11种，约占总数的4.66%；鸡形目1科4种，约占总数的1.69%；鹤形目3科14种，约占总数的5.93%；鸻形目7科38种，约占总数的16.10%；鸽形目1科4种，约占总数的1.69%；鹃形目1科6种，约占总数的2.54%；鸮形目1科1种，约占总数的0.42%；佛法僧目2科6种，约占总数的2.54%；戴胜目1科1种，约占总数的0.51%；䴕形目1科1种，约占总数的0.42%；雀形目25科104种，约占总数的44.07%。

1998—2013年度鄱阳湖超过2万只越冬水鸟的分布及位置

鄱阳湖区鸟类数量变化

每年在鄱阳湖越冬的水鸟数量波动比较大，2005年12月数量最高，达到70多万只，其次是2014年1月，数量为64万多只；1999年1月数量最低，只有13万多只，其次是2010年2月，数量为17万多只。

1998—2013年鄱阳湖越冬水鸟总数量变化

鄱阳湖越冬候鸟分布

鄱阳湖保护区、南矶湿地保护区、都昌候鸟保护区以及鄱阳县珠湖、汉池湖和企湖为越冬水鸟的重点分布区，九江县赛城湖、鄱阳县大莲子湖、余干县林充湖、南疆湖、新建区茶湖、大伍湖、南昌县三湖、进贤县金溪湖为一般分布区，其余区域为偶见分布区。

1998—2013年环鄱阳湖水鸟同步调查的数据表明，鄱阳湖保护区的9个湖，尤其是大湖池、沙湖、蚌湖和大汉湖，一直是越冬水鸟最主要的栖息地，其他地方的水鸟则有向南矶湿地保护区和都昌县周溪集中的趋势，同时，鄱阳湖的珠湖和大莲子湖、新建区的茶湖、九江县的赛城湖也一直都是越冬水鸟的重要栖息地，新建区的大伍湖有时候水鸟也比较多，2005年曾经达到3万多只，但数量不太稳定。

摄影：张忠于

鄱阳湖珍稀和优势鸟类种群数量变化

白鹤

除1998年、2000年、2008年、2009年外，鄱阳湖越冬白鹤数量在2 700～4 000只之间波动，总体比较稳定，1998年和2008年有两次剧烈波动，可能与当年的极端天气情况有关。

鄱阳湖白鹤分布动态

2012 年　　2013 年　　2014 年

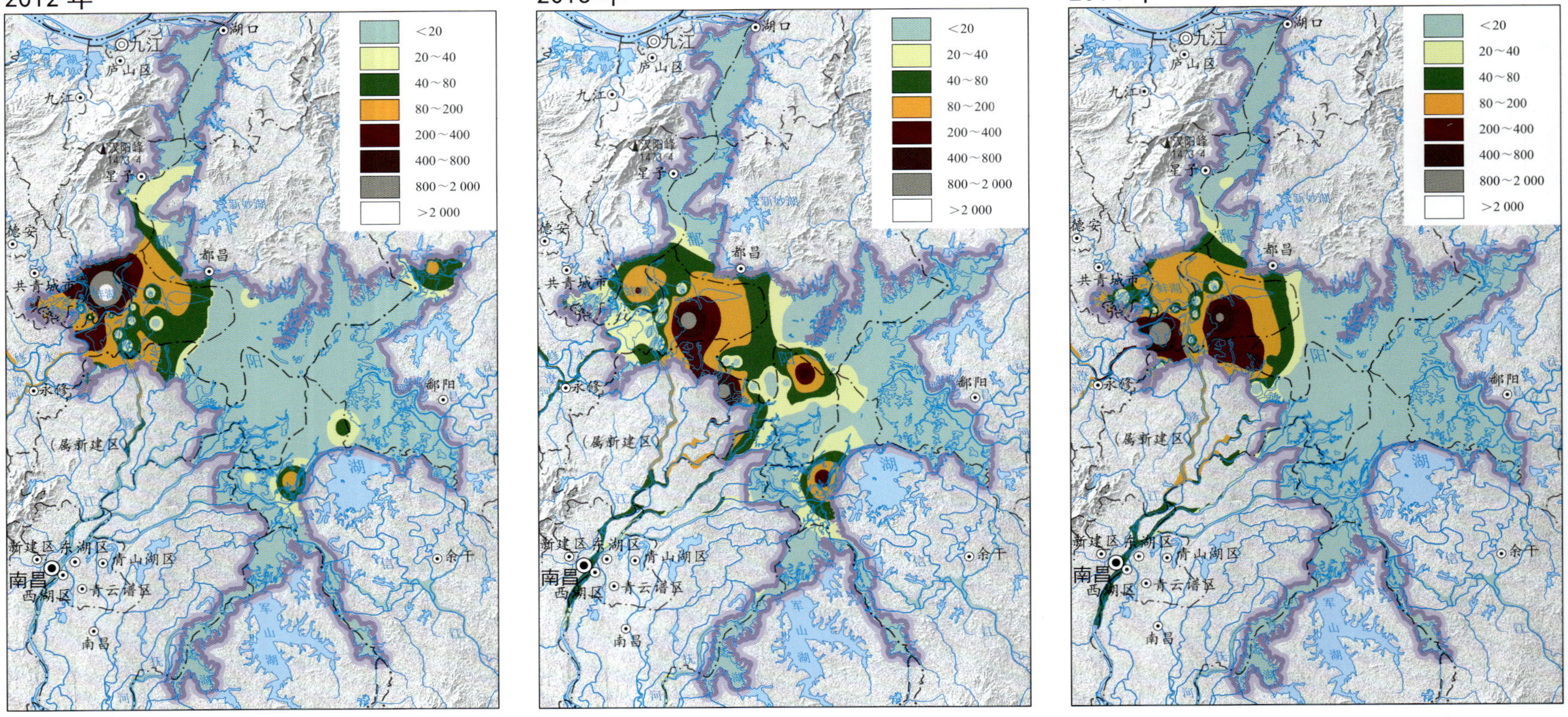

1∶1 500 000　　0　15　30　45　60 km

东方白鹳

东方白鹳分布数量最高也最稳定的湖泊是鄱阳湖保护区的湖泊，尤其大湖池、沙湖、大汉湖和蚌湖，最高统计数量均超过1 000只。此外，余干县的林充湖东方白鹳分布最高数量达到600只，南矶湿地保护区的常湖东方白鹳分布最高数量达到500多只。

鄱阳湖东方白鹳分布动态

2012 年　　2013 年　　2014 年

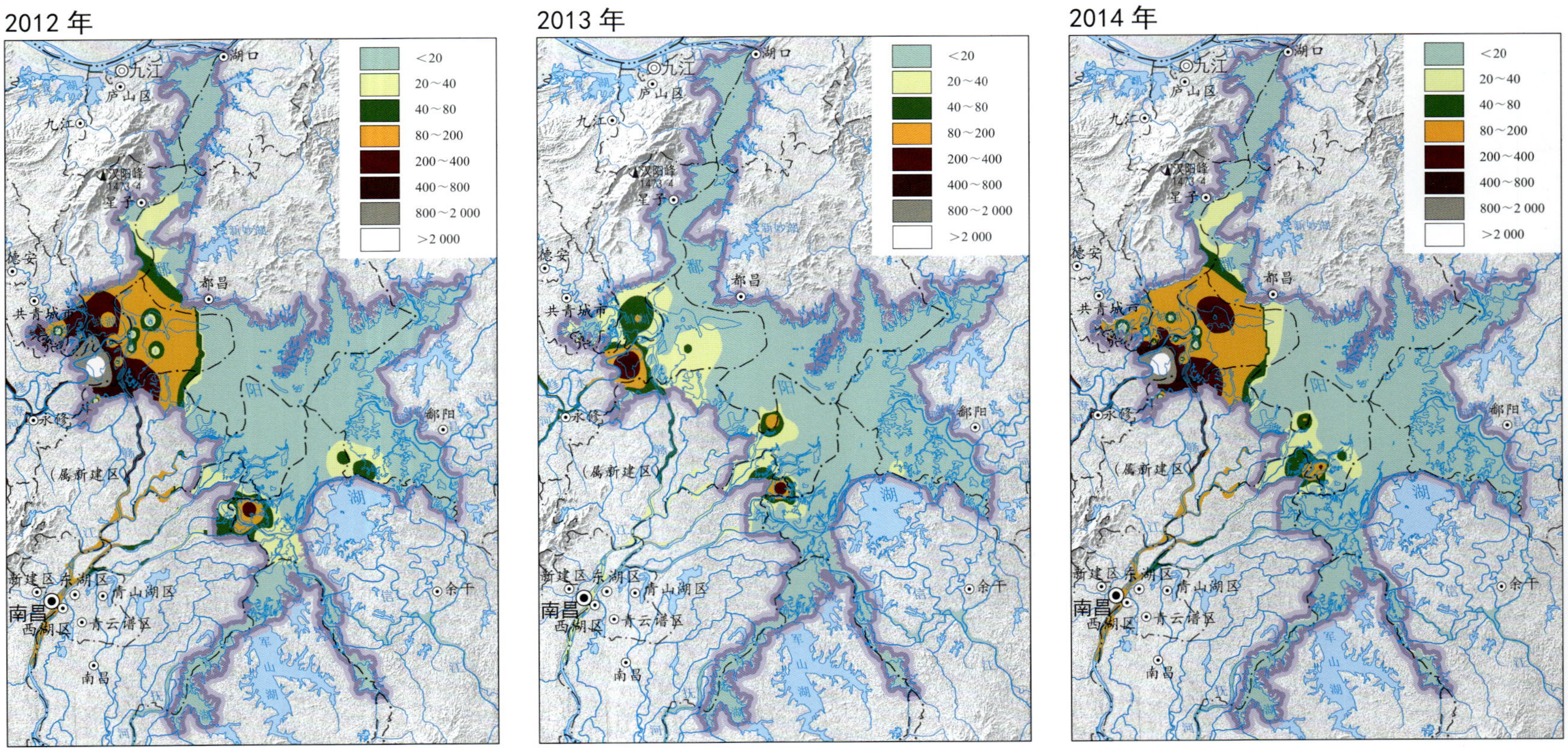

1∶1 500 000　　0　15　30　45　60 km

小天鹅

鄱阳湖保护区的大湖池，进贤县的金溪湖，新建区的茶湖以及鄱阳县的大莲子湖和珠湖，均是小天鹅的主要栖息湖，对小天鹅的最高统计数量超过2万只。

鄱阳湖小天鹅分布动态

2012 年

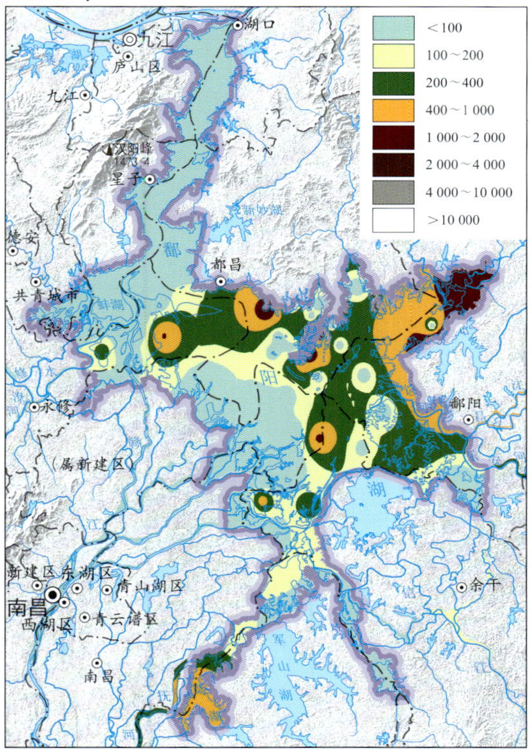

2013 年

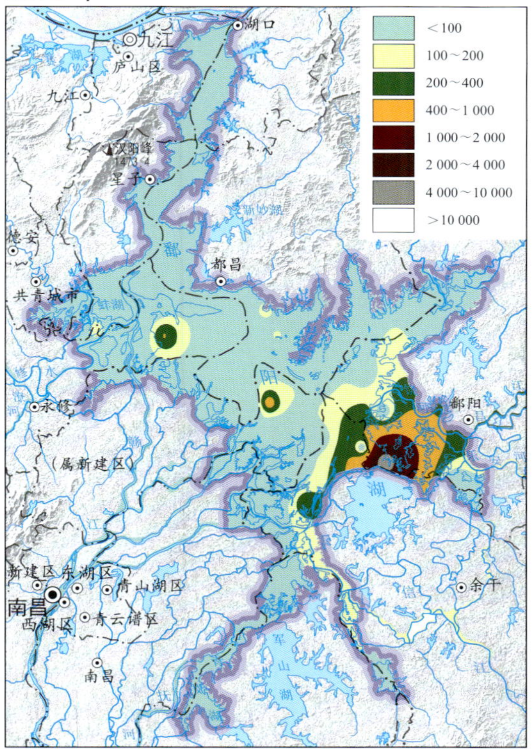

2014 年

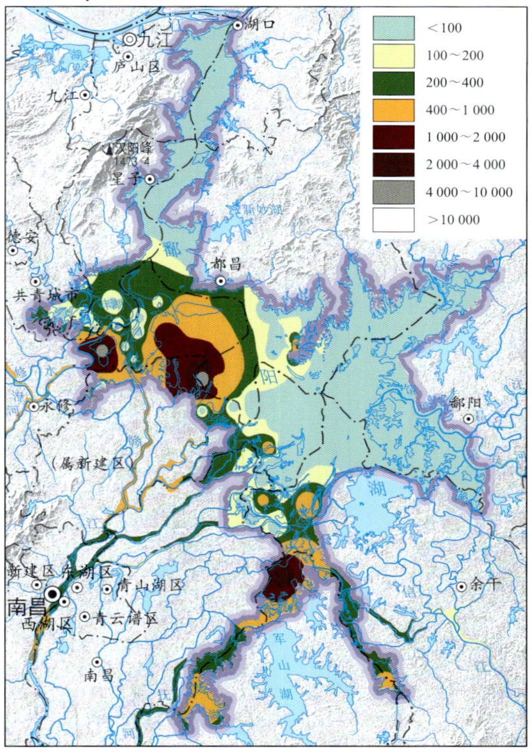

1∶1 500 000　0　15　30　45　60 km

灰鹤

灰鹤在鄱阳湖的分布变化比较大，鄱阳湖保护区的大湖池、大汊湖和蚌湖一直是灰鹤的重要越冬地，但数量不是很大，不超过700只；从2005年开始，鄱阳县的珠湖和企湖的灰鹤数量急剧上升，超过了鄱阳湖保护区的几个碟形湖；而近年来，都昌的黄金嘴附近水域，灰鹤数量则达到了6 000只，成为灰鹤最主要的越冬地。

鄱阳湖灰鹤分布动态

2012 年

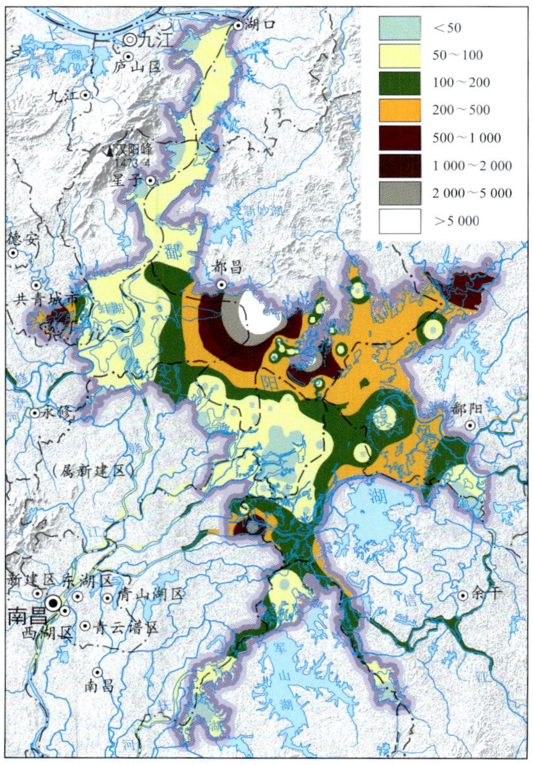

2013 年

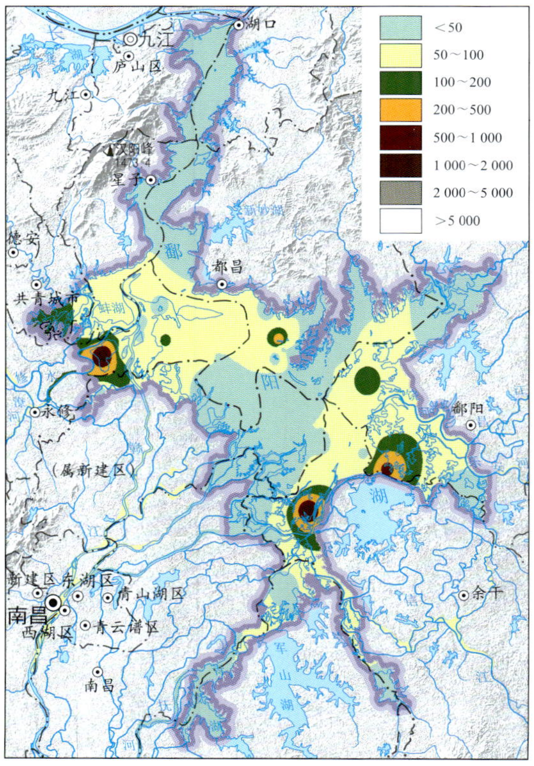

2014 年

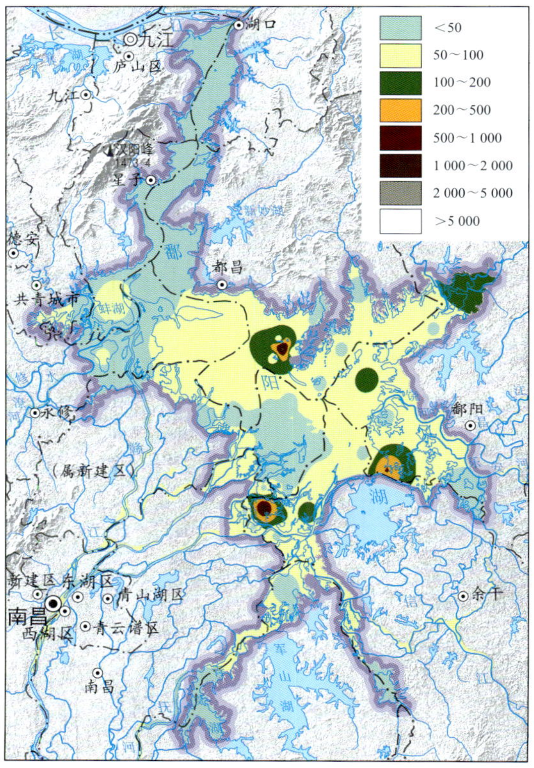

1∶1 500 000　0　15　30　45　60 km

优势鸟类空间分布

雁鸭类

雁鸭在鄱阳湖区广泛分布，1998年以来，鄱阳湖越冬雁鸭的数量在9万～34万只之间波动，2013年数量最高，约34万只，其次是2001年和2005年，约27.5万只，1998年和2009年数量最低，约9万只。

鄱阳湖雁鸭类分布动态

2012 年　　2013 年　　2014 年

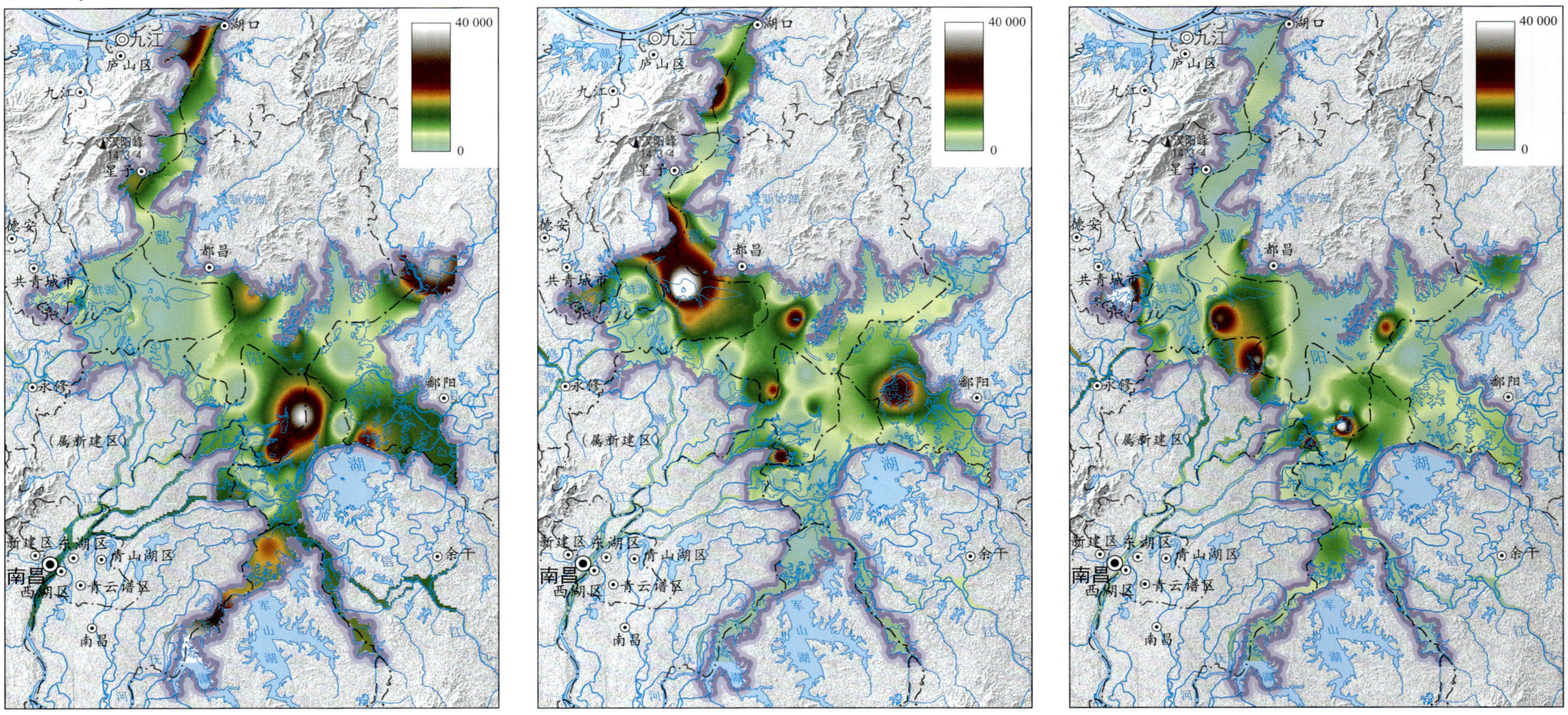

1∶1 500 000　　0　15　30　45　60 km

鸻鹬类

鸻鹬类广泛分布于鄱阳湖区。1998年以来，除1998年、2000年、2005年以及2013年外，鄱阳湖鸻鹬类数量在2.5万～8万只之间波动，2005年数量最高，达到30万只，2013年其次，约15万只。

鄱阳湖鸻鹬类分布动态

2012 年　　2013 年　　2014 年

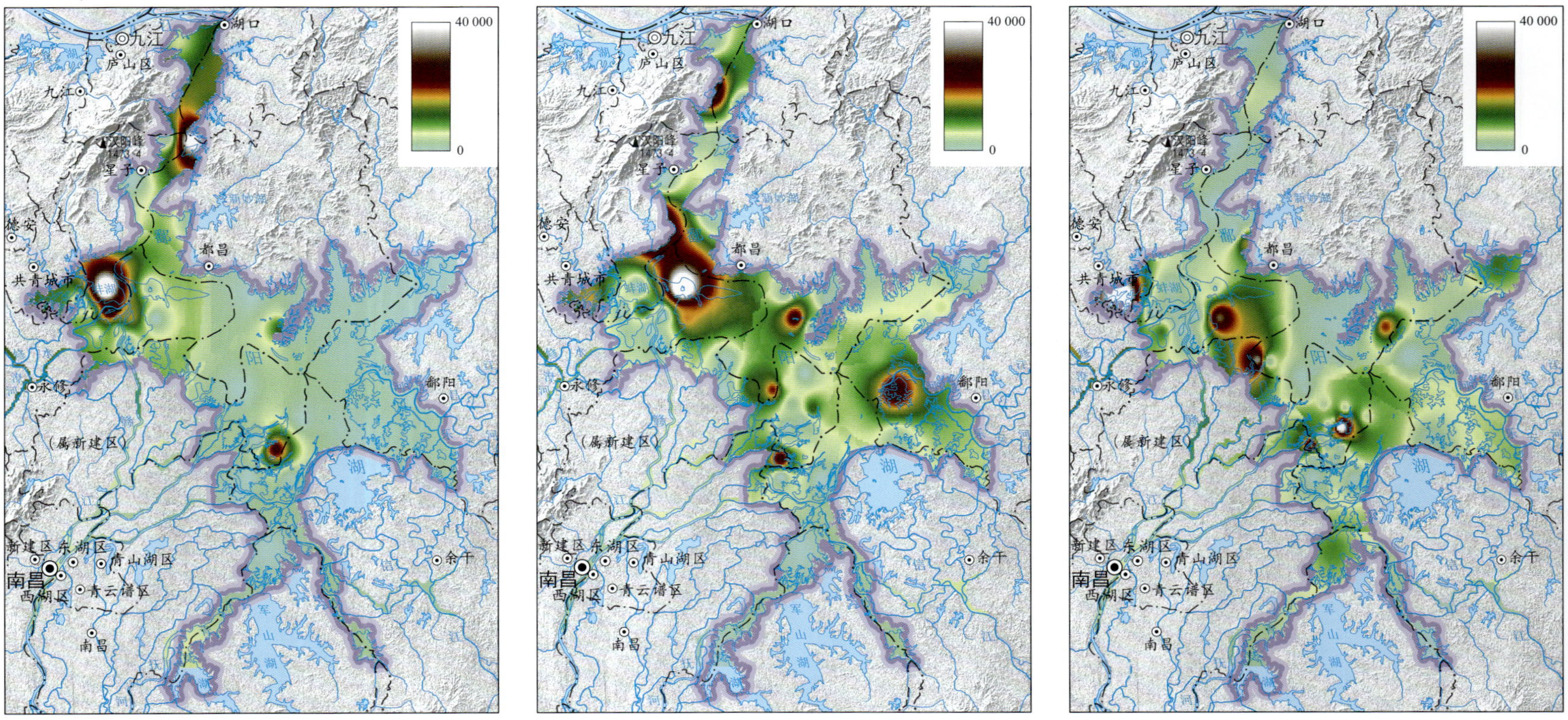

1∶1 500 000　　0　15　30　45　60 km

鄱阳湖国家级自然保护区鸟类分布及动态

2013年1月18日鄱阳湖科学考察共记录到水鸟48种，隶属5目11科，其中鹈鹕目1科2种，约占该地鸟类总种数的4.17%；鹳形目3科7种，约占鸟类总种数的14.58%；雁形目1科15种，约占鸟类总种数的31.25%；鹤形目2科7种，约占鸟类总种数的14.58%；鸻形目4科17种，约占鸟类总种数的35.42%。有国家重点保护鸟类8种，其中国家一级重点保护鸟类4种，即黑鹳（*Ciconia nigra*）、东方白鹳（*Ciconia boyciana*）、白鹤（*Grus leucogeranus*）和白头鹤（*Grus monacha*）；国家二级重点保护鸟类4种，即小天鹅（*Cygnus columbianus*）、白额雁（*Anser albifrons*）、白枕鹤（*Grus vipio*）和灰鹤（*Grus grus*）。

两次考察增加或减少的鸟类种类名录①

序号	中文名	拉丁名	居留型	区系	保护级别
一	鹈形目	PELECANIFORMES			
（一）	鹈鹕科	Pelecanidae			
(1)	卷羽鹈鹕②	*Pelecanus crispus*	冬	古	国家Ⅰ级
（二）	鸬鹚科	Phalacrocoracidae			
(2)	普通鸬鹚	*Phalacrocorax carbo sinensis*	冬	广	省级
二	鹳形目	CICOFIIFORMES			
（三）	鹭科	Ardeidae			
(3)	草鹭	*Ardea purpurea manilensis*	留	广	省级
(4)	池鹭	*Ardeolabacchus*	夏	广	省级
(5)	夜鹭	*Nycticoraxnycticoraxnycticorax*	留	广	省级
(6)	黄斑苇鳽	*Ixobrychus sinensis*	夏	广	
(7)	大麻鳽	*Botaurus stellaris stellaris*	冬	广	省级
三	雁形目	ANSERIFORMES			
（四）	鸭科	Anatidae			
(8)	小白额雁	*Ansererythropus*	冬	古	国家Ⅱ级
(9)	翘鼻麻鸭	*Tadornatadorna*	冬	古	省级
(10)	鸳鸯	*Aix galericulata*	冬	古	国家Ⅱ级
(11)	赤膀鸭	*Anas strepera strepera*	冬	古	省级
(12)	花脸鸭	*Anas formosa*	冬	古	国家Ⅱ级
(13)	青头潜鸭	*Aythya baeri*	冬	古	国家Ⅰ级
(14)	斑背潜鸭	*Aythya marilanearctica*	冬	古	省级
(15)	斑头秋沙鸭	*Mergellusalbellus*	冬	古	国家Ⅱ级
(16)	普通秋沙鸭	*Mergus merganser merganser*	冬	古	省级
四	鹤形目	GRUIFORMES			
（五）	秧鸡科	Rallidae			
(17)	花田鸡	*Coturnicopsexquisitus*	冬	古	国家Ⅱ级
1	红脚苦恶鸟	*Amaurornisakool*	留	东	
(18)	白胸苦恶鸟	*Amaurornisphoenicurusphoenicurus*	夏	东	
(19)	董鸡	*Gallicrex cinerea*	夏	东	
（六）	鸨科	Otidae			
(20)	大鸨	*Otis tardadybowskii*	冬	古	国家Ⅰ级
五	鸻形目	CHARADRIIFORMES			
（七）	鸻科	Charadriidae			
2	环颈鸻	*Charadrius alexandrinus*	留	广	
（八）	鹬科	Scolopacidae			
(21)	大沙锥	*Gallinagomegala*	冬	古	
(22)	小杓鹬	*Numenius minutus*	冬	古	国家Ⅱ级
(23)	中杓鹬	*Numenius phaeopus variegatus*	冬	古	
3	黑尾塍鹬	*Limosalimosa*	冬	古	
4	青脚鹬	*Tringanebularia*	冬	古	
5	白腰草鹬	*Tringaochropus*	冬	古	
6	林鹬	*Tringaglareola*	旅	古	
7	矶鹬	*Actitishypoleucos*	冬	古	
（九）	鸥科	Laridae			
(24)	黑尾鸥	*Larus crassirostris*	冬	古	
(25)	普通海鸥	*Larus canuskamtschatschensis*	冬	古	
(26)	红嘴巨燕鸥	*Hydroprognecaspia*	冬	广	省级
(27)	普通燕鸥	*Sterna hirundohirundo*	夏	古	
(28)	白额燕鸥	*Sterna albifrons sinensis*	夏	广	

注：①表中序号带括号的鸟类为第一次考察有记录，而本次考察未记录到的种；不带括号的种为第一次考察未记录到，而本次考察有记录的种。
②第一次考察名录中为斑嘴鹈鹕 *Pelecanusphilippensis*。

珍稀鸟类分布及动态

白鹤

2013年1月18日，鄱阳湖保护区的白鹤主要分布在大汊湖，其次是蚌湖，大湖池和沙湖只有少量分布。最高数量出现在2011年，达到4 000多只，其他年份除2004年、2008年及2011年外，数量在2 300～3 200只之间波动，总体比较稳定。

2002—2011 年鄱阳湖保护区白鹤数量变化曲线

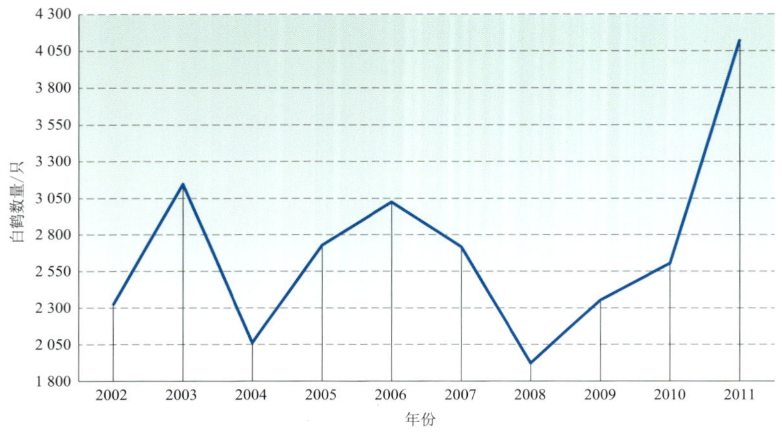

2013 年 1 月 18 日鄱阳湖保护区越冬白鹤分布

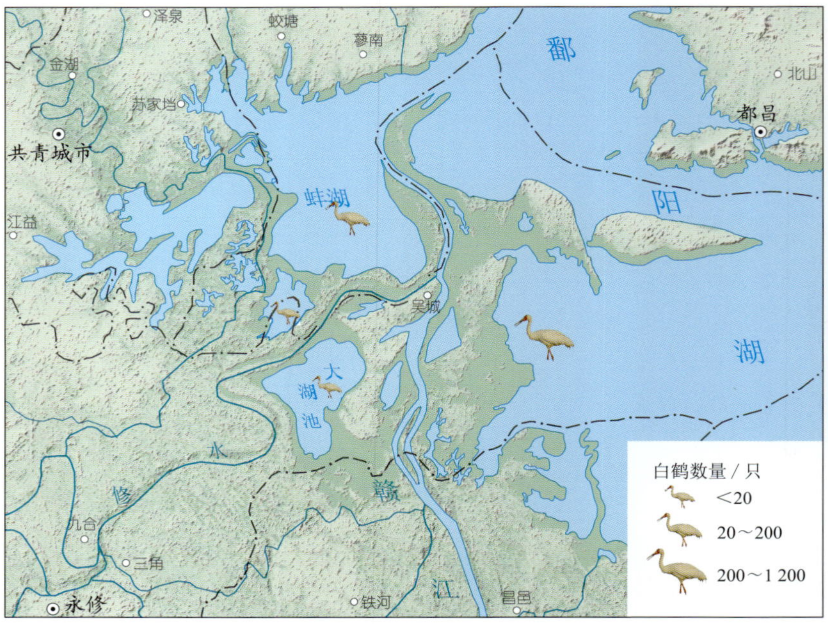

东方白鹳

2013年1月18日，鄱阳湖保护区的东方白鹳主要分布在大湖池和蚌湖，其次是大汊湖和沙湖，朱市湖也有少量分布。最高数量出现在2010年，接近3 500只，其他年份除2004年只有不到1 000只外，数量比较稳定，在1 750～2 750只之间波动。

2002—2011 年鄱阳湖保护区东方白鹳数量变化曲线

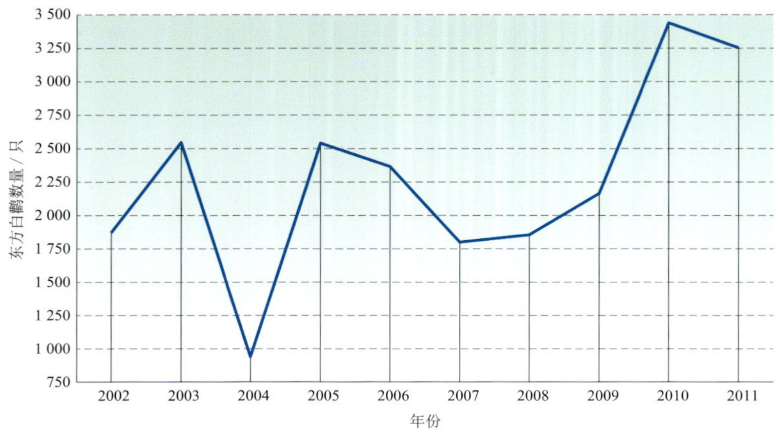

2013 年 1 月 18 日鄱阳湖保护区越冬东方白鹳分布

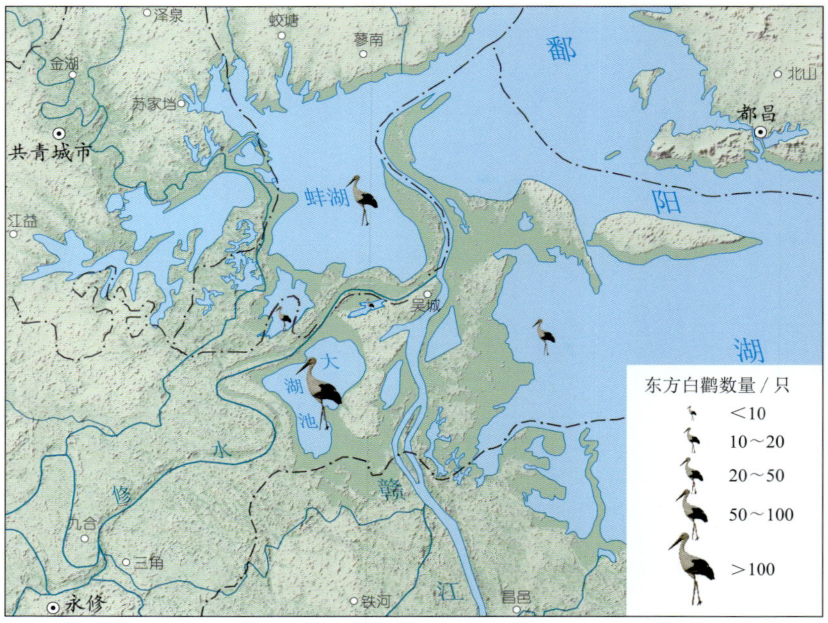

白琵鹭

2013年1月18日，鄱阳湖保护区的白琵鹭集中分布在大湖池和沙湖，大汊湖只有少量分布。2002年以来，鄱阳湖保护区的白琵鹭呈周期性起伏波动，总体呈明显的上升趋势，2011年数量最高，达到近12 000只，2007年最低，不到5 000只。

2002—2011 年鄱阳湖保护区白琵鹭数量变化曲线

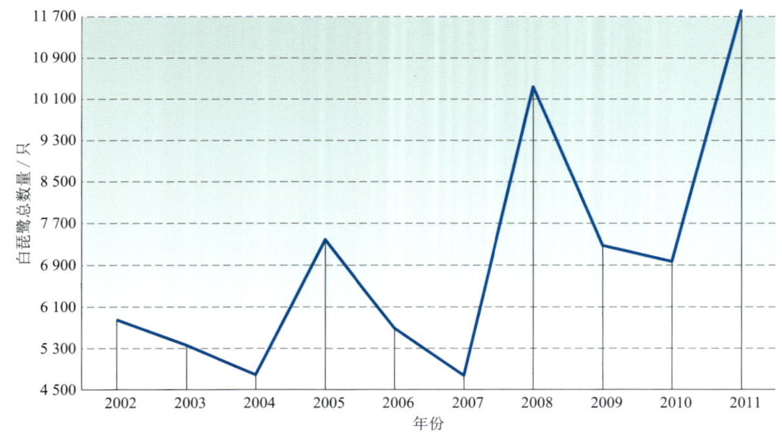

2013 年 1 月 18 日越冬白琵鹭分布

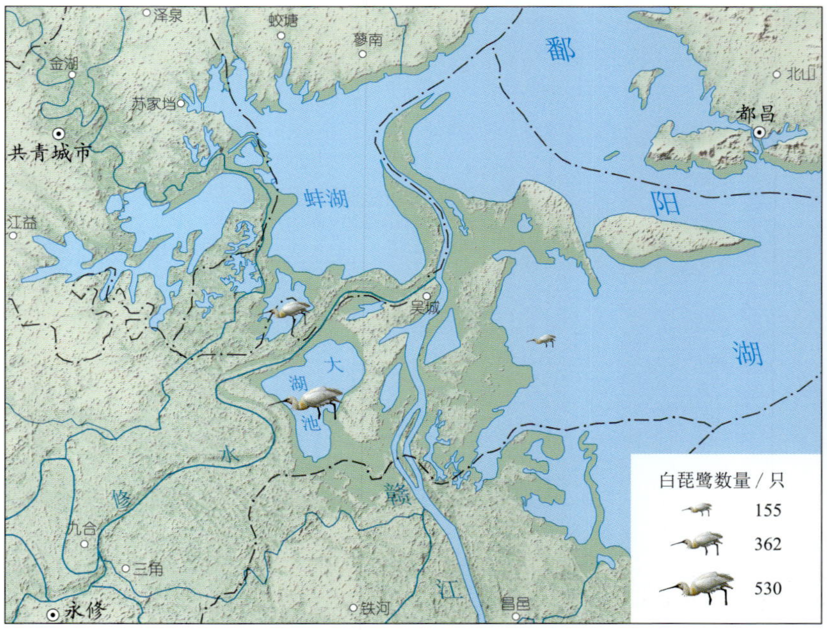

1∶400 000　0　4　8　12 km

小天鹅

2013年1月18日，鄱阳湖保护区的小天鹅集中分布在大汉湖和沙湖，中湖池只有少量分布。2002年以来，鄱阳湖保护区小天鹅数量呈周期性起伏波动，总体略呈下降趋势，2004年数量最高，超过6万只，1998年数量最低，不到1万只。

2002—2011 年鄱阳湖保护区小天鹅数量变化曲线

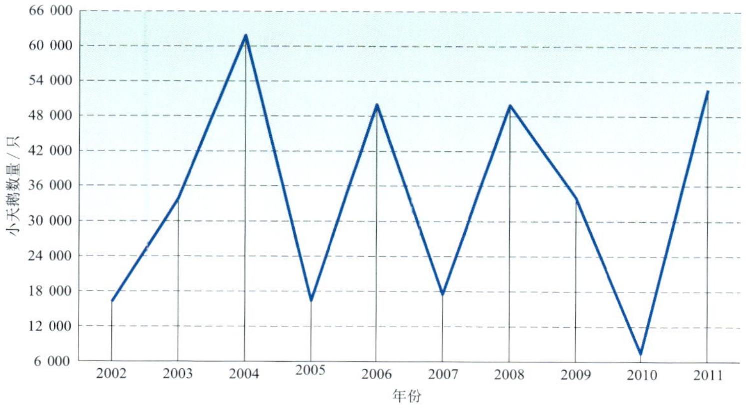

2013 年 1 月 18 日鄱阳湖保护区越冬小天鹅分布

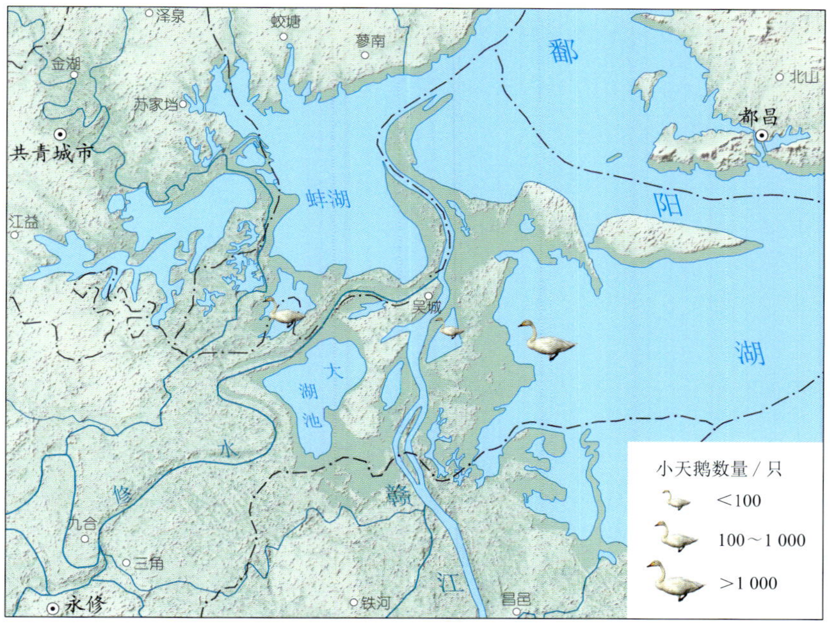

1∶400 000　0　4　8　12 km

优势鸟类分布及动态

鹭类

2013年1月18日，鄱阳湖保护区的9个湖都有鹭类分布，其中大汉湖最多，蚌湖、沙湖和梅溪湖其次，大湖池只有少量分布。

2013 年 1 月 18 日鄱阳湖保护区越冬鹭类分布

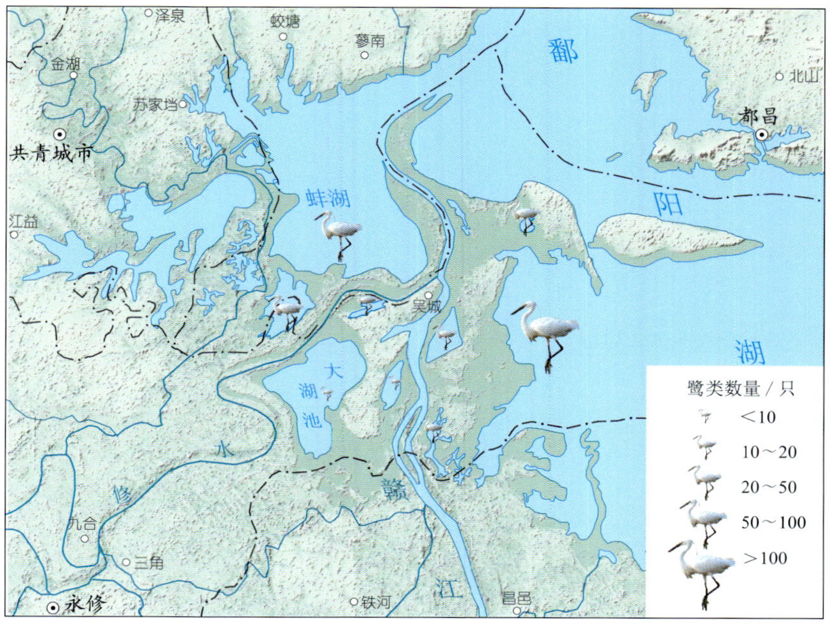

雁鸭类

2013 年 1 月 18 日，除常湖和梅溪湖外，其余 7 湖均有雁鸭分布，其中象湖数量最高，蚌湖其次，沙湖、中湖池、大湖池和朱市湖雁鸭类比较少。

2013 年 1 月 18 日越冬雁鸭类分布

1∶400 000　0　4　8　12 km

鄱阳湖南矶湿地国家级自然保护区鸟类分布及动态

2013—2014年南矶湿地自然保护区冬季监测共记录鸟类11目24科63种，其中水鸟48种，包括䴙䴘目1科2种，鹈形目1科1种，鹳形目3科8种，雁形目1科17种，鹤形目2科7种，隼形目2科2种，鸡形目1科2种，鸻形目5科9种，鸽形目1科1种，佛法僧目1科3种，雀形目6科11种。从类群来看，水鸟以雁形目、鸻形目、鹳形目和鹤形目为主，分别占鸟类总种数的27.0%、14.3%、12.7%、11.1%；其他鸟类以雀形目为主，占鸟类总种数的17.5%。在63种鸟类中，国家一级保护鸟类有3种，包括东方白鹳、白鹤和白头鹤；国家二级保护鸟类有7种，包括白琵鹭、灰鹤、白枕鹤、小天鹅、白额雁、白尾鹞和游隼。

珍稀鸟类分布及动态

越冬初期

2013年10—11月监测记录的鸟类主要是植食性游禽和杂食性游禽，10月分别为9 875只和2 056只，占同时段鸟类总数的77.4%和16.1%。保护区鸟类以雁鸭类和秧鸡科鸟类为主。

11月植食性游禽和杂食性游禽分别为43 548只和4 402只，占同时段鸟类总数的85.3%和8.6%。水鸟主要集中在草皮角湖和上段湖，分别占同时段鸟类总数的39.1%和29.6%。其次是下北甲湖、三湖、下茶湖和北深湖，分别占同时段鸟类总数的6.6%、6.0%、4.5%和3.9%。

2013 年 11 月 21 日南矶湿地保护区各湖泊水鸟数量

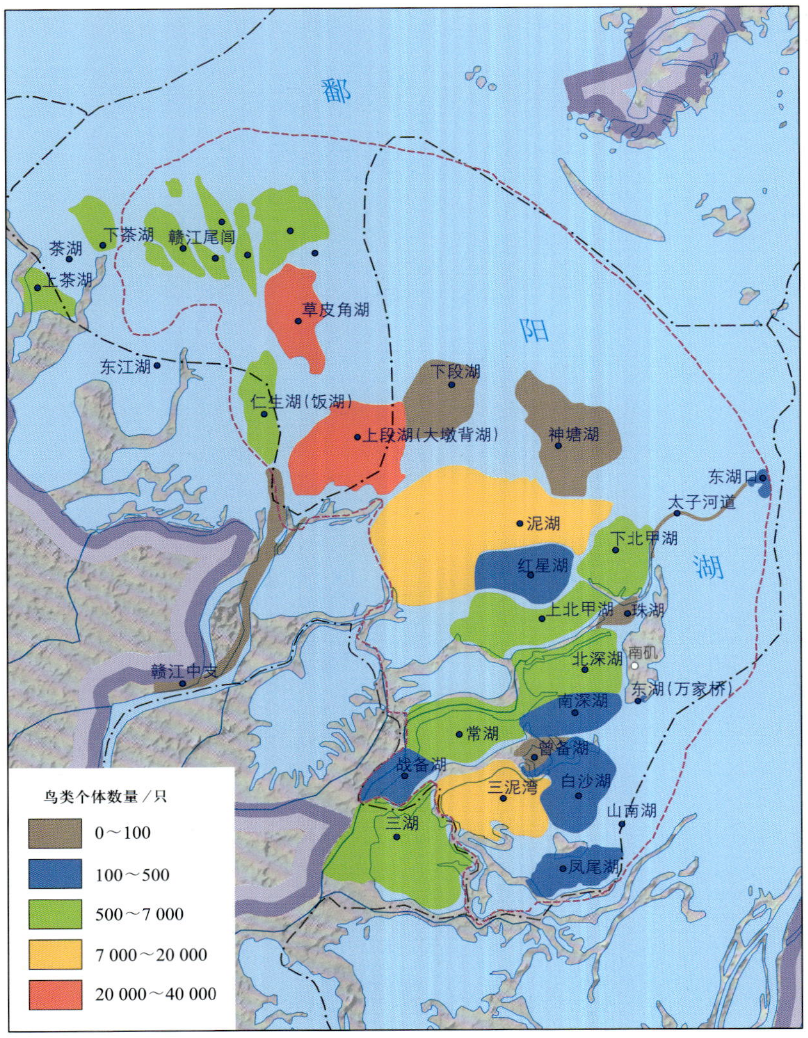

2013 年 12 月 13 日南矶湿地保护区各湖泊水鸟数量

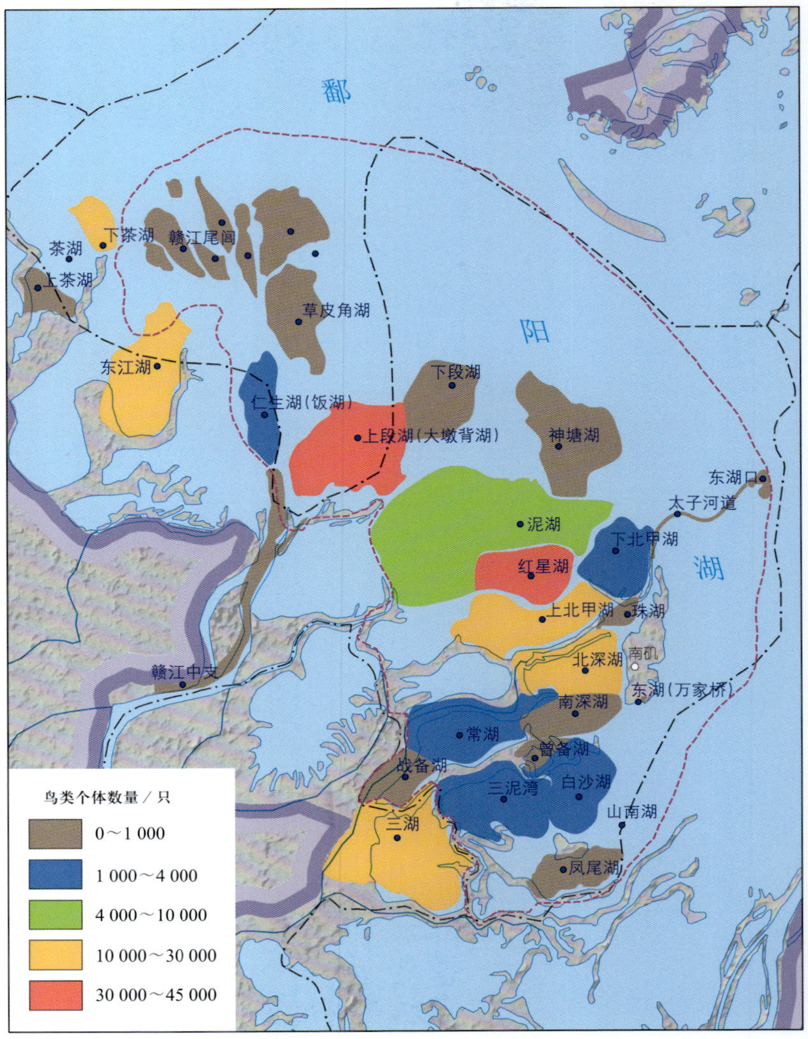

1∶250 000　0　2.5　5.0　7.5 km

越冬中期

12月—次年1月上旬监测记录的鸟类构成以植食性游禽和食软体动物类涉禽为主，12月分别为171 844只和9 253只，占同时段鸟类总数的89.7%和4.8%；其次是杂食性游禽和食鱼类涉禽，分别占同时段鸟类总数的2.4%和2.0%。水鸟数量最多的湖泊为上段湖，比例占同时段水鸟总数的23.1%；其次是红星湖，占17.1%；东江湖、北深湖、上北甲湖水鸟数量分别占水鸟总数的10.6%、10.8%和11.5%。

2014年1月植食性游禽和食软体动物类涉禽分别为106 580只和10 844只，占同时段鸟类总数的86.5%和8.8%；其次是食鱼类涉禽3 652只，占同时段鸟类总数的3.0%，再次是杂食性游禽2 114只，占同时段鸟类总数的1.7%。水鸟数量较多的湖泊为下茶湖、上茶湖、上段湖和战备湖，分别占同时段鸟类总数的16.2%、14.2%、11.3%和13.3%；其次是草皮角湖和赣江尾闾，数量占同时段水鸟总数的8.2%和7.6%。

2014 年 1 月 10 日南矶湿地保护区各湖泊水鸟数量

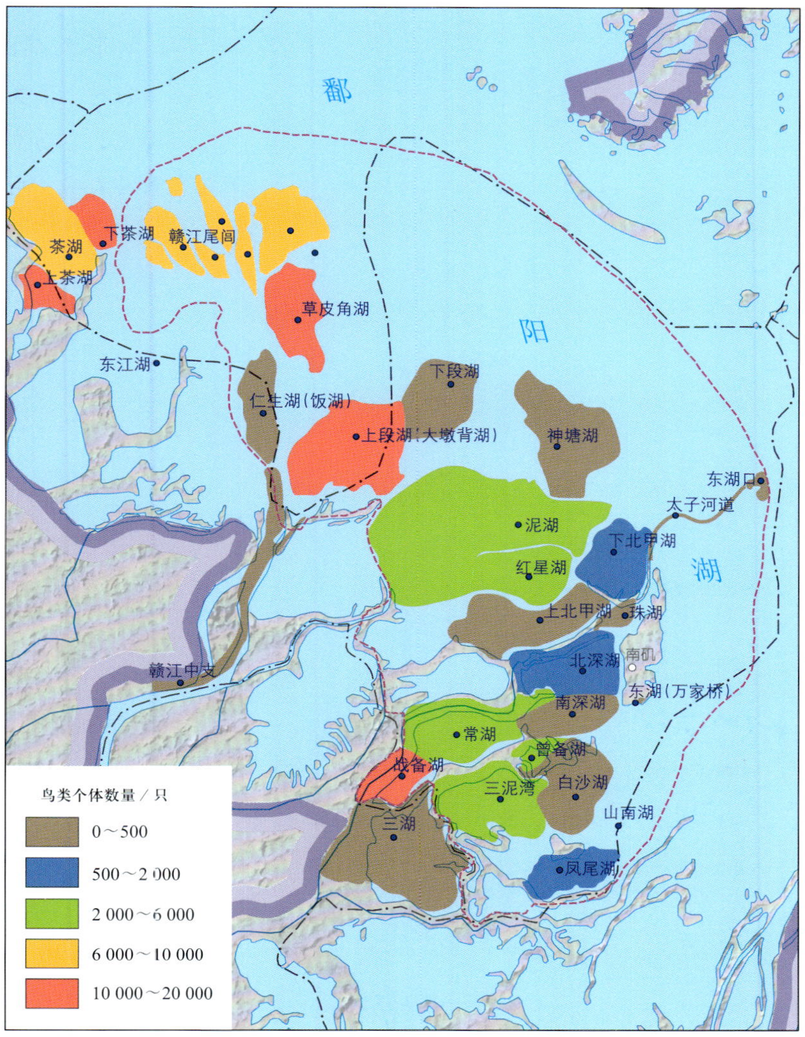

2014 年 1 月 23 日南矶湿地保护区各湖泊水鸟数量

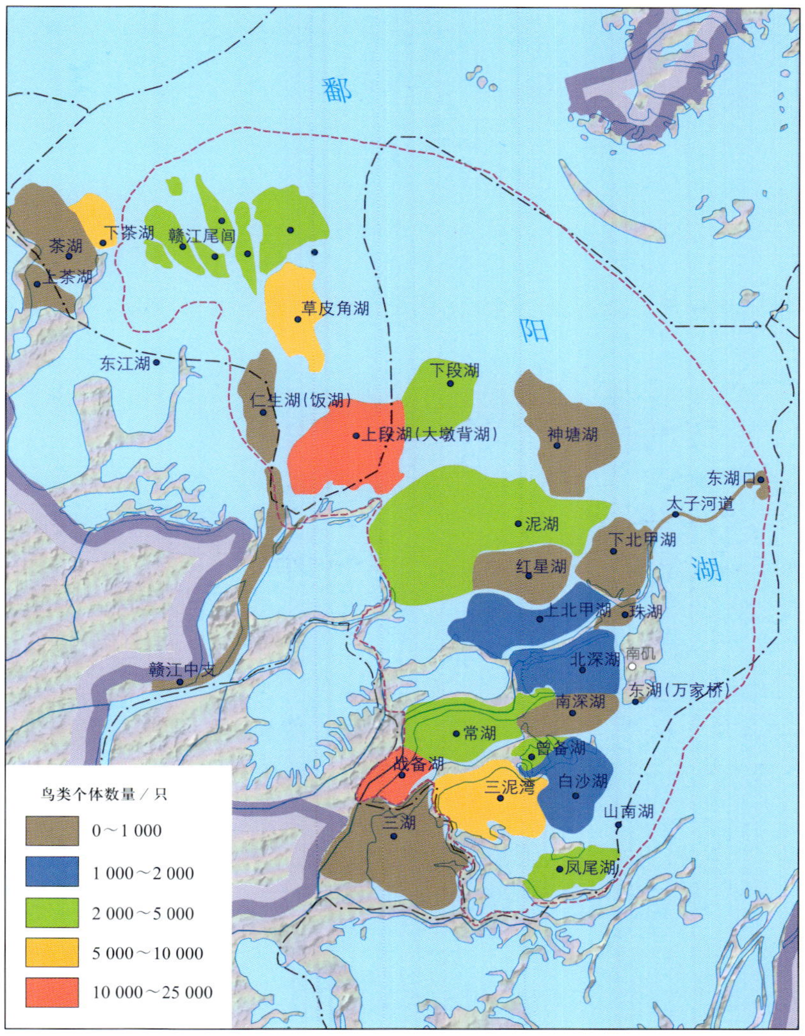

越冬末期

2014年3月监测记录的鸟类构成以植食性游禽和食软体动物类涉禽为主，分别为20 929只和1 740只，占同时段鸟类总数的86.8%和7.2%；食鱼类涉禽、杂食性游禽分别为718只和591只，各占3.0%和2.5%；植食性涉禽144只，占0.6%。

3月14日的分布较越冬中期更为集中，在27个湖泊中有9个湖泊未观察到水鸟，另有6个湖泊中水鸟数量不到210只。水鸟主要集中在上段湖和南深湖，各占同时段水鸟总数的32.1%和21.1%；其次是凤尾湖和泥湖，分别占同时段水鸟总数的13.2%和9.4%。

1∶250 000

0　2.5　5.0　7.5 km

2014 年 3 月 14 日南矶湿地保护区各湖泊水鸟数量

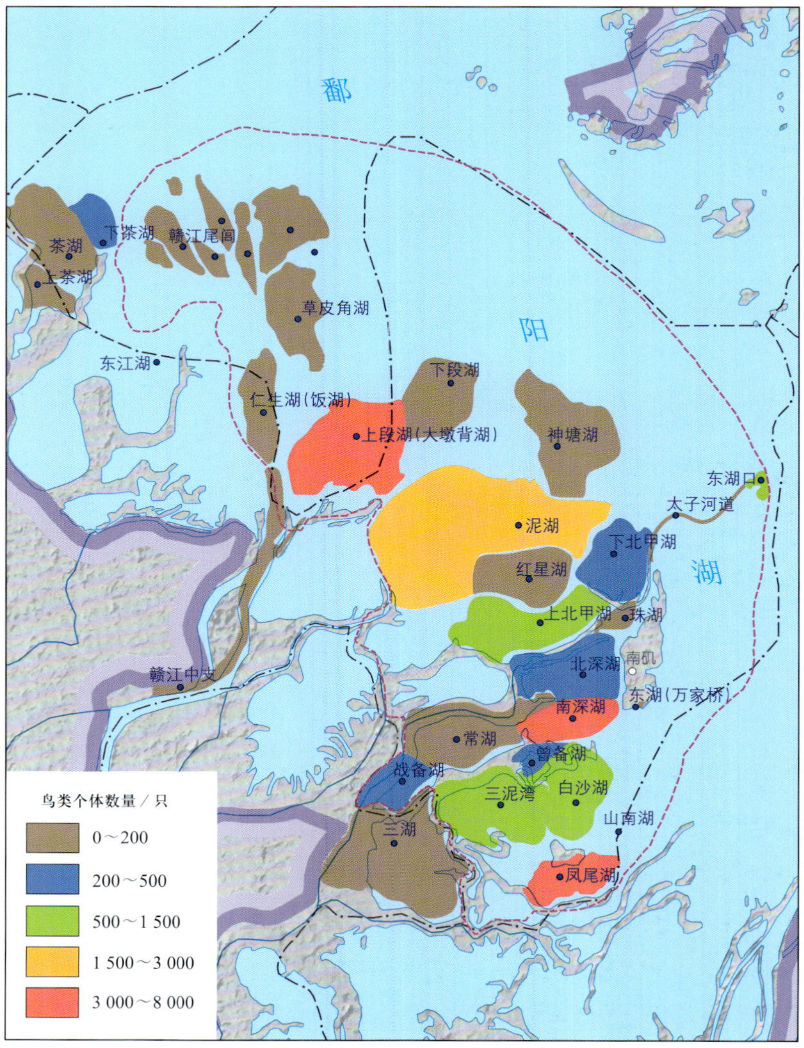

主要经济鱼类产卵场、索饵场和越冬场的面积与分布

2013 年主要经济鱼类的产卵场的面积与分布

鄱阳湖鱼类的优势种群是鲤科的鲤鱼和鲫鱼，在鄱阳湖渔获物中所占比例接近一半。这与鄱阳湖“洪水茫茫一片水连天，枯水沉沉一线滩无边”的水情变化特点有着直接的关系。这种季节性湖泊的特点，促成了湖滩、草洲的发展，为鲤鱼、鲫鱼提供了良好的繁殖生态条件，十分有利于产卵和幼鱼的生长。

鄱阳湖鲤鱼、鲫鱼产卵场的分布

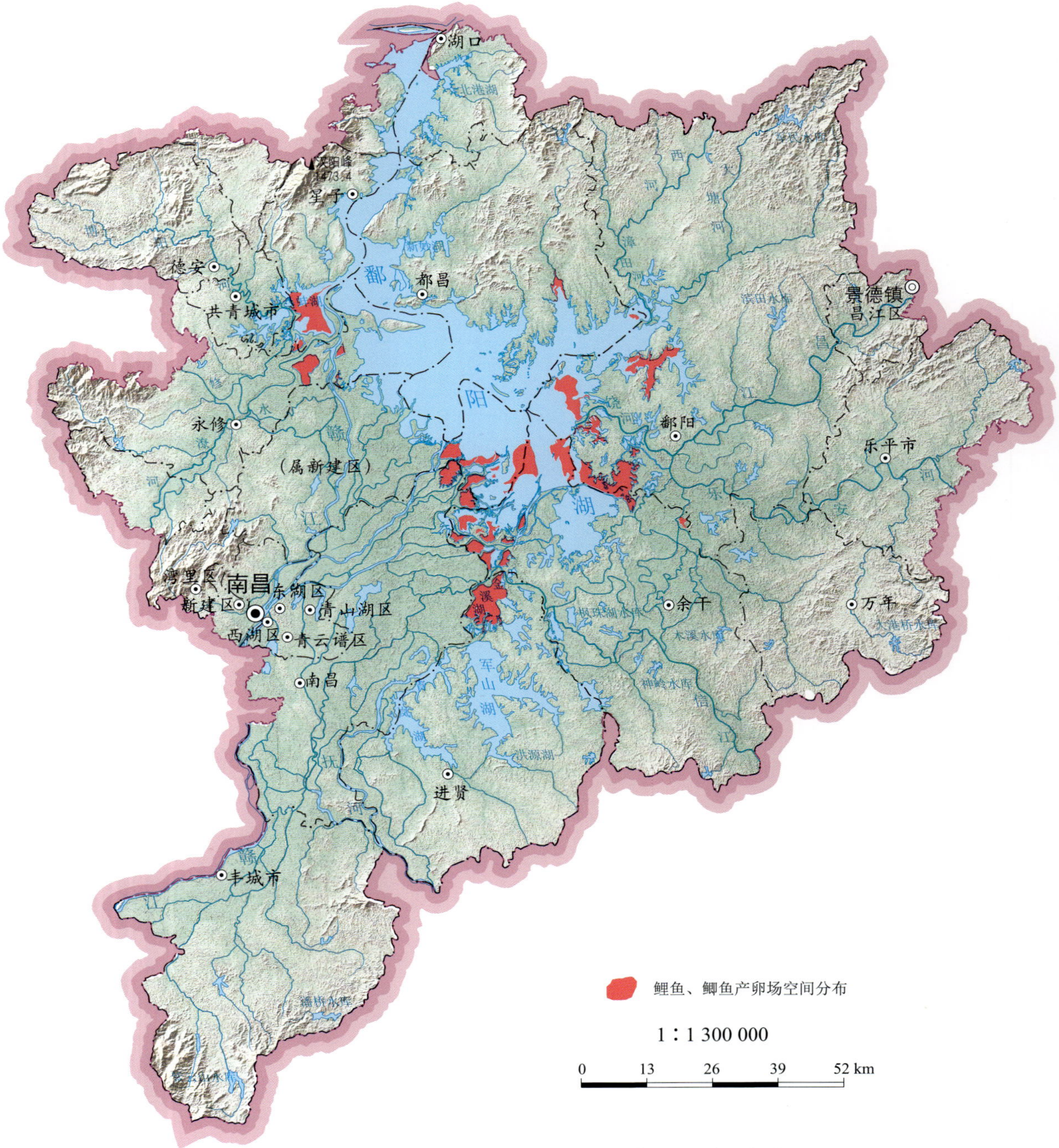

鄱阳湖鲤鱼、鲫鱼产卵场及面积

序号	产卵场名称	面积 / km²
1	东湖	30.73
2	常湖	6.78
3	北甲湖	5.68
4	上深湖	0.36
5	下深湖	0.96
6	三湖	8.80
7	大沙坊湖	14.03
8	团湖	9.64
9	边湖	3.56
10	南湖	3.62
11	北口湾	4.61
12	林充湖	6.49
13	鲫鱼湖	2.26
14	沙湖	2.97
15	蚌湖	34.45
16	程家池	7.08
17	草湾湖	6.00
18	王罗湖	5.40
19	三洲湖	2.50
20	六潦湖	0.97
21	金溪湖	48.33
22	晚湖	1.97
23	大莲子湖	51.90
24	汉池湖	24.84
25	太阳湖	1.37
26	西湖渡	6.55
27	南疆湖	21.98
28	中湖池	2.44
29	大湖池	17.39
30	外珠湖	31.08
31	大鸣湖	11.01
32	象湖	1.42
33	云湖	2.03
合计		379.19

鄱阳湖鲤鱼、鲫鱼产卵场年度变化

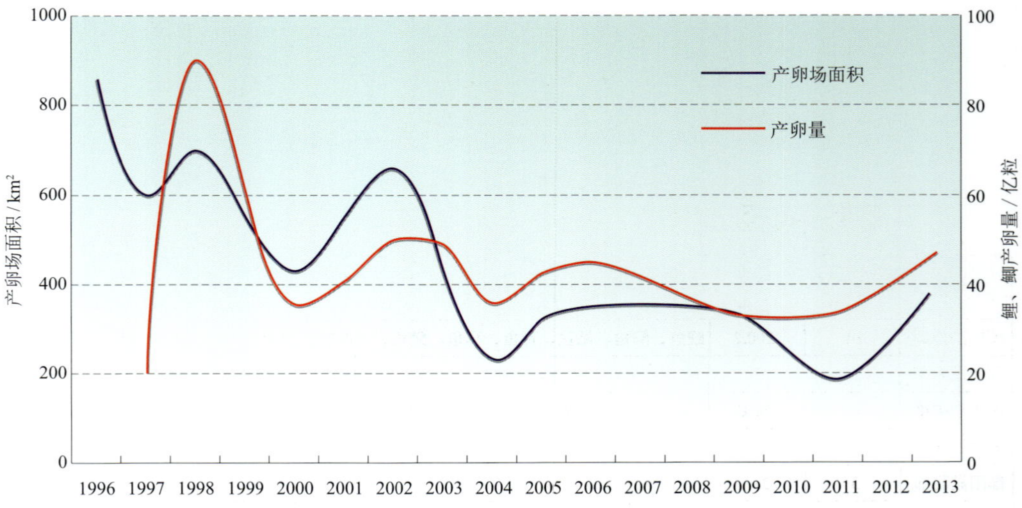

鄱阳湖水文过程中最重要的是3—6月和6—9月这两个时间段的水位和水量，前者决定了产卵场的面积和产卵量，后者决定了幼鱼索饵、育肥场的大小和生长环境。1983—2013年，由于水文过程的变化，鲤鱼、鲫鱼产卵场也发生了变化，1983年鲤鱼产卵场有29处，面积417.89 km²；2013年鲤鱼产卵场有33处，面积为379.19 km²。

2013 年主要经济鱼类的索饵场、越冬场的面积与分布

鄱阳湖是长江“四大家鱼”的重要索饵场、育肥场和栖息地。鄱阳湖现有鱼类索饵场35处，共390 km²（平均水位14.78 m），主要分布在东部、中部和南部，如北口湾、鲫鱼湖、程家池、三江口、三洲湖、大沙坊湖、三湖、团湖、北甲湖、东湖、常湖、蚌湖、汉池湖、大莲子湖、大池湖、沙湖、吉池湖、王埠湖、青岚湖、金溪湖、外珠湖、土塘湖（西湖）以及永修县吴城、松门山以北的蜈蚣山一带等。据调查鉴定，鄱阳湖索饵场鱼类主要有鲤鱼、鲫鱼、青鱼、草鱼、鲢鱼、鳙鱼、鳜鱼、鲇鱼、鲌鱼、短颌鲚、刀鲚等，其中鲤鱼、鲫鱼幼鱼占60%以上。

鄱阳湖鱼类越冬场大多数处于河道弯曲处，并且港内有深潭。随着挖沙、水位变化等因素，有些越冬场会消失，也会形成新的越冬场，越冬的鱼类主要以鲤鱼、鲫鱼、鲴鱼、鲌鱼、鳜鱼等定居性鱼类为主。

鄱阳湖鲤鱼、鲫鱼索饵场与越冬场的分布

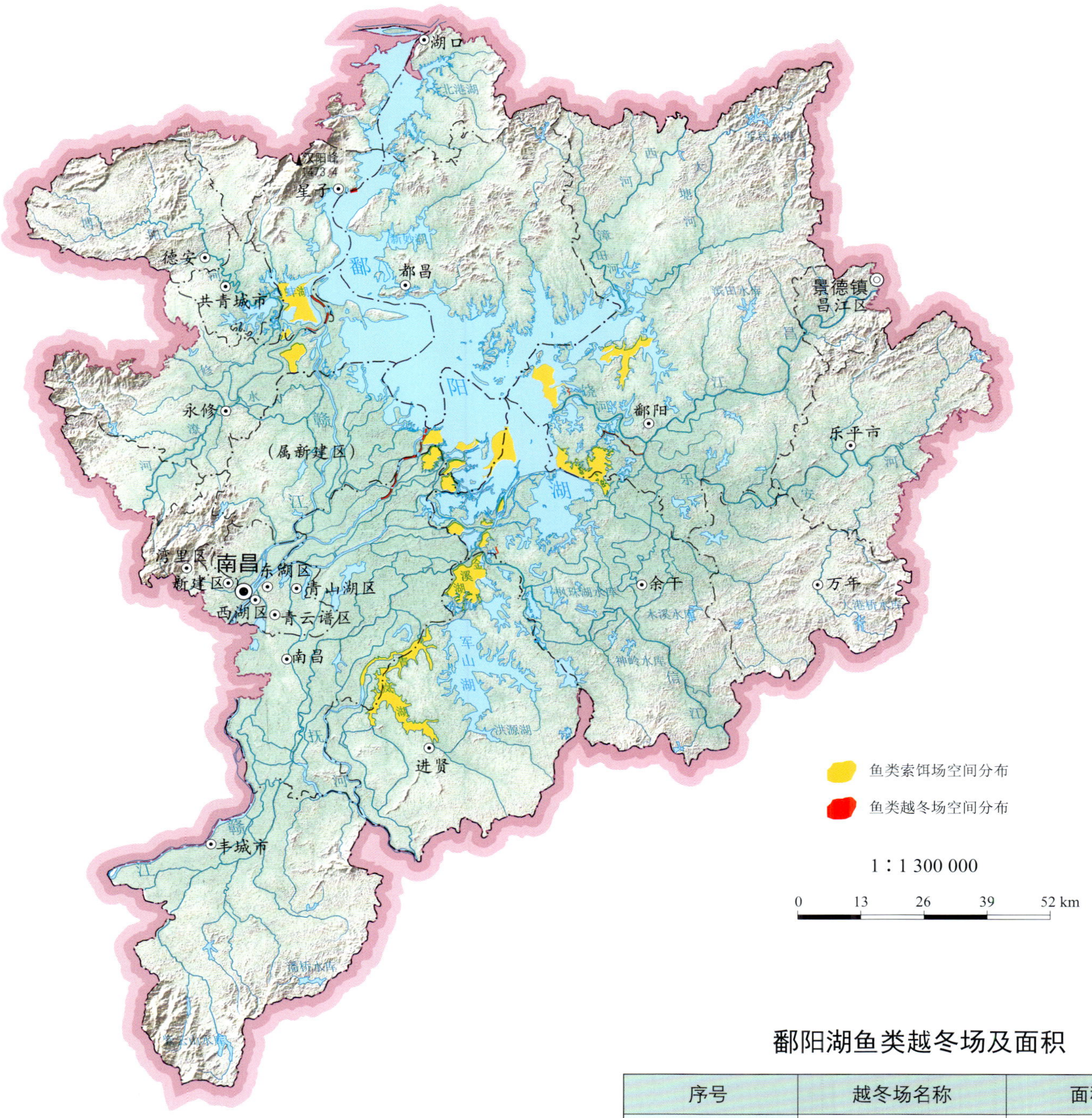

鄱阳湖鱼类越冬场及面积

序号	越冬场名称	面积/km²
1	洪家穴港	0.31
2	坝下港	0.96
3	猫儿潭港	0.90
4	黄沙港	0.95
5	胡家港	0.77
6	下泗潭港	0.58
7	谢司港	1.23
8	沙港	0.52
9	朱港	1.25
10	陈德旗港	0.52
11	芦潭港	0.46
12	大湾港	1.64
13	令公洲港	0.85
14	龙潭子港	0.33
合计		11.26

鄱阳湖湖区鱼类索饵场规模及索饵鱼主要种类

地点	索饵场/处	面积/hm²	索饵鱼主要种类	鲤鲫占比/%
鄱阳湖南部	14	200.2	鲤鱼、鲫鱼、鲇鱼、青鱼、草鱼、鲢鱼、短颌鲚、黄颡鱼	75
鄱阳湖东部	8	67.5	鲤鱼、鲫鱼、鲇鱼、青鱼、草鱼、鲢鱼、鳙鱼	70
鄱阳湖中部	6	62.8	鲤鱼、鲫鱼、鲢鱼、鳙鱼、短颌鲚、鲇鱼	68
鄱阳湖西部	4	38.4	鲤鱼、鲫鱼、短颌鲚、鲇鱼、黄颡鱼	62
鄱阳湖北部	3	21.1	刀鲚、短颌鲚、鲢鱼、鳙鱼、鲤鱼、鲫鱼、黄颡鱼、鳊鱼	45

微生物种群结构分布

2012年7月在鄱阳湖核心湖区选择了具有代表性的15个采样点，分别采集15个水体样和对应的15个底泥样。收集和浓缩样品总微生物，提取各自的总DNA，从中选取5个水样和对应的泥样进行OTU（操作分类单位）聚类，获得1 407个OTU的代表系列。

湖区微生物采样点分布

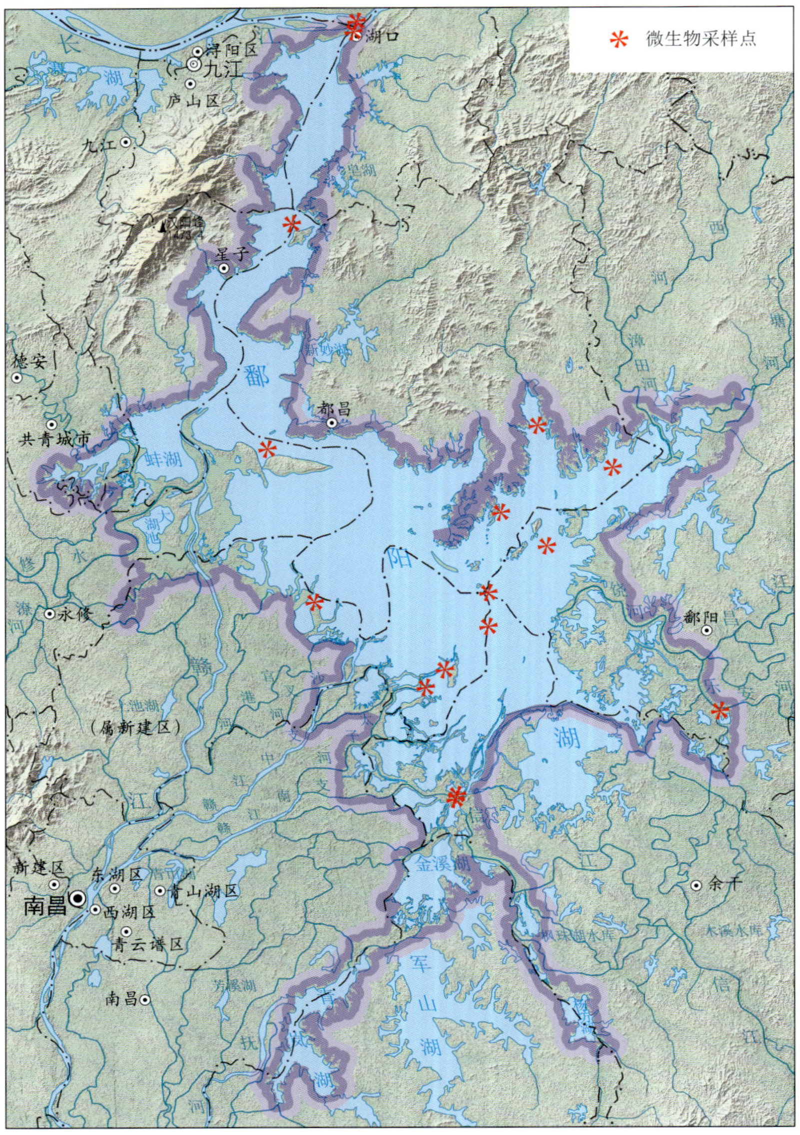

1∶1 000 000

0 10 20 30 km

门：样品中细菌群落属于33个菌群门类，丰度大于1%的有12个门，分别是变形菌门（Proteobacterice）、拟杆菌门（Bacteroidetes）、绿弯菌门（Chloroflexi）、放线菌门（Actinobacteria）、酸杆菌门（Acidobacteria）、厚壁菌门（Firmicutes）、硝化螺旋菌门（Nitrospirae）、蓝细菌门（Cyanobacteria）、芽单胞菌门（Gemmatimonadetes）、疣微菌门（Verrucomicrobia）、Candidate_division_OD1、Candidate_division_WS3，丰度低于1%的有21个门。

属：样品中细菌群落包含421个属，生物量大于1%的有76个属，小于1%的有345个属。

样品中细菌群落在门分类水平的结构分布

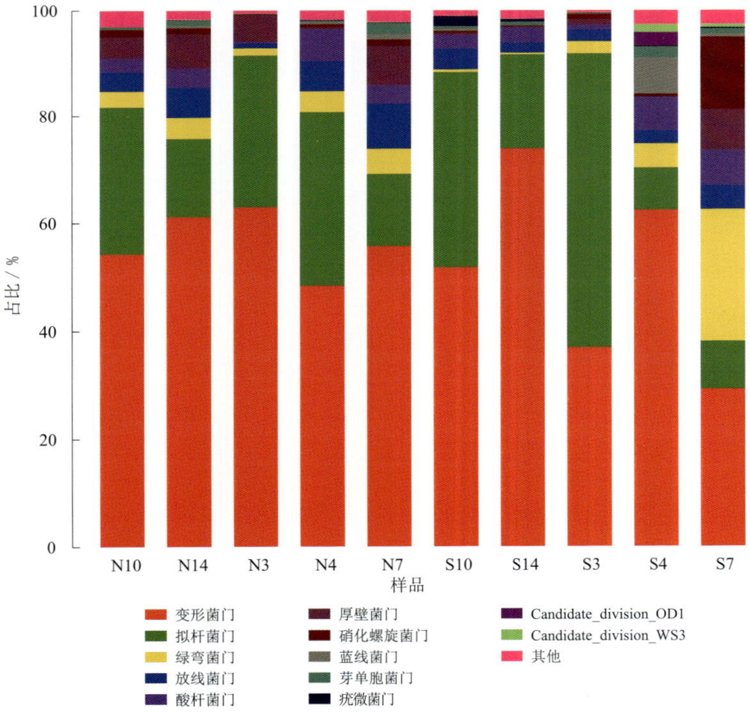

样品中细菌群落在属分类水平的结构分布

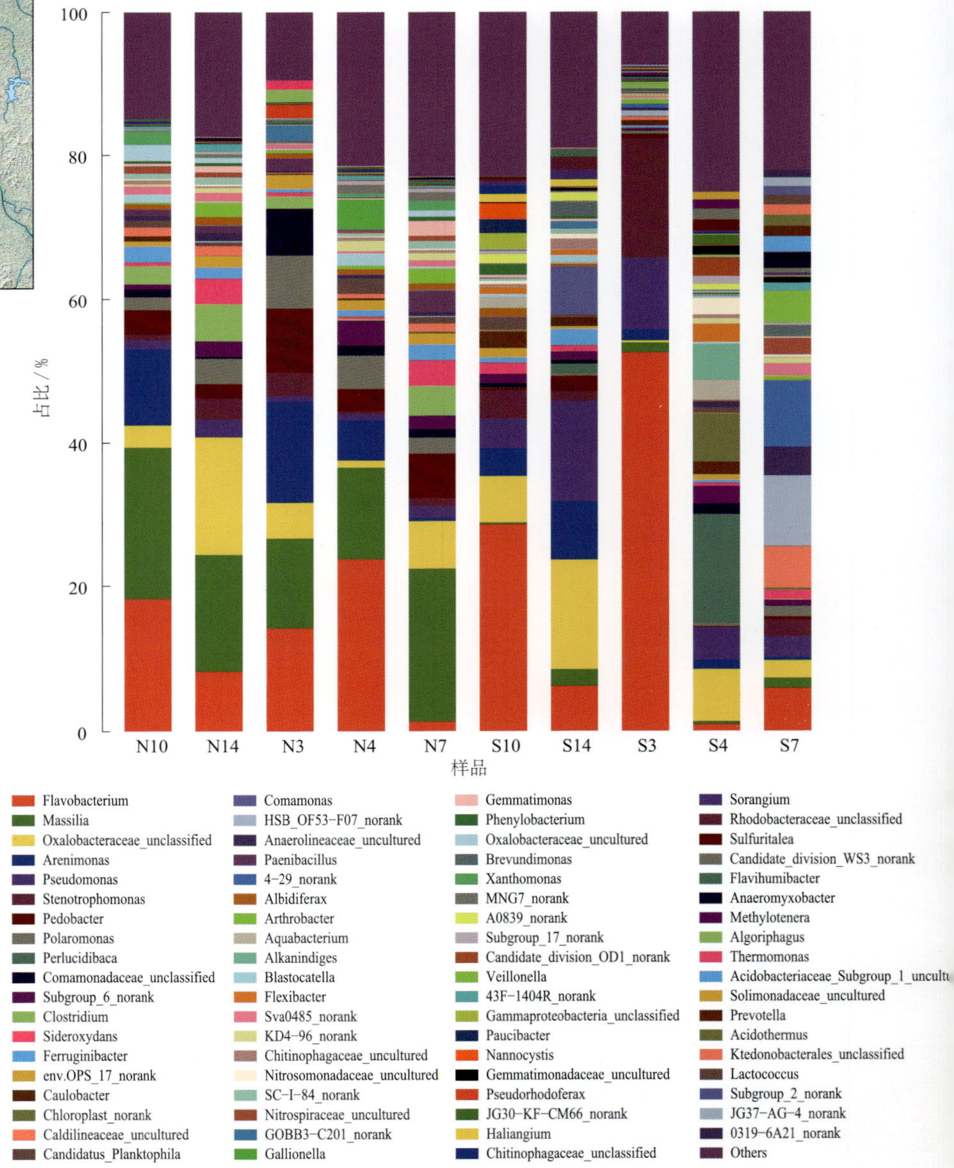

七、社会经济发展

Social and Economic Development

人口

经济发展

产业布局

重要生态空间分布

人口

2012年，鄱阳湖生态经济区人口规模为2 183.04万人，与2001年相比，总人数增加了279.02万人。2012年鄱阳湖生态经济区平均人口密度为392人/km²，比2001年的343人/km²增加了49人/km²。2012年人口密度最高的是南昌市区，达到了3 606人/km²。经过12年的变化，鄱阳湖生态经济区的人口规模有所上升，人口密度进一步加大，中心城区更加拥挤。

2012年鄱阳湖生态经济区人口密度

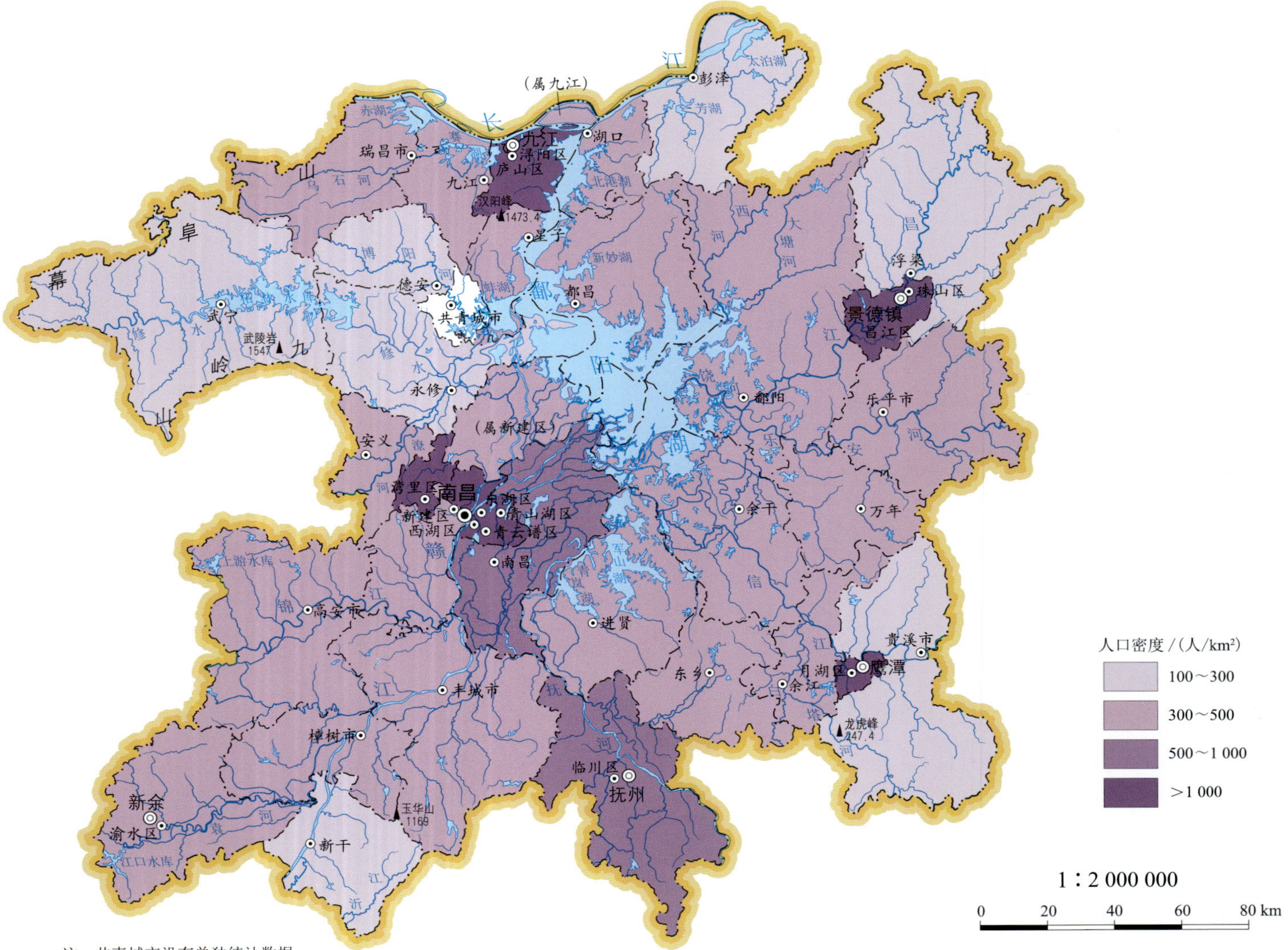

注：共青城市没有单独统计数据

2012年鄱阳湖生态经济区人口出生率、死亡率、自然增长率

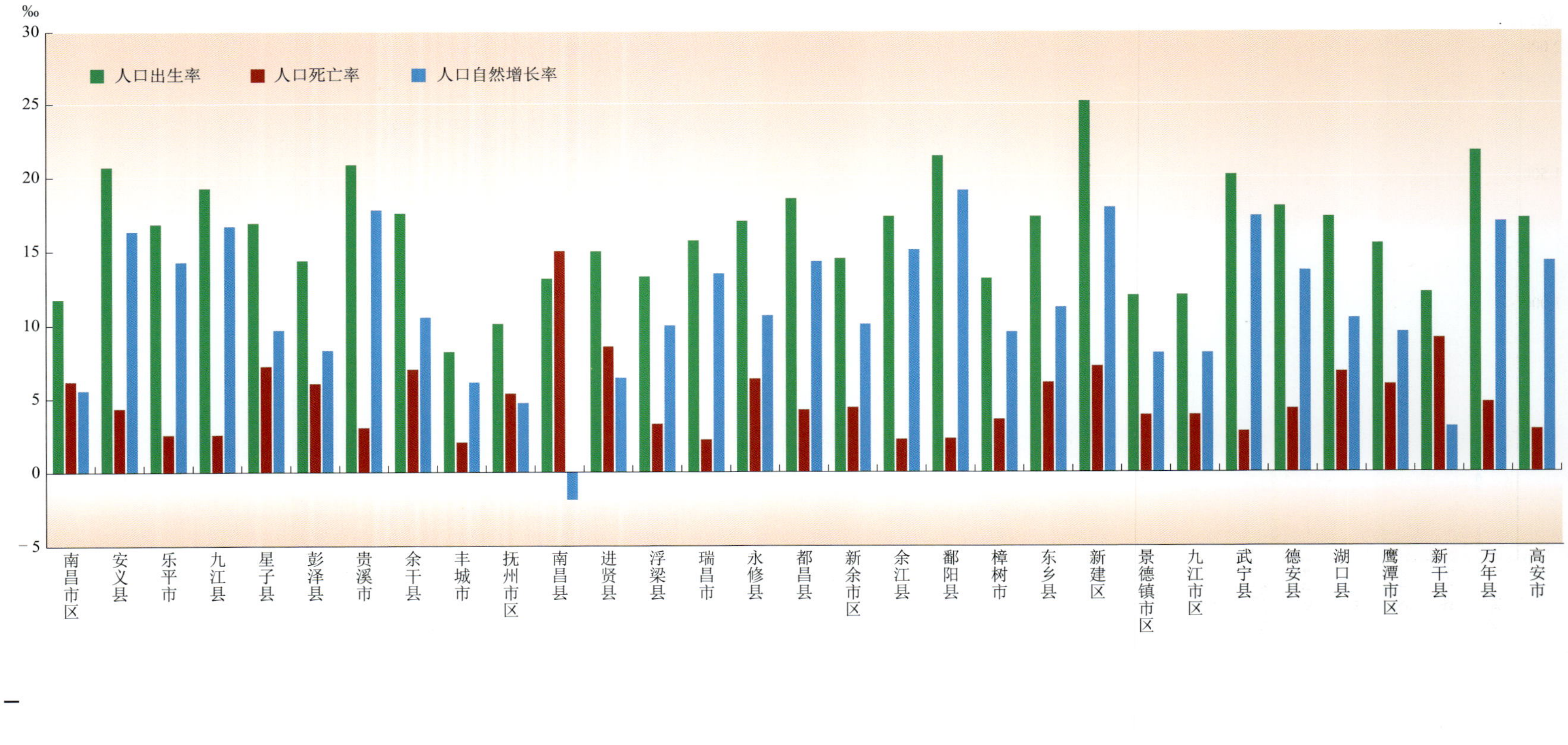

经济发展

与我国经济发达地区相比，鄱阳湖生态经济区的综合经济实力不强，区域竞争力较弱，优势产业和优势企业不多。从全省范围看，区内部分地区经济总量还比较小，实力比较弱。2012年，区内GDP占全省总GDP的比重为58.9%，38个县（市、区）中，GDP低于全省平均水平的有18个，还有2个县（市、区）GDP低于50亿元。

2012年，区内固定资产投资总额突破5 000亿元大关，达5 769.8亿元，占全省的55.6%，比上年增长21.6%。其中第一产业固定资产投资126.6亿元，同比增长58.3%；第二产业固定资产投资3 312.2亿元，同比增长18.5%；第三产业固定资产投资2 330.9亿元，同比增长24.6%。尤其是工业投资达3 283.9亿元，占区内全部固定资产投资总额的56.9%。

鄱阳湖生态经济区全社会固定资产投资额变化

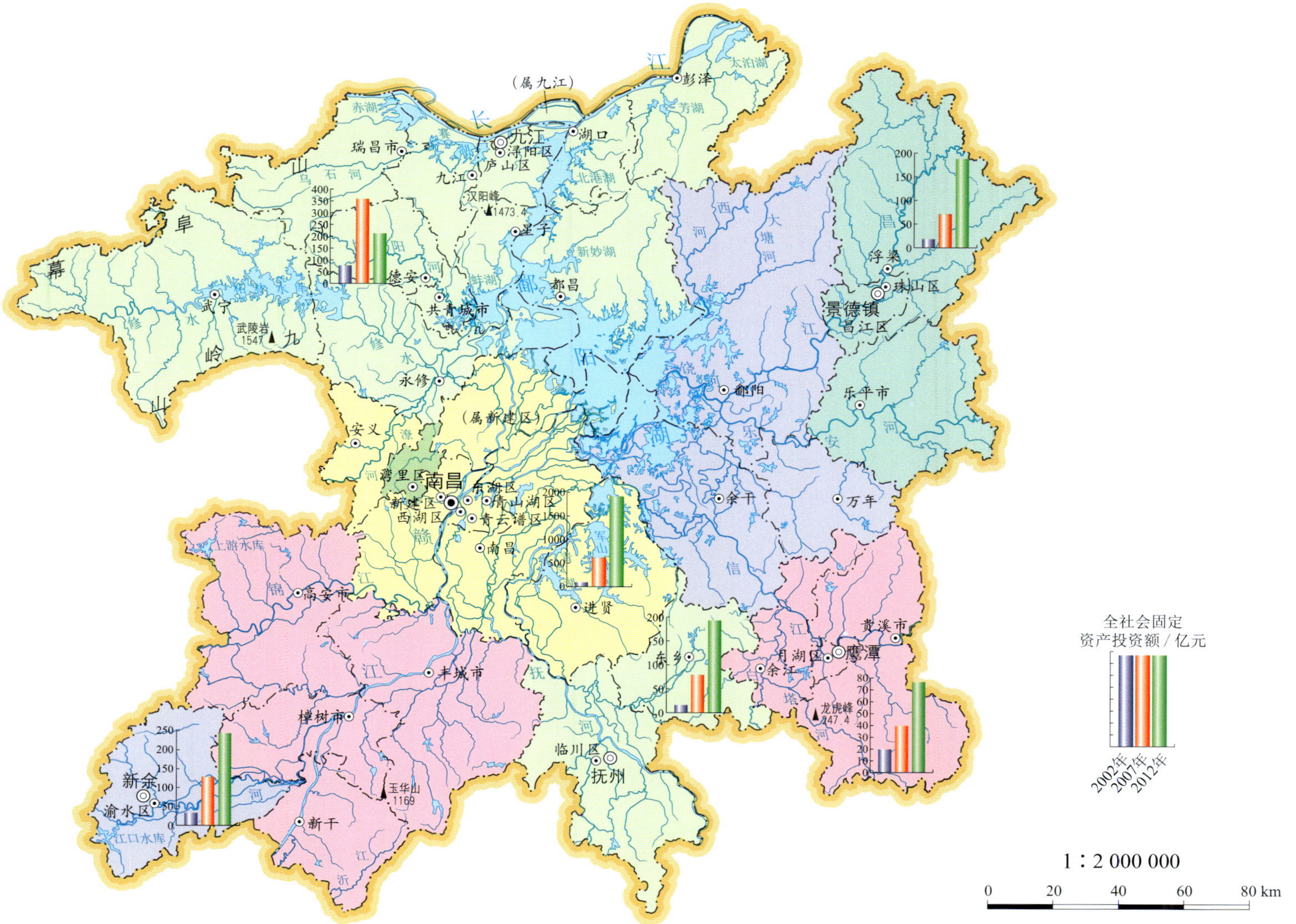

2012年鄱阳湖生态经济区主要经济指标

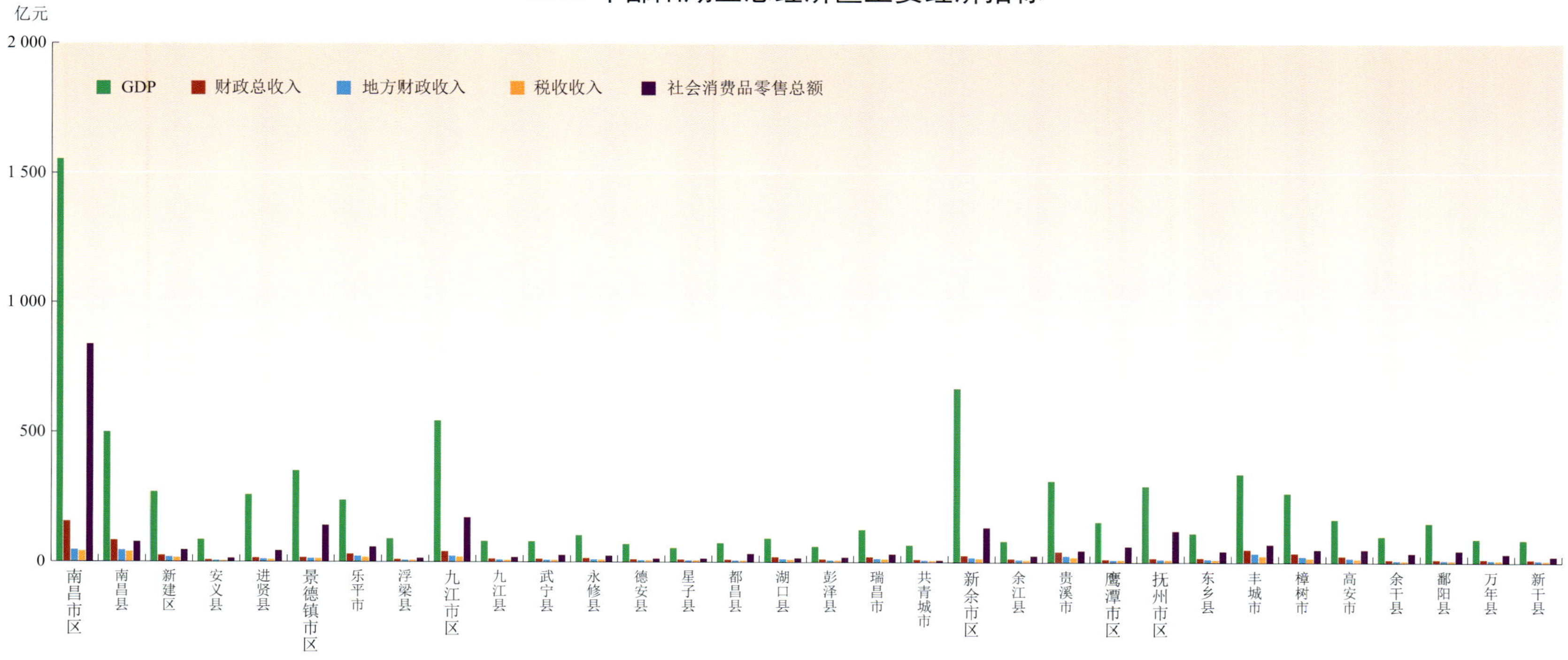

产业布局

鄱阳湖生态经济区农业布局

鄱阳湖生态经济区严守耕地保护红线，以保障粮食安全为重点，以发展生态农业、高效现代农业为突破口，促进优势产业布局区域化、生产规模化、经营产业化，依托特色农业资源，形成一批优势农业产业集群区和优质农产品种植、生产、加工基地。

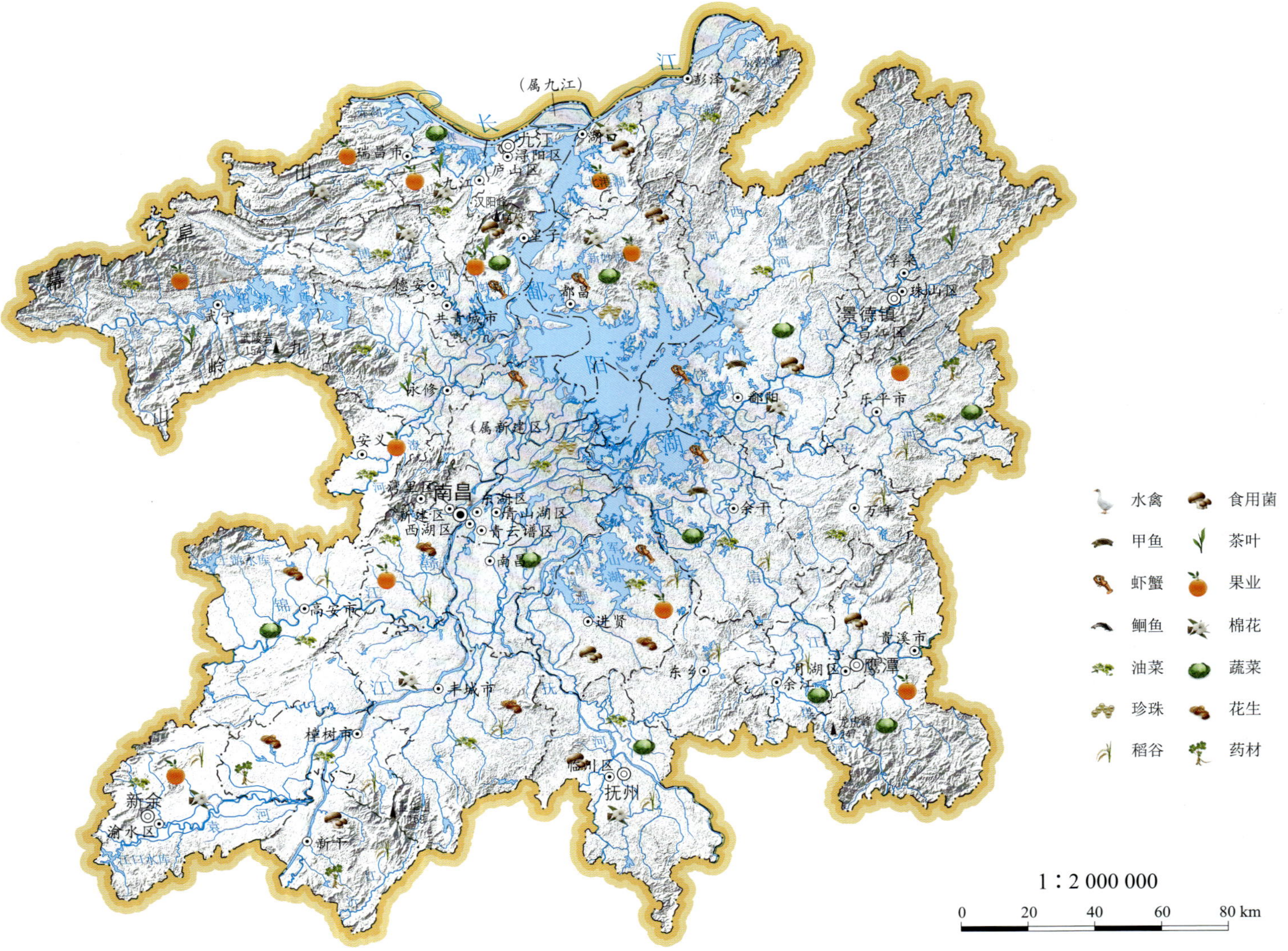

鄱阳湖生态经济区全区第一产业增加值及从业人员情况

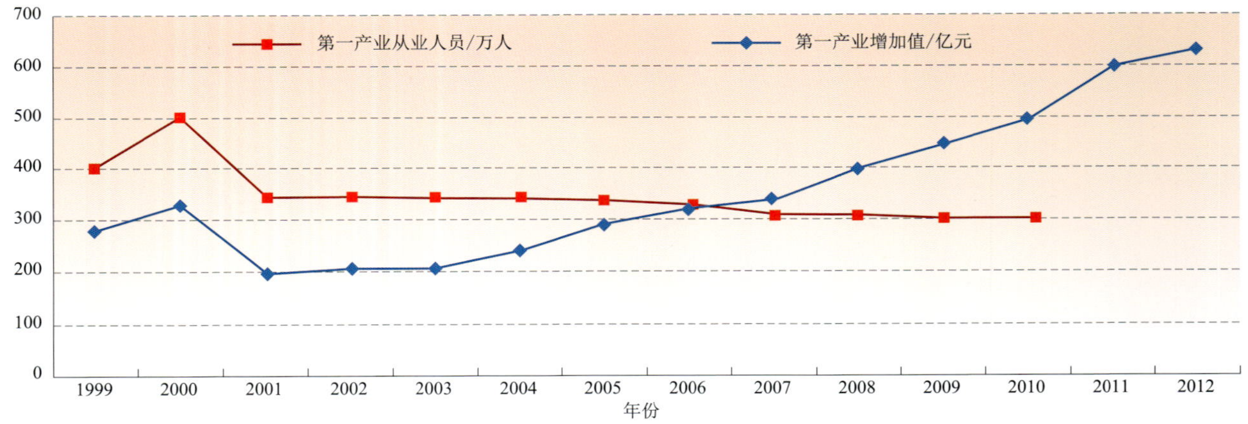

鄱阳湖生态经济区 6 市（区）第一产业增加值情况

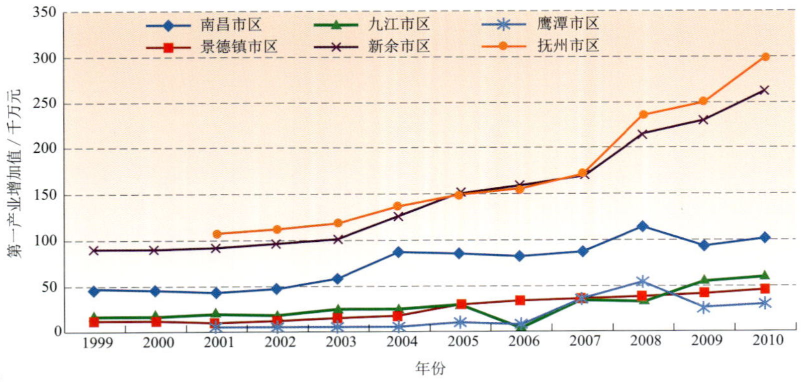

鄱阳湖生态经济区 6 市（区）第一产业从业人员情况

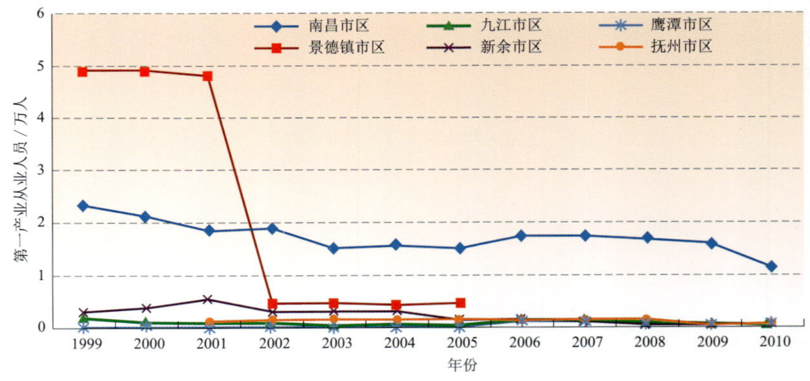

鄱阳湖生态经济区工业布局

以新型工业化可持续发展为目标，以环湖地区中心城市和重点县市为支撑，以工业园区为平台，以交通干线为脉络，以增强产业集聚度和关联度为重点，鄱阳湖生态经济区形成一批优势突出、分工合理、配套完善的产业集群和块状经济。分为“三大发展区”：装备制造产业发展区、食品与医药产业发展区、生态产业发展区。

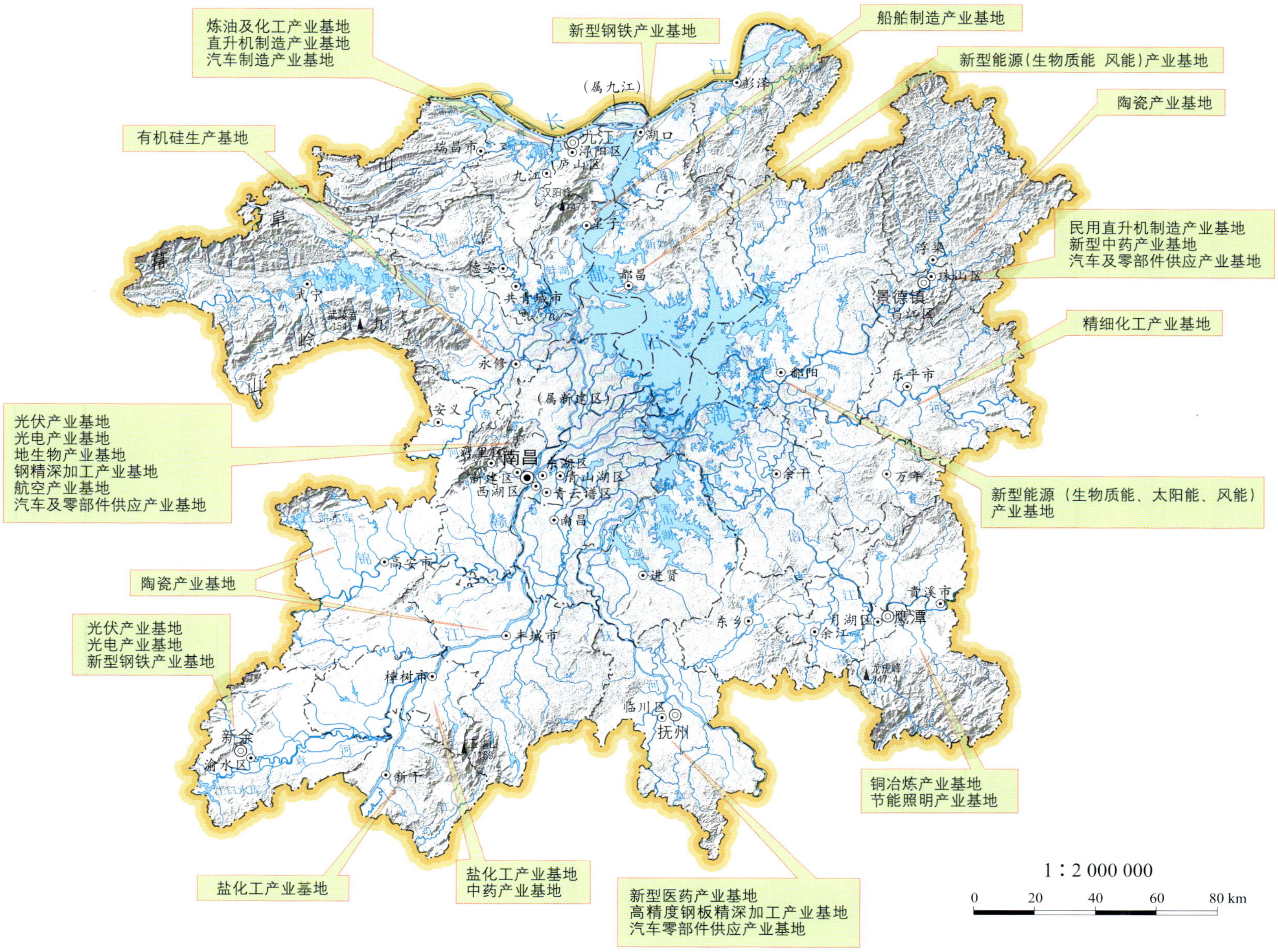

鄱阳湖生态经济区全区第二产业从业人员情况

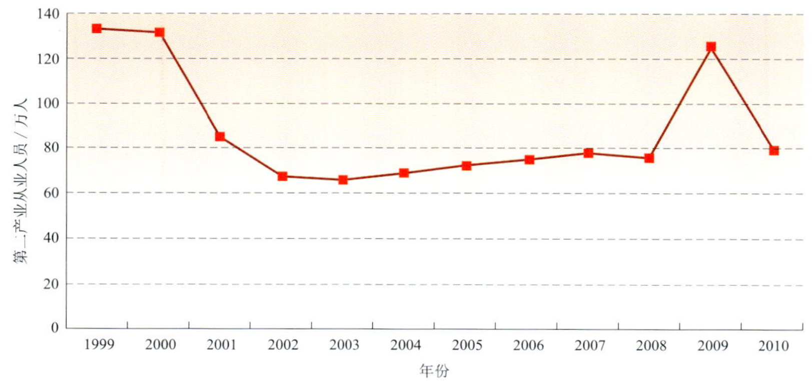

鄱阳湖生态经济区全区第二产业增加值情况

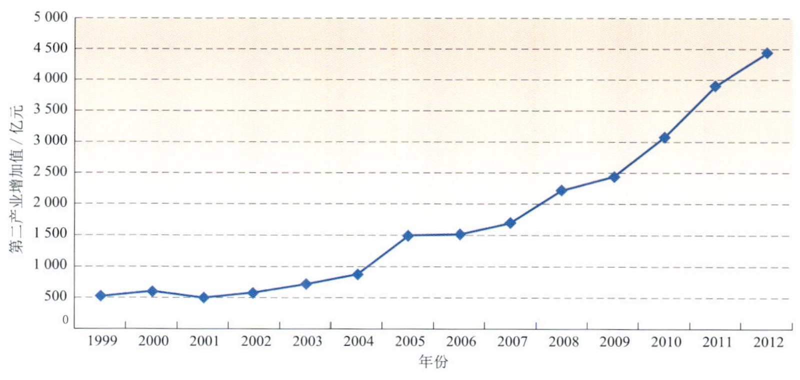

鄱阳湖生态经济区服务业布局

鄱阳湖生态经济区加强区域内协作和联合，促进资源共享和优化整合，形成在国际、国内市场具有竞争活力的生态旅游产业。可分为“三大旅游区”：文化观光与山水名胜旅游区、水域风光与湖泊生态旅游区、革命胜迹与文化观光旅游区。

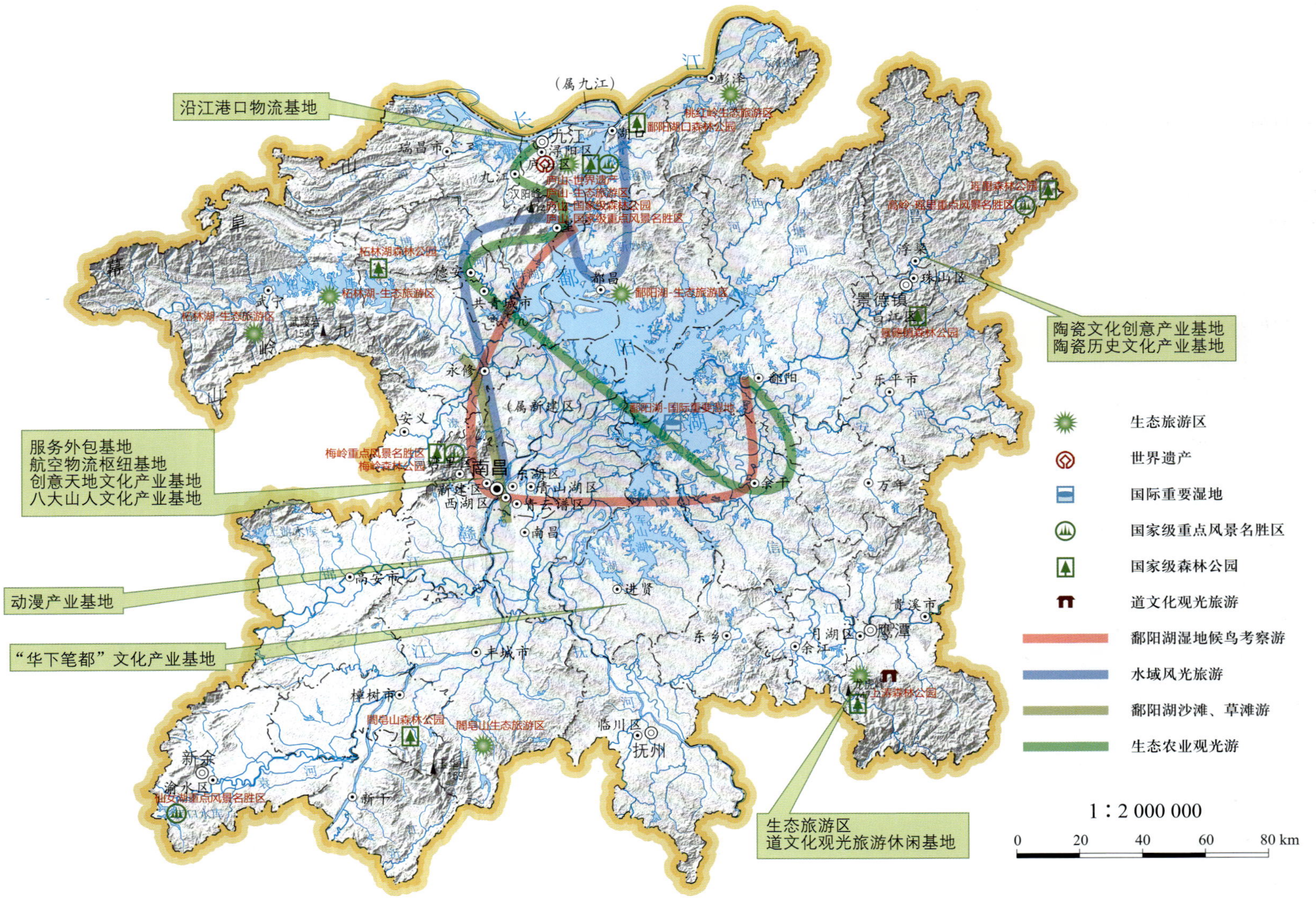

鄱阳湖生态经济区全区第三产业从业人员情况

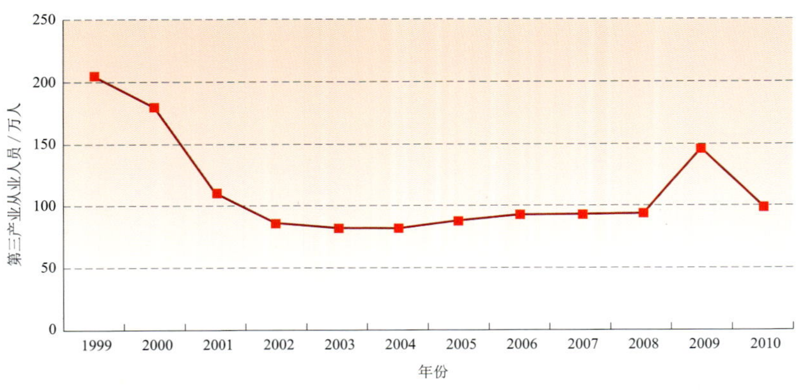

鄱阳湖生态经济区全区第三产业增加值情况

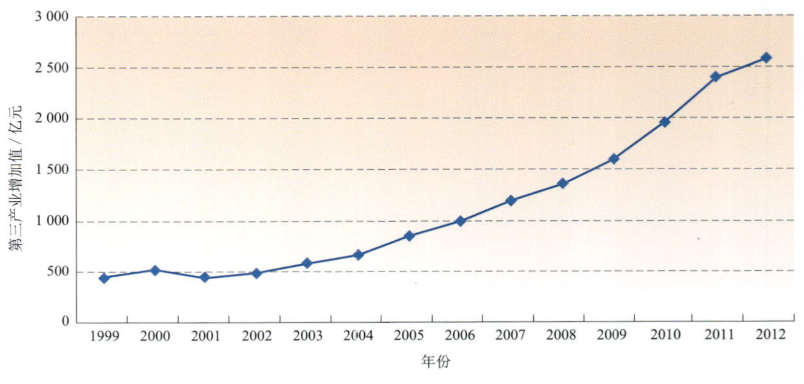

鄱阳湖生态经济区三次产业增长情况

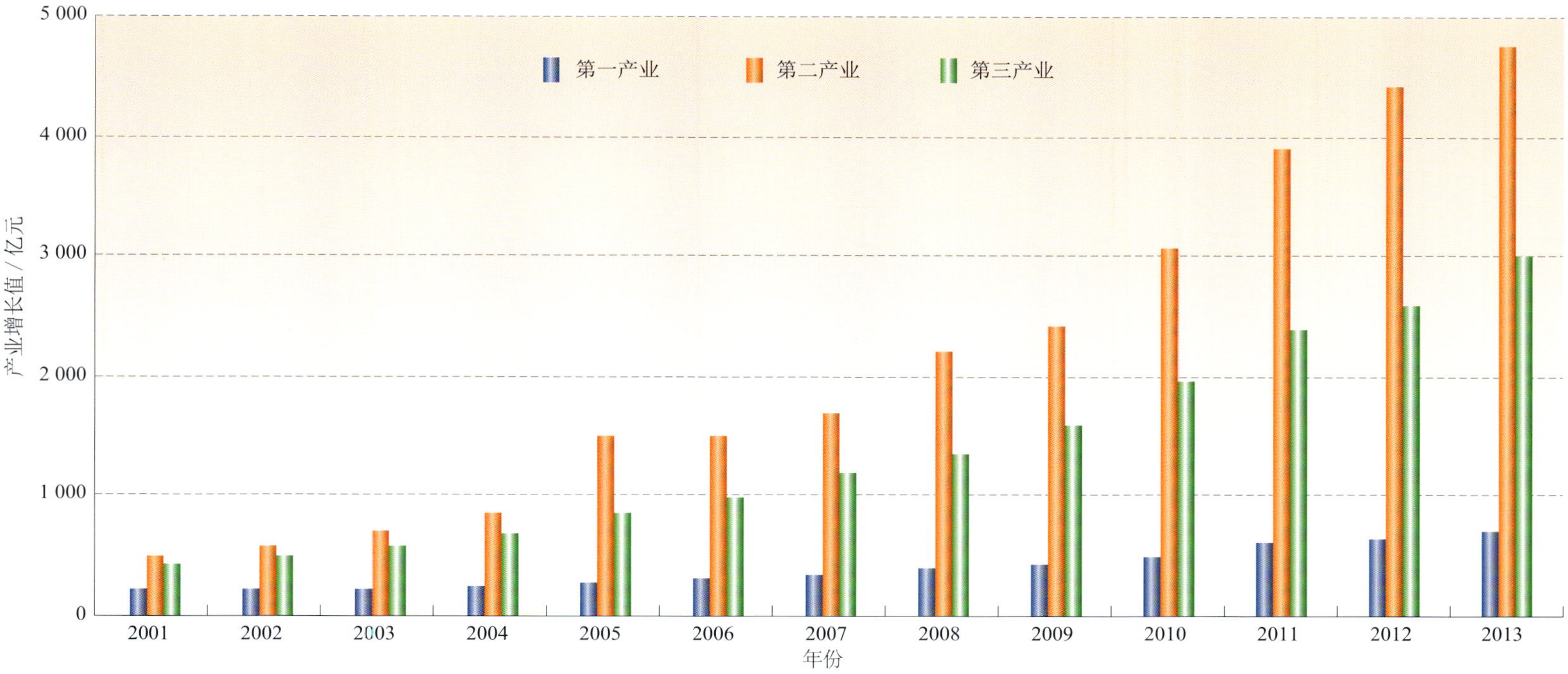

鄱阳湖生态经济区三次产业比重变化情况

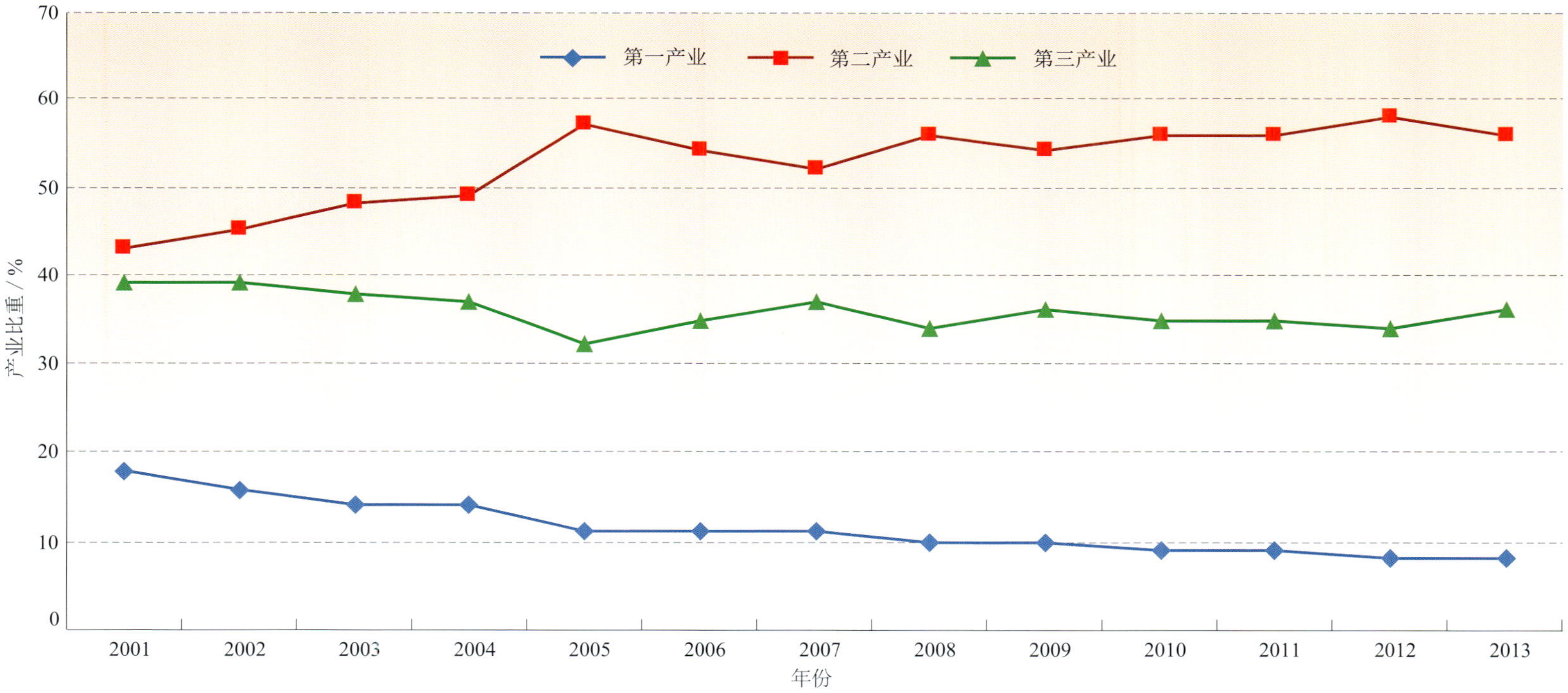

重要生态空间分布

丰富的自然资源和健康的生态环境是人类赖以生存和发展的基本条件。人类在长期的社会实践中，认识到保护好自然资源和生态环境、保护好生物多样性，对人类的生存和发展具有极为重要的意义。鄱阳湖生态经济区建设的一个重要内容就是保护和建设生态空间、生态廊道，诸如建立自然保护区、风景名胜区、森林公园、自然（文化）遗产和地质公园等具有保护性质的区域，保护有典型意义的生态系统、自然环境、地质遗迹和珍稀濒危物种等，这是保障生态经济区社会经济可持续发展的重要支撑之一，其保护成效将成为衡量生态经济区进步和文明的标志之一。

鄱阳湖生态经济区省级以上自然保护区分布

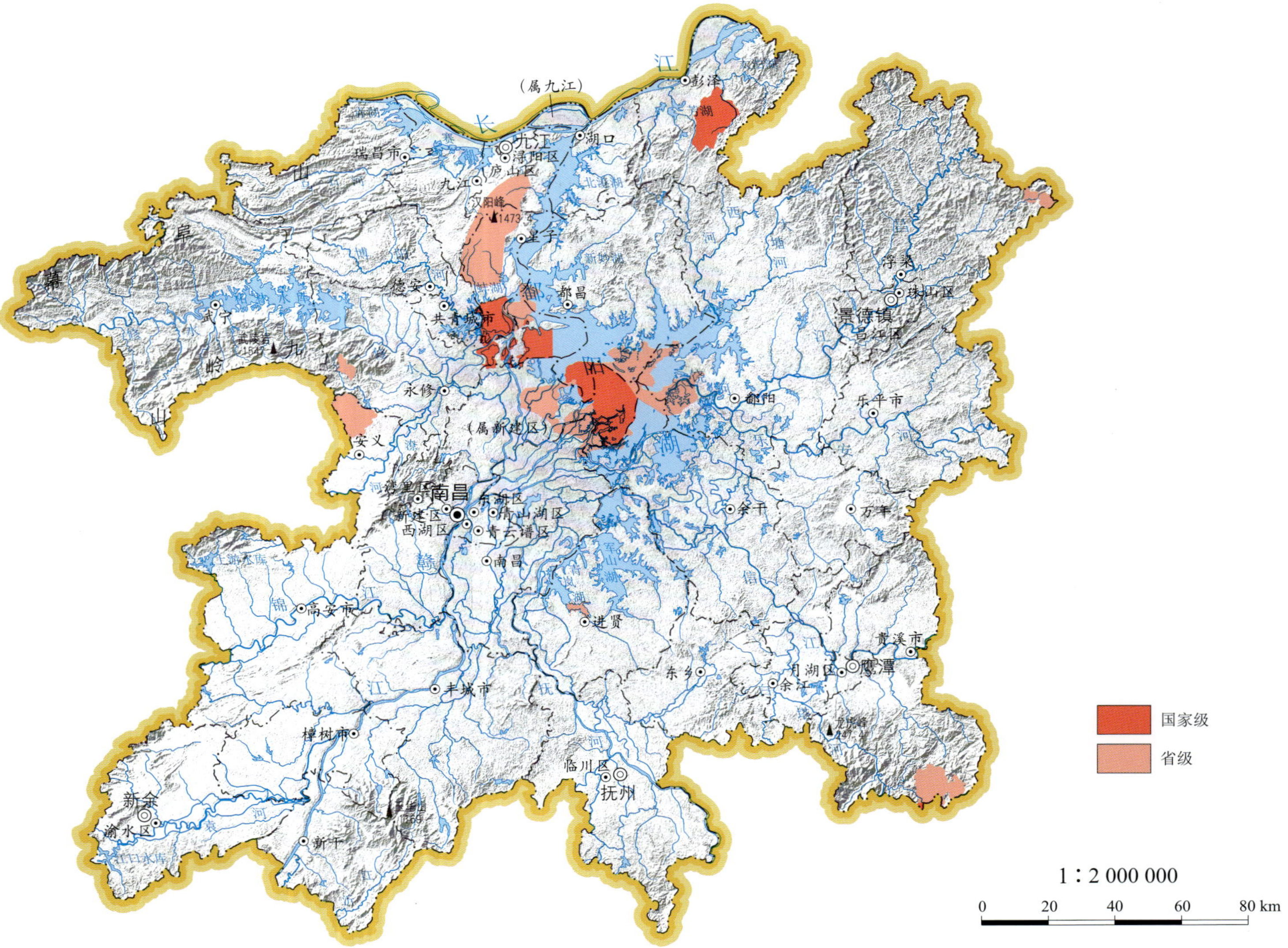

鄱阳湖生态经济区各类保护功能区统计（2012 年）

类型	国家级		省级		总面积/hm²	占比/%
	数量/个	面积/hm²	数量/个	面积/hm²		
自然保护区	4	79 146	10	110 813	189 959	26
风景名胜区	7	153 565	4	38 760	192 325	26.3
森林公园	15	73 636	30	35 643.3	109 279.3	14.9
自然（文化）遗产	2	52 200	0	0	52 200	7.1
地质公园	2	131 687	2	56 360	188 047	25.7
小计	30	490 234	46	241 576.3	731 810.3	100

鄱阳湖生态经济区风景名胜区统计（2012 年）

序号	设区市	风景名胜区	数量 / 个
1	南昌市	梅岭—滕王阁、象湖	2
2	九江市	庐山、云居山—拓林湖、秦山	3
3	新余市	仙女湖	1
4	宜春市	华林寨—上游湖	1
5	景德镇市	高岭—瑶里、洪岩	2
6	上饶市	神农源	1
7	鹰潭市	龙虎山	1
小计			11

鄱阳湖生态经济区各类保护功能区面积占比

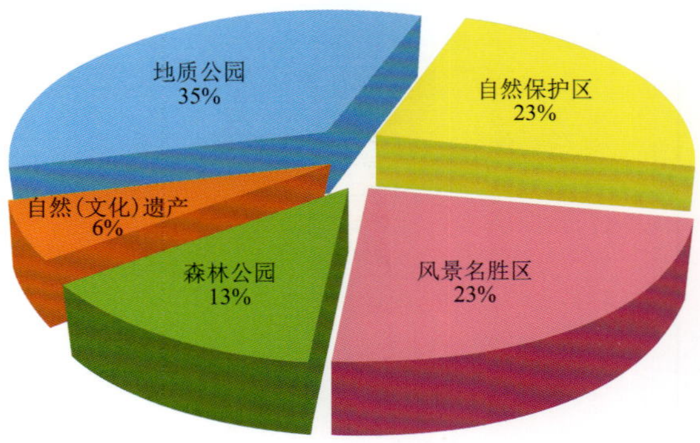

鄱阳湖生态经济区省级以上风景名胜区分布

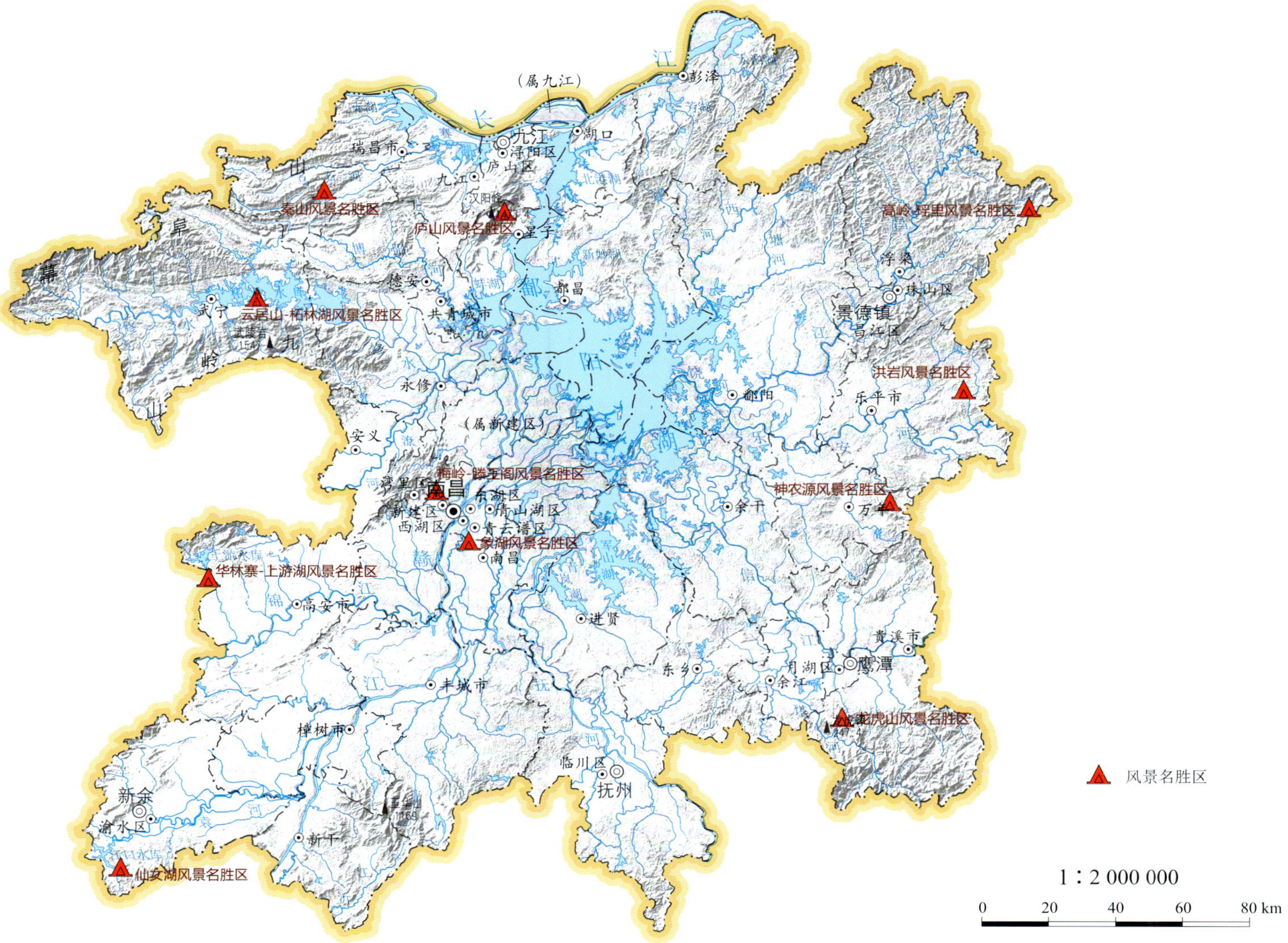

鄱阳湖生态经济区省级以上森林公园分布

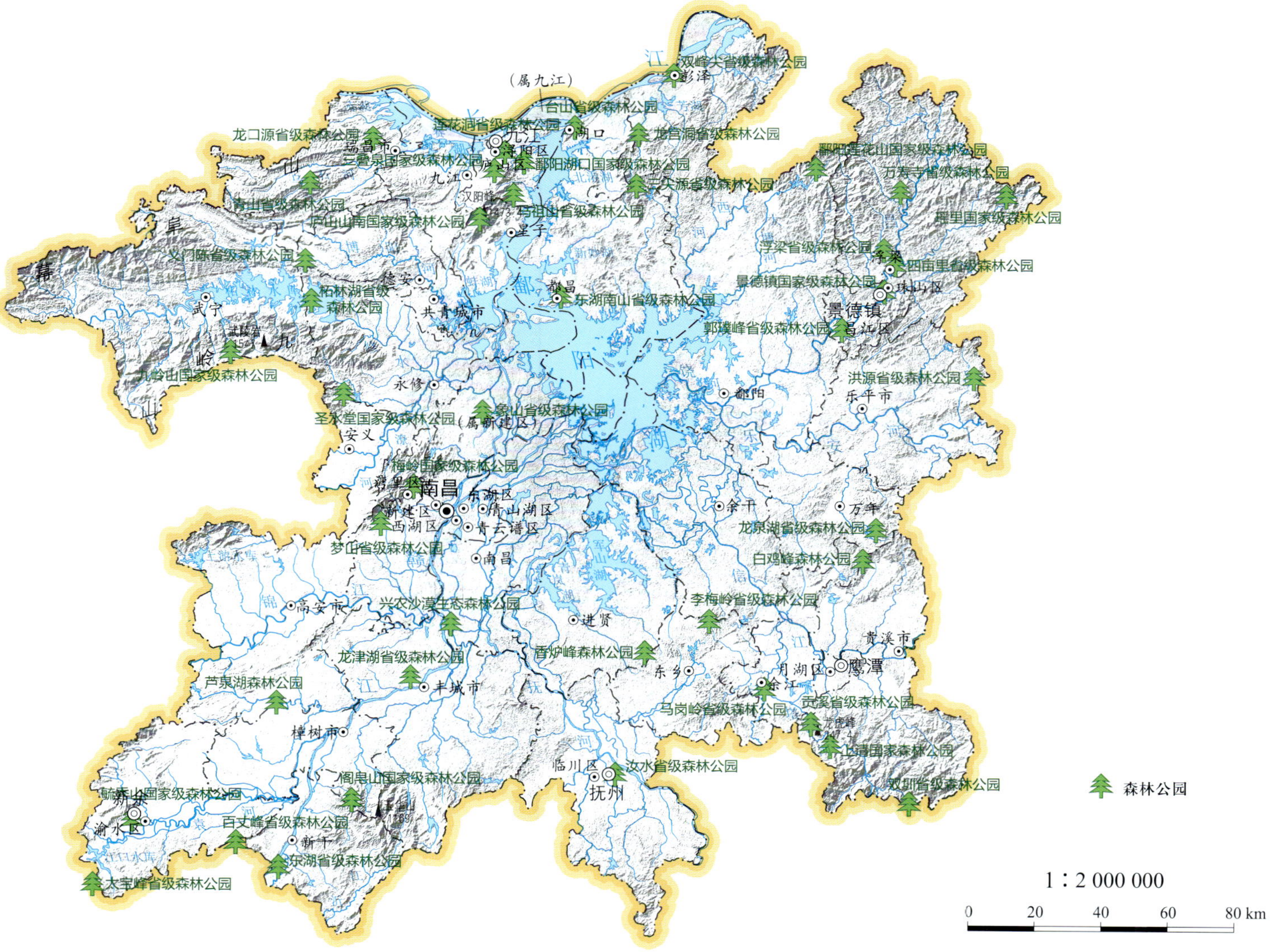

编制说明

1993年，江西省科学院等单位基于鄱阳湖综合科学考察和开发整治研究成果，编制出版了《鄱阳湖地图集》。20多年来，鄱阳湖流域经济社会快速发展，鄱阳湖自身及外部环境也发生了巨大变化，2011—2014年，江西省再次组织省内外科研人员进行了鄱阳湖科学考察，取得了丰硕的考察研究成果，积累了大量基础资料。为了让这些宝贵的考察资料与科研成果更好地服务于经济社会发展，在2016年项目验收后，江西省山江湖开发治理委员会办公室和江西省遥感信息系统中心联合中国科学院地理科学与资源研究所合作编制《鄱阳湖生态环境地图集》。通过对这次科学考察成果资料进行分析、综合、筛选，并采用近年来最新研究成果、资料进行修订、补充、完善，于2020年年底编制完成图集的初稿，2022年3月定稿。

《鄱阳湖生态环境地图集》系鄱阳湖科学考察研究专题图集，图集为八开本，尺寸26 cm×37 cm，由序图、湿地景观、水文水资源、环境状况、水环境质量、生物资源及社会经济发展七大部分组成。全册有专题地图169幅，专题图表260幅。

图集运用直观形象的地图语言，辅以图表、文字说明和野外照片，全面系统地反映鄱阳湖基础地理信息和水文、水环境、湿地景观、生物资源、社会经济等基本状况。图集在内容表达上注重突出特色：一是聚焦影响鄱阳湖“一湖清水”的主要生态环境要素，从土壤重金属元素地球化学特征，鸟类、鱼类、底栖动物、湿地植被、浮游植物、微生物、水、土壤等自然物质要素，到人口、投资、产业等人为活动，紧扣水生态环境，力求全面反映鄱阳湖生态环境全貌。二是注重鄱阳湖生态环境要素的时空动态变化表达，展示其历史演变规律与趋势。在专题图中，为充分表达鄱阳湖湿地景观特征，分别从年内和年际两个角度研究了鄱阳湖湿地的变化，通过遥感影像解译成果，研究分析鄱阳湖湿地景观在一个自然年内和典型水位条件下近50年内的时空变化；水文动态变化方面，通过长江段（江西）主要站、鄱阳湖“五河”控制站和湖区水文站点1956年以来的水文监测资料，分析研究主要站点的水位、流量年月变化，入湖入江水量、出入湖泥沙年月变化、枯水位年际变化；临湖区环境专题中，通过对农村和农业面源污染、畜禽养殖污染、水产养殖污染、城镇生活污水、工业污染排放等进行多年监测数据的统计分析研究，揭示临湖区环境动态变化状况；湖区水环境质量方面，通过对河流入湖水环境质量，直排工业源、直排生活源、湖滨面源、水产养殖、降水降尘入湖污染负荷，湖区水环境质量等多年长时间序列的监测数据进行分析，首次全面反映了鄱阳湖水环境质量状况。三是力求突出体现当前鄱阳湖生态环境方面的问题。例如鄱阳湖长时间枯水、湿地生物退化、候鸟生境、江豚、血吸虫、水环境污染等在相关专题中均着重予以反映。图集内容丰富翔实，系统地反映了鄱阳湖资源状况、生态环境现状和动态变化，对服务大南昌都市圈战略，鄱阳湖的保护、开发、利用具有重要参考意义。

作为科学考察专题图集，主要依据版面及内容安排确定合适地图比例，尽可能通过地图方式清晰地展现专题研究成果。地图采用高斯投影，中央经线117°，根据专题图范围大小及幅面布局采用合适的比例尺。

地理底图根据中图社2015年版《江西省地图》编制，行政区划资料截止期为2015年年底。专题内容主要依据鄱阳湖综合科学考察参与单位提供的多学科、多专业的考察研究成果与统计资料，部分图表由有关单位提供，专题成果资料截止期一般为2014年，部分图表、文字引用了2014年后的数据。图集编制按照相关规范统一地理底图图例，专题图例参照相关规范，专题图形数据下面叠加统一的DEM底图，以使专题图具有更佳的渲染效果。统一图面配置与图外整饰，如图例中的色彩、符号、注记和图内要素的统一表示，图内先排主要内容，后排次要内容，由点、线要素到面要素，由高级别到低级别顺序排列等，使整个图面看起来清晰、易读、形象、生动，整本图集给人感觉精致、庄重、美观。

《鄱阳湖生态环境地图集》的制版、印刷采用全数字地图制版印刷新技术，如集数字制图技术、计算机直接制版（CTP）技术、双面数据打样以及远程校样技术于一体，充分应用印前技术保证图集线划、色彩及精细图案的精确性。在图集印刷方面，选用日本进口优质油墨和太空梭157g无光铜版纸张，充分展现了专题内容的多层次性。

图集装订采用锁线装订工艺，封面选用纸面精装，封面内衬板使用分层压叠的黄板纸硬面材料，环衬采用树纤纹纸，星空银灰色，封面为蓝色，图集背脊采用平脊精装方式，整体美观牢固。

《鄱阳湖生态环境地图集》编辑委员会